建筑工程施工技术人员必备口袋丛书

造 价 员

黄伟典 编

中国建筑工业出版社

图书在版编目（CIP）数据

造价员/黄伟典编.—北京：中国建筑工业出版社，2009

（建筑工程施工技术人员必备口袋丛书）

ISBN 978-7-112-10791-9

Ⅰ.造… Ⅱ.黄… Ⅲ.建筑工程-工程造价-基本知识 Ⅳ.TU723.3

中国版本图书馆CIP数据核字(2009)第032430号

建筑工程施工技术人员必备口袋丛书
造 价 员
黄伟典 编

*

中国建筑工业出版社出版、发行（北京西郊百万庄）
各地新华书店、建筑书店经销
北京华艺排版公司制版
廊坊市海涛印刷有限公司印刷

*

开本：850×1168毫米 1/64 印张：12⅝ 插页：1 字数：390千字
2009年8月第一版 2013年10月第五次印刷
定价：28.00元
ISBN 978-7-112-10791-9
(18045)

版权所有 翻印必究
如有印装质量问题，可寄本社退换
（邮政编码 100037）

本书以《建设工程工程量清单计价规范》（GB 50500—2008）及《全国统一建筑工程基础定额》（土建工程）为依据。重点介绍了工程造价从业人员和工程造价专业在校学生所需的常用公式和数据，提供了工程量计算的基本方法，阐述了工程量清单计价和定额计价两种不同的计价方式及规则，编写了工程计量与计价中所需的计算技巧与简便方法等。主要内容包括：工程造价及工程造价管理制度、工程量计算规则、工程单价和工程计价定额、建筑工程计价方法、工程量清单及清单计价、工程结算与竣工决算、工程造价审核及工程造价常用数据、公式和造价指标等。重点阐述了新的计价规范和钢筋计算方面的内容。

本书适合作为建筑工程造价人员、建筑工程管理人员的工具书，也可作为大专院校工程造价专业及相关专业学生的参考书。

*　　*　　*

责任编辑：邓　　卫
责任设计：董建平
责任校对：兰曼利　王雪竹

前　　言

　　建筑工程造价是一项涉及面广、内涵丰富的综合性科学技术。建筑工程造价从业人员的工作内容已经远远超出了原预结算从业人员的工作范围，技术问题越来越复杂，在实际工作中，常常会遇到不少需要急切解决的问题，身边又没有老师可以请教。为了满足建筑工程造价从业人员的需求，根据建筑工程造价人员在建设工程招投标阶段和施工阶段所需的工程造价主要知识、数据、方法，组织编写了本书。

　　工程造价专业的学生在课堂上是不可能学到全部知识和方法的，还需要从多方面补充。本书就是一本开阔视野、进一步掌握工程造价计算方法的读物。它可以帮助你解决在课堂上尚未解决和解决不了的问题，也可以使你在校期间掌握各种造价问题的信息，以便参加工作后能很快地用上并发挥作用。

　　作者在从事工程造价工作和教学、培训工作30

多年经验的基础上，根据广大学员在实际工作中经常需要解决的问题，从建筑工程造价人员尤其是刚刚踏上工作岗位的大中专毕业生确实急需掌握的基础知识入手、集造价资料之精华，融理论、规则、方法、数据为一体，求一册在手、应有尽有之便利。本书内容丰富，由浅入深，针对性、实用性、普及性强，尽可能介绍工程量计算中的技巧和简便方法，充分体现本书实用性特点。本书便于携带，可随时翻阅，帮助读者尽快进入岗位角色，及时解决在施工现场遇到的问题，在走向造价师的道路上快速成长。

本书由山东建筑大学黄伟典编写，山东建筑大学田建华和中山大学黄启辉参加组稿。在组稿中参考了许多专家的资料文献，在此一并致谢。

由于工程造价的计价模式在不断发展，加上作者的水平和时间有限，书中难免存在不足之处，敬请读者批评指正。

目　录

1　工程造价及工程造价管理制度 ……… 1

  1.1　工程造价概述 ……………… 1

  1.2　工程造价管理体制 ……… 12

  1.3　工程造价专业人员资格管理 ……… 16

  1.4　造价工程师和造价员资格考试简介 … 27

  1.5　造价员岗位职责 ………… 39

2　工程量计算规则 ……………… 42

  2.1　建筑面积计算规范 ……… 42

  2.2　定额一般规定与工程量计算规则 … 78

  2.3　规范项目工程量计算规则 ……… 139

3　工程单价和工程计价定额 …… 206

  3.1　基础单价 ………………… 206

  3.2　工程单价 ………………… 235

  3.3　工程计价定额 …………… 246

4　建筑工程计价方法 …………… 262

  4.1　建筑工程计价的依据和步骤 …… 262

4.2	工程量计算技巧 …………………………	280
4.3	建筑工程常用计算公式和参数 …………	305
4.4	装饰工程常用计算公式和参数 …………	350
4.5	措施项目常用计算公式和参数 …………	356

5　工程量清单及清单计价 ………………………… 361

5.1	建设工程工程量清单计价规范概述 ……	361
5.2	计价规范总则与术语 ……………………	372
5.3	工程量清单编制 …………………………	383
5.4	工程量清单计价 …………………………	397
5.5	工程量清单计价表格 ……………………	417

6　工程结算与竣工决算 …………………………… 465

6.1	工程变更与索赔 …………………………	465
6.2	工程计量与价款支付 ……………………	525
6.3	工程竣工决算 ……………………………	559
6.4	建设工程施工合同及总承包合同 ………	566

7　工程造价审核 …………………………………… 586

7.1	工程造价审核概述 ………………………	586
7.2	施工图预算的审核 ………………………	601
7.3	招标控制价与投标报价的审核 …………	608
7.4	工程竣工结算的审核 ……………………	616
7.5	工程造价审核质量控制 …………………	642

附录 A　面积、体积计算公式 ·················· 658

附录 B　材料用量计算 ·················· 697

附录 C　工程造价指标 ·················· 728

附录 D　钢筋计算常用数据与公式 ··········· 757

参考文献·················· 792

1 工程造价及工程造价管理制度

1.1 工程造价概述

1.1.1 工程造价的概念

1.1.1.1 建设工程造价的组成

（1）建设工程

一般来讲，"工程"是指人们有组织地进行大规模的物质生产活动，建设工程就是人们按某种特定的用途建造的建筑物、构筑物和安装的设备。

与其他一切商品一样，建设工程是使用价值和价值的统一体。建设工程的使用价值就是它的自然形态具有新的生产能力和服务能力。建设工程的价值分为两个部分，第一是过去劳动创造的价值，即被消耗掉的生产资料的价值。第二是劳动创造的价值，即新创造的价值。

（2）建设工程造价

建设工程价值的货币表现就是建设工程造价。

建设工程必须固定在一个地方，它和土地连成一片，因此在造价中必须含有征用土地费用。我国土地实行国有化，土地不是商品也不能随意转让，国家对建设用地支出的费用属于补偿性质。

建设工程产品在其竣工后一般不经过流通过程，而直接移交给用户投入生产或使用，在工程造价中不发生流通费用。对于完全商品化了的工程建设，如由开发公司综合开发，建成后出售的住宅、商业用房以及其他建筑物，除工程本身的造价外，还会发生一些流通费用（如广告费、业务费）。一般工业建设不论是自建或委托施工单位建设，只要不是为出售的目的而建设的，都不应发生流通费用，从这个意义上讲，它们不是完全性质的商品。

建设工程（自建或小型零星工程除外）大都需要许多不同行业的生产单位和服务单位来共同完成，如设备制造厂、建筑安装工程施工企业、勘测设计部门等，他们共同为一个用户完成工程建设各阶段的工作。该用户一般是国家投资部门委托的建设单位或工程承包公司。建设单位为了在建设各阶段对工程造价进行估算和控制，需要按资金的不同性质的用向来划分造价的项目构成。如勘测设计、土地征用、设备购置、工程施工等等。

1.1.1.2 工程造价的含义

工程造价本质上属于价格范畴。在市场经济条件下，工程造价有两种含义。

（1）第一种含义

从投资者或业主的角度来定义。

建设工程造价是指有计划地建设某项工程，预期开支或实际开支的全部固定资产投资和流动资产投资的费用。即有计划地进行某建设工程项目的固定资产再生产建设，形成相应的固定资产、无形资产和铺底流动资金的一次性投资费用的总和。

固定资产投资所形成的固定资产价值的内容包括：建筑安装工程造价，设备、工器具的购置费用和工程建设其他费用等。

工程造价的第一种含义表明，投资者选定一个投资项目，为了获得预期的效益，就要通过项目评估后进行决策，然后进行设计、工程施工、直至竣工验收等一系列投资管理活动。在投资管理活动中，要支付与工程建造有关的全部费用，才能形成固定资产和无形资产。所有这些开支就构成了工程造价。从这个意义上说，工程造价就是工程投资费用。非生产性建设项目的工程总造价就是建设项目

3

固定资产投资的总和。而生产性建设项目的总造价是固定资产投资和铺底流动资金投资的总和。

（2）第二种含义

从承包商、供应商、设计市场供给主体来定义。

建设工程造价是指为建设某项工程，预计或实际在土地市场、设备市场、技术劳务市场、承包市场等交易活动中，形成的工程承发包（交易）价格。

工程造价的第二种含义是以市场经济为前提的，是以工程、设备、技术等特定商品形式作为交易对象，通过招投标或其他交易方式，在各方进行反复测算的基础上，最终由市场形成的价格。其交易的对象，可以是一个建设项目，一个单项工程，也可以是建设的某一个阶段，如可行性研究报告阶段、设计工作阶段等。还可以是某个建设阶段的一个或几个组成部分，如建设前期的土地开发工程、安装工程、装饰工程、配套设施工程等。

工程造价的第二种含义通常把工程造价认定为工程承发包价格。它是在建筑市场通过招标，由需求主体投资者和供给主体建筑商共同认可的价格。建筑安装工程造价在项目固定资产投资中占有的份额，是工程造价中最活跃的部分，也是建筑市场交易的主要对象之一。土地使用权拍卖或设计招标等所形成的承包合同价，也属于第二种含义的工程造价的范围。

上述工程造价的两种含义，一种是从项目建设角度提出的建设项目工程造价，它是一个广义的概念；另一种是从工程交易或工程承包、设计范围角度提出的建筑安装工程造价，它是一个狭义的概念。

1.1.2　工程建设项目的组成

为便于对建设工程进行管理和确定建筑产品价格，将建设项目的整体根据其组成进行科学的分解，划分为若干个单项工程、单位工程、分部工程、分项工程、子项工程。

1.1.2.1　建设项目

一个具体的基本建设工程，通常就是一个建设项目。一般是指在一个场地或几个场地上，按照一个设计意图，在一个总体设计或初步设计范围内，进行施工的各个项目的总和。在工业建设中，建设一个工厂就是一个建设项目；在民用建设中，一般以一个学校、一所医院等为一个建设项目。

建筑产品在其初步设计阶段以建设项目为对象

编制总概算，竣工验收后编制工程竣工决算。

1.1.2.2 单项工程

单项工程是指在一个建设项目中，具有独立的设计文件，竣工后可以独立发挥生产能力或效益的工程。它是建设项目的组成部分。如工业建设中的各个车间、办公楼、食堂等；民用工程中如学校的教学楼、图书馆、实验楼、食堂等各自成为一个单项工程。

单项工程按其最终用途不同分许多种类。如工业建设项目中的单项工程分为：主要工程项目（如生产某种产品的车间）；附属生产工程项目（如为生产车间维修服务的机修车间）；公用工程项目（如给水排水工程）；服务项目（如食堂、浴室）等。

单项工程建筑产品的价格，是由编制单项工程综合概预算或投标价来确定的。

1.1.2.3 单位工程

单位工程是竣工后一般不能独立发挥生产能力或效益，但具有独立设计，可以独立组织施工的工程。它是单项工程的组成部分。按照单项工程的构成，可以分解为建筑工程和设备及其安装工程两类。而每一类中又可按专业性质及作用不同分解为若干个单位工程。例如一个生产车间的厂房修建、电气照明、给水排水、工业管道安装、机械设备安装、电气设备安装等，都是单项工程中所包括的不同性质工程内容的单位工程。

单位工程一般是进行工程成本核算的对象。在预结算制中，单位工程产品价格是由编制单位工程施工图预算这一特殊方式来确定的。在招投标制中，单位工程产品价格是由投标单位根据工程量清单报价的方式确定的。

1.1.2.4 分部工程

分部工程是单位工程的组成部分。按照工程部位、设备种类和型号、工种和结构的不同，可将一个单位工程分解为若干个分部工程。如房屋的土建工程，按其不同的工种、不同的结构和部位可分为土石方工程、砌筑工程、钢筋及混凝土工程、门窗工程、装饰工程等。分部工程还可以再分为子分部工程。如装饰工程可分为楼地面工程、顶棚工程等。

1.1.2.5 分项工程

分项工程是分部工程的组成部分。按照不同的施工方法、不同的材料、不同的内容，可将一个分部工程分解为若干个分项工程。如砌筑工程（分部工程），可分为砖墙、毛石墙等分项工程。

1.1.2.6 子项工程

子项工程（子目）是分项工程的组成部分，是工程中最小单元体。如砖墙分项工程可分为 240 砖外墙、365 砖外墙等。子项工程是计算人工、材料、机械及资金消耗的最基本的构造要素。单位估价表中的单价大多是以子项工程为对象计算的。

1.1.3 建设工程在技术经济上的特征

一切房屋建筑、构筑物和设备安装是建设工程的最终产品，它的生产与一般工业产品相比较有许多技术经济上的特征。

1.1.3.1 建设工程产品的固着性决定了它的生产流动性

建设工程自身的固着性是与一般工业产品相比较最根本的特征。房屋、构筑物和设备都必须固着在一定的地基上，与土地的占有紧密联系，土地是构成工程产品的组成部分。工程从开始动工，直至建成后提供生产能力或使用效益的寿命期间始终是固定在一个地方，不能作任何位置上的转移，不像一般工业产品大都可以任意转移，经过流通过程到达消费者手中。

建设工程的固着性决定了它在生产上的流动

性。一般工业部门的生产产品，工人和机器设备的工作场所是固定的，各种工件的制造、加工、检验和装配，是通过固定的生产作业线来完成的，"在固定的场所生产流动的产品"，一般地讲易于最大限度的发挥劳动和机械的效率。建设工程则相反，工人和机具随着工作对象地点的不同而作不断的转移，"在流动的场所生产固定的产品"，同一个工程对象要由不同的专业工人按生产顺序轮流依次地进行作业，生产是流动的、分散的，如工人和机具在建筑物不同部位上的流动，工人和机具在一个现场范围内各个工程之间的流动，工人和机具在不同建设项目和地区之间的流动。这种特定的生产过程中的流动性和分散性，使得建设工人和机具效率不能最大限度的发挥。

1.1.3.2 建设工程产品的多样性和多变性决定了它的生产的单件性和特殊性

建设工程是根据用户（投资方）要求的特定条件进行设计和建造的。用于工业生产的工程项目，因产品的种类、品质、规模，生产工艺流程，设备选型，结构和材料的选择，与之配套的辅助附属工程等，在设计中是多种多样的；用于民用非生产的工程项目则因建筑物的用途、功能，在造型、结构、装饰标准等方面更是千差万别。即使是同一个设计，能采用重复利用图纸和标准图纸时，因工程坐落的地带不同，也会受到地形、地质、水文、气候等自然条件，原材料来源，交通运输等经济条件以及工程所在地区社会条件的制约，在设计上要做适应性的修改。施工要服从于设计，对不同设计的工程要采取不同的施工部署和施工过程，包括在组织管理形式上的多样性。

1.1.3.3 建设工程的体积庞大，建设周期长是与其他一般工业生产不同的第三个特征

建造一项工程，需要消耗大量的人力、物力、财力。据统计，同等货币量的工程产品要比机械产品重 30～50 倍。每 1000m² 单层工业厂房需耗用建筑材料 140 多吨，同样体积的民用建筑需耗建筑材料 500 多吨。为建设工程动用的物资约占当年国家物资可供产量的 15%，运输量约占全国总量的 8%。

建设工程由于它的体积庞大，占据固定的土地和空间，不能在室内进行生产，绝大部分作业在露天和高空进行，受到气候条件的影响，不易做到全年连续均衡生产。

建设工程的生产周期要比工业产品长得多，从项目的酝酿决策、筹备、设计到施工，一般需要一

10

年、几年或更长的周期，在竣工之前只是在建工程而不能产生效益。

1.1.4 工程造价的特点

由于工程建设的特点，使工程造价具有以下特点：

1.1.4.1 大额性

任何一项建设工程，不仅实物形态庞大，且造价高昂，需投资几百万、几千万甚至上亿的资金。工程造价的大额性关系到多方面的经济利益，同时也对社会宏观经济产生重大影响。

1.1.4.2 单个性

任何一项建设工程都有特殊的要求，其功能、用途各不相同。因而，使得每一项工程的结构、造型、平面布置、设备配置和内外装饰都有不同的要求。工程内容和实物形态的个别差异性决定了工程造价的单个性。

1.1.4.3 动态性

任何一项建设工程从决策到竣工交付使用，都有一个较长的建设期。在这一期间，如工程变更、材料价格、费率、利率、汇率等会发生变化。这种变化必然会影响工程造价的变动，直至竣工决算后才能最终确定工程造价。建设周期长，资金的时间·价值突出。

1.1.4.4 层次性

一个建设项目往往含有多个单项工程，一个单项工程又由多个单位工程组成。与此相适应，工程造价也由三个层次相对应，即建设项目总造价、单项工程造价和单位工程造价。

1.1.4.5 阶段性（多次性）

建设工程周期长、规模大、造价高，不能一次确定可靠的价格，要在建设程序的各个阶段进行计价，以保证工程造价确定和控制的科学性。多次性计价是一个逐步深化、逐步细化、逐步接近最终造价的过程。

1.2 工程造价管理体制

为保障国家及社会公众利益，维护公平竞争秩序和有关各方合法权益，各企事业单位及从业人员要贯彻执行国家的宏观经济政策和产业政策，遵守国家和地方的法律、法规及有关规定，自觉遵守工程造价咨询行业自律组织的各项制度和规定，并接受工程造价咨询行业自律组织的业务指导。

1.2.1 政府部门的行政管理

政府设置了多层管理机构，明确了管理权限和职责范围，形成一个严密的建设工程造价宏观管理组织系统。国务院建设主管部门在全国范围内行使建设管理职能，在建设工程造价管理方面的主要职能包括：

（1）组织制定建设工程造价管理有关法规、规章并监督其实施；

（2）组织制定全国统一经济定额并监督指导其实施；

（3）制定工程造价咨询企业的资质标准并监督其执行；

（4）负责全国工程造价咨询企业资质管理工作，审定甲级工程造价咨询企业的资质；

（5）制定工程造价管理专业技术人员执业资格标准并监督其执行；

（6）监督管理建设工程造价管理的有关行为。

各省、自治区、直辖市和国务院有关部门在其行政区域内和按其职责分工行使相应的管理职能。

1.2.2 行业协会的自律管理

中国建设工程造价管理协会是我国建设工程造价管理的行业协会。此外，在全国各省、自治区、直辖市及一些大中城市，也先后成立了建设工程造价管理协会，对工程造价咨询工作及造价工程师的执业活动实行行业管理。

中国建设工程造价管理协会作为建设工程造价咨询行业的自律性组织，其行业管理的主要职能包括：

（1）研究建设工程造价管理体制改革、行业发展、行业政策、市场准入制度及行为规范等理论与实践问题；

（2）积极协助国务院建设主管部门，规范建设工程造价咨询市场，制定、实行工程造价咨询企业资质标准、市场准入和清除制度，协调解决工程造价咨询企业、造价工程师执业中出现的问题，建立健全行业法规体系，推进行业发展；

（3）接受国务院建设主管部门委托，承担工程造价咨询企业的资质申报、复核、变更，造价工程师的注册、变更和继续教育等具体工作；

（4）建立和完善建设工程造价咨询行业自律机

14

制。按照"客观、公正、合理"和"诚信为本，操守为重"的要求，贯彻执行工程造价咨询单位执业行为准则和造价工程师职业道德行为准则、执业操作规程、工程造价咨询合同示范文本等行规行约，并监督、检查实施情况；

（5）以服务为宗旨，维护会员的合法权益，协调行业内外关系，并向政府有关部门和有关方面反映会员单位和造价工程师的意见和建议，努力发挥政府与企业之间的桥梁与纽带作用；

（6）建立建设工程造价信息服务系统，编辑、出版建设工程造价管理有关刊物和参考资料，组织交流和推广建设工程造价咨询先进经验，举办有关职业培训和国内外建设工程造价咨询业务研讨活动；

（7）对外代表我国造价工程师组织和建设工程造价咨询行业与国际组织及各国同行组织建立联系与交往，签订有关协议，为开展建设工程造价管理国际交流与合作提供服务；

（8）受理违反行业自律行为的投诉，对违规的工程造价咨询企业、造价工程师实行行业惩戒，或提请政府建设主管部门进行处罚；

（9）指导各专业委员会和地方建设工程造价管

理协会的业务工作。

地方建设工程造价管理协会作为建设工程造价咨询行业管理的地方性组织，在业务上接受中国建设工程造价管理协会的指导，协助地方政府建设主管部门和中国建设工程造价管理协会进行本地区建设工程造价咨询行业的自律管理。

1.3 工程造价专业人员资格管理

在我国建设工程造价管理活动中，从事建设工程造价管理的专业人员可以分为两大类，即注册造价工程师和造价员。

1.3.1 造价工程师执业资格制度

注册造价工程师是指通过全国造价工程师执业资格统一考试或者资格认定、资格互认，取得《中华人民共和国造价工程师执业资格证书》，并注册取得中华人民共和国造价工程师注册证书和执业印章，从事工程造价活动的专业人员。未取得注册证书和执业印章的人员，不得以注册造价工程师的名义从事工程造价活动。

1.3.1.1 资格考试

注册造价工程师执业资格考试实行全国统一大

纲、统一命题、统一组织的办法。原则上每年举行一次。

（1）报考条件

凡中华人民共和国公民，工程造价或相关专业大专及其以上毕业，从事工程造价业务工作一定年限后，均可申请参加造价工程师执业资格考试。

（2）考试科目

造价工程师执业资格考试分为四个科目："工程造价管理基础理论与相关法规"、"工程造价计价与控制"、"建设工程技术与计量（土建工程或安装工程）"和"工程造价案例分析"。

对于长期从事工程造价管理业务工作的专业技术人员，符合一定的学历和专业年限条件的，可免试"工程造价管理基础理论与相关法规"、"建设工程技术与计量"两个科目，只参加"工程造价计价与控制"和"工程造价案例分析"两个科目的考试。

四个科目分别单独考试、单独计分。参加全部科目考试的人员，须在连续的两个考试年度通过；参加免试部分考试科目的人员，须在一个考试年度内通过应试科目。

（3）证书取得

造价工程师执业资格考试合格者，由省、自治

17

区、直辖市人事部门颁发国务院人事主管部门统一印制、国务院人事主管部门和建设主管部门统一用印的造价工程师执业资格证书，该证书全国范围内有效，并作为造价工程师注册的凭证。

1.3.1.2　注册

注册造价工程师实行注册执业管理制度。取得造价工程师执业资格的人员，经过注册方能以注册造价工程师的名义执业。

（1）初始注册

取得造价工程师执业资格证书的人员，受聘于一个工程造价咨询企业或者工程建设领域的建设、勘察设计、施工、招标代理、工程监理、工程造价管理等单位，可自执业资格证书签发之日起一年内向聘用单位工商注册所在地的省、自治区、直辖市人民政府建设主管部门或者国务院有关部门提出注册申请。申请初始注册的，应当提交下列材料：

1）初始注册申请表；

2）执业资格证件和身份证件复印件；

3）与聘用单位签订的劳动合同复印件；

4）工程造价岗位工作证明。

受聘于具有工程造价咨询资质的中介机构的，应当提供聘用单位为其交纳的社会基本养老保险凭

18

证、人事代理合同复印件，或者劳动、人事部门颁发的离退休证复印件。外国人、台港澳人员应当提供外国人就业许可证书、台港澳人员就业证书复印件。

逾期未申请注册的，须符合继续教育的要求后方可申请初始注册。初始注册的有效期为四年。

（2）延续注册

注册造价工程师注册有效期满需继续执业的，应当在注册有效期满 30 日前，按照规定的程序申请延续注册。延续注册的有效期为四年。申请延续注册的，应当提交下列材料：

1）延续注册申请表；

2）注册证书；

3）与聘用单位签订的劳动合同复印件；

4）前一个注册期内的工作业绩证明；

5）继续教育合格证明。

（3）变更注册

在注册有效期内，注册造价工程师变更执业单位的，应当与原聘用单位解除劳动合同，并按照规定的程序办理变更注册手续。变更注册后延续原注册有效期。申请变更注册的，应当提交下列材料：

1）变更注册申请表；

19

2）注册证书；

3）与新聘用单位签订的劳动合同复印件；

4）与原聘用单位解除劳动合同的证明文件；

5）受聘于具有工程造价咨询资质的中介机构的，应当提供聘用单位为其交纳的社会基本养老保险凭证、人事代理合同复印件，或者劳动、人事部门颁发的离退休证复印件；

6）外国人、台港澳人员应当提供外国人就业许可证书、台港澳人员就业证书复印件。

（4）不予注册

有下列情形之一的，不予注册：

1）不具有完全民事行为能力的；

2）申请在两个或者两个以上单位注册的；

3）未达到造价工程师继续教育合格标准的；

4）前一个注册期内工作业绩达不到规定标准或未办理暂停执业手续而脱离工程造价业务岗位的；

5）受刑事处罚，刑事处罚尚未执行完毕的；

6）因工程造价业务活动受刑事处罚，自刑事处罚执行完毕之日起至申请注册之日止不满五年的；

7）因前项规定以外原因受刑事处罚，自处罚

20

决定之日起至申请注册之日止不满三年的；

8）被吊销注册证书，自被处罚决定之日起至申请注册之日止不满三年的；

9）以欺骗、贿赂等不正当手段获准注册被撤销，自被撤销注册之日起至申请注册之日止不满三年的；

10）法律、法规规定不予注册的其他情形。

1.3.1.3　执业

（1）执业范围

注册造价工程师的执业范围包括：

1）建设项目建议书、可行性研究投资估算的编制和审核，项目经济评价，工程概算、预算、结算、竣工结（决）算的编制和审核；

2）工程量清单、标底（或招标控制价）、投标报价的编制和审核，工程合同价款的签订及变更、调整、工程款支付与工程索赔费用的计算；

3）建设项目管理过程中设计方案的优化、限额设计等工程造价分析与控制，工程保险理赔的核查；

4）工程经济纠纷的鉴定。

注册造价工程师应当在本人承担的工程造价成果文件上签字并盖章。修改经注册造价工程师签字盖章的工程造价成果文件，应当由签字盖章的注册造价工程师本人进行；注册造价工程师本人因特殊情况不能进行修改的，应当由其他注册造价工程师修改，并签字盖章；修改工程造价成果文件的注册造价工程师对修改部分承担相应的法律责任。

（2）权利和义务

1）注册造价工程师享有下列权利：

① 使用注册造价工程师名称；

② 依法独立执行工程造价业务；

③ 在本人执业活动中形成的工程造价成果文件上签字并加盖执业印章；

④ 发起设立工程造价咨询企业；

⑤ 保管和使用本人的注册证书和执业印章；

⑥ 参加继续教育。

2）注册造价工程师应当履行下列义务：

① 遵守法律、法规、有关管理规定，恪守职业道德；

② 保证执业活动成果的质量；

③ 接受继续教育，提高执业水平；

④ 执行工程造价计价标准和计价方法；

⑤ 与当事人有利害关系的，应当主动回避；

⑥ 保守在执业中知悉的国家秘密和他人的商

业、技术秘密。

1.3.1.4 继续教育

注册造价工程师在每一注册期内应当达到注册机关规定的继续教育要求。注册造价工程师继续教育分为必修课和选修课，每一注册有效期各为 60 学时。经继续教育达到合格标准的，颁发继续教育合格证明。注册造价工程师继续教育，由中国建设工程造价管理协会负责组织。

1.3.2 造价员从业资格制度

造价员是指通过考试，取得《建设工程造价员资格证书》，从事工程造价业务的人员。为加强对建设工程造价员的管理，规范建设工程造价员的从业行为和提高其业务水平，中国建设工程造价管理协会制定并发布了《建设工程造价员管理暂行办法》（中价协〔2006〕013 号）。

1.3.2.1 资格考试

造价员资格考试实行全国统一考试大纲、通用专业和考试科目，各造价管理协会或归口管理机构（简称归口管理机构）和中国建设工程造价管理协会专业委员会（简称专业委员会）负责组织命题和考试。通用专业分土建工程和安装工程两个专业，

23

通用考试科目包括：① 工程造价基础知识；② 土建工程或安装工程计量与计价实务（可任选一门）。其他专业和考试科目由各管理机构、专业委员会根据本地区、本行业的需要设置，并报中国建设工程造价管理协会备案。

（1）报考条件

凡遵守国家法律、法规，恪守职业道德，具备下列条件之一者，均可申请参加造价员资格考试：① 工程造价专业中专及以上学历；② 其他专业中专及以上学历，工作满一年。

工程造价专业大专及以上应届毕业生，可向管理机构或专业委员会申请免试《工程造价基础知识》。

（2）资格证书的颁发

造价员资格考试合格者，由各管理机构、专业委员会颁发由中国建设工程造价管理协会统一印制的《建设工程造价员资格证书》及专用章。《建设工程造价员资格证书》是造价员从事工程造价业务的资格证明。

1.3.2.2 从业

造价员可以从事与本人取得的《建设工程造价员资格证书》专业相符合的建设工程造价工作。造价员应在本人承担的工程造价业务文件上签字、加盖专用章，并承担相应的岗位责任。

造价员跨地区或行业变动工作，并继续从事建设工程造价工作的，应持调出手续、《全国建设工程造价员资格证书》和专用章，到调入所在地管理机构或专业委员会申请办理变更手续，换发资格证书和专用章。

造价员不得同时受聘于两个或两个以上单位。

1.3.2.3　资格证书的管理

（1）证书的检验

《全国建设工程造价员资格证书》原则上每 3 年检验一次，由各管理机构和各专业委员会负责具体实施。验证的内容为本人从事工程造价工作的业绩、继续教育情况、职业道德等。

（2）验证不合格或注销资格证书和专用章

有下列情形之一者，验证不合格或注销《全国建设工程造价员资格证书》和专用章：

1）无工作业绩的；

2）脱离工程造价业务岗位的；

3）未按规定参加继续教育的；

4）以不正当手段取得《全国建设工程造价员资格证书》的；

5）在建设工程造价活动中有不良记录的；

25

6）涂改《全国建设工程造价员资格证书》和转借专用章的；

7）在两个或两个以上单位以造价员名义从业的。

1.3.2.4 继续教育

造价员每三年参加继续教育的时间原则上不得少于30小时，各管理机构和各专业委员会可根据需要进行调整。各地区、行业继续教育的教材编写及培训组织工作由各管理机构、专业委员会分别负责。

1.3.2.5 自律管理

中国建设工程造价管理协会负责全国建设工程造价员的行业自律管理工作。各地区管理机构在本地区建设行政主管部门的指导和监督下，负责本地区造价员的自律管理工作。各专业委员会负责本行业造价员的自律管理工作。全国建设工程造价员行业自律工作受建设部标准定额司指导和监督。

造价员职业道德准则包括：

（1）应遵守国家法律、法规，维护国家和社会公共利益，忠于职守，恪守职业道德，自觉抵制商业贿赂；

（2）应遵守工程造价行业的技术规范和规程，保证工程造价业务文件的质量；

（3）应保守委托人的商业秘密；

（4）不准许他人以自己的名义执业；

（5）与委托人有利害关系时，应当主动回避；

（6）接受继续教育，提高专业技术水平；

（7）对违反国家法律、法规的计价行为，有权向国家有关部门举报。

各管理机构和各专业委员会应建立造价员信息管理系统和信用评价体系，并向社会公众开放查询造价员资格、信用记录等信息。

1.4 造价工程师和造价员资格考试简介

1.4.1 关于我国造价工程师注册考核制度

关于我国造价工程师注册考核制度，国家要求非常严格。为加强对工程造价的管理，提高人员素质，确保质量。人事部、建设部 1996 年颁布了《造价工程执业资格制度现行规定》。

1.4.1.1 申请报考条件

（1）凡中华人民共和国公民，遵纪守法并具备以下条件之一者，均可申请造价工程师执业资格考试：

1）工程造价专业大专毕业，从事工程造价业务工作满 5 年；工程或工程经济类大专毕业，从事

27

工程造价业务工作满 6 年。

2）工程造价专业本科毕业，从事工程造价业务工作满 4 年；工程或工程经济类本科毕业，从事工程造价业务工作满 5 年。

3）获上述专业第二学士学位或研究生班毕业和获硕士学位，从事工程造价业务工作满 3 年。

4）获上述专业博士学位，从事工程造价业务工作满 2 年。

（2）上述报考条件中有关学历的要求是指经教育部承认的正规学历，从事相关工作经历年限要求是指取得规定学历前、后从事该相关工作时间的总和，其截止日期为 2006 年年底。

（3）凡符合造价工程师考试报考条件的，且在《造价工程师执业资格制度暂行规定》下发之日（1996 年 8 月 26 日）前，已受聘担任高级专业技术职务并具备下列条件之一者，可免试《工程造价管理基础理论与相关法规》、《建设工程技术与计量》两个科目，只参加《工程造价计价与控制》、《工程造价案例分析》两个科目的考试。

1）1970 年（含 1970 年，下同）以前工程或工程经济类本科毕业，从事工程造价业务满 15 年。

2）1970 年以前工程或工程经济类大专毕业，

从事工程造价业务满 20 年。

3）1970 年以前工程或工程经济类中专毕业，从事工程造价业务满 25 年。

（4）根据人事部《关于做好香港、澳门居民参加内地统一举行的专业技术人员资格考试有关问题的通知》（国人部发〔2005〕9 号）文件精神，自 2005 年度起，凡符合造价工程师执业资格考试有关规定的香港、澳门居民，均可按照规定的程序和要求，报名参加相应专业考试。香港、澳门居民在报名时应向报名点提交本人身份证明、国务院教育行政部门认可的相应专业学历或学位证书，以及相应专业机构从事相关专业工作年限的证明。

1. 4. 1. 2　考试内容

造价工程师应该是既懂工程技术又要懂经济、管理和法律，并具有实践经验和良好的职业道德的复合型人才。

造价工程师执业资格考试实行全国统一大纲、统一命题、统一组织的办法。原则上每年 10 月的第二个周末考试一次。

（1）工程造价管理基础理论与相关法规，如投资经济理论、经济法与合同管理、项目管理等知识。

29

（2）工程造价计价与控制，除掌握造价基本概念外，主要体现全过程造价计价与控制思想，以及对工程造价管理信息系统的了解。

（3）建设工程技术与计量，这一部分分两个专业考试，即建筑工程与安装工程，主要掌握两专业基本技术知识与计量方法。

（4）工程造价案例分析，考察考生实际操作的能力。计算、审查专业工程量计算；编制和审查专业工程投资估算、概、预算、标底价、结（决）算、投标报价的评价分析。方案技术经济分析、编制补充定额技能。

1.4.1.3 注册

考试合格人员在三个月内，到当地省级或部级造价工程师注册管理机构办理注册登记手续。有效期三年，有效期满前三个月，持证者应当到原注册机构重新办理注册手续。再次注册者，应经单位考核合格并有继续教育、参加业务培训的证明。

不能继续注册的4种情况：

（1）死亡；

（2）服刑；

（3）脱离造价工程师岗位连续两年（含两年）以上；

（4）因健康原因不能坚持造价工程师岗位的工作。

1.4.1.4 权利和义务

（1）权利

1）有独立依法执行造价工程师岗位业务，并参与工程项目经济管理的权利。

2）有在所经办的工程造价成果文件上签字的权利；凡经造价工程师签字的工程造价文件需要修改时应经本人同意。

3）有使用造价工程师名称的权利。

4）有依法申请开办工程造价咨询单位的权利。

5）造价工程师对违反国家有关法规的意见和决定，有权提出劝告、拒绝执行并有向上级或有关部门报告的权利。

（2）义务

1）必须熟悉并严格执行国家有关工程造价的法律法规和规定。

2）恪守职业道德和行为规范，遵纪守法，秉公办事。对经办的工程造价文件质量负有经济的和法律的责任。

3）及时掌握国内外新技术、新材料、新工艺的发展应用，为工程造价管理部门制订、修改工程定额提供依据。

4) 自觉接受继续教育，更新知识，积极参加职业培训，不断提高业务技术水平。

5) 不得参与与经办工程有关的其他单位事关本项工程的经营活动。

6) 严格保守执行中得知的技术和经济秘密。

1.4.2 《全国建设工程造价员资格考试大纲》

1.4.2.1 前言

随着我国建设工程造价改革的不断深入，国家对事关公共利益的工程造价专业人员实行了准入控制。1996 年人事部、建设部在全国建立了造价工程师执业资格制度，目前全国造价工程师已有 7.5 万人。根据工程造价业务从业和执业的需要，应对工程造价专业人员按层次、结构分别进行管理。

2005 年建设部发布了《关于由中国建设工程造价管理协会归口做好建设工程概预算人员行业自律工作的通知》（建标 [2005] 69 号），文件决定由中国建设工程造价管理协会对全国建设工程造价员实行统一的行业自律管理。根据中价协印发的《全国建设工程造价员管理暂行办法》（中价协 [2006] 013 号）文件精神，为协调统一各地区各部门造价员的资格标准，我们编制了《全国建设工程造价员资格考试大纲》（以下简称考试大纲），该考试大纲是造价员考前培训和考试命题的依据，也是应考人员必备的指导材料。

本考试大纲分为《建设工程造价管理基础知识》和《工程计量与计价实务（××工程)》两个科目。其中《建设工程造价管理基础知识》科目实行全国统一的水平要求，中国建设工程造价管理协会组织编写了《建设工程造价管理基础知识》考试培训教材，供各地方、各行业管理机构及应考人员使用。《工程计量与计价实务（××工程)》考试大纲及培训教材由各地方、各行业有关管理机构自行编制。

1.4.2.2 编制说明

（1）造价员资格考试分《建设工程造价管理基础知识》和《工程计量与计价实务（××工程)》两个科目。其中《工程计量与计价实务（××工程)》分若干个专业，由各地方、各行业管理机构自行编制考试大纲，送中国建设工程造价管理协会备案。

（2）造价员资格考试的两个科目应单独考试、单独计分。《建设工程造价管理基础知识》科目的考试时间为 2 小时，考试试题实行 100 分制，试题类型为单项选择和多项选择题。《工程计量与计价

33

实务（××工程）》科目的考试时间由各地方、各行业有关管理机构自行确定，试题类型建议为工程造价文件编制的应用实例。

（3）考试大纲对专业知识的要求分掌握、熟悉和了解三个层次。掌握即要求应考人员具备解决实际工作问题的能力；熟悉即要求应考人员对该知识具有深刻的理解；了解即要求应考人员对该知识有正确的认知。

1.4.2.3 第一科目：《建设工程造价管理基础知识》

（1）工程造价相关法规与制度

1）了解工程造价管理相关法律、法规与制度；

2）了解造价员管理制度和造价工程师执业资格制度；

3）了解工程造价咨询及其管理制度。

（2）建设项目管理

1）了解项目管理的概念；

2）了解建设项目管理的概念、内容与程序；

3）熟悉建设项目、单项工程、单位工程、分部分项工程的概念与划分；

4）了解建设项目的成本管理内容、控制理论与方法，了解建设项目风险管理的基本知识。

（3）建设工程合同管理

1）了解合同法的有关内容；

2）了解建设工程管理涉及的相关合同，熟悉工程造价管理相关合同；

3）熟悉建设工程合同类型及其选择方法；

4）了解建设工程施工合同文件的组成，熟悉建设工程施工合同造价相关条款；

5）熟悉建设工程总承包合同及分包合同的订立、履行与变更的基本原则；

6）了解建设工程施工合同争议的解决办法。

（4）工程造价的构成

1）熟悉我国建设工程造价的概念和构成；

2）熟悉设备及工器具购置费的概念和构成；

3）掌握建筑工程费、安装工程费的概念和构成；

4）熟悉工程建设其他费用的概念、构成；

5）了解预备费的概念和构成；

6）了解建设期利息的概念。

（5）工程造价计价方法和依据

1）熟悉建设工程造价计价方法和特点；

2）熟悉建设工程造价计价依据分类、作用与特点；

3）了解建筑安装工程预算定额、概算定额和投资估算指标的编制原则和方法；

35

4）熟悉人工、材料、机械台班定额消耗量的确定方法及其单价的组成和编制方法；

5）掌握预算定额、概算定额单价的编制方法；

6）熟悉建设工程费用定额的构成；

7）了解工程造价资料积累的内容、方法及应用。

（6）决策和设计阶段工程造价的确定与控制

1）了解决策和设计阶段影响工程造价的主要因素；

2）了解可行性研究报告主要内容和作用；

3）掌握投资估算的编制方法；

4）掌握设计概算的编制方法；

5）掌握施工图预算的编制方法；

6）了解方案比选、优化设计、限额设计的基本方法。

（7）建设项目招投标与合同价款的确定

1）熟悉建设项目招投标程序；

2）熟悉招标文件的组成与内容；

3）掌握建设工程招标工程量清单的编制方法；

4）掌握工程招标标底和投标报价的编制方法；

5）熟悉评标定标方法和合同价款的确定；

6）熟悉工程分包招投标，设备、材料采购招投标合同价款的确定方法。

（8）工程施工阶段工程造价的控制与调整

1）熟悉工程变更的处理，掌握合同价款的调整方法；

2）了解合同预付款、工程进度款的支付方法；

3）了解工程索赔的概念、处理原则与依据；

4）掌握工程结算的编制与审查。

（9）竣工决算的编制与保修费用的处理

1）了解竣工验收报告的组成；

2）熟悉竣工决算的内容和编制方法；

3）了解新增资产价值的确定方法；

4）熟悉保修费用的处理方法。

（10）附录

1）工程造价相关法律、行政法规；

2）工程造价相关综合性规章和规范性文件；

3）中国建设工程造价管理协会有关文件；

4）各省、自治区、直辖市或建设行政主管部门的工程造价相关法规与规章。

1.4.2.4 第二科目：《工程计量与计价实务（××工程）》

（1）专业基础知识

1）了解××工程的分类、组成及构造；

2）了解××工程常用材料的分类、基本性能

37

及用途；

3）了解××工程主要施工工艺与方法；

4）了解××工程常用施工机械的分类与适用范围；

5）了解××工程施工组织设计的编制原理与方法；

6）了解××工程相关标准规范的基本内容。

（2）工程计量

1）熟悉××工程识图基本原理与方法；

2）熟悉××工程及常用材料图例；

3）掌握××工程工程量计算；

4）了解计算机辅助工程量计算方法。

（3）工程量清单的编制

1）熟悉××工程量清单的内容与格式；

2）掌握××工程分部分项工程工程量清单的编制；

3）熟悉××工程措施项目清单的编制；

4）熟悉××工程其他项目、零星工作项目清单的编制。

（4）工程计价

1）熟悉××工程施工图预算编制；

2）熟悉××工程预算定额和建筑安装工程费

用定额适用范围、调整与使用；

  3）掌握××工程工程量清单的编制及计价；

  4）掌握××工程结算和合同价款的调整方法；

  5）熟悉计算机在工程计价中的应用。

1.5 造价员岗位职责

1.5.1 造价员工作职责

  （1）努力提高业务水平，参加工程投标、合同评审和预结算编制工作，保证编制工程造价的质量，量价费应合法、有理、有据，能经得起审查和审计；

  （2）熟悉施工图纸，配合有关人员编制施工形象进度计划，按生产进度计划做好每个生产阶段的施工预算，及时开出施工任务单和耗料计划单，并以此指导项目生产，确保企业定额制度的顺利进行；

  （3）配合项目领导搞好单位工程成本核算，定期做好用料、工费的分析，发现漏洞及时落实弥补措施；

  （4）及时收集设计变更、现场签证单和有关定额及价格信息的变化，及时编制好项目的竣工决

39

算，协助项目领导及有关职能人员做好应收款的催收，如实向领导反映经济信息，当好领导参谋；

（5）完成经理交办的其他工作。

1.5.2 项目造价员岗位职责

（1）编制各工程的材料总计划，包括材料的规格、型号、材质。在材料总计划中，主材应按部位编制，耗材按工程编制。

（2）负责编制工程的施工图预、结算及工料分析，编审工程分包、劳务层的结算。

（3）编制每月工程进度预算及材料调差（根据材料员提供市场价格或财务提供实际价格）并及时上报有关部门审批。

（4）审核分包、劳务层的工程进度预算（技术员认可工程量）。

（5）协助财务进行成本核算。

（6）根据现场设计变更和签证及时调整预算。

（7）在工程投标阶段，及时、准确地做出预算，提供报价依据。

（8）掌握准确的市场价格和预算价格，及时调整预、结算。

（9）对各劳务层的工作内容及时提供价格，作为决策的依据。

（10）参与投标文件、标书编制和合同评审，收集各工程项目的造价资料，为投标提供依据。

（11）熟悉图纸、参加图纸会审，提出问题，对业主未发现的问题负责。

（12）参与劳务及分承包合同的评审，并提出意见。

（13）建好单位工程预、结算及进度报表台账，填报有关报表。

2 工程量计算规则

2.1 建筑面积计算规范

2.1.1 建筑面积概述

2.1.1.1 建筑面积的概念

建筑面积是建筑物各层面积的总和。它包括使用面积、辅助面积和结构面积三部分。其中，使用面积与辅助面积之和称有效面积。

(1) 使用面积

使用面积是指建筑物各层平面中直接为生产或生活使用的净面积之和。例如，住宅建筑中的居室、客厅、书房等。

(2) 辅助面积

辅助面积是指建筑物各层平面中为辅助生产或辅助生活所占净面积之和。例如，住宅建筑中的楼梯、走道、卫生间、厨房等等。

(3) 结构面积

结构面积是指建筑各层平面中的墙、柱等结构所占面积之和。

2.1.1.2 建筑面积的作用

（1）建筑面积是重要的管理指标

建筑面积是建设投资、建设项目可行性研究、建设项目勘察设计、建设项目评估、建设项目招标投标、建筑工程施工和竣工验收、建设工程造价管理、建筑工程造价控制等一系列工作的重要计算指标。

（2）建筑面积是重要的技术指标

建筑设计在进行方案比选时，常常依据一定的技术指标，如容积率、建筑密度、建筑系数等；建设单位和施工单位在办理报审手续时，经常用到开工面积、竣工面积、优良工程率、建筑规模等技术指标。这些重要的技术指标都要用到建筑面积。其中：

$$容积率 = \frac{建筑总面积}{建筑占地面积} \times 100\%$$

$$建筑密度 = \frac{建筑物底层面积}{建筑占地总面积} \times 100\%$$

$$房屋建筑系数 = \frac{房屋建筑面积}{房屋使用面积} \times 100\%$$

（3）建筑面积是重要的经济指标

建筑面积是评价国民经济建设和人民物质生活

的重要经济指标。在一定时期内完成建筑面积的多少也标志着一个国家的工程建设发展状况、人民生活居住条件改善和文化生活福利设施发展的程度。建筑面积也是施工单位计算单位工程或单项工程的单位面积工程造价、人工消耗量、材料消耗量和机械台班消耗量的重要经济指标。各种经济指标的计算公式如下：

$$每平方米工程造价 = \frac{工程造价}{建筑面积}（元/m^2）$$

$$\begin{array}{c}每平方米 \\ 人工消耗量\end{array} = \frac{单位工程用工量}{建筑面积}（工日/m^2）$$

$$\begin{array}{c}每平方米 \\ 材料消耗量\end{array} = \frac{单位工程某种材料用量}{建筑面积}（kg/m^2，m^3/m^2等）$$

$$\begin{array}{c}每平方米机 \\ 械台班消耗量\end{array} = \frac{单位工程某机械台班用量}{建筑面积}（台班/m^2等）$$

（4）建筑面积是计算工程量的基础

建筑面积是计算有关工程量的重要依据。例如，垂直运输机械的工程量即是以建筑面积为工程量等。建筑面积也是计算各分部分项工程量和工程量消耗指标的基础。例如，计算出建筑面积之后，利用这个基数，就可以计算出地面抹灰、室内填土、地面垫层、平整场地、顶棚抹灰和屋面防水等项目的工程量。工程量消耗指标也是投标报价的重

44

要参考。

$$每平方米工程量=\frac{单位工程某工程量}{建筑面积}（m^2/m^2，m/m^2 等）$$

（5）建筑面积对于建筑施工企业实行内部经济承包责任制、投标报价、编制施工组织设计、配备施工力量、成本核算及物资供应等，都具有重要意义

综上所述，建筑面积是重要的技术经济指标，在全面控制建筑工程造价，衡量和评价建设规模、投资效益、工程成本等方面起着重要尺度的作用。但是，建筑面积指标也存在着一些不足，主要不能反映其高度因素。例如，计取暖气费用以建筑面积为单位就不尽合理。

2.1.2　建筑面积计算规范概述

2.1.2.1　建筑面积计算规范说明

《建筑工程建筑面积计算规范》为国家标准，编号为 GB/T 50353—2005，自 2005 年 7 月 1 日起实施。本规范是在 1995 年建设部发布的《全国统一建筑工程预算工程量计算规则》的基础上修订而成的。为满足工程造价计价工作的需要，本规范在修订过程中充分反映出新的建筑结构和新技术等对

建筑面积计算的影响，考虑了建筑面积计算的习惯和国际上通用的做法，同时与《住宅设计规范》和《房产测量规范》的有关内容做了协调。

本规范主要内容有总则、术语、计算建筑面积的规定。为便于准确理解和应用本规范，对建筑面积计算规范的有关条文进行了说明。

本规范由建设部负责管理，建设部标准定额研究所负责具体技术内容的解释。

2.1.2.2 总则

（1）为规范工业与民用建筑工程的面积计算，统一计算方法，制定本规范；

（2）本规范适用于新建、扩建、改建的工业与民用建筑工程的面积计算；

（3）建筑面积计算应遵循科学、合理的原则；

（4）建筑面积计算除应遵循本规范，尚应符合国家现行的有关标准规范的规定。

2.1.2.3 术语的定义或涵义

（1）层高是指上下两层楼面或楼面与地面之间的垂直距离；

（2）自然层是指按楼板、地板结构分层的楼层；

（3）架空层是指建筑物深基础或坡地建筑吊脚

架空部位不回填土石方形成的建筑空间；

（4）走廊是指建筑物的水平交通空间；

（5）挑廊是指挑出建筑物外墙的水平交通空间；

（6）檐廊是指设置在建筑物底层出檐下的水平交通空间；

（7）回廊是指在建筑物门厅、大厅内设置在二层或二层以上的回形走廊；

（8）门斗是指在建筑物出入口设置的起分隔、挡风、御寒等作用的建筑过渡空间；

（9）建筑物通道是指为道路穿过建筑物而设置的建筑空间；

（10）架空走廊是指建筑物与建筑物之间，在二层或二层以上专门为水平交通设置的走廊；

（11）勒脚是指建筑物的外墙与室外地面或散水接触部位墙体的加厚部分；

（12）围护结构是指围合建筑空间四周的墙体、门、窗等；

（13）围护性幕墙是指直接作为外墙起围护作用的幕墙；

（14）装饰性幕墙是指设置在建筑物墙体外起装饰作用的幕墙；

47

（15）落地橱窗是指突出外墙面根基落地的橱窗；

（16）阳台是指供使用者进行活动和晾晒衣物的建筑空间；

（17）眺望间是指设置在建筑物顶层或挑出房间的供人们远眺或观察周围情况的建筑空间；

（18）雨篷是指设置在建筑物进出口上部的遮雨、遮阳篷；

（19）地下室是指房间地平面低于室外地平面的高度超过该房间净高的1/2者为地下室；

（20）半地下室是指房间地平面低于室外地平面的高度超过该房间净高的1/3，且不超过1/2者为半地下室；

（21）变形缝是指伸缩缝（温度缝）、沉降缝和防震缝的总称；

（22）永久性顶盖是指经规划批准设计的永久使用的顶盖；

（23）飘窗是指为房间采光和美化造型而设置的突出外墙的窗；

（24）骑楼是指楼层部分跨在人行道上的临街楼房；

（25）过街楼是指有道路穿过建筑空间的楼房。

2.1.2.4 建筑面积计算规范的主要内容

《建筑工程建筑面积计算规范》主要规定了三个方面的内容：

(1) 计算全部建筑面积的范围和规定；

(2) 计算一半建筑面积的范围和规定；

(3) 不计算建筑面积的范围和规定。

这些规定主要基于以下几个方面的考虑。

1) 尽可能准确地反映建筑物各组成部分的价值量。例如，有永久性顶盖，无围护结构的走廊，按其结构底板水平面积 1/2 计算建筑面积；有围护结构的走廊（增加了围护结构的工料消耗）则计算全部建筑面积。又如，多层建筑坡屋顶内和场馆看台下，当设计加以利用时，净高超过 2.10m 的部位应计算建筑面积；净高在 1.20～2.10m 的部位应计算 1/2 面积；净高不足 1.20m 时不应计算面积。

2) 通过建筑面积计算的规定，简化了建筑面积计算过程。例如，附墙柱、垛等不应计算建筑面积。

2.1.3 计算建筑面积的规定

2.1.3.1 单层建筑物的建筑面积，应按其外墙勒脚以上结构外围水平面积计算，并应符合下列规定：

(1) 单层建筑物高度在 2.20m 及以上者应计算全面积；高度不足 2.20m 者应计算 1/2 面积。如图 2-1 所示。2.20m 是取标准层高 3.30m 的 2/3 高度。

规定所指的单层建筑物可以是民用建筑、公共建筑，也可以是工业厂房。"应按其外墙勒脚以上结构外围水平面积计算"的规定，主要强调，勒脚是墙根部很矮的一部分墙体加厚，不能代表整个外墙结构，因此要扣除勒脚墙体加厚部分。另外还强调，建筑面积只包括外墙的结构面积，不包括外墙抹灰厚度、装饰材料厚度所占的面积。

单层建筑物应按不同的高度确定面积的计算。其高度指室内地面标高至屋面板板面结构标高之间的垂直距离。遇有以屋面板找坡的平屋顶单层建筑物，其高度指室内地面标高至屋面板最低处板面结构标高之间的垂直距离。

(2) 利用坡屋顶内空间时净高超过 2.10m 的部位应计算全面积；净高在 1.20～2.10m 的部位应计算 1/2 面积；净高不足 1.20m 的部位不应计算面积。如图 2-2 所示。

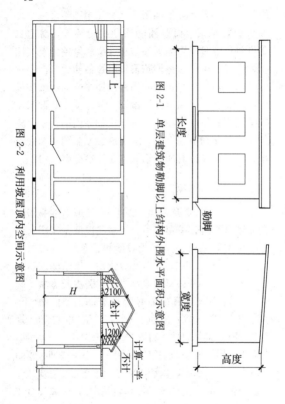

图 2-1 单层建筑物勒脚以上结构外围水平面积示意图

图 2-2 利用坡屋顶内空间示意图

2.1.3.2 单层建筑物内设有局部楼层者，局部楼层的二层及以上楼层，有围护结构的应按其围护结构外围水平面积计算，无围护结构的应按其结构底板水平面积计算。层高在 2.20m 及以上者应计算全面积；层高不足 2.20m 者应计算 1/2 面积。如图 2-3 所示。

局部楼层的墙厚部分应包括在局部楼层面积内。本条款没提出不计算面积的规定，可以理解局部楼层的层高一般不会低于 1.20m。

2.1.3.3 多层建筑物首层应按其外墙勒脚以上结构外围水平面积计算；二层及以上楼层应按其外墙结构外围水平面积计算。层高在 2.20m 及以上者应计算全面积；层高不足 2.20m 者应计算 1/2 面积。如图 2-4 所示。

(1) 该条款明确了外墙上的抹灰厚度或装饰材料厚度不能计入建筑面积。"二层及以上楼层"是指，不仅底层有时不同于标准层，有可能二层及以上楼层的平面布置、面积也不相同，因此要按其外墙结构外围水平面积分层计算。

(2) 多层建筑物的建筑面积应按不同的层高分别计算。层高是指上下两层楼面结构标高之间的垂直距离。建筑物最底层的层高指，当有基础底板时，按基础底板上表面结构标高至上层楼面的结构

52

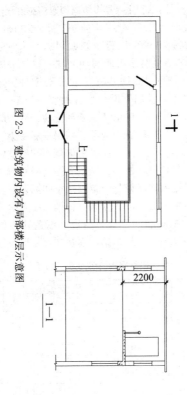

图 2-3 建筑物内设有局部楼层示意图

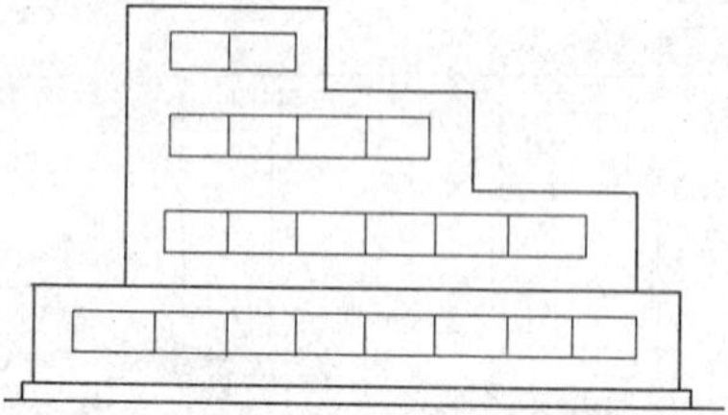

图 2-4　多层建筑物示意图

标高之间的垂直距离确定；当没有基础底板时，按
地面标高至上层楼面结构标高之间的垂直距离确
定。最上一层的层高是指楼面结构标高至屋面板板
面结构标高之间的垂直距离；若遇到以屋面板找坡
的屋面，层高指楼面结构标高至屋面板最低处板面
结构标高之间的垂直距离。

（3）本条款没提出不计算面积的规定，可以理
解楼层的层高一般不会低于 1.20m。

2.1.3.4　多层建筑坡屋顶内和场馆看台下，当设
计加以利用时净高超过 2.10m 的部位应计算全面
积；净高在 1.20～2.10m 的部位应计算 1/2 面积；
当设计不利用或室内净高不足 1.20m 时不应计算
面积。如图 2-5，图 2-6 所示。

多层建筑坡屋顶内和场馆看台下的空间应视为坡

54

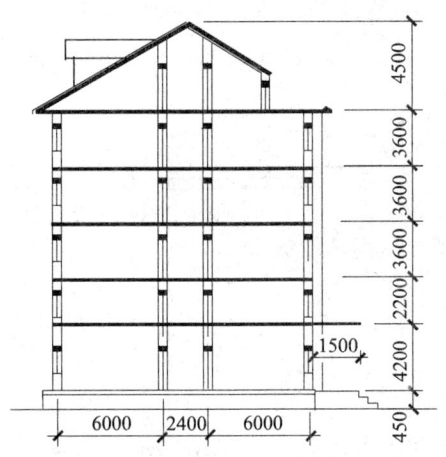

图 2-5　多层建筑坡屋顶示意图

屋顶内的空间，设计加以利用时，应按其净高确定其面积的计算；设计不利用的空间，不应计算建筑面积。

2.1.3.5　地下室、半地下室（车间、商店、车站、车库、仓库等），包括相应的有永久性顶盖的出入口，应按其外墙上口（不包括采光井、外墙防潮层及其保护墙）外边线所围水平面积计算。层高在2.20m 及以上者应计算全面积；层高不足 2.20m者应计算 1/2 面积。如图 2-7 所示。

55

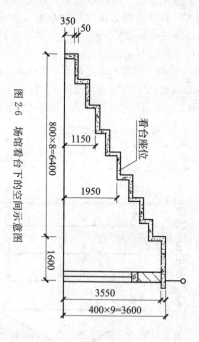

图 2-6 场馆看台下的空间示意图

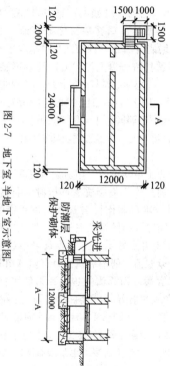

图 2-7 地下室、半地下室示意图

地下室、半地下室应按其外墙上口外边线所围水平面积计算。旧的规则规定：按地下室、半地室上口外墙外围水平面积计算，文字上不甚严密，"上口外墙"容易被理解成为地下室、半地下室的上一层建筑的外墙。一般情况下，地下室外墙比上一层建筑外墙宽。

2.1.3.6 坡地的建筑物吊脚架空层、深基础架空层，设计加以利用并有围护结构的，层高在 2.20m 及以上的部位应计算全面积；层高不足 2.20m 的部位应计算 1/2 面积。设计加以利用、无围护结构的建筑吊脚架空层，应按其利用部位水平面积的 1/2 计算；设计不利用的深基础架空层、坡地吊脚架空层、多层建筑坡屋顶内、场馆看台下的空间不应计算面积。

如图 2-8、图 2-9 所示。层高在 2.20m 及以上的吊脚架空间可以设计用来作为一个房间使用；深基础架空层 2.20m 及以上层高时，可以设计用来作为安装设备或做储藏间使用，该部位应计算全面积。

2.1.3.7 建筑物的门厅、大厅按一层计算建筑面积。门厅、大厅内设有回廊时，应按其结构底板水平面积计算。层高在 2.20m 及以上者应计算全面积；层高不足 2.20m 者应计算 1/2 面积。如图 2-10 所示。

58

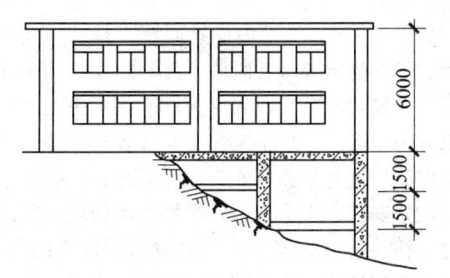

图 2-8　坡地的建筑物吊脚架空层示意图

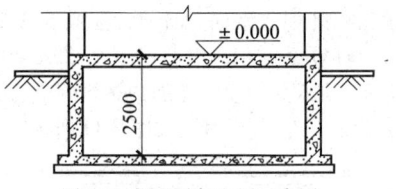

图 2-9　深基础架空层示意图

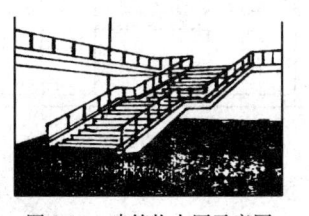

图 2-10　建筑物大厅示意图

（1）"门厅、大厅内设有回廊"是指，建筑物大厅、门厅的上部（一般该大厅、门厅占两个或两个以上建筑物层高）四周向大厅、门厅中间挑出的走廊称为回廊。"层高不足 2.20m 者应计算 1/2 面积"应该指回廊层高可能出现的情况。

（2）宾馆、大会堂、教学楼等大楼内的门厅或大厅，往往要占建筑物的两层或两层以上的层高，这时也只能计算一层面积。

2.1.3.8 建筑物间有围护结构的架空走廊，应按其围护结构外围水平面积计算。层高在 2.20m 及以上者应计算全面积；层高不足 2.20m 者应计算 1/2 面积。有永久性顶盖无围护结构的应按其结构底板水平面积的 1/2 计算。如图 2-11 所示。

图 2-11 架空走廊示意图

2.1.3.9 立体书库、立体仓库、立体车库，无结构层的应按一层计算，有结构层的应按其结构层面积分别计算。层高在 2.20m 及以上者应计算全面积；层高不足 2.20m 者应计算 1/2 面积。如图 2-12 所示。

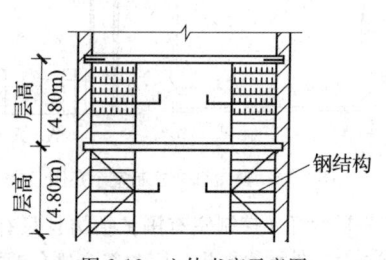

图 2-12 立体书库示意图

由于城市内立体车库不断增多，计算规范增加了立体车库的面积计算。立体车库、立体仓库、立体书库不规定是否有围护结构，均按是否有结构层，应区分不同的层高，确定建筑面积计算的范围。改变了以前按书架层和货架层计算面积的规定。

2.1.3.10 有围护结构的舞台灯光控制室，应按其围护结构外围水平面积计算。层高在 2.20m 及以上者应计算全面积；层高不足 2.20m 者应计算 1/2 面积。如图 2-13 所示。

61

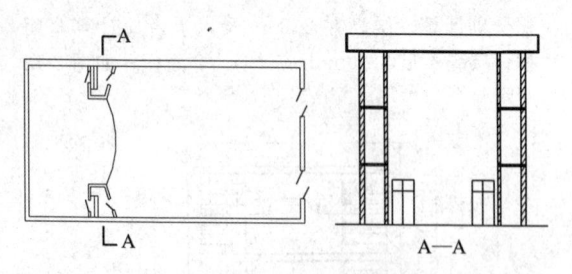

图 2-13　舞台灯光控制室示意图

　　如果舞台灯光控制室有围护结构且只有一层，那么就不能另外计算面积。因为整个舞台的面积计算已经包含了该灯光控制室的面积。计算舞台灯光控制室面积时，应包括墙体部分面积。

2.1.3.11　建筑物外有围护结构的落地橱窗、门斗、挑廊、走廊、檐廊，应按其围护结构外围水平面积计算。层高在 2.20m 及以上者应计算全面积；层高不足 2.20m 者应计算 1/2 面积。有永久性顶盖无围护结构的应按其结构底板水平面积的 1/2 计算。如图 2-14、2-15 所示。

2.1.3.12　有永久性顶盖无围护结构的场馆看台应按其顶盖水平投影面积的 1/2 计算。这里的场馆主要是指体育场等"场"所，如体育场主席台部分的

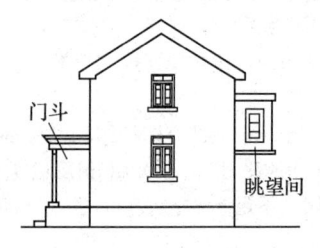

图 2-14　外门斗、眺望间示意图

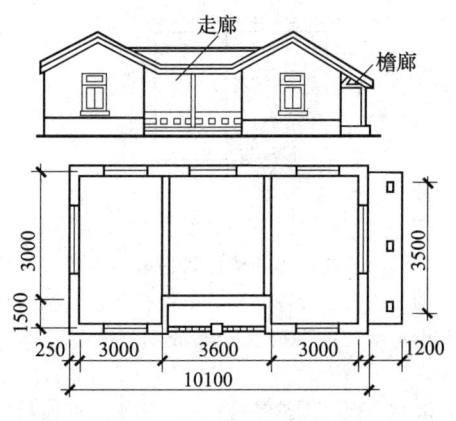

图 2-15　外走廊、檐廊示意图

63

看台，一般是有永久性顶盖而无围护结构，按其顶盖水平投影面积的 1/2 计算。"馆"是有永久性顶盖和围护结构的，应按单层或多层建筑面积计算规定计算。

2.1.3.13 建筑物顶部有围护结构的楼梯间、水箱间、电梯机房等，层高在 2.20m 及以上者应计算全面积；层高不足 2.20m 者应计算 1/2 面积。如图 2-16 所示。

图 2-16　屋顶水箱间示意图

如遇建筑物屋顶的楼梯间是坡屋顶时，应按坡屋顶的相关规定计算面积。单独放在建筑物屋顶上没有围护结构的混凝土水箱或钢板水箱，不计算面积。

2.1.3.14 设有围护结构不垂直于水平面而超出底板外沿的建筑物，应按其底板面的外围水平面积计算。层高在 2.20m 及以上者应计算全面积；层高不足 2.20m 者应计算 1/2 面积。

设有围护结构不垂直于水平面而超出地板外沿的建筑物是指向建筑物外倾斜的围护结构，如图 2-17a 所示。若遇有向建筑物内倾斜的围护结构，应视为坡屋面，应按坡屋顶的有关规定计算面积，如图 2-17b 所示。

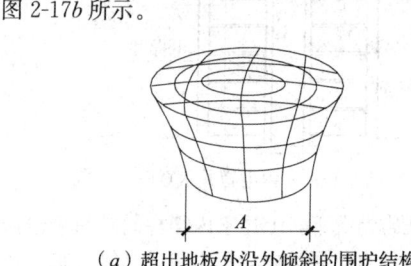

（a）超出地板外沿外倾斜的围护结构

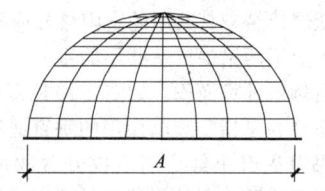

（b）不超出地板外沿内倾斜的围护结构

图 2-17　围护结构不垂直建筑物示意图

2.1.3.15 建筑物内的室内楼梯间、电梯井、观光电梯井、提物井、管道井、通风排气竖井、垃圾道、附墙烟囱应按建筑物的自然层计算面积。如图2-18所示。

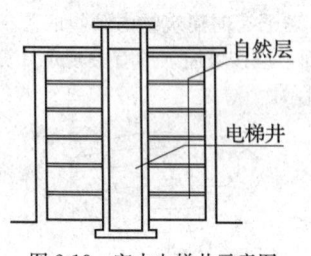

图 2-18 室内电梯井示意图

（1）正常情况下，上述室内楼梯间等面积包括在各建筑物的自然层数内，不需单独计算。室内楼梯间若遇跃层建筑，其共用的室内楼梯应按自然层计算面积；上下两错层户室共用的室内楼梯，应选上一层的自然层计算面积，如图2-19所示。

（2）电梯井是指安装电梯用的垂直通道；提物井是指图书馆提升书籍、酒店提升食物的垂直通道；垃圾道是指写字楼等大楼内每层设垃圾倾倒口的垂直通道；管道井是指宾馆或写字楼内集中安装给水排水、采暖、消防、电线管道用的垂直通道。

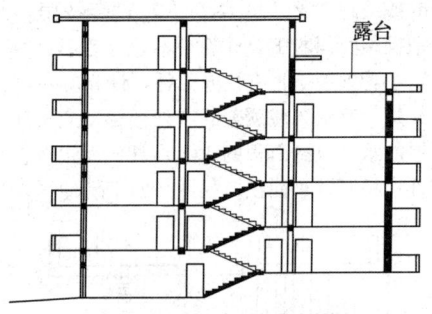

图 2-19　户室错层剖面示意图

2. 1. 3. 16　雨篷结构的外边线至外墙结构外边线的宽度超过 2.10m 者，应按雨篷结构板的水平投影面积的 1/2 计算。如图 2-20 所示。

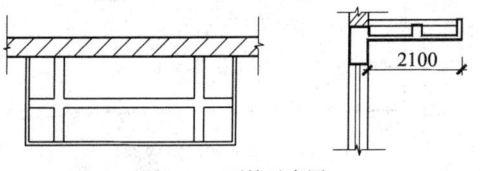

图 2-20　雨篷示意图

　　由于雨篷结构形式比较复杂，有柱、无柱和独立柱不好界定，柱的形式也比较多，不少还采用索拉雨篷等。因此，规范规定雨篷均以其宽度超过

67

2.10m 或不超过 2.10m 划分。超过者按雨篷结构
板水平投影面积的 1/2 计算；不超过者不计算。上
述规定不管雨篷是否有柱或无柱，计算应一致。

2.1.3.17 有永久性顶盖的室外楼梯，应按建筑物
自然层的水平投影面积的 1/2 计算。无永久性顶盖
的室外楼梯不计算面积，如图 2-21 所示。

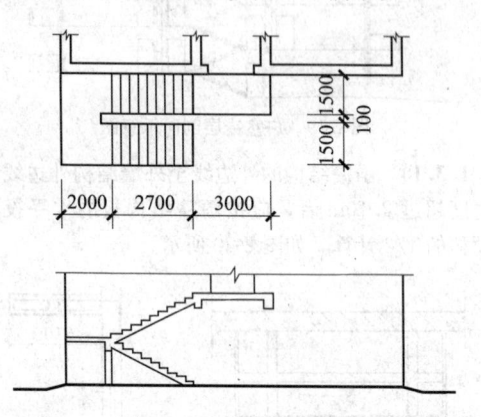

图 2-21 室外楼梯示意图

室外楼梯，最上层楼梯无永久性顶盖或不能完
全遮盖楼梯的雨篷，上层楼梯不计算面积；上层楼
梯可视为下层楼梯的永久性顶盖，下层楼梯应计算

68

面积。

2.1.3.18 建筑物的阳台均应按其水平投影面积的
1/2 计算。如图 2-22 所示。

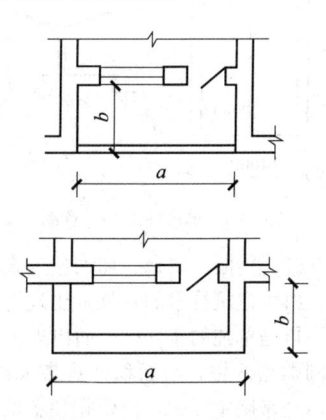

图 2-22 凹、凸阳台示意图

建筑物的阳台，不论是挑阳台、凹阳台、半凸
半凹阳台、封闭阳台、敞开阳台均按其水平投影面
积的 1/2 计算建筑面积。

2.1.3.19 有永久性顶盖无围护结构的车棚、货
棚、站台、加油站、收费站等，应按其顶盖水平投
影面积的 1/2 计算。如图 2-23 所示。

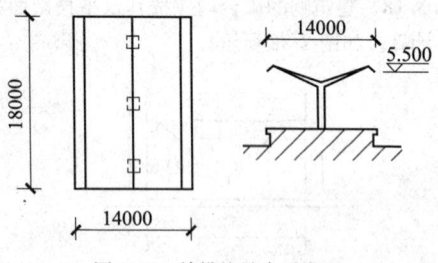

图 2-23　单排柱站台示意图

（1）车棚、货棚、站台、加油站、收费站等的面积计算，由于建筑技术的发展，出现许多新型结构，如柱不再是单纯的直立柱，而出现正 V 形、倒 V 形等不同类型的柱，给面积计算带来许多争议。为此，不以柱来确定面积，而依据顶盖的水平投影面积计算面积。

（2）在车棚、货棚、站台、加油站、收费站内设有带围护结构的管理房间、休息室等，应另按有关规定计算面积。

2.1.3.20 高低联跨的建筑物，应以高跨结构外边线为界分别计算建筑面积；其高低跨内部连通时，其应计算在低跨面积内。如图 2-24 所示。

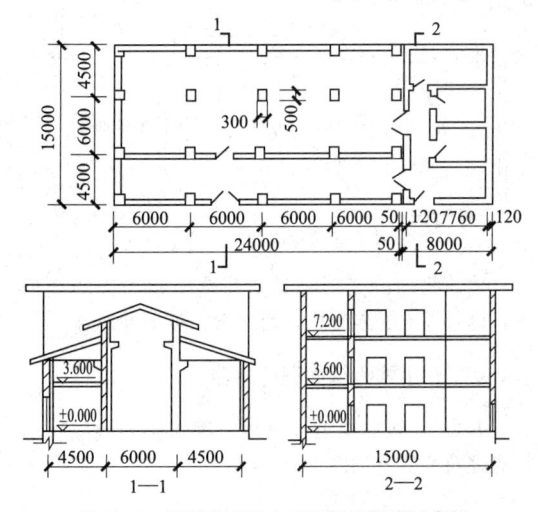

图 2-24　高低联跨及内部连通变形缝示意图

2.1.3.21 以幕墙作为围护结构的建筑物，应按幕墙外边线计算建筑面积。

2.1.3.22 建筑物外墙外侧有保温隔热层的，应按保温隔热层外边线计算建筑面积。

2.1.3.23 建筑物内的变形缝，应按其自然层合并在建筑物面积内计算。如图 2-25 所示。

71

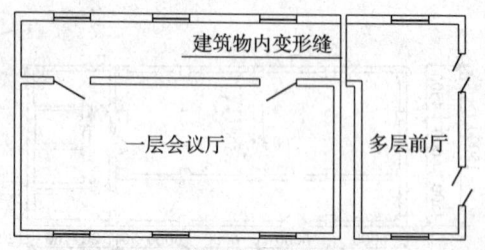

图 2-25　建筑物内的变形缝示意图

建筑物内的变形缝是指与建筑物连通的变形缝,即暴露在建筑物内,可以看得见的变形缝。

2.1.4　不计算建筑面积的规定

2.1.4.1　建筑物通道(骑楼、过街楼的底层)不计算建筑面积。如图 2-26 所示。

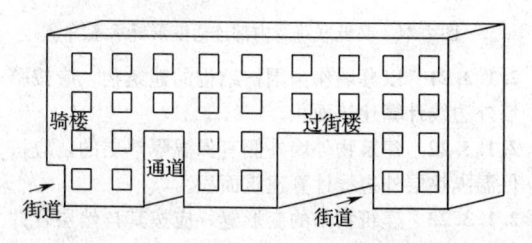

图 2-26　建筑物通道、骑楼、过街楼示意图

2.1.4.2 建筑物内的设备管道夹层不计算建筑面积。如图 2-27 所示。

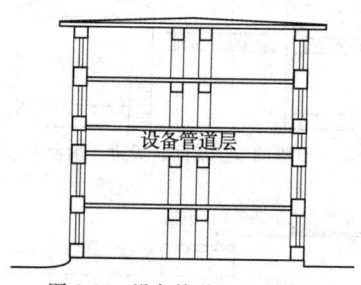

图 2-27　设备管道夹层示意图

高层建筑的宾馆、写字楼等，通常在建筑物高度的中间部分设置设备及管道的夹层，主要用于集中放置水、暖、电、通风管道及设备。这一设备管道层不应计算建筑面积。

2.1.4.3 建筑物内分隔的单层房间，舞台及后台悬挂幕布、布景的天桥、挑台等不计算建筑面积。如图 2-28 所示。

2.1.4.4 屋顶水箱、花架、凉棚、露台、露天游泳池不计算建筑面积。如图 2-29 所示。

2.1.4.5 建筑物内的操作平台、上料平台、安装箱和罐体的平台不计算建筑面积。如图 2-30 所示。

73

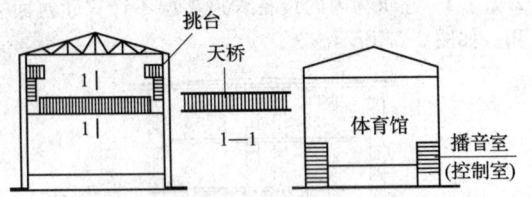

图 2-28　分隔的单层房间、天桥、挑台示意图

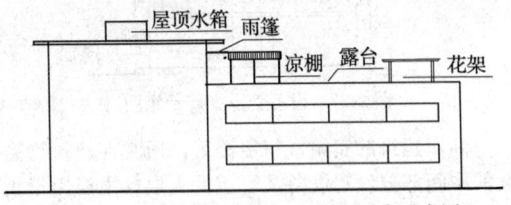

图 2-29　屋顶水箱、花架、凉棚、露台示意图

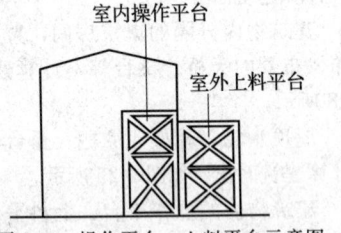

图 2-30　操作平台、上料平台示意图

2.1.4.6 勒脚、附墙柱、垛、台阶、墙面抹灰、装饰面、镶贴块料面层、装饰性幕墙、空调机外机搁板（箱）、飘窗、构件、配件、宽度在2.10m及以内的雨篷以及与建筑物内不相连通的装饰性阳台、挑廊不计算建筑面积。如图 2-31 所示。

2.1.4.7 无永久性顶盖的架空走廊、室外楼梯和用于检修、消防等的室外钢楼梯、爬梯不计算建筑面积。如图 2-31 所示。

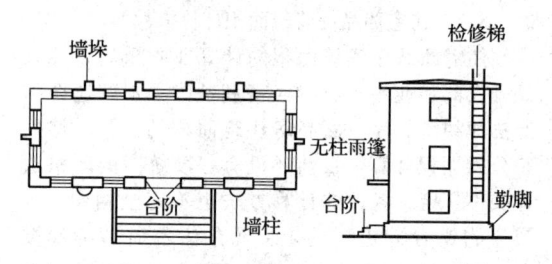

图 2-31 勒脚、垛、台阶、爬梯示意图

2.1.4.8 自动扶梯、自动人行道不计算建筑面积。

自动扶梯（斜步道滚梯），除两端固定在楼层板或梁上面之外，扶梯本身属于设备，为此，各

75

层扶梯部分不应计算建筑面积，但自动扶梯间的屋盖应计算一层面积。自动人行道（水平步道滚梯）属于安装在楼板上的设备，不应单独计算建筑面积。

2.1.4.9 独立烟囱、烟道、地沟、油（水）罐、气柜、水塔、贮油（水）池、贮仓、栈桥、地下人防通道、地铁隧道等构筑物不计算建筑面积。

2.1.5 商品房建筑面积计算

2.1.5.1 住宅商品房建筑面积计算方法

住宅商品房建筑面积的计算非常重要，关系到开发商和业主双方的经济利益，弄不好还会引起法律纠纷。住宅商品房建筑面积的计算，特别是公摊面积计算，目前还没有一项统一的严格法律文件规定，各地的计算方法也不完全相同，主要靠购销合同进行约定。现在住宅商品房都按《房产测量规范》进行计算，主要的计算公式和方法如下：

住宅套型建筑面积＝套内建筑面积＋公摊面积

套内建筑面积＝套内使用面积＋套内墙体面积＋阳台建筑面积

套内墙体面积是指室内墙体面积加外墙墙体

（包括两户之间隔墙）水平面积的一半。

公摊面积＝楼电梯面积＋走廊过道面积＋大堂门厅面积＋设备功能用房面积＋外墙墙体水平投影面积的一半＋其他面积

2.1.5.2 商品房公用面积的分摊

商品房公用面积的分摊以幢为单位，与本幢楼房不相连的公用建筑面积不得分摊给本幢楼房的住户。

（1）可分摊的公共部分

可分摊的公共部分为本幢楼的大堂、公用门厅、走廊、过道、公用厕所、电（楼）梯前厅、楼梯间、电梯井、电梯机房、垃圾道、管道井、消防控制室、水泵房、水箱间、冷冻机房、消防通道、变配电室、煤气调压室、卫星电视接收机房、空调机房、热水锅炉房、电梯工休息室、值班警卫室、物业管理用房等，以及其他功能上为该建筑服务的专用设备用房，套与公用建筑空间之间的分隔墙及外墙（包括山墙、墙体水平投影面积的一半。）

（2）不应计入的公用建筑空间

不应计入的公用建筑空间有：仓库、机动车库、非机动车库、车道、供暖锅炉房、作为人防工

77

程地下室、单独具备使用功能的独立使用空间，售房单位自营、自用的房屋，为多幢房屋服务的警卫室、管理（包括物业管理）等用房。

（3）不应分摊的共有建筑面积

不应分摊的共有建筑面积包括从属于人防工程的地下室、半地下室；供出租或出售的固定车位或专用车库；幢外的用做公共休憩的设施或架空层。

（4）公用建筑面积的分摊方法

多层住宅需要先求出整幢房屋和共有建筑面积分摊系数，再按幢内的各套内建筑面积比例分摊。多功能综合楼须先求出整幢房屋和幢内不同功能区的共有建筑面积分摊系数，再按幢内各功能区内建筑面积比例分摊。

公摊面积没有明确规定，目前房地产市场普通多层住宅楼，在没有地下设备用房、没有底层商铺、底层架空的情况下，公摊系数在 10%～15% 之间；带电梯的小高层住宅，公摊系数在 17%～20% 之间；高层住宅相对更高一些。

2.2　定额一般规定与工程量计算规则

建筑工程中，无论是编制施工组织设计还是工程投标报价，无论是编制施工图预算还是编制工程量清单及清单计价,工程量都是一个重要的依据。因而,在工程中,必须正确地计算工程量。要正确计算工程量,就必须按照一定的规则来计算,下面将主要介绍现行的《全国统一建筑工程预算工程量计算规则》(土建工程部分)(CJD$_{GZ}$—101—95)中工程量计算规则的内容,供大家学习讨论。

2.2.1 土石方工程

2.2.1.1 计算土石方工程量前,应确定下列各项资料:

(1)土壤及岩石类别。

土石方工程土壤及岩石类别的划分,按工程勘测资料与《土壤及岩石分类表》对照后确定(表2-1)。

(2)地下水位标高及排(降)水方法。

(3)土方、沟槽、基坑挖(填)起止标高、施工方法及运距。

(4)岩石开凿、爆破方法、石碴清运方法及运距。

(5)其他有关资料。

2.2.1.2 土石方工程量计算一般规则:

79

土壤及岩石（普氏）分类表　　　　　表 2-1

定额分类	普氏分类	土壤及岩石名称	天然湿度下平均密度 (kg/m³)	用轻钻孔机钻进1m耗时 (min)	开挖方法及工具	紧固系数 (f)
一类土	I	砂 砂壤土 腐殖土 泥炭	1500 1600 1200 600		用尖锹开挖	0.5~0.6
二类土	II	轻壤土和黄土类土 潮湿而松散的黄土，软的腐殖土 平均沙碛15mm以内的松散而软的盐渍土和碱土 含有卵石、碎石和石屑的砂和腐殖土 含有直径在30mm以内根类的密实腐殖土 掺有卵石和碎石杂质的砂和建筑料废质的壤土 含有卵石、碎石杂质胶结成块的填土	1600 1400 1700 1100 1650 1750 1900		用尖锹开挖并少数用镐开挖	0.6~0.8

续表

定额分类	普氏分类	土壤及岩石名称	天然湿度下平均密度 (kg/m³)	极限压碎强度 (kPa)	用轻钻孔机钻进1m耗时 (min)	开挖方法及工具	紧固系数 (f)
三类土壤	Ⅲ	肥黏土其中包括石炭纪、侏罗纪的黏土和冰黏土；粗砾石、粒径为15~40mm的碎石和卵石；干黄土和掺有碎石或卵石的自然含水量黄土；含有直径大于30mm根类的砂质土和泥炭；掺有碎石或卵石的建筑碎料的土壤	1800 1750 1790 1400 1900			用尖锹并同时用镐开挖 (30%)	0.81~1.0

续表

定额普氏分类分类	土壤及岩石名称	天然湿度下平均密度 (kg/m³)	极限抗压强度 (kPa)	用轻钻孔机钻进1m耗时 (min)	开挖方法及工具	紧固系数 (f)
四类土壤 IV	土含碎石重黏土，其中包括石炭纪、侏罗纪的硬的黏土	1950				
	含有碎石、卵石、建筑碎料的黏土（总体积10%以内）	1950			用尖撬和镐开挖（30%）同时用锹和撬棍开挖	1.0~1.5
	冰渍黏土，含重在50kg以内的巨砾其含重为总体积10%以内	2000				
	杂质的肥黏土和重壤土等					
	泥板岩	2000				
	不含或含有重达10kg的顽石	1950				

续表

定额分类	普氏分类	土壤及岩石名称	天然湿度下平均密度(kg/m³)	极限压碎强度(kPa)	用轻钻孔机钻进1m耗时(min)	开挖方法及工具	坚固系数(f)
松石	V	含有重量在50kg以内的巨砾（占体积10%以上）的冰碛石	2100			部分用手工具部分用爆破方法开挖	1.5~2.0
		硅藻岩和软白垩岩	1800	小于2	小于3.5		
		胶结力弱的砾岩	1900				
		各种不坚实的片岩	2600				
		石膏	2200				

续表

普氏分类	定额分类	土壤及岩石名称	天然湿度下平均密度 (kg/m³)	极限压碎强度 (kPa)	用轻钻孔机钻进1m耗时 (min)	开挖方法及工具	紧固系数 (f)
次坚石	Ⅵ	凝灰岩和浮石 松软多孔和裂隙严重的石灰岩和介质石灰岩 中等硬度的片岩 中等硬度的泥灰岩	1100 1200 2200 2700 2300	2~4	3.5	用风镐和 缓破方法 开挖	2~4
坚石	Ⅶ	石灰石胶结的带有卵石和沉积岩的砾岩 风化的和有大裂缝的黏土质的砂岩 坚实的泥灰岩	2000 2800 2500	4~6	6	用缓破 方法开挖	4~6

续表

定额分类	普氏分类	土壤及岩石名称	天然湿度下平均密度 (kg/m³)	极限压碎强度 (kPa)	用轻钻孔机钻进1m耗时 (min)	开挖方法及工具	紧固系数 (f)
次坚石	Ⅷ	砾质花岗石 泥灰质石灰岩 黏土质砂岩 砂质云母片石 硬石膏	2300 2300 2200 2300 2900	6~8	8.5	用爆破方法开挖	6~8
普坚石	Ⅸ	严重风化的软弱的花岗石、片麻岩和正长岩 滑石化的蛇纹岩 致密的石灰岩 含有卵石、沉积岩的硅质胶结的砾岩 砂岩 砂质石灰质片岩 菱镁矿	2500 2400 2500 2500 2500 2500 3000	8~10	11.5	用爆破方法开挖	8~10

续表

普氏分类	定额分类	土壤及岩石名称	天然湿度下平均密度 (kg/m³)	极限压碎强度 (kPa)	用轻钻孔机钻进1m耗时 (min)	开挖方法及工具	紧固系数 (f)
坚石	X	白云石	2700				
		坚固的石灰岩	2700				
		大理石	2700	10~12	15	用爆破方法开挖	10~12
		石灰质胶结的致密砂石	2600				
		坚固的砂质页片岩	2600				
	XI	粗花岗岩	2800				
		非常坚硬的白云岩	2900				
		蛇纹岩	2600	12~14	18.5	用爆破方法开挖	12~14
		石灰质胶结的含火成岩之卵石的砾岩	2800				
		石英胶结的坚固砂岩	2700				
		粗粒正长岩	2700				

续表

定额分类	普氏分类	土壤及岩石名称	天然湿度下平均密度(kg/m³)	极限压碎强度(kPa)	用轻钻孔机钻进1m耗时(min)	开挖方法及工具	坚固系数(f)
Ⅻ	普坚石	具有风化痕迹的安山岩和玄武岩	2700	2600	14～16	用爆破方法开挖	14～16
		片麻岩	2600				
		非常坚固的石炭岩	2900				
		硅质胶结的含有火成岩之卵石的砾石	2900				
		粗石岩	2600				
Ⅷ	普坚石	中粒花岗岩	3100				
		坚固的片麻岩	2800		22		
		辉绿岩	2700				
		玢岩	2500		27.5	用爆破方法开挖	16～18
		坚固的粗面岩	2800				
		中粒正长岩	2800				

续表

定额分类	普氏分类	土壤及岩石名称	天然湿度下平均密度 (kg/m³)	极限压碎强度 (kPa)	用轻钻孔机钻进1m耗时 (min)	开挖方法及工具	坚固系数 (f)
坚石	XIV	非常坚硬的细粒花岗石 花岗岩麻岩 闪长岩 高硬度的石灰岩 坚固的矽岩	3300 2900 2900 3100 2700	18~20	32.5	用爆破方法开挖	18~20
	XV	安山岩、玄武岩、坚固的角页岩 高硬度的辉长岩和闪长岩 坚固的辉长岩和石英岩	3100 2900 2800	20~25	46	用爆破方法开挖	20~25
	XVI	拉长玄武岩和碱性玄武岩 特别坚固的辉长岩和石英岩和矽岩	3300 3300	大于25	大于60	用爆破方法开挖	大于25

（1）土方体积，均以挖掘前的天然密实体积为准计算。如遇有必须以天然密实体积折算时，可按表 2-2 所列数值换算。

土方体积折算表　　　　　　　　表 2-2

虚方体积	天然密实度体积	夯实后体积	松填体积
1.00	0.77	0.67	0.83
1.30	1.00	0.87	1.08
1.50	1.15	1.00	1.25
1.20	0.92	0.80	1.00

（2）挖土一律以设计室外地坪标高为准计算。

2.2.1.3 平整场地及辗压工程量，按下列规定计算：

（1）人工平整场地是指建筑场地挖、填土方厚度在 ±30cm 以内及找平。挖、填土方厚度超过 ±30cm 以外时，按场地土方平衡竖向布置图另行计算。

（2）平整场地工程量按建筑物外墙外边线每边各加 2m，以平方米计算。

（3）建筑场地原土碾压以平方米计算，填土碾压按图示填土厚度以立方米计算。

2.2.1.4 挖掘沟槽、基坑土方工程量，按下列规

89

定计算：

(1) 沟槽、基坑划分：

1) 凡图示沟槽底宽在 3m 以内，且沟槽长大于槽宽三倍以上的，为沟槽；

2) 凡图示基坑底面积在 20m² 以内的为基坑；

3) 凡图示沟槽底宽 3m 以外，坑底面积 20m² 以外，平整场地挖土方厚度在 30cm 以外，均按挖土方计算。

(2) 计算挖沟槽、基坑、土方工程量需放坡时，放坡系数按表 2-3 规定计算。

放坡系数表 表 2-3

土壤类别	放坡起点 (m)	人工挖土	机械挖土	
			在坑内作业	在坑上作业
一、二类土	1.20	1：0.50	1：0.33	1：0.75
三类土	1.50	1：0.33	1：0.25	1：0.67
四类土	2.00	1：0.25	1：0.10	1：0.33

注：1. 沟槽、基坑中土壤类别不同时，分别按其放坡起点、放坡系数、依不同土壤厚度加权平均计算。

2. 计算放坡时，在交接处的重复工程量不予扣除，原槽、坑作基础垫层时，放坡自垫层上表面开始计算。

（3）挖沟槽、基坑需支挡土板时，其宽度按图示沟槽、基坑底宽，单面加10cm，双面加20cm计算。挡土板面积，按槽、坑垂直支撑面积计算，支挡土板后，不得再计算放坡。

（4）基础施工所需工作面，按表2-4规定计算。

基础施工所需工作面宽度计算表　　　表2-4

基础材料	每边各增加工作面宽度（mm）
砖基础	200
浆砌毛石、条石基础	150
混凝土基础垫层支模板	300
混凝土基础支模板	300
基础垂直面做防水层	（防水层面）800

（5）挖沟槽长度，外墙按图示中心线长度计算；内墙按图示基础底面之间净长线长度计算；内外突出部分（垛、附墙烟囱等）体积并入沟槽土方工程量内计算。

（6）人工挖土方深度超过1.5m时，按表2-5增加工日。

（7）挖管道沟槽按图示中心线长度计算，沟底宽度，设计有规定的，按设计规定尺寸计算，设计无规定的，可按表2-6规定宽度计算。

人工挖土方超深增加工日表（单位：100m³）**表 2-5**

深 2m 以内	深 4m 以内	深 6m 以内
5.55 工日	17.60 工日	26.16 工日

管道地沟沟底宽度计算表　　　表 2-6

管道公称直径（mm 以内）	铸铁管、钢管、石棉水泥管	混凝土、钢筋混凝土、预应力混凝土管	陶土管
50～70	0.60	0.80	0.70
100～200	0.70	0.90	0.80
250～350	0.80	1.00	0.90
400～450	1.00	1.30	1.10
500～600	1.30	1.50	1.40
700～800	1.60	1.80	
900～1000	1.80	2.00	
1100～1200	2.00	2.30	
1300～1400	2.20	2.60	

注：1. 按上表计算管道沟土方工程量时，各种井类及管道（不含铸铁给水排水管）接口等处需加宽增加的土方量不另行计算，底面积大于 20m² 的井类，其增加工程量并入管沟土方内计算。

2. 铺设铸铁给水排水管道时其接口等处土方增加量。可按铸铁给水排水管道地沟土方总量的2.5%计算。

92

（8）沟槽、基坑深度，按图示槽、坑底面至室外地坪深度计算；管道地沟按图示沟底至室外地坪深度计算。

2.2.1.5 人工挖孔桩土方量按图示桩断面面积乘以设计桩孔中心线深度计算。

2.2.1.6 岩石开凿及爆破工程量，区别石质按下列规定计算：

（1）人工凿岩石，按图示尺寸以立方米计算。

（2）爆破岩石按图示尺寸以立方米计算，其沟槽、基坑深度、宽度允许超挖量：

次坚石：200mm

特坚石：150mm

超挖部分岩石并入岩石挖方量之内计算。

2.2.1.7 回填土区分夯填、松填按图示回填体积并依下列规定，以立方米计算：

（1）沟槽、基坑回填土，沟槽、基坑回填体积以挖方体积减去设计室外地坪以下埋设砌筑物（包括：基础垫层、基础等）体积计算。

（2）管道沟槽回填，以挖方体积减去管径所占体积计算：管径在500mm以下的不扣除管道所占体积；管径超过500mm以上时按表2-7规定扣除管道所占体积计算。

93

管道扣除土方体积表　　　表 2-7

管道名称	管道直径（mm）					
	501～600	601～800	801～1000	1001～1200	1201～1400	1401～1600
钢管	0.21	0.44	0.71			
铸铁管	0.24	0.49	0.77			
混凝土管	0.33	0.60	0.92	1.15	1.35	1.55

（3）房心回填土，按主墙之间的面积乘以回填土厚度计算。

（4）余土或取土工程量，可按下式计算：

余土外运体积＝挖土总体积－回填土总体积

式中计算结果为正值时为余土外运体积，负值时为需取土体积。

2.2.1.8 土方运距，按下列规定计算：

（1）推土机推土运距：按挖方区重心至回填区重心之间的直线距离计算；

（2）铲运机运土运距：按挖方区重心至卸土区重心加转向距离 45m 计算；

（3）自卸汽车运土运距：按挖方区重心至填土区（或堆放地点重心）的最短距离计算。

2.2.1.9 地基强夯按设计图示强夯面积，区分夯

94

击能量、夯击遍数以平方米计算。

2.2.1.10 井点降水区别轻型井点、喷射井点、大口径井点、电渗井点、水平井点，按不同井管深度的井管安装、拆除，以根为单位计算，使用按套、天计算。

井点套组成：

轻型井点：50 根为一套；

喷射井点：30 根为一套；

大口径井点：45 根为一套；

电渗井点阳极：30 根为一套；

水平井点：10 根为一套。

井管间距应根据地质条件和施工降水要求，依施工组织设计确定，施工组织设计没有规定时，可按轻型井点管距 0.8~1.6m，喷射井点管距 2~3m 确定。

使用天应以每昼夜 24h 为一天，使用天数应按施工组织设计规定的使用天数计算。

2.2.2 桩基础工程

2.2.2.1 计算打桩（灌注桩）工程量前应确定下列事项：

（1）确定土质级别：依工程地质资料中的土层

95

构造，土的物理、化学性质及每米沉桩时间鉴别适用定额土质级别；

（2）确定施工方法、工艺流程，采用机型，桩、土壤泥浆运距。

2.2.2.2 打预制钢筋混凝土桩的体积，按设计桩长（包括桩尖，不扣除桩尖虚体积）乘以桩截面面积计算。管桩的空心体积应扣除。如管桩的空心部分按设计要求灌注混凝土或其他填充材料时，应另行计算。

2.2.2.3 接桩：电焊接桩按设计接头，以个计算，硫磺胶泥接桩按桩断面以平方米计算。

2.2.2.4 送桩：按桩截面面积乘以送桩长度（即打桩架底至桩顶面高度或自桩顶面至自然地坪面另加 0.5m）计算。

2.2.2.5 打拔钢板桩按钢板桩重量以吨计算。

2.2.2.6 打孔灌注桩：

（1）混凝土桩、砂桩、碎石桩的体积，按设计规定的桩长（包括桩尖，不扣除桩尖虚体积）乘以钢管管箍外径截面面积计算；

（2）扩大桩的体积按单桩体积乘以次数计算；

（3）打孔后先埋入预制混凝土桩尖，再灌注混凝土者，桩尖按钢筋混凝土计算规则规定计算体积，灌注桩按设计长度（自桩尖顶面至桩顶面高度）乘以钢管管箍外径截面画积计算。

2.2.2.7 钻孔灌注桩，按设计桩长（包括桩尖，不扣除桩尖虚体积）增加 0.25m 乘以设计断面面积计算。

2.2.2.8 灌注混凝土桩的钢筋笼制作依设计规定，按钢筋混凝土相应项目以吨计算。

2.2.2.9 泥浆运输工程量按钻孔体积以立方米计算。

2.2.2.10 其他：

（1）安、拆导向夹具，按设计图纸规定的水平延长米计算；

（2）桩架 90°调面只适用轨道式、走管式、导杆、筒式柴油打桩机以次计算。

2.2.3 脚手架工程

2.2.3.1 脚手架工程量计算一般规则：

（1）建筑物外墙脚手架，凡设计室外地坪至檐口（或女儿墙上表面）的砌筑高度在 15m 以下的按单排脚手架计算；砌筑高度在 15m 以上的或砌筑高度虽不足 15m，但外墙门窗及装饰面积超过外墙表面积 60% 以上时，均按双排脚手架计算。

97

采用竹制脚手架时，按双排计算。

（2）建筑物内墙脚手架，凡设计室内地坪至顶板下表面（或山墙高度的 1/2 处）的砌筑高度在 3.6m 以下的，按里脚手架计算；砌筑高度超过 3.6m 以上时，按单排脚手架计算。

（3）石砌墙体，凡砌筑高度超过 1.0m 以上时，按外脚手架计算。

（4）计算内、外墙脚手架时，均不扣除门、窗洞口、空圈洞口等所占的面积。

（5）同一建筑物高度不同时，应按不同高度分别计算。

（6）现浇钢筋混凝土框架柱、梁按双排脚手架计算。

（7）围墙脚手架，凡室外自然地坪至围墙顶面的砌筑高在 3.6m 以下的，按里脚手架计算；砌筑高度超过 3.6m 以上时，按单排脚手架计算。

（8）室内顶棚装饰面距设计室内地坪在 3.6m 以上时，应计算满堂脚手架，计算满堂脚手架后，墙面装饰工程则不再计算脚手架。

（9）滑升模板施工的钢筋混凝土烟囱、筒仓，不另计算脚手架。

（10）砌筑贮仓，按双排外脚手架计算。

（11）贮水（油）池，大型设备基础，凡距地坪高度超过 1.2m 以上的，均按双排脚手架计算。

（12）整体满堂钢筋混凝土基础，凡其宽度超过 3m 以上时，按其底板面积计算满堂脚手架。

2.2.3.2 砌筑脚手架工程量计算：

（1）外脚手架按外墙外边线长度，乘以外墙砌筑高度，以平方米计算，突出墙外宽度在 24cm 以内的墙垛，附墙烟囱等不计算脚手架；宽度超过 24cm 时按图示尺寸展开计算，并入外脚手架工程量之内。

（2）里脚手架按墙面垂直投影面积计算。

（3）独立柱按图示柱结构外围周长另加 3.6m，乘以砌筑高度，以平方米计算，套用相应外脚手架定额。

2.2.3.3 现浇钢筋混凝土框架脚手架工程量计算：

（1）现浇钢筋混凝土柱，按柱图示周长尺寸另加 3.6m，乘以柱高以平方米计算，套用相应外脚手架定额；

（2）现浇钢筋混凝土梁、墙，按设计室外地坪或楼板上表面至楼板底之间的高度，乘以梁、墙净长以平方米计算，套用相应双排外脚手架定额。

2.2.3.4 装饰工程脚手架工程量计算：

（1）满堂脚手架，按室内净面积计算，其高度在 3.6～5.2m 之间时，计算基本层，超过 5.2m 时，每增加 1.2m 按增加一层计算，不足 0.6m 的不计。以算式表示如下：

$$满堂脚手架增加层 = \frac{室内净高度 - 5.2}{1.2}$$

（2）挑脚手架，按搭设长度和层数，以延长米计算。

（3）悬空脚手架，按搭设水平投影面积以平方米计算。

（4）高度超过 3.6m 的墙面装饰不能利用原砌筑脚手架时，可以计算装饰脚手架。装饰脚手架按双排脚手架乘以 0.3 计算。

2.2.3.5 其他脚手架工程量计算：

（1）水平防护架，按实际铺板的水平投影面积，以平方米计算；

（2）垂直防护架，按自然地坪至最上一层横杆之间的搭设高度，乘以实际搭设长度，以平方米计算；

（3）架空运输脚手架，按搭设长度以延长米计算；

（4）烟囱、水塔脚手架，区别不同搭设高度，以座计算；

（5）电梯井脚手架，按单孔以座计算；

（6）斜道，区别不同高度以座计算；

（7）砌筑贮仓脚手架，不分单筒或贮仓组均按单筒外边线周长，乘以设计室外地坪至贮仓上口之间高度，以平方米计算；

（8）贮水（油）池脚手架，按外壁周长乘以室外地坪至池壁顶面之间高度，以平方米计算；

（9）大型设备基础脚手架，按其外形周长乘以地坪至外形顶面边线之间高度，以平方米计算；

（10）建筑物垂直封闭工程量按封闭面的垂直投影面积计算。

2.2.3.6 安全网工程量计算：

（1）立挂式安全网按架网部分的实挂长度乘以实挂高度计算；

（2）挑出式安全网按挑出的水平投影面积计算。

2.2.4 砌筑工程

2.2.4.1 砌筑工程量一般规则：

（1）计算墙体时，应扣除门窗洞口、过人洞、空圈、嵌入墙身的钢筋混凝土柱、梁（包括过梁、

101

圈梁、挑梁）、砖平碹，平砌砖过梁和散热器包壁龛及内墙板头的体积，不扣除梁头、外墙板头、檩头、垫木、木楞头、沿椽木、木砖、门窗走道、砖墙内的加固钢筋、木筋、铁件、钢管及每个面积在0.3m²以下的孔洞等所占的体积，突出墙面的窗台虎头砖、压顶线、山墙泛水、烟囱根、门窗套及三皮砖以内的腰线和挑檐等体积亦不增加。

（2）砖垛、三皮砖以上的腰线和挑檐等体积，并入墙身体积内计算。

（3）附墙烟囱（包括附墙通风道、垃圾道）按其外形体积计算，并入所依附的墙体积内，不扣除每一个孔洞横截面在0.1m²以下的体积，但孔洞内的抹灰工程量亦不增加。

（4）女儿墙高度，自外墙顶面至图示女儿墙顶面高度，分别不同墙厚并入外墙计算。

（5）砖平碹、平砌砖过梁按图示尺寸以立方米计算。如设计无规定时，砖平碹按门窗洞口宽度两端共加100mm，乘以高度（门窗洞口宽小于1500mm时，高度为240mm，大于1500mm时，高度为365mm）计算；平砌砖过梁按门窗洞口宽度两端共加500mm，高度按440mm计算。

2.2.4.2 砌体厚度，按如下规定计算：

（1）标准砖以 240mm×115mm× 53mm 为准；其砌体计算厚度，按表 2-8 计算。

标准砖砌体计算厚度表 表 2-8

砖数（厚度）	1/4	1/2	3/4	1	1.5	2	2.5	3
计算厚度（mm）	53	115	180	240	365	490	615	740

（2）使用非标准砖时，其砌体厚度应按砖实际规格和设计厚度计算。

2.2.4.3 基础与墙身（柱身）的划分：

（1）基础与墙（柱）身使用同一种材料时，以设计室内地面为界（有地下室者，以地下室室内设计地面为界），以下为基础，以上为墙（柱）身；

（2）基础与墙身使用不同材料时，位于设计室内地面±300mm 以内时，以不同材料为分界线，超过±300mm 时，以设计室内地面为分界线；

（3）砖、石围墙，以设计室外地坪为界线，以下为基础，以上为墙身。

2.2.4.4 基础长度：外墙墙基按外墙中心线长度计算；内墙墙基按内墙基净长计算。基础大放脚 T 形接头处的重叠部分以及嵌入基础的钢筋、铁件、管道、基础防潮层及单个面积在 0.3m² 以内孔洞所占体积不予扣除，但靠墙暖气沟的挑檐亦

103

不增加。附墙垛基础宽出部分体积应并入基础工程量内。

砖砌挖孔桩护壁工程量按实砌体积计算。

2.2.4.5 墙的长度：外墙长度按外墙中心线长度计算，内墙长度按内墙净长线计算。

2.2.4.6 墙身高度按下列规定计算：

（1）外墙墙身高度：斜（坡）屋面无檐口顶棚者算至屋面板底；有屋架，且室内外均有顶棚者，算至屋架下弦底面另加 200mm；无顶棚者算至屋架下弦底加 300mm，出檐宽度超过 600mm 时，应按实砌高度计算；平屋面算至钢筋混凝土板底。

（2）内墙墙身高度：位于屋架下弦者，其高度算至屋架底；无屋架者算至顶棚底另加 100mm；有钢筋混凝土楼板隔层者算至板底；有框架梁时算至梁底面。

（3）内、外山墙，墙身高度：按其平均高度计算。

2.2.4.7 框架间砌体，分别内外墙以框架间的净空面积乘以墙厚计算，框架外表镶贴砖部分亦并入框架间砌体工程量内计算。

2.2.4.8 空花墙按空花部分外形体积以立方米计算，空花部分不予扣除，其中实体部分以立方米另行计算。

2.2.4.9 空斗墙按外形尺寸以立方米计算，墙角、内外墙交接处，门窗洞口立边、窗台砖及屋檐处的实砌部分已包括在定额内，不另行计算，但窗间墙、窗台下、楼板下、梁头下等实砌部分，应另行计算，套零星砌体定额项目。

2.2.4.10 多孔砖、空心砖按图示厚度以立方米计算，不扣除其孔、空心部分体积。

2.2.4.11 填充墙按外形尺寸以立方米计算，其中实砌部分已包括在定额内，不另计算。

2.2.4.12 加气混凝土墙、硅酸盐砌块墙、小型空心砌块墙，按图示尺寸以立方米计算，按设计规定需要镶嵌砖砌体部分已包括在定额内，不另计算。

2.2.4.13 其他砖砌体：

（1）砖砌锅台、炉灶，不分大小，均按图示外形尺寸以立方米计算，不扣除各种空洞的体积。

（2）砖砌台阶（不包括梯带）按水平投影面积以平方米计算。

（3）厕所蹲台、水槽腿、灯箱、垃圾箱、台阶挡墙或梯带、花台、花池、地垄墙及支撑地楞的砖墩，房上烟囱、屋面架空隔热层砖墩及毛石墙的门窗立边、窗台虎头砖等实砌体积，以立方米计算，

105

套用零星砌体定额项目。

（4）检查井及化粪池不分壁厚均以立方米计算，洞口上的砖平拱碹等并入砌体体积内计算。

（5）砖砌地沟不分墙基、墙身合并以立方米计算。石砌地沟按其中心线长度以延长米计算。

2.2.4.14 砖烟囱：

（1）筒身，圆形、方形均按图示筒壁平均中心线周长乘以厚度并扣除筒身各种孔洞、钢筋混凝土圈梁、过梁等体积以立方米计算，其筒壁周长不同时可按下式分段计算。

$$V = \sum H \times C \times \pi D$$

式中　V——筒身体积；

　　　H——每段筒身垂直高度；

　　　C——每段筒壁厚度；

　　　D——每段筒壁中心线的平均直径。

（2）烟道、烟囱内衬按不同内衬材料并扣除孔洞后，以图示实体积计算。

（3）烟囱内壁表面隔热层，按筒身内壁并扣除各种孔洞后的面积以平方米计算；填料按烟囱内衬与筒身之间的中心线平均周长乘以图示宽度和筒高，并扣除各种孔洞所占体积（但不扣除连接横砖及防沉带的体积）后以立方米计算。

（4）烟道砌砖：烟道与炉体的划分以第一道闸门为界，炉体内的烟道部分列入炉体工程量计算。

2. 2. 4. 15 砖砌水塔：

（1）水塔基础与塔身划分：以砖砌体的扩大部分顶面为界，以上为塔身，以下为基础，分别套相应基础砌体定额；

（2）塔身以图示实砌体积计算，并扣除门窗洞口和混凝土构件所占的体积，砖平拱碹及砖出檐等并入塔身体积内计算，套水塔砌筑定额；

（3）砖水箱内外壁，不分壁厚，均以图示实砌体积计算，套相应的内外砖墙定额。

2. 2. 4. 16 砌体内的钢筋加固应根据设计规定，以吨计算，套钢筋混凝土相应项目。

2. 2. 5 混凝土及钢筋混凝土工程

2. 2. 5. 1 现浇混凝土及钢筋混凝土模板工程量，按以下规定计算：

（1）现浇混凝土及钢筋混凝土模板工程量，除另有规定者外，均应区别模板的不同材质，按混凝土与模板接触面的面积，以平方米计算。

（2）现浇钢筋混凝土柱、梁、板、墙的支模高度（即室外地坪至板底或板面至板底之间的高度）

107

以 3.6m 以内为准，超过 3.6m 以上部分，另按超过部分计算增加支撑工程量。

（3）现浇钢筋混凝土墙、板上单孔面积在 0.3m² 以内的孔洞，不予扣除，洞侧壁模板亦不增加；单孔面积在 0.3m² 以外时，应予扣除，洞侧壁模板面积并入墙、板模板工程量之内计算。

（4）现浇钢筋混凝土框架分别按梁、板、柱、墙有关规定计算，附墙柱，并入墙内工程量计算。

（5）杯形基础杯口高度大于杯口大边长度的，套高杯基础定额项目。

（6）柱与梁、柱与墙、梁与梁等连接的重叠部分以及伸入墙内的梁头、板头部分，均不计算模板面积。

（7）构造柱外露面均应按图示外露部分计算模板面积。构造柱与墙接触面不计算模板面积。

（8）现浇钢筋混凝土悬挑板（雨篷、阳台）按图示外挑部分尺寸的水平投影面积计算。挑出墙外的牛腿梁及板边模板不另计算。

（9）现浇钢筋混凝土楼梯，以图示露明面尺寸的水平投影面积计算，不扣除小于 500mm 楼梯井所占面积。楼梯的踏步、踏步板平台梁等侧面模板，不另计算。

108

（10）混凝土台阶不包括梯带，按图示台阶尺寸的水平投影面积计算，台阶端头两侧不另计算模板面积。

（11）现浇混凝土小型池槽按构件外围体积计算，池槽内、外侧及底部的模板不应另计算。

2.2.5.2 预制钢筋混凝土构件模板工程量，按以下规定计算：

（1）预制钢筋混凝土模板工程量，除另有规定者外均按混凝土实体体积以立方米计算。

（2）小型池槽按外形体积以立方米计算。

（3）预制桩尖按虚体积（不扣除桩尖虚体积部分）计算。

2.2.5.3 构筑物钢筋混凝土模板工程量，按以下规定计算：

（1）构筑物工程的模板工程量，除另有规定者外，区别现浇、预制和构件类别，分别按现浇混凝土模板和预制混凝土模板的有关规定计算。

（2）大型池槽等分别按基础、墙、板、梁、柱等有关规定计算并套相应定额项目。

（3）液压滑升钢模板施工的烟筒、水塔塔身、贮仓等，均按混凝土体积，以立方米计算。

预制倒圆锥形水塔罐壳模板按混凝土体积，以

109

立方米计算。

（4）预制倒圆锥形水塔罐壳组装、提升、就位，按不同容积以座计算。

2.2.5.4 钢筋工程量，按以下规定计算：

（1）钢筋工程，应区别现浇、预制构件、不同钢种和规格，分别按设计长度乘以单位质量，以吨计算。

（2）计算钢筋工程量时，设计已规定钢筋搭接长度的，按规定搭接长度计算；设计未规定搭接长度的，已包括在钢筋的损耗率之内，不另计算搭接长度。钢筋电渣压力焊接、套筒挤压等接头，以个计算。

（3）先张法预应力钢筋，按构件外形尺寸计算长度，后张法预应力钢筋按设计图规定的预应力钢筋预留孔道长度，并区别不同的锚具类型，分别按下列规定计算：

1）低合金钢筋两端采用螺杆锚具时，预应力的钢筋按预留孔道长度减 0.35m，螺杆另行计算。

2）低合金钢筋一端采用镦头插片，另一端螺杆锚具时，预应力钢筋长度按预留孔道长度计算，螺杆另行计算。

3）低合金钢筋一端采用镦头插片，另一端采用帮条锚具时，预应力钢筋增加 0.15m，两端均采用帮条锚具时预应力钢筋共增加 0.3m 计算。

4）低合金钢筋采用后张混凝土自锚时，预应力钢筋长度增加 0.35m 计算。

5）低合金钢筋或钢绞线采用 JM、XM、QM型锚具，孔道长度在 20m 以内时，预应力钢筋长度增加 1m；孔道长度 20m 以上时预应力钢筋长度增加 1.8m 计算。

6）光面钢丝采用锥形锚具，孔道长在 20m 以内时，预应力钢筋长度增加 1m；孔道长在 20m 以上时，预应力钢筋长度增加 1.8m。

7）光面钢丝两端采用镦粗头时，预应力钢丝长度增加 0.35m 计算。

2.2.5.5 钢筋混凝土构件预埋铁件工程量，按设计图示尺寸，以吨计算。

2.2.5.6 现浇混凝土工程量，按以下规定计算：

（1）混凝土工程量除另有规定者外，均按图示尺寸实体体积以立方米计算。不扣除构件内钢筋、预埋铁件及墙、板中 0.3m² 内的孔洞所占体积。

（2）基础：

1）有肋带形混凝土基础，其肋高与肋宽之比在 4∶1 以内的按有肋带形基础计算。超过 4∶1

时，其基础底按板式基础计算，以上部分按墙计算。

2) 箱形满堂基础应分别按无梁式满堂基础、柱、墙、梁、板有关规定计算，套相应定额项目。

3) 设备基础除块体以外，其他类型设备基础分别按基础、梁、柱、板、墙等有关规定计算，套相应的定额项目计算。

（3）柱：按图示断面尺寸乘以柱高以立方米计算：柱高按下列规定确定：

1) 有梁板的柱高，应自柱基上表面（或楼板上表面）至上一层楼板上表面之间的高度计算；

2) 无梁板的柱高，应自柱基上表面（或楼板上表面）至柱帽下表面之间的高度计算；

3) 框架柱的柱高应自柱基上表面至柱顶高度计算；

4) 构造柱按全高计算，与砖墙嵌接部分的体积并入柱身体积内计算；

5) 依附柱上的牛腿，并入柱身体积内计算。

（4）梁：按图示断面尺寸乘以梁长以立方米计算，梁长按下列规定确定：

1) 梁与柱连接时，梁长算至柱侧面；

2) 主梁与次梁连接时，次梁长算至主梁侧面。

112

伸入墙内梁头、梁垫体积并入梁体积内计算。

（5）板：按图示面积乘以板厚以立方米计算，其中：

1）有梁板包括主、次梁与板，按梁、板体积之和计算。

2）无梁板按板和柱帽体积之和计算。

3）平板按板实体体积计算。

4）现浇挑檐天沟与板（包括屋面板、楼板）连接时，以外墙为分界线，与圈梁（包括其他梁）连接时，以梁外边线为分界线。外墙边线以外或梁外边线以外为挑檐天沟。

5）各类板伸入墙内的板头并入板体积内计算。

（6）墙：按图示中心线长度乘以墙高及厚度以立方米计算，应扣除门窗洞口及 $0.3m^2$ 以外孔洞的体积，墙垛及突出部分并入墙体积内计算。

（7）整体楼梯包括休息平台、平台梁、斜梁及楼梯的连接梁，按水平投影面积计算，不扣除宽度小于 500mm 的楼梯井，伸入墙内部分不另增加。

（8）阳台、雨篷（悬挑板），按伸出外墙的水平投影面积计算，伸出外墙的牛腿不另计算。带反挑檐的雨篷按展开面积并入雨篷内计算。

（9）栏杆按净长度以延长米计算。伸入墙内的长度已综合在定额内。栏板以立方米计算，伸入墙内的栏板，合并计算。

（10）预制板补现浇板缝时，按平板计算。

（11）预制钢筋混凝土框架柱现浇接头（包括梁接头）按设计规定断面和长度以立方米计算。

2.2.5.7 预制混凝土工程量，按以下规定计算：

（1）混凝土工程量均按图示尺寸实体体积以立方米计算，不扣除构件内钢筋，铁件及小于300mm×300mm以内孔洞面积；

（2）预制桩按桩全长（包括桩尖）乘以桩断面（空心桩应扣除孔洞体积）以立方米计算；

（3）混凝土与钢杆件组合的构件，混凝土部分按构件实体积以立方米计算，钢构件部分按吨计算，分别套相应的定额项目。

2.2.5.8 固定预埋螺栓、铁件的支架，固定双层钢筋的铁马凳、垫铁件，按审定的施工组织设计规定计算，套相应定额项目。

2.2.5.9 构筑物钢筋混凝土工程量，按以下规定计算：

（1）构筑物混凝土除另规定者外，均按图示尺寸扣除门窗洞口及 0.3m² 以外孔洞所占体积以实体体积计算。

114

（2）水塔：

1）筒身与槽底以槽底连接的圈梁底为界，以上为槽底，以下为筒身。

2）筒式塔身及依附于筒身的过梁、雨篷、挑檐等并入筒身体积内计算；柱式塔身，柱、梁合并计算。

3）塔顶及槽底，塔顶包括顶板和圈梁，槽底包括底板挑出的斜壁板和圈梁等合并计算。

（3）贮水池不分平底、锥底、坡底，均按池底计算；壁基梁、池壁不分圆形壁和矩形壁，均按池壁计算；其他项目均按现浇混凝土部分相应项目计算。

2.2.5.10 钢筋混凝土构件接头灌缝。

（1）钢筋混凝土构件接头灌缝：包括构件座浆、灌缝、堵板孔、塞板梁缝等。均按预制钢筋混凝土构件实体积以立方米计算。

（2）柱与柱基的灌缝，按首层柱体积计算；首层以上柱灌缝按各层柱体积计算。

（3）空心板堵孔的人工材料，已包括在定额内。如不堵孔时每 $10m^3$ 空心板体积应扣除 $0.23m^3$ 预制混凝土块和 2.2 工日。

2.2.6 构件运输及安装工程

2.2.6.1 预制混凝土构件运输及安装均按构件图示尺寸,以实体积计算;钢构件按构件设计图示尺寸以吨计算,所需螺栓、电焊条等重量不另计算。木门窗以外框面积以平方米计算。

2.2.6.2 预制混凝土构件运输及安装损耗率,按表 2-9 规定计算后并入构件工程量内。其中预制混凝土屋架、桁架、托架及长度在 9m 以上的梁、板、柱不计算损耗率。

预制钢筋混凝土构件制作、运输、安装损耗率表

表 2-9

构件名称	制作废品率	运输堆放损耗	安装（打桩）损耗
各类预制构件	0.2%	0.8%	0.5%
预制钢筋混凝土桩	0.1%	0.4%	1.5%

2.2.6.3 构件运输:

(1) 预制混凝土构件运输的最大运输距离取 50km 以内;钢构件和木门窗的最大运输距离 20km 以内;超过时另行补充。

(2) 加气混凝土板(块)、硅酸盐块运输每立

方米折合钢筋混凝土构件体积 0.4m³ 按一类构件运输计算。

2.2.6.4 预制混凝土构件安装：

（1）焊接形成的预制钢筋混凝土框架结构，其柱安装按框架柱计算，梁安装按框架梁计算；节点浇筑成形的框架，按连体框架梁、柱计算。

（2）预制钢筋混凝土工字形柱、矩形柱、空腹柱、双肢柱、空心柱、管道支架等安装，均按柱安装计算。

（3）组合屋架安装，以混凝土部分实体体积计算，钢杆件部分不另计算。

（4）预制钢筋混凝土多层柱安装，首层柱按柱安装计算，二层及二层以上按柱接柱计算。

2.2.6.5 钢构件安装：

（1）钢构件安装按图示构件钢材重量以吨计算。

（2）依附于钢柱上的牛腿及悬臂梁等，并入柱身主材重量计算。

（3）金属结构中所用钢板，设计为多边形者，按矩形计算，矩形的边长以设计尺寸中互相垂直的最大尺寸为准：

2.2.7 门窗及木结构工程

2.2.7.1 各类门、窗制作、安装工程量均按门、窗洞口面积计算。

（1）门、窗盖口条、贴脸、披水条，按图示尺寸以延长米计算，执行木装修项目。

（2）普通窗上部带有半圆窗的工程量应分别按半圆窗和普通窗计算。其分界线以普通窗和半圆窗之间的横框上裁口线为分界线。

（3）门窗扇包镀锌薄钢板，按门、窗洞口面积以平方米计算；门窗框包镀锌薄钢板、钉橡皮条、钉毛毡按图示门窗洞口尺寸以延长米计算。

2.2.7.2 铝合金门窗制作、安装，铝合金、不锈钢门窗、彩板组角钢门窗、塑料门窗、钢门窗安装，均按设计门窗洞口面积计算。

2.2.7.3 卷闸门安装按洞口高度增加 600mm，乘以门实际宽度以平方米计算。电动装置安装以套计算，小门安装以个计算。

2.2.7.4 不锈钢片包门框按框外表面面积以平方米计算；彩板组角钢门窗附框安装按延长米计算。

2.2.7.5 木屋架的制作安装工程量，按以下规定计算：

118

（1）木屋架制作安装均按设计断面竣工木料以立方米计算，其后备长度及配制损耗均不另外计算。

（2）方木屋架一面刨光时增加 3mm，两面刨光时增加 5mm，圆木屋架按屋架刨光时木材体积每立方米增加 0.05m³ 算。附属于屋架的夹板、垫木等已并入相应的屋架制作项目中，不另计算；与屋架连接的挑檐木、支撑等，其工程量并入屋架竣工木料体积内计算。

（3）屋架的制作安装应区别不同跨度，其跨度应以屋架上下弦杆的中心线交点之间的长度为准。带气楼的屋架并入所依附屋架的体积内计算。

（4）屋架的马尾、折角和正交部分半屋架，应并入相连接屋架的体积内计算。

（5）钢木屋架区分圆、方木，按竣工木料以立方米计算。

2.2.7.6 圆木屋架连接的挑檐木、支撑等如为方木时，其方木部分应乘以系数 1.7 折合成圆木并入屋架竣工木料内，单独的方木挑檐，按矩形檩木计算。

2.2.7.7 檩木按竣工木料以立方米计算。简支檩长度按设计规定计算，如设计无规定者，按屋架或

119

山墙中距增加 200mm 计算，如两端出山，檩条长度算至博风板；连续檩条的长度按设计长度计算，其接头长度按全部连续檩木总体积的 5％ 计算。檩条托木已计入相应的檩木制作安装项目中，不另计算。

2.2.7.8 屋面木基层，按屋面的斜面积计算。天窗挑檐重叠部分按设计规定计算，屋面烟囱及斜沟部分所占面积不扣除。

2.2.7.9 封檐板按图示檐口外围长度计算，博风板按斜长度计算，每个大刀头增加长度 500mm。

2.2.7.10 木楼梯按水平投影面积计算，不扣除宽度小于 300mm 的楼梯井，其踢脚板、平台和伸入墙内部分，不另计算。

2.2.8 楼地面工程

2.2.8.1 地面垫层按室内主墙间净空面积乘以设计厚度以立方米计算。应扣除凸出地面的构筑物、设备基础、室内铁道、地沟等所占体积，不扣除柱、垛、间壁墙、附墙烟囱及面积在 0.3m² 以内孔洞所占体积。

2.2.8.2 整体面层、找平层均按主墙间净空面积以平方米计算。应扣除凸出地面构筑物、设备基础、室内管道、地沟等所占面积，不扣除柱、垛、间壁墙、附墙烟囱及面积在 0.3m² 以内的孔洞所占面积，但门洞、空圈、暖气包槽、壁龛的开口部分亦不增加。

2.2.8.3 块料面层，按图示尺寸实铺面积以平方米计算，门洞、空圈、暖气包槽和壁龛的开口部分的工程量并入相应的面层内计算。

2.2.8.4 楼梯面层（包括踏步、平台以及小于500mm 宽的楼梯井）按水平投影面积计算。

2.2.8.5 台阶面层（包括踏步及最上一层踏步沿300mm）按水平投影面积计算。

2.2.8.6 其他：

（1）踢脚板按延长米计算，洞口、空圈长度不予扣除，洞口、空圈、垛、附墙烟囱等侧壁长度亦不增加；

（2）散水、防滑坡道按图示尺寸以平方米计算；

（3）栏杆、扶手包括弯头长度按延长米计算；

（4）防滑条按楼梯踏步两端距离减 300mm 以延长米计算；

（5）明沟按图示尺寸以延长米计算。

121

2.2.9　屋面及防水工程

2.2.9.1　瓦屋面，金属压型板（包括挑檐部分）均按水平投影面积乘以屋面坡度系数，以平方米计算。不扣除房上烟囱、风帽底座、风道、屋面小气窗、斜沟等所占面积，屋面小气窗的出檐部分亦不增加。

2.2.9.2　卷材屋面工程量按以下规定计算：

（1）卷材屋面按图示尺寸的水平投影面积乘以规定的坡度系数（见表 2-14）以平方米计算。但不扣除房上烟囱、风帽底座、风道、屋面小气窗和斜沟所占的面积，屋面的女儿墙、伸缩缝和天窗等处的弯起部分，按图示尺寸并入屋面工程量计算。如图纸无规定时，伸缩缝、女儿墙的弯起部分可按250mm 计算，天窗弯起部分可按 500mm 计算。

（2）卷材屋面的附加层、接缝、收头、找平层的嵌缝、冷底子油已计入定额内，不另计算。

2.2.9.3　涂膜屋面的工程量计算同卷材屋面。涂膜屋面的油膏嵌缝、玻璃布盖缝、屋面分格缝，以延长米计算。

2.2.9.4　屋面排水工程量按以下规定计算：

（1）铁皮排水按图示尺寸以展开面积计算，如图纸没有注明尺寸时，可按表 2-10 计算。咬口和

122

铁皮排水单体零件折算表　　　　　　表 2-10

名称	单位	水落管 (m)	檐沟 (m)	水斗 (个)	漏斗 (个)	下水口 (个)	天沟 (m)
水落管、檐沟、水斗、漏斗、下水口、天沟	m²	0.32	0.30	0.40	0.16	0.45	1.30
铁皮排水 斜沟、天窗、窗台泛水、窗囱侧面泛水、烟囱泛水、通气管泛水、滴水檐头泛水、滴水	m²	斜沟天窗窗台泛水 (m) 0.50	天窗侧面泛水 (m) 0.70	烟囱泛水 (m) 0.80	通气管泛水 (m) 0.22	滴水檐头泛水 (m) 0.24	滴水 (m) 0.11

搭接等已计入定额项目中，不另计算。

（2）铸铁、玻璃钢水落管区别不同直径按图示尺寸以延长米计算，雨水口、水斗、弯头、短管以个计算。

2.2.9.5 防水工程工程量按以下规定计算：

（1）建筑物地面防水、防潮层，按主墙间净空面积计算，扣除凸出地面的构筑物、设备基础等所占的面积，不扣除柱、垛、间壁墙、烟囱及 0.3m² 以内孔洞所占面积。与墙面连接处高度在 500mm 以内者按展开面积计算，并入平面工程量内，超过 500mm 时，按立面防水层计算。

（2）建筑物墙基防水、防潮层，外墙长度按中心线，内墙按净长乘以宽度以平方米计算。

（3）构筑物及建筑物地下室防水层，按实铺面积计算，但不扣除 0.3m² 以内的孔洞面积。平面与立面交接处的防水层，其上卷高度超过 500mm 时，按立面防水层计算。

（4）防水卷材的附加层、接缝、收头、冷底子油等人工材料均已计入定额内，不另计算。

（5）变形缝按延长米计算。

124

2.2.10 防腐、保温、隔热工程

2.2.10.1 防腐工程量按以下规定计算：

（1）防腐工程项目应区分不同防腐材料种类及其厚度，按设计实铺面积以平方米计算。应扣除凸出地面的构筑物、设备基础等所占的面积，砖垛等突出墙面部分按展开面积计算，并入墙面防腐工程量之内。

（2）踢脚板按实铺长度乘以高度以平方米计算，应扣除门洞所占面积并相应增加侧壁展开面积。

（3）平面砌筑双层耐酸块料时，按单层面积乘以系数2计算。

（4）防腐卷材接缝、附加层、收头等人工材料，已计入在定额中，不再另行计算。

2.2.10.2 保温隔热工程量按以下规定计算：

（1）保温隔热层应区别不同保温隔热材料，除另有规定者外，均按设计实铺厚度以立方米计算。

（2）保温隔热层的厚度按隔热材料（不包括胶结材料）净厚度计算。

（3）地面隔热层按围护结构墙体间净面积乘以

设计厚度以立方米计算，不扣除柱、垛所占的体积。

（4）墙体隔热层，外墙按隔热层中心线、内墙按隔热层净长乘以图示尺寸的高度及厚度以立方米计算。应扣除冷藏门洞口和管道穿墙洞口所占的体积。

（5）柱包隔热层，按图示柱的隔热层中心线的展开长度乘以图示尺寸高度及厚度以立方米计算。

（6）其他保温隔热：

1）池槽隔热层按图示池槽保温隔热层的长、宽及其厚度以立方米计算。其中池壁按墙面计算，池底按地面计算。

2）门洞口侧壁周围的隔热部分，按图示隔热层尺寸以立方米计算，并入墙面的保温隔热工程量内。

3）柱帽保温隔热层按图示保温隔热层体积并入顶棚保温隔热层工程量内。

2.2.11　装饰工程

2.2.11.1　内墙抹灰工程量按以下规定计算：

（1）内墙抹灰面积，应扣除门窗洞口和空圈所占的面积，不扣除踢脚板、挂镜线、0.3m² 以内的孔洞和墙与构件交接处的面积，洞口侧壁和顶面亦不增加。墙垛和附墙烟囱侧壁面积与内墙抹灰工程量合并计算。

（2）内墙面抹灰的长度，以主墙间的图示净长尺寸计算。其高度确定如下：

1）无墙裙的，其高度按室内地面或楼面至顶棚底面之间距离计算；

2）有墙裙的，其高度按墙裙顶至顶棚底面之间距离计算；

3）钉板条顶棚的内墙面抹灰，其高度按室内地面或楼面至顶棚底面另加 100mm 计算。

（3）内墙裙抹灰面积按内墙净长乘以高度计算。应扣除门窗洞口和空圈所占的面积，门窗洞口和空圈的侧壁面积不另增加，墙垛、附墙烟囱侧壁面积并入墙裙抹灰面积内计算。

2.2.11.2 外墙抹灰工程量按以下规定计算：

（1）外墙抹灰面积，按外墙面的垂直投影面积以平方米计算。应扣除门窗洞口，外墙裙和大于 0.3m² 孔洞所占面积，洞口侧壁面积不另增加。附墙垛、梁、柱侧面抹灰面积并入外墙面抹灰工程量内计算。栏板、栏杆、窗台线、门窗套、扶手、压

127

顶、挑檐、遮阳板、突出墙外的腰线等，另按相应规定计算。

（2）外墙裙抹灰面积按其长度乘高度计算，扣除门窗洞口和大于 0.3m² 孔洞所占的面积，门窗洞口及孔洞的侧壁不增加。

（3）窗台线、门窗套、挑檐、腰线、遮阳板等展开宽度在 300mm 以内者，按装饰线以延长米计算，如展开宽度超过 300mm 以上时，按图示尺寸以展开面积计算，套零星抹灰定额项目。

（4）栏板、栏杆（包括立柱、扶手或压顶等）抹灰按立面垂直投影面积乘以系数 2.2 以平方米计算。

（5）阳台底面抹灰按水平投影面积以平方米计算，并入相应顶棚抹灰面积内。阳台如带悬臂梁者，其工程量乘系数 1.30。

（6）雨篷底面或顶面抹灰分别按水平投影面积以平方米计算，并入相应顶棚抹灰面积内。雨篷顶面带反沿或反梁者，其工程量乘系数 1.20，底面带悬臂梁者，其工程量乘系数 1.20。雨篷外边线按相应装饰或零星项目执行。

（7）墙面勾缝按垂直投影面积计算，应扣除墙裙和墙面抹灰的面积，不扣除门窗洞口、门窗套、

128

腰线等零星抹灰所占的面积，附墙柱和门窗洞口侧面的勾缝面积亦不增加。独立柱、房上烟囱勾缝，按图示尺寸以平方米计算。

2.2.11.3 外墙装饰抹灰工程量按以下规定计算：

（1）外墙各种装饰抹灰均按图示尺寸以实抹面积计算。应扣除门窗洞口空圈的面积，其侧壁面积不另增加。

（2）挑檐、天沟、腰线、栏杆、栏板、门窗套、窗台线、压顶等均按图示尺寸展开面积以平方米计算，并入相应的外墙面积内。

2.2.11.4 块料面层工程量按以下规定计算：

（1）墙面贴块料面层均按图示尺寸以实贴面积计算；

（2）墙裙以高度在1500mm以内为准，超过1500mm时按墙面计算，低于300mm时，按踢脚板计算。

2.2.11.5 木隔墙、墙裙、护壁板，均按图示尺寸长度乘以高度按实铺面积以平方米计算。

2.2.11.6 玻璃隔墙按上横档顶面至下横档底面之间高度乘以宽度（两边立梃外边线之间）以平方米计算。

129

2.2.11.7 浴厕木隔断，按下横档底面至上横档顶面高度乘以图示长度以平方米计算，门扇面积并入隔断面积内计算。

2.2.11.8 铝合金、轻钢隔墙、幕墙，按四周框外围面积计算。

2.2.11.9 独立柱：

（1）一般抹灰、装饰抹灰、镶贴块料按结构断面周长乘以柱的高度以平方米计算；

（2）柱面装饰按柱外围饰面尺寸乘以柱的高以平方米计算。

2.2.11.10 各种"零星项目"均按图示尺寸以展开面积计算。

2.2.11.11 顶棚抹灰工程量按以下规定计算：

（1）顶棚抹灰面积，按主墙间的净面积计算，不扣除间壁墙、垛、柱、附墙烟囱、检查口和管道所占的面积。带梁顶棚，梁两侧抹灰面积，并入顶棚抹灰工程量内计算。

（2）密肋梁和井字梁顶棚抹灰面积，按展开面积计算。

（3）顶棚抹灰如带有装饰线时，区别三道线以内或五道线以内按延长米计算，线角的道数以一个突出的棱角为一道线。

130

（4）檐口顶棚的抹灰面积，并入相同的顶棚抹灰工程量内计算。

（5）顶棚中的折线、灯槽线、圆弧形线、拱形线等艺术形式的抹灰，按展开面积计算。

2.2.11.12 各种吊顶顶棚龙骨按主墙间净空面积计算，不扣除间壁墙、检查口、附墙烟囱、柱、垛和管道所占面积。但顶棚中的折线、迭落等圆弧形，高低吊灯槽等面积也不展开计算。

2.2.11.13 顶棚面装饰工程量按以下规定计算：

（1）顶棚装饰面积，按主墙间实铺面积以平方米计算，不扣除间壁墙、检查口、附墙烟囱、附墙垛和管道所占面积，应扣除独立柱及与顶棚相连的窗帘盒所占的面积。

（2）顶棚中的折线、迭落等圆弧形、拱形、高低灯槽及其他艺术形式顶棚面层均按展开面积计算。

2.2.11.14 喷涂、油漆、裱糊工程量按以下规定计算：

（1）楼地面、顶棚面、墙、柱、梁面的喷（刷）涂料、抹灰面、油漆及裱糊工程，均按楼地面、顶棚面、墙、柱、梁面装饰工程相应的工程量计算规则规定计算。

131

（2）木材面、金属面油漆的工程量分别按表 2-11至表 2-19规定计算，并乘以表列系数以平方米计算。

单层木门工程量系数表　　　　　表 2-11

项目名称	系数	工程量计算方法
单层木门	1.00	
双层（一板一纱）木门	1.36	
双层（单裁口）木门	2.00	按单面洞口面积
单层全玻门	0.83	
木百叶门	1.25	
厂库大门	1.10	

单层木窗工程量系数表　　　　　表 2-12

项目名称	系数	工程量计算方法
单层玻璃窗	1.00	
双层（一玻一纱）窗	1.36	
双层（单裁口）窗	2.00	
三层（二玻一纱）窗	2.60	按单面洞口面积
单层组合窗	0.83	
双层组合窗	1.13	
木百叶窗	1.50	

木扶手（不带托板）工程量系数表　　表 2-13

项目名称	系数	工程量计算方法
木扶手（不带托板）	1.00	
木扶手（带托板）	2.60	
窗帘盒	2.04	按延长米
封檐板、顺水板	1.74	
挂衣板、黑板框	0.52	
挂镜线、窗帘棍	0.35	

其他木材面工程量系数表　　表 2-14

项目名称	系数	工程量计算方法
木板、纤维板、胶合板顶棚、檐口（其他木材面）	1.00	
清水板条顶棚、檐口	1.07	
木方格吊顶顶棚	1.20	
吸声板墙面、顶棚面	0.87	长×宽
鱼鳞板墙	2.48	
木护墙、墙裙	0.91	
窗台板、筒子板、盖板	1.00	
散热器罩	1.28	
屋面板（带檩条）	1.11	斜长×宽

133

续表

项目名称	系数	工程量计算方法
木间壁、木隔断	1.90	单面外围面积
玻璃间壁露明墙筋	1.65	
木栅栏、木栏杆带扶手	1.82	
木屋架	1.79	跨度（长）×中高×1/2
衣柜、壁柜	0.91	投影面积（不展开）
零星木装修	0.87	展开面积

木地板工程量系数表　　　　表 2-15

项目名称	系数	工程量计算方法
木地板、木踢脚线	1.00	长×宽
木楼梯（不包括底面）	2.30	水平投影面积

单层钢门窗工程量系数表　　　　表 2-16

项目名称	系数	工程量计算方法
单层钢门窗	1.00	洞口面积
双层（一玻一纱）钢门窗	1.48	
钢百叶钢门	2.74	
半截百叶钢门	2.22	
满钢门或包薄钢板门	1.63	
钢折叠门	2.30	

续表

项目名称	系数	工程量计算方法
射线防护门	2.96	
厂库房平开、推拉门	1.70	框（扇）外围面积
钢丝网大门	0.81	
间壁	1.85	长×宽
平板屋面	0.74	斜长×宽
瓦垄板屋面	0.89	
排水、伸缩缝盖板	0.78	展开面积
吸气罩	1.63	水平投影面积

其他金属面工程量系数表　　　表 2-17

项目名称	系数	工程量计算方法
钢屋架、天窗架、挡风架、屋架梁、支撑、檩条	1.00	
墙架（空腹式）	0.50	
墙架（格板式）	0.82	
钢柱、吊车梁、花式梁、柱、空花构件	0.63	
操作台、走台、制动梁、钢梁车挡	0.71	重量（t）
钢栅栏门、栏杆、窗栅	1.71	
钢爬梯	1.18	
轻型屋架	1.42	
踏步式钢扶梯	1.05	
零星铁件	1.32	

135

平板屋面涂刷磷化、锌黄底漆工程量系数表

表 2-18

项目名称	系数	工程量计算方法
平板屋面	1.00	斜长×宽
瓦垄板屋面	1.20	
排水、伸缩缝盖板	1.05	展开面积
吸气罩	2.20	水平投影面积
包镀锌薄钢板门	2.20	洞口面积

抹灰面工程量系数表　　　表 2-19

项目名称	系数	工程量计算方法
槽形板、混凝土折板底	1.30	长×宽
有梁板底	1.10	
密肋、井字梁板底	1.50	
混凝土平板式楼梯底	1.30	水平投影面积

2.2.12　金属结构制作工程

2.2.12.1　金属结构制作按图示钢材尺寸以吨计算，不扣除孔眼、切边的重量，焊条、铆钉、螺栓等重量，已包括在定额内不另计算。在计算不规则

136

或多边形钢板重量时均以其最大对角线乘最大宽度的矩形面积计算。

2.2.12.2 实腹柱、吊车梁、H型钢按图示尺寸计算，其中腹板及翼板宽度按每边增加 25mm 计算。

2.2.12.3 制动梁的制作工程量包括制动梁、制动桁架、制动板重量；墙架的制作工程量包括墙架柱、墙架梁及连接柱杆重量；钢柱制作工程量包括依附于柱上的牛腿及悬臂梁重量。

2.2.12.4 轨道制作工程量，只计算轨道本身重量，不包括轨道垫板，压板、斜垫、夹板及连接角钢等重量。

2.2.12.5 铁栏杆制作，仅适用于工业厂房中平台、操作台的钢栏杆。民用建筑中铁栏杆等按本定额其他章节有关项目计算。

2.2.12.6 钢漏斗制作工程量，矩形按图示分片，圆形按图示展开尺寸，并依钢板宽度分段计算，每段均以其上口长度（圆形以分段展开上口长度）与钢板宽度，按矩形计算，依附漏斗的型钢并入漏斗重量内计算。

2.2.13 建筑工程垂直运输定额

2.2.13.1 建筑物垂直运输机械台班用量，区分不同建筑物的结构类型及高度按建筑面积以平方米计算。

2.2.13.2 构筑物垂直运输机械台班以座计算。超过规定高度时再按每增高 1m 定额项目计算，其高度不足 1m 时，亦按 1m 计算。

2.2.14 建筑物超高增加人工、机械定额

2.2.14.1 各项降效系数中包括的内容指建筑物基础以上的全部工程项目，但不包括垂直运输、各类构件的水平运输及各项脚手架；

2.2.14.2 人工降效按规定内容中的全部人工费乘以定额系数计算；

2.2.14.3 吊装机械降效按吊装项目中的全部机械费乘以定额系数计算；

2.2.14.4 其他机械降效按规定内容中的全部机械费（不包括吊装机械）乘以定额系数计算；

2.2.14.5 建筑物施工用水加压增加的水泵台班，按建筑面积以平方米计算。

138

2.3 规范项目工程量计算规则

《建设工程工程量清单计价规范》（GB 50500—2008）中，将建设工程的清单项目及工程量计算规则按附录 A、附录 B、附录 C、附录 D、附录 E、附录 F 六部分分类。其中，附录 A 为建筑工程工程量清单项目及计算规则，适用于采用工程量清单计价的工业与民用建筑物和构筑物工程；附录 B 为装饰装修工程工程量清单项目及计算规则，适用于采用工程量清单计价的工业与民用建筑物和构筑物的装饰装修工程；附录 C 为安装工程工程量清单项目及计算规则，适用于采用工程量清单计价的工业与民用建筑（含公用建筑）的给水排水、采暖、通风空调、电气、照明、通信、智能等设备、管线的安装工程和一般机械设备安装工程工程量清单的编制与计价，但不适用于专业专用设备安装工程量清单工程的编制与计价；附录 D 为市政工程工程量清单项目及计算规则，适用于采用工程量清单计价的城市市政建设工程；附录 E 为园林绿化工程工程量清单项目及计算规则，适用于采用工程量清单计价的公园、小区、道路等园林绿化工程；附录 F 为矿山工程工程量清单项目及计算规则，适用于矿山工程。

附录 A 中，清单实体项目包括土石方工程，桩与地基基础工程，砌筑工程，混凝土及钢筋混凝土工程，厂库房大门、特种门、木结构工程，金属结构工程，屋面及防水工程，防腐隔热保温工程。共8 章 45 节，178 个项目。

附录 B 中，清单实体项目包括楼地面工程，墙、柱面工程，天棚工程，门窗工程，油漆、涂料、裱糊工程，其他工程。共 6 章 47 节 214 个项目。

附录 C 中，清单实体项目包括机械设备安装工程，电气设备安装工程，热力设备安装工程，炉窑砌筑工程，静置设备与工艺金属结构制作安装工程，工业管道工程，消防工程、给排水、采暖、燃气工程，通风空调工程，自动化控制仪表安装工程，通信设备及线路工程，建筑智能化系统设备安装工程，长距离输送管道工程。共 13 章 122 节，1140 个项目。

附录 D 中，清单实体项目按不同的专业和不同的工程对象分为土石方工程，道路工程，桥涵护岸工程，隧道工程，市政管网工程，地铁工程，钢筋工程，拆除工程。共 8 章 38 节 432 个项目。

140

附录 E 中，清单实体项目包括绿化工程，园路、园桥、假山工程，园林景观工程。共 3 章 12 节 87 个项目。

附录 F 中，清单实体项目包括露天工程，井巷工程，共 2 章 19 节 134 个项目。

由于篇幅的限制，主要介绍附录 A、附录 B 中清单项目的内容。

2.3.1 建筑工程工程量清单计价规范一般规定与工程量计算规则

2.3.1.1 土石方工程

土石方工程在清单项目中分为土方工程、石方工程、土石方回填三部分，适用于建筑物和构筑物的土石方开挖及回填工程。其中，土方工程分为平整场地、挖土方、挖基础土方、冻土开挖、挖淤泥及流砂、挖管沟土方六个项目；石方工程分为岩石的预裂爆破、石方开挖、管沟石方的开凿三个项目；土石方回填分为土（石）方的运输、回填一个项目。

（1）土（石）方工程（编码：010101）

1）平整场地。平整场地项目适用于建筑场地厚度在±30cm 以内的挖方、填方、土方的运输及

141

场地找平。其工程量按设计图示尺寸以建筑物首层面积计算，以平方米为计量单位。

工程量计算后，如果施工组织设计中规定的平整场地的面积超过了计算的平整场地面积，在报价时，平整超出部分面积所消耗的人工、机械等应包括在报价内。另外，当实际计算中出现±30cm以内的全部是挖方或全部是填方，需外运土方或借土回填时，在工程量清单项目中应描述出弃土运距（或弃土地点）或取土运距（或取土地点），这部分的运输应包括在"平整场地"项目报价内。

2）挖土方。挖土方项目适用于建筑场地平均厚度在±30cm以外，在设计室外地坪标高以上的竖向布置的挖土或山坡切土和指定范围内的土方运输。其工程量按设计图示尺寸以体积计算，以立方米为计量单位。应按自然地面测量标高至设计地坪标高间的平均厚度确定。

3）挖基础土方。挖基础土方项目适用于带形基础、独立基础、满堂基础（包括地下室基础）及设备基础、人工挖孔桩等的土方开挖和指定范围内的土方运输。挖基础土方工程量按设计图示尺寸以基础垫层底面积乘以挖土深度计算，以立方米为计

142

量单位。基础开挖深度应按基础垫层底表面标高至交付施工场地标高确定，无交付施工场地标高时，应按自然地面标高确定。

挖基础土方工程量计算规则中不包括土方放坡、工作面和机械进出基坑的坡道等增加的施工量，实际施工中发生这些内容，应包括在报价内，同时，还应包括施工增量的土方运输所产生的费用。

报价时，带形基础应按不同底宽和深度，独立基础和满堂基础应按不同底面积和深度分别编码列项。

4）冻土开挖。冻土开挖工程量按设计图示尺寸开挖面积乘以厚度计算，以立方米为计量单位。

5）挖淤泥、流砂。淤泥是一种稀软状，不易成形的灰黑色、有臭味、含有半腐朽的植物遗体（占60%以上）、置于水中有动植物残体渣滓浮于水面，并常有气泡由水中冒出的泥土；流砂是指在坑内抽水时，坑底的土会成流动状态，随地下水涌出，这种土无承载力，边挖边冒，无法挖深，强挖会掏空邻近地基。挖淤泥、流砂工程量按设计图示位置、界限以体积（m³）计算。

6）管沟土（石）方。管沟土（石）方项目适

143

用于管沟的土（石）方开挖、回填。其工程量按设计图示尺寸以管道中心线长度（m）计算。

报价时，应按管沟不同的挖土平均深度报价。其平均深度按以下规定确定：有管沟设计时，以沟垫层底表面标高至交付施工场地标高计算；无管沟设计时，直埋管深度应按管底外表面标高至交付施工场地标高的平均高度计算。

（2）石方工程（编码：010102）

1）预裂爆破。岩石的预裂爆破是指为降低爆震波对周围已有建筑物或构筑物的影响，按照设计的开挖边线，钻一排预裂炮眼，炮眼均需按设计规定药量装炸药，在开挖区炮爆破前，预先炸裂一条缝，在开挖区炮爆破时，这条缝能够反射、阻隔爆震波。预裂爆破工程量按设计图示尺寸以钻孔总长度（m）计算。

2）石方开挖。石方开挖项目适用于人工凿石、人工打眼爆破、机械打眼爆破和指定范围内的石方清除运输。其工程量按设计图示尺寸以体积（m³）计算。

报价时，设计规定需光面爆破的坡面、需摊座的基底，在工程量清单中应进行描述。石方爆破的超挖量，也应括在报价内。

144

光面爆破是指按照设计要求，某一坡面（多为垂直面）需要实施光面爆破，在这个坡面设计开挖边线，加密炮眼和缩小排间距离，控制药量，达到爆破后该坡面比较规整的要求；基底摊座，是指开挖炮爆破后，在需要设置基础的基底进行剔打找平，使基底达到设计标高要求，以便基础垫层的浇筑。

（3）土石方回填（编码：010103）

土（石）方回填项目适用于场地回填、室内回填、基础回填和指定范围内的土（石）方运输以及借土回填的土方开挖。其工程量按设计图示尺寸以体积（m³）计算。对于场地回填，其工程量按设计图示回填面积乘以平均回填厚度以体积计算；对于室内回填，其工程量按设计图示主墙间净面积乘以回填厚度以体积计算；对于基础回填，其工程量按挖方体积减去设计室外地坪以下埋设的基础体积（包括基础垫层及其他构筑物）计算。

其中主墙是指结构厚度在 120mm 以上（不含120mm）的各类墙体。

（4）土石方工程量计算及报价中应注意的问题

1）土方体积均以挖掘前的天然密实体积为准

计算。如遇有必须以天然密实体积折算时，可按规定折算系数换算。

2）在计算土石方工程量时，土石方计算规则是以设计图示净量计算。放坡、操作工作面、石方爆破超挖量及采取其他措施（如支挡土板等），由投标人根据施工方案考虑在报价中。

3）土石方工程量清单中，应将所计算的土及岩石的类别描述出来。土及岩石的分类按规范中的普氏分类表规定描述。

4）如果所挖土为湿土，在工程量清单中应描述出来。干、湿土的划分应按地质资料提供的地下常水位为界，地下常水位以下为湿土，以上为干土。

5）桩间挖土方工程量不扣除桩所占体积。

6）石方工程中，设计要求采用减震孔方式减弱爆破冲击波时，可按预裂爆破清单项目列项。这里的"减震孔"是指与预裂爆破起相同作用，在设计开挖边线加密炮眼，缩小排间距离，不装炸药，起反射阻隔爆震波的作用的炮眼。

7）土石方工程量计算中的"指定范围内的运输"是指由招标人指定的弃土地点或取土地点的运距。若招标文件规定由投标人确定弃土地点或

146

取土地点时，则此条件不必在工程量清单中进行描述。

8) 土石方清单项目报价中应包括指定范围内的土石一次或多次运输、装卸以及基底夯实、修理边坡、清理现场等全部施工工序。

2.3.1.2 桩与地基基础

工程清单项目中，桩与地基基础工程共 3 节 12 个项目。包括混凝土桩、其他桩、地基与边坡的处理。适用于地基与边坡的处理及加固。其中，混凝土桩包括预制钢筋混凝土桩、接桩、混凝土灌注桩三个项目；其他桩包括砂石灌注桩、灰土挤密桩、旋喷桩、喷粉桩四个项目；地基与边坡处理包括地下连续墙、振冲灌注碎石、地基强夯、锚杆支护、土钉支护五个项目。

(1) 混凝土桩 (编码: 010201)

1) 预制钢筋混凝土桩工程量。预制钢筋混凝土桩项目适用于预制混凝土方桩、管桩和板桩等。其工程量按设计图示尺寸以桩长（包括桩尖）或根数计算。

钢筋混凝土板桩是形如板状，拼接面留有企口槽，打桩时一块接一块地沿槽榫打下，形成地下墙板，它打入土中后就不再拔出。适用于挖土较深，土质较差或地下水位较高的地基，作为抵御深槽（坑）壁坍塌的围护结构。报价时，板桩应在工程量清单中描述其垂直投影面积。

按照规范要求，对重要的工程应采用静荷载试验来检验桩的垂直承载力，即试桩。当工程中需试桩时，试桩应按"预制钢筋混凝土桩"项目编码单独列项。试桩与打桩之间间歇时间、机械在现场的停滞，应包括在打试桩报价内。另外，预制桩体上所刷的防护材料，应包括在桩的报价内。

2）接桩工程量。接桩项目适用于预制钢筋混凝土方桩、管桩和板桩的接桩。其工程量按设计图示规定以接头数量（板桩按接头长度）计算，以个或米为计量单位。接桩应在工程量清单中描述接头所使用的材料。

3）混凝土灌注桩。混凝土灌注桩项目适用于人工挖孔灌注桩、钻孔灌注桩、爆扩灌注桩、打拔管灌注桩、振动灌注桩等。其工程量按设计图示尺寸以桩长（包括桩尖）或根数计算，以米或根为计量单位。

人工挖孔时采用的护壁（如砖砌体、预制钢筋混凝土、现浇钢筋混凝土、钢模、竹笼等材料进行护壁），应将包括在报价内。在湿作业钻孔灌注桩中，如果采用泥浆进行钻孔固壁，所发生的泥浆的运输、搅拌，泥浆池、泥浆沟槽的砌筑、拆除，应包括在报价内。

（2）其他桩（编码：010202）

其他桩中，砂石灌注桩适用于各种成孔方式（如振动沉管、锤击沉管等）的砂石灌注桩；灰土挤密桩项目适用于各种成孔方式的灰土、石灰、水泥粉、粉煤灰、碎石等挤密桩；旋喷桩项目适用于水泥浆旋喷桩；喷粉桩项目适用于水泥、生石灰粉等喷粉桩。其他桩工程量均按设计图示尺寸以桩长（包括桩尖）计算，以米为计量单位。

各种桩的材料级配、密实系数不同，其价格也不同。报价时应将各种桩的材料级配、密实系数考虑在报价内。

（3）地基与边坡处理（编码：010203）

1）地下连续墙。地下连续墙项目适用于各种导墙施工的复合型地下连续墙工程。其工程量按设计图示墙中心线长乘以厚度乘以槽深以体积（m³）计算。

2）振冲灌注碎石。振冲灌注碎石是地基加固的一种方法，它是利用振冲器在高压水流作用下边振边冲，在软弱黏性土地基中成孔，再在孔内

149

分批填入碎石、砾砂、粗砂等坚硬材料制成一根根桩体，从而使地基得到加固。振冲灌注碎石的工程量按设计图示孔深乘以孔截面积以体积（m³）计算。

3）地基强夯。地基强夯是利用起重设备将80～400kN的夯锤吊起，从6～30m的高处自由落下，对土体进行强力夯实的地基处理方法。地基强夯的工程量按设计图示尺寸以面积计算。

4）锚杆支护。锚杆支护项目适用于岩石高削坡混凝土支护挡墙和风化岩石混凝土、砂浆护坡。其工程量按设计图示尺寸以支护面积计算。

5）土钉支护。土钉支护项目适用于土层的锚固。其工程量按设计图示尺寸以支护面积计算。

（4）桩与地基基础工程量计算及报价中应注意的问题

1）桩与地基基础工程中各项目适用于工程实体，如地下连续墙适用于构成建筑物、构筑物地下结构部分的永久性的复合型地下连续墙。作为深基础支护结构，应列入清单措施项目费，在分部分项工程量清单中不反映其项目。

2）桩基础工程施工，土的种类会对其产生影响。规范将土分为"一级土"和"二级土"。

150

3）各种桩（除预制钢筋混凝土桩）的充盈量，应包括在报价内。

4）振动沉管、锤击沉管若使用预制钢筋混凝土桩尖时，应包括在报价内。

5）爆扩桩扩大头的混凝土量，应包括在报价内。

6）桩的钢筋（如灌注桩的钢筋笼、地下连续墙的钢筋网、锚杆支护、土钉支护的钢筋网及预制桩头钢筋等）应按混凝土及钢筋混凝土有关项目编码列项。

2.3.1.3 砌筑工程

工程清单项目中，砌筑工程分为 6 节 25 个项目。包括砖基础、砖砌体、砖构筑物砌块砌体、石砌体、砖散水、地坪、地沟。适用于建筑物、构筑物的砌筑工程。其中砖砌体包括实心砖墙、空斗墙、空花墙、填充墙、实心砖柱、零星砌砖 6 个项目。砖构筑物包括砖烟囱及水塔、砖烟道、砖窨井及检查井、砖水池及化粪池 4 个项目。砌块砌体包括空心砖墙及砌块墙、空心砖柱及砌块柱两个项目。石砌体包括石基础、石勒脚、石墙、石挡土墙、石柱、石栏杆、石护坡、石台阶、石坡道、石地沟及石明沟等 10 个项目。砖散水、地坪、地沟包括砖散水、地坪，砖地沟、明沟 2 个项目。

（1）砖基础（编码：010301）

砖基础项目适用于柱基础、墙基础、烟囱基础、水塔基础、管道基础等各种类型的砖基础。砖基础的工程量按设计图示尺寸以体积计算。其中基础长度：外墙按中心线，内墙按净长线计算。应扣除地梁（圈梁）、构造柱所占体积。不扣除基础大放脚 T 形接头处的重叠部分及嵌入基础内的钢筋、铁件、管道、基础砂浆防潮层和单个面积 0.3m² 以内的孔洞所占体积，靠墙暖气沟的挑檐不增加，附墙垛基础宽出部分体积应并入基础工程量内。

清单项目中单独设有垫层项目，各种砖基础的垫层应单独列项计算。

（2）砖砌体（编码：010302）

1）实心砖墙工程量。实心砖墙项目适用于各种类型实心砖墙，包括不同墙厚的外墙、内墙、围墙、双面混水墙、双面清水墙、单面清水墙、直形墙、弧形墙等。实心砖墙的工程量按设计图示尺寸以体积计算。应扣除门窗洞口、过人洞、空圈、嵌入墙内的钢筋混凝土柱、梁、圈梁、挑梁、过梁及凹进墙内的壁龛、管槽、暖气槽、消火栓箱所占体积。不扣除梁头、板头、檩头、垫木、木楞头、沿椽木、木砖、门窗走头、砖墙内加固钢筋、木筋、铁件、钢管及单个面积 0.3m² 以内的孔洞所占体积。凸出墙面的腰线、挑檐、压顶、窗台线、虎头砖、门窗套的体积亦不增加。凸出墙面的砖垛并入墙体体积内计算。

砖墙的长度、高度应按以下规定计算：

①长度：外墙按中心线长度计算，内墙按净长线长度计算。

②高度：

外墙：斜（坡）屋面无檐口顶棚者算至屋面板底，有屋架且室内、外均有顶棚者算至屋架下弦底面，另加 200mm；无顶棚者算至屋架下弦底加 300mm；出檐宽度超过 600mm 时，应按实砌高度计算；平屋面算至钢筋混凝土板底。

内墙：位于屋架下弦者，算至屋架下弦底；无屋架者算至顶棚底另加 100mm；有钢筋混凝土楼板隔层者算至楼板顶；有框架梁时算至梁底。

女儿墙：从屋面板上表面算至女儿墙顶面（如有混凝土压顶时算至压顶下表面）。

内、外山墙：按其平均高度计算。

围墙的高度算至压顶上表面（如有混凝土压顶时算至压顶下表面），围墙柱并入围墙体积内。

153

计算工程量时，女儿墙的砖压顶、围墙的砖压顶突出墙面部分不计算体积，压顶顶面凹进墙面的部分也不扣除（包括一般围墙的抽屉檐、棱角檐、仿瓦砖檐等）。墙内砖平碶、砖拱碶、砖过梁的体积不扣除，应包括在报价内。

注意，有钢筋混凝土楼板隔层的内外墙高度规范规定：内墙算至楼板顶，外墙算至楼板底。全国基础定额中的规定：内墙算至楼板底，外墙算至楼板顶。

2）空斗墙。空斗墙项目适用于各种砌法的空斗墙。空斗墙工程量按设计图示尺寸以空斗墙外形体积计算。墙角、内外墙交接处、门窗洞口立边、窗台砖、屋檐处的实砌部分并入墙体内计算。

3）空花墙。空花墙项目适用于各种类型空花墙。其工程量按设计图示尺寸以空花部分外形体积计算，不扣除空洞部分体积。

对于使用混凝土花格砌筑的空花墙，其工程量应分实砌墙体与混凝土花格分别计算，混凝土花格按混凝土及钢筋混凝土预制零星构件编码列项。

4）填充墙。填充墙工程量按设计图示尺寸以填充墙外形体积计算。

5）实心砖柱。实心砖柱项目适用于矩形柱、

154

异形柱、圆柱、包柱等各种类型柱。其工程量按设计图示尺寸以体积计算，扣除混凝土及钢筋混凝土梁垫、梁头、板头所占体积。

6）零星砌砖。零星砌砖项目适用于台阶、台阶挡墙、梯带、锅台、炉灶、蹲台、池槽、池槽腿、花台、花池、楼梯栏板、阳台栏板、地垄墙、屋面隔热板下的砖墩、0.3m² 以内孔洞填塞等。其中，砖砌台阶可按水平投影面积以平方米计算（不包括梯带或台阶挡墙）；砖砌小型池槽、砖砌锅台、炉灶可按个计算，并以"长×宽×高"顺序标明外形尺寸；砖砌小便槽、地垄墙可按长度计算，其他工程量按立方米计算。另外，空斗墙的窗间墙、窗台下、楼板下、梁头下的实砌部分，框架外表面的镶贴砖部分，均应按零星砌砖计算，按零星砌砖项目编码列项。

（3）砖构筑物（编码：010303）

1）砖烟囱、水塔。砖烟囱、水塔项目适用于各种类型砖烟囱、砖水塔。砖烟囱、水塔的工程量按设计图示筒壁平均中心线周长乘以厚度乘以高度以体积计算。扣除各种孔洞、钢筋混凝土圈梁、过梁等的体积。

2）砖烟道。砖烟道项目适用于各种类型的烟

155

道，其工程量按图示尺寸以体积计算。

计算工程量时，砖烟道与炉体的划分应按第一道闸门为界。

3）砖窨井、检查井、砖水池、化粪池。砖窨井、检查井、砖水池、化粪池项目适用于各类砖砌窨井、检查井、砖水池、化粪池、沼气池、公厕生化池等。工程量均按设计图示数量计算，以座为计量单位。

计算时，工程量的"座"包括挖土、运输、回填、井池底板、池壁、井池盖板、池内隔断、隔墙、隔栅小梁、隔板、滤板等全部工程。如投标时，"一座化粪池"的报价，就应包括完成这座化粪池所有工作的报价。

井、池内爬梯按金属结构工程中钢构件相关项目编码列项，构件内的钢筋按混凝土及钢筋混凝土相关项目编码列项。

（4）砌块砌体（编码：010304）

1）空心砖墙、砌块墙。空心砖墙、砌块墙项目适用于各种规格的空心砖和砌块砌筑的各种类型的墙体。工程量按设计图示尺寸以体积计算。应扣除门窗洞口、过人洞、空圈、嵌入墙内的钢筋混凝土柱、梁、圈梁、挑梁、过梁及凹进墙内的壁龛、

156

管槽、暖气槽、消火栓箱所占体积。不扣除梁头、板头、檩头、垫木、木楞头、沿椽木、木砖、门窗走头、砖墙内加固钢筋、木筋、铁件、钢管及单个面积 0.3m² 以内的孔洞所占体积。凸出墙面的腰线、挑檐、压顶、窗台线、虎头砖、门窗套的体积亦不增加。凸出墙面的砖垛并入墙体体积内计算。砖墙的长度、高度应按以下规定计算：

①长度：外墙按中心线长度计算，内墙按净长线长度计算。

②高度：

外墙：斜（坡）屋面无檐口顶棚者算至屋面板底；有屋架且室内外均有顶棚者算至屋架下弦底面另加 200mm；无顶棚者算至屋架下弦底加 300mm；出檐宽度超过 600mm 时，应按实砌高度计算；平屋面算至钢筋混凝土板底。

内墙：位于屋架下弦者，算至屋架下弦底；无屋架者算至顶棚底另加 100mm；有钢筋混凝土楼板隔层者算至楼板顶；有框架梁时算至梁底。

女儿墙：从屋面板上表面算至女儿墙顶面（如有混凝土压顶时算至压顶下表面）。

内、外山墙：按其平均高度计算。

围墙的高度算至压顶上表面（如有混凝土压顶

时算至压顶下表面），围墙柱并入围墙体积内。

计算工程量时，嵌入空心砖墙、砌块墙的实心砖不扣除。

2）空心砖柱、砌块柱。空心砖柱、砌块柱项目适用于矩形柱、方柱、异形柱、圆柱、包柱等各种类型柱。空心砖柱、砌块柱工程量按设计图示尺寸以体积计算，扣除混凝土及钢筋混凝土梁垫、梁头、板头所占体积。

计算工程量时，空心砖柱、砌块柱梁头、板头下镶嵌的实心砖体积不扣除。

（5）石砌体（编码：010305）

1）石基础。石基础项目适用于各种规格（条石、块石等）、各种材质（砂石、青石等）和各种类型（柱基、墙基、直形、弧形等）的石基础。石基础工程量按设计图示尺寸以体积（m^3）计算。不扣除基础砂浆防潮层及单个面积 $0.3m^2$ 以内的孔洞所占体积，靠墙暖气沟的挑檐也不增加体积，附墙垛基础宽出部分体积并入石基础体积内。基础长度：外墙按中心线长度计算，内墙按净长线长度计算。

2）石勒脚。石勒脚项目适用于各种规格（条石、块石等）、各种材质（砂石、青石、大理石、

158

花岗石等）和各种类型（直形、弧形等）勒脚。工程量按图示尺寸以体积计算。扣除单个面积 $0.3m^2$ 以外的孔洞所占的体积。

3）石墙。石墙项目适用于各种规格（条石、块石等）、各种材质（砂石、青石、大理石、花岗石等）和各种类型（直形、弧形等）的石墙。工程量计算规则同实心砖墙工程量计算规则。

4）石挡土墙、石柱、石护坡、石台阶。石挡土墙项目适用于各种规格（条石、块石、毛石、卵石等）、各种材质（砂石、青石、石灰石等）和各种类型（直形、弧形、台阶形等）挡土墙；石柱项目适用于各种规格、各种石质、各种类型的石柱；石护坡项目适用于各种石质和各种石料（如：条石、片石、毛石、块石、卵石等）的护坡；石台阶项目包括石梯带（垂带），不包括石梯膀，石梯膀按石挡墙项目编码列项。工程量均按设计图示尺寸以体积计算。

5）石栏杆。石栏杆项目适用于无雕饰的一般石栏杆。工程量按设计图示长度以米计算。

6）石坡道。石坡道工程量按设计图示尺寸以水平投影面积计算。

7）石地沟、石明沟。石地沟、石明沟工程量

159

按设计图示中心线长度以米计算。

（6）砖散水、地坪、地沟（编码：010306）

1）砖散水、地坪。砖散水、地坪工程量按设计图示尺寸以面积计算。

2）砖地沟、砖明沟。砖地沟、砖明沟工程量按设计图示中心线长度以米计算。

（7）砌筑工程工程量计算及报价中应注意的问题

1）标准砖尺寸应为 240mm×115mm×53mm。标准砖墙厚度应按规范规定计算。

2）基础与墙（身）及其他部分的划分：

①砖基础与砖墙（柱）身划分应以设计室内地坪为界（有地下室的按地下室室内设计地坪为界），以下为基础，以上为墙（柱）身。基础与墙身使用不同材料，位于设计室内地坪±300mm 以内时以不同材料为界，超过±300mm，应以设计室内地坪为界。砖围墙应以设计室外地坪为界，以下为基础，以上为墙身。

②砖烟囱按设计室外地坪为界，以下为基础，以上为筒身。

③水塔基础与塔身划分以砖砌体的扩大部分顶面为界，以上为塔身，以下为基础。

160

④石基础、石勒脚、石墙身的划分：基础与勒脚应以设计室外地坪为界，勒脚与墙身应以设计室内地坪为界。石围墙内外地坪标高不同时，应以较低地坪标高为界，以下为基础；内外标高之差为挡土墙时，挡土墙以上为墙身。

2.3.1.4 混凝土及钢筋混凝土工程

混凝土及钢筋混凝土工程清单项目分为17节70个项目，包括现浇混凝土基础、现浇混凝土柱、现浇混凝土梁、现浇混凝土墙、现浇混凝土板、现浇混凝土楼梯、现浇混凝土其他构件、后浇带、预制混凝土柱、预制混凝土梁、预制混凝土屋架、预制混凝土板、预制混凝土楼梯、其他预制构件、混凝土构筑物、钢筋工程、螺栓铁件等。适用于建筑物、构筑物的混凝土工程。

（1）现浇混凝土基础（编码：010401）

清单项目中现浇混凝土基础分为带形基础、独立基础、满堂基础、设备基础、桩承台基础、垫层6个项目。其中，带形基础项目适用于各种带形基础、墙下的板式基础，包括浇筑在一字排桩上面的带形基础；独立基础项目适用于块体柱基、杯基、柱下的板式基础、无筋倒圆台基础、壳体基础、电梯井基础等；满堂基础项目适用于地下室的箱形、

161

筏形基础等；设备基础项目适用于设备的块体基础、框架基础等；桩承台基础项目适用于浇筑在组桩（如梅花桩）上的承台；垫层项目适用于砖基础、石基础、现浇混凝土基础下的垫层。现浇混凝土基础工程量均按设计图示尺寸以体积计算，不扣除构件内钢筋、预埋铁件和伸入承台基础的桩头所占体积。

对有肋带形基础和无肋带形基础在清单中应注明肋高，分别编码列项。

（2）现浇混凝土柱（编码：010402）

清单项目中现浇混凝土柱分为矩形柱和异形柱两个项目。适用于各种形式的现浇混凝土柱。其工程量按设计图示尺寸以体积计算，不扣除构件内钢筋、预埋铁件所占体积。

柱高按以下规定计算：

1）有梁板柱高，应自柱基上表面（或楼板上表面）至上一层楼板上表面之间的高度计算；

2）无梁板的柱高，应自柱基上表面（或楼板上表面）至柱帽下表面之间的高度计算；

3）框架柱的柱高，应自柱基上表面至柱顶高度计算；

4）构造柱按全高计算，嵌接墙体部分并入柱身体积；

5）依附柱上的牛腿和升板的柱帽，并入柱身体积计算。

计算工程量及报价时，对单独的薄壁柱（也称隐壁柱，在框剪结构中，隐藏在墙体中的钢筋混凝土柱，抹灰后不再有柱的痕迹）应根据其截面形状，确定是以异形柱还是以矩形柱编码列项。无梁板中柱帽的工程量应计算在无梁板体积内。混凝土柱上的钢牛腿按零星钢构件编码列项。

（3）现浇混凝土梁（编码：010403）

现浇混凝土梁清单项目中，包括基础梁、矩形梁、异形梁、圈梁、过梁、弧形及拱形梁等6个项目。它们的工程量按设计图示尺寸以体积计算。不扣除构件内钢筋、预埋铁件所占体积，伸入墙内的梁头、梁垫并入梁体积内。

梁长按以下规定计算：

1）梁与柱连接时，梁长算至柱侧面；

2）主梁与次梁连接时，次梁长算至主梁侧面。

（4）现浇混凝土墙（编码：010404）

现浇混凝土墙清单项目中，包括直形墙和弧形墙两个项目。直形墙和弧形墙项目同时也适用于电梯井。工程量按设计图示尺寸以体积计算。不扣除

163

构件内钢筋、预埋铁件所占体积，扣除门窗洞口及单个面积在 0.3m² 以外的孔洞所占体积，墙垛及突出墙面部分并入墙体体积内计算。

工程量计算中，当薄壁柱与墙相连接时，应按墙项目编码列项。

（5）现浇混凝土板（编码：010405）

现浇混凝土板清单项目中，包括有梁板、无梁板、平板、拱板、薄壳板、栏板、天沟及挑檐板、雨篷及阳台板、其他板等 9 个项目。其中有梁板、无梁板、平板、拱板、薄壳板、栏板工程量按设计图示尺寸以体积计算。不扣除构件内钢筋、预埋铁件及单个面积在 0.3m² 以内的孔洞所占体积。有梁板（包括主、次梁与板）按梁、板体积之和计算；无梁板按板和柱帽体积之和计算，各类板伸入墙内的板头并入板体积内计算，薄壳板的肋、基梁并入薄壳体积内计算。雨篷及阳台板工程量按设计图示尺寸以墙外部分体积计算，包括伸出墙外的牛腿和雨篷反挑檐的体积。天沟及挑檐板、其他板工程量按设计图示尺寸以体积计算。

在无梁板中，为降低板的自重，常在混凝土板中浇筑复合高强薄型空心管，在计算工程量时应扣除管所占体积，复合高强薄型空心管应包括在报价

164

内。如果采用轻质材料浇筑在有梁板内，轻质材料也应包括在报价内。

（6）现浇混凝土楼梯（编码：010406）

现浇混凝土楼梯清单项目中，包括现浇混凝土直形楼梯和弧形楼梯两个项目。其工程量按设计图示尺寸以水平投影面积计算。不扣除宽度小于500mm的楼梯井，伸入墙内部分不计算。

工程量计算中，单跑楼梯的工程量计算与直形楼梯、弧形楼梯的工程量计算相同，单跑楼梯如无中间休息平台，在工程量清单中应进行描述。

（7）现浇混凝土其他构件（编码：010407）

现浇混凝土其他构件清单项目中，包括散水及坡道、电缆沟及地沟、其他构件3个项目。其中，散水、坡道工程量按设计图示尺寸以面积计算。不扣除单个面积在0.3m²以内的孔洞所占面积。电缆沟、地沟工程量按设计图示中心线长度以米计算。其他构件工程量按设计图示尺寸以体积计算，不扣除构件内钢筋、预埋铁件所占体积。

工程量计算中，对现浇混凝土压顶、扶手工程量可按长度计算；现浇混凝土台阶工程量可按水平投影面积计算。当电缆沟、地沟，散水、坡道需抹灰时，应包括在报价内。

165

（8）后浇带（编码：010408）

后浇带项目适用于梁、墙、板的后浇带。其工程量按设计图示尺寸以体积计算。

（9）预制混凝土柱（编码：010409）

预制混凝土柱清单项目中，包括预制混凝土矩形柱和异形柱两个项目。其工程量可按以下两种方式计算：

1）按设计图示尺寸以体积计算。不扣除构件内钢筋、预埋铁件所占体积。

2）按设计图示尺寸以数量计算，以根为计量单位。适合同类型相同构件尺寸的柱。

（10）预制混凝土梁（编码：010410）

预制混凝土梁工程量清单项目中，包括预制混凝土矩形梁、异形梁、过梁、拱形梁、鱼腹式吊车梁、风道梁等6个项目。工程量按设计图示尺寸以体积计算。不扣除构件内钢筋、预埋铁件所占体积。

（11）预制混凝土屋架（编码：010411）

预制混凝土屋架工程量清单项目中，包括预制混凝土折线型屋架、组合屋架、薄腹屋架、门式刚架屋架、天窗架屋架等5个项目。工程量按设计图示尺寸以体积计算。不扣除构件内钢筋、预埋铁件

166

所占体积。

对于相同类型、相同跨度计算体积困难的预制混凝土屋架的工程量也可按榀数计算。

（12）预制混凝土板（编码：010412）

预制混凝土板工程量清单项目中，包括预制混凝土平板、空心板、槽形板、网架板、折线板、带肋板、大型板和沟盖板、井盖板、井圈等 8 个项目。其中预制混凝土平板、空心板、槽形板、网架板、折线板、带肋板、大型板按设计图示尺寸以体积计算。不扣除构件内钢筋、预埋铁件及单个尺寸在 300mm×300mm 以内的孔洞所占体积，扣除空心板空洞体积。预制混凝土沟盖板、井盖板、井圈按设计图示尺寸以体积计算。不扣除构件内钢筋、预埋铁件所占体积。

对于同类型相同构件尺寸的预制混凝土板工程量可按块数计算。同类型相同构件尺寸的预制混凝土沟盖板的工程量也可按块数计算；混凝土井圈、井盖板工程量可按套数计算。

（13）预制混凝土楼梯（编码：010413）

预制混凝土楼梯工程量按设计图示尺寸以体积计算。不扣除构件内钢筋、预埋铁件所占体积，扣除空心踏步板空洞体积。

167

（14）其他预制构件（编码：010414）

其他预制构件工程量清单项目中包括烟道、垃圾道、通风道、其他构件、水磨石构件等项目。工程量均按设计图示尺寸以体积计算。不扣除构件内钢筋、预埋铁件及单个尺寸在300mm×300mm以内的孔洞所占体积，扣除烟道、垃圾道、通风道的孔洞所占体积。

水磨石构件设计需要打蜡抛光，报价时，应将打蜡抛光所需的费用包括在报价内。

（15）混凝土构筑物（编码：010415）

混凝土构筑物工程量清单项目包括混凝土贮水（油）池、贮仓、水塔、烟囱等4个项目。工程量按设计图示尺寸以体积计算。不扣除构件内钢筋、预埋铁件及单个面积在0.3m²以内的孔洞所占体积。

对滑模筒仓、滑模烟囱应分别按贮仓、烟囱项目编码列项。

（16）钢筋（编码：010416）

钢筋工程工程量清单项目中包括现浇混凝土钢筋、预制构件钢筋、钢筋网片、钢筋笼、先张法预应力钢筋、后张法预应力钢筋、预应力钢丝、预应力钢绞线8个项目。其中，现浇混凝土钢筋、预制

168

构件钢筋、钢筋网片、钢筋笼工程量按设计图示钢筋（网）长度（面积）乘以单位理论质量计算。先张法预应力钢筋工程量按设计图示钢筋长度乘以单位理论质量计算。后张法预应力钢筋、预应力钢丝、预应力钢绞线工程量按设计图示钢筋（钢丝束、钢绞线）长度乘以单位理论质量计算。其中后张法预应力钢筋、预应力钢丝、预应力钢绞线的长度按设计规定的预应力钢筋预留孔道长度，并区别不同的锚具类型，分别按下列规定计算：

1）低合金钢筋两端均采用螺杆锚具时，钢筋长度按孔道长度减 0.35m 计算，螺杆另行计算。

2）低合金钢筋一端采用镦头插片、另一端采用螺杆锚具时，钢筋长度按孔道长度计算，螺杆另行计算。

3）低合金钢筋一端采用镦头插片、另一端采用帮条锚具时，钢筋长度按孔道长度增加 0.15m 计算；两端均采用帮条锚具时，钢筋长度按孔道长度增加 0.3m 计算。

4）低合金钢筋采用后张混凝土自锚时，钢筋长度按孔道长度增加 0.35m 计算。

5）低合金钢筋（钢绞线）采用 JM、XM、QM 型锚具，孔道长度在 20m 以内时，钢筋长度增

169

加 1m 计算;孔道长度 20m 以外时,钢筋(钢绞线)长度按孔道长度增加 1.8m 计算。

6) 碳素钢丝采用锥形锚具,孔道长度在 20m 以内时,钢丝束长度按孔道长度增加 1m 计算;孔道长在 20m 以上时,钢丝束长度按孔道长度增加 1.8m 计算。

7) 碳素钢丝束采用镦头锚具时,钢丝束长度按孔道长度增加 0.35m 计算。

钢筋工程量的计量单位均为吨。各种钢筋的单位理论质量可以通过查表得到。但在没有单位重量表的情况下,可按 $0.006165d^2$ 计算。现浇构件中固定位置的支撑钢筋、双层钢筋用的"铁马"、伸出构件的锚固钢筋、预制构件的吊钩等,应并入钢筋工程量内。

(17) 螺栓、铁件(编码:010417)

螺栓、铁件的工程量清单项目包括螺栓、预埋铁件 2 个项目。工程量按设计图示尺寸以质量计算。

(18) 混凝土及钢筋混凝土工程量计算及报价中应注意的问题

1) 现浇挑檐、天沟板、雨篷、阳台与板(包括屋面板、楼板)连接时,以外墙外边线为分界线；与圈梁（包括其他梁）连接时，以梁外边线为分界线。外边线以外为挑檐、天沟、雨篷或阳台。

2）整体楼梯（包括直形楼梯、弧形楼梯）水平投影面积包括休息平台、平台梁、斜梁和楼梯的连接梁。当整体楼梯与现浇楼板无梯梁连接时，以楼梯的最后一个踏步边缘加 300mm 为界。

3）三角形屋架应按预制混凝土屋架中折线型屋架项目编码列项。

4）不带肋的预制遮阳板、雨篷板、挑檐板、栏板等，应按预制混凝土板中平板项目编码列项；预制 F 形板、双 T 形板、单肋板和带反挑檐的雨篷板、挑檐板、遮阳板等，应按预制混凝土板中带肋板项目编码列项；预制大型墙板、大型楼板、大型屋面板等，应按预制混凝土板中大型板项目编码列项。

5）预制钢筋混凝土小型池槽、压顶、扶手、垫块、隔热板、花格等，应按其他构件编码列项。

6）贮水（油）池的池底、池壁、池盖可分别编码列项。有壁基梁的，应以壁基梁底为界，以上为池壁，以下为池底；无壁基梁的，锥形坡底应算至其上口，池壁下部的八字靴脚应并入池底体积内。无梁池盖的柱高应从池底上表面算至池盖下表

171

面，柱帽和柱座应并在柱体积内。肋形池盖应包括主、次梁体积；球形池盖应以池壁顶面为界，边侧梁应并入球形池盖体积内。

7) 水塔基础、塔身、水箱可分别编码列项。筒式塔身应以筒座上表面或基础底上表面为界；柱式（框架式）塔身应以柱脚与基础底板或梁顶为界，与基础板连接的梁应并入基础体积内。塔身与水箱应以箱底相连接的圈梁下表面为界，以上为水箱，以下为塔身。依附于塔身的过梁、雨篷、挑檐等，应并入塔身体积内；柱式塔身应不分柱、梁合并计算。依附于水箱壁的柱、梁，应并入水箱壁体积内。

2.3.1.5 厂库房大门、特种门、木结构工程

厂库房大门、特种门、木结构工程清单项目共分为 3 节 11 个项目。包括厂库房大门、特种门，木屋架，木构件。适用于建筑物、构筑物的特种门和木结构工程。厂库房大门、特种门包括木板大门、钢木大门、全钢板大门、特种门、围墙钢丝门5 个项目。木屋架包括木屋架、钢木屋架 2 个项目。木构件包括木柱、木梁、木楼梯、其他木构件 4 个项目。

(1) 厂库房大门、特种门（编码：010501）

172

厂库房大门、特种门工程量均按设计图示数量或设计图示洞口尺寸以面积计算，以樘或平方米为计量单位。

厂库房大门、特种门中，木板大门项目适用于厂库房的平开、推拉、带观察窗、不带观察窗等各类型木板大门。在工程量清单中，需描述每樘木板大门所含门扇数以及有无门框。钢木大门项目适用于厂库房的平开、推拉、单面铺木板、双单铺木板、防风型、保暖型等各类型钢木大门。对各种钢木大门，钢骨架的制作安装应包括在报价内；对于防风型钢木门应在清单中描述防风材料或保暖材料。全钢板门项目适用于厂库房的平开、推拉、折叠、单面铺钢板、双面铺钢板等各类型全钢板门。特种门项目适用于各种防射线门、密闭门、变电室门、人防门、金库门、保温门、隔声门、冷藏库门、冷藏冻结间门等特殊使用功能门。围墙钢丝门项目适用于钢管骨架钢丝门、角钢骨架钢丝门、木骨架钢丝门等。

（2）木屋架（编码：010502）

木屋架、钢木屋架工程量按设计图示数量计算，以樘为计量单位。

木屋架项目适用于各种方木、圆木屋架。对与

173

屋架相连接的挑檐木应包括在木屋架报价内；木屋架有钢夹板，钢夹板构件、连接螺栓应包括在报价内。钢木屋架项目适用于各种方木、圆木的钢木组合屋架。各种钢木屋架上的钢拉杆（下弦拉杆）、受拉腹杆、钢夹板、连接螺栓等应包括在报价内。

（3）木构件（编码：010503）

1）木柱、木梁。木柱、木梁工程量按设计图示尺寸以体积计算。

木柱、木梁项目适用于建筑物各部位的木柱、木梁。对埋入地下和嵌入墙内部分的防腐应包括在报价内。

2）木楼梯。木楼梯工程量按设计图示尺寸以水平投影面积计算。不扣除宽度小于 300mm 的楼梯井，伸入墙内部分不计算。

木楼梯项目适用于木制楼梯和木制爬梯。木楼梯踏步上设有防滑条的，防滑条应包括在报价内。

3）其他木构件。其他木构件工程量按设计图示尺寸以体积或长度计算，其计量单位为立方米或米。

其他木构件项目适用于斜撑，传统民居的垂花、花芽子、封檐板、博风板等构件。工程量计算时，封檐板、博风板工程量按延长米计算；博风板

174

带大刀头时，每个大刀头增加长度 50cm。

（4）厂库房大门、特种门、木结构工程工程量计算及报价中应注意的问题

1）设计规定使用干燥木材时，干燥损耗及干燥费应包括在报价内；木材的出材率以及木结构有防虫要求时，木材的出材率和防虫药剂应包括在报价内。

2）带气楼的屋架和马尾、折角以及正交部分的半屋架，应按相关屋架项目编码列项。

马尾是指四坡水屋顶建筑物的两端屋面的端头坡面部位；折角是指构成 L 形的坡屋顶建筑横向和竖向相交的部位；正交部分是指构成丁字形的坡屋顶建筑横向和竖向相交的部位。

3）楼梯栏杆（栏板）、扶手，应按楼地面装饰装修工程中栏杆（栏板）、扶手项目编码列项。

2.3.1.6 金属结构工程

金属结构工程清单项目共分 7 节。包括钢屋架、钢网架、钢托架、钢桁架、钢柱、钢梁、压型钢板楼板、墙板、钢构件、金属网等。适用于建筑物、构筑物的钢结构工程。其中钢柱包括实腹柱、空腹柱、钢管柱 3 个项目；钢梁包括钢梁、钢吊车梁 2 个项目；钢构件包括钢支撑、钢檩条、钢天窗

175

架、钢挡风架、钢墙架、钢平台、钢走道、钢梯、钢栏杆、钢漏斗、钢支架、零星钢构件 12 个项目。

（1）钢屋架、钢网架（编码：010601）

钢屋架、钢网架工程量按设计图示尺寸以质量计算，以吨为计量单位。不扣除孔眼、切边、切肢的质量，焊条、铆钉、螺栓等不另增加质量，不规则或多边形钢板以其外接矩形面积乘以厚度乘以单位理论质量计算。

钢屋架项目适用于一般钢屋架和轻钢屋架、冷弯薄壁型钢屋架；钢网架项目适用于一般钢网架和不锈钢网架。不论节点形式（球形节点、板式节点等）和节点连接方式（焊结、丝结）等均使用该项目。上述轻钢屋架，是指采用圆钢筋、小角钢（小于L 45×4 等肢角钢、小于L 56×36×4 不等肢角钢）和薄钢板（其厚度一般不大于 4mm）等材料组成的轻型钢屋架。薄壁型钢屋架，是指厚度在 2～6mm 的钢板或带钢经冷弯或冷拔等方式弯曲而成的型钢组成的屋架。

（2）钢托架、钢桁架（编码：010602）

钢托架、钢桁架工程量按设计图示尺寸以质量计算，以吨为计量单位。不扣除孔眼、切边、切肢的质量，焊条、铆钉、螺栓等不另增加质量，不规

176

则或多边形钢板以其外接矩形面积乘以厚度乘以单位理论质量计算。

（3）钢柱（编码：010603）

1）实腹柱、空腹柱工程量按设计图示尺寸以质量计算，以吨为计量单位。不扣除孔眼、切边、切肢的质量，焊条、铆钉、螺栓等不另增加质量，不规则或多边形钢板以其外接矩形面积乘以厚度乘以单位理论质量计算，依附在钢柱上的牛腿及悬臂梁等并入钢柱工程量内。

实腹柱项目适用于实腹钢柱和实腹式型钢混凝土柱；空腹柱项目适用于空腹钢柱和空腹型钢混凝土柱。型钢混凝土柱是指由混凝土包裹型钢组成的柱。

2）钢管柱工程量。钢管柱工程量按设计图示尺寸以质量计算，以吨为计量单位。不扣除孔眼、切边、切肢的质量，焊条、铆钉、螺栓等不另增加质量，不规则或多边形钢板以其外接矩形面积乘以厚度乘以单位理论质量计算，钢管柱上的节点板、加强环、内衬管、牛腿等并入钢管柱工程量内。

钢管柱项目适用于钢管柱和钢管混凝土柱。钢管混凝土柱是指将普通混凝土填入薄壁圆形钢管内形成的组合结构。

177

（4）钢梁（编码：010604）

钢梁项目包括钢梁、钢吊车梁 2 个项目，工程量按设计图示尺寸以质量计算，以吨为计量单位。不扣除孔眼、切边、切肢的质量，焊条、铆钉、螺栓等不另增加质量，不规则或多边形钢板以其外接矩形面积乘以厚度乘以单位理论质量计算，制动梁、制动板、制动桁架、车挡并入钢吊车梁工程量内。

钢梁项目适用于钢梁和实腹式型钢混凝土梁、空腹式型钢混凝土梁；钢吊车梁项目适用于钢吊车梁及吊车梁的制动梁、制动板、制动桁架，车挡应包括在报价内。型钢混凝土梁是指由混凝土包裹型钢组成的梁。

（5）压型钢板楼板、墙板（编码：010605）

1）压型钢板楼板。压型钢板楼板工程量按设计图示尺寸以铺设水平投影面积计算。不扣除柱、垛及单个 $0.3m^2$ 以内的孔洞所占面积。

压型钢板楼板项目适用于现浇混凝土楼板，它是使用压型钢板作永久性模板，并与混凝土叠合后组成共同受力的构件。压型钢板一般是采用镀锌或经防腐处理的薄钢板。

2）压型钢板墙板。压型钢板墙板工程量按设计图示尺寸以铺挂面积（m²）计算。不扣除单个 0.3m² 以内的孔洞所占面积，包角、包边、窗台泛水等不另增加面积。

（6）钢构件（编码：010606）

钢构件中的钢支撑、钢檩条、钢天窗架、钢挡风架、钢墙架、钢平台、钢走道、钢梯、钢栏杆、钢支架、零星钢构件工程量均按设计图示尺寸以质量计算，以吨为计量单位。不扣除孔眼、切边、切肢的质量，焊条、铆钉、螺栓等不另增加质量，不规则或多边形钢板以其外接矩形面积乘以厚度乘以单位理论质量计算。钢漏斗工程量按设计图示尺寸以质量计算，以吨为计量单位。不扣除孔眼、切边、切肢的质量，焊条、铆钉、螺栓等不另增加质量，不规则或多边形钢板以其外接矩形面积乘以厚度乘以单位理论质量计算，依附漏斗的型钢并入漏斗工程量内。

钢栏杆项目适用于各种工业厂房平台钢栏杆；零星钢构件项目适用于各种加工铁件等小型构件。

（7）金属网（编码：010607）

金属网工程量按设计图示尺寸以面积计算。

（8）金属结构工程工程量计算及报价中应注意的问题

179

1) 钢构件的除锈刷漆应包括在各种钢构件的报价内;

2) 钢构件需探伤(包括射线探伤、超声波探伤、磁粉探伤、金相探伤、着色探伤、荧光探伤等)应包括在报价内。

2.3.1.7 屋面及防水工程

屋面及防水工程清单项目共分为 3 节,包括瓦、型材屋面,屋面防水,墙、地面防水、防潮。适用于建筑物屋面工程。其中瓦、型材屋面包括瓦屋面、型材屋面、膜结构屋面 3 个项目。屋面防水包括屋面卷材防水、屋面涂膜防水、屋面刚性防水、屋面排水管、屋面天沟及沿沟等 5 个项目。墙、地面防水、防潮包括卷材防水、涂膜防水、砂浆防水(防潮)、变形缝等 4 个项目。

(1) 瓦、型材屋面(编码:010701)

1) 瓦屋面、型材屋面。瓦屋面、型材屋面工程量按设计图示尺寸以斜面积计算。不扣除房上烟囱、风帽底座、风道、小气窗、斜沟等所占面积,小气窗的出檐部分不增加面积。

瓦屋面项目适用于小青瓦、平瓦、筒瓦、石棉水泥瓦、玻璃钢波形瓦等屋面。计算时,屋面基层应包括檩条、椽子、木屋面板、顺水条、挂瓦条等；若为木屋面板，应明确是企口、错口还是平口接缝。型材屋面项目适用于压型钢板、金属压型夹心板、阳光板、玻璃钢等屋面。报价时，型材屋面的钢檩条或木檩条以及骨架、螺栓、挂钩等应包括在报价内。

2) 膜结构屋面。膜结构屋面，也称索膜结构屋面，是一种以膜布与支撑（柱、网架等）和拉结结构（拉杆、钢丝绳等）组成的屋盖、篷顶结构，其工程量按设计图示尺寸以需要覆盖（有效）的水平面积计算。

膜结构屋面项目适用于膜布屋面。支撑和拉固膜布的钢柱、拉杆、金属网架、钢丝绳、锚固的锚头等应包括在报价内；支撑柱的钢筋混凝土柱基、锚固的钢筋混凝土基础以及地脚螺栓等按混凝土及钢筋混凝土相关项目编码列项。

(2) 屋面防水（编码：010702）

1) 屋面卷材防水、屋面涂膜防水。屋面卷材防水、屋面涂膜防水工程量按设计图示尺寸以面积计算。不扣除房上烟囱、风帽底座、风道、屋面小气窗和斜沟所占面积，屋面的女儿墙、伸缩缝和天窗等处的弯起部分，并入屋面工程量内。斜屋顶（不包括平屋顶找坡）按斜面积计算，平屋顶按水

181

平投影面积计算。

屋面卷材防水项目适用于利用胶结材料粘贴卷材进行防水的屋面。屋面涂膜防水项目适用于厚质涂料、薄质涂料和有加增强材料或无加增强材料的涂膜防水屋面。屋面卷材防水及屋面涂膜防水中，屋面的找平层、基层处理（清理修补、刷基层处理剂）、檐沟、天沟、水落口、泛水收头、变形缝等处的卷材附加层、浅色、反射涂料保护层、绿豆砂保护层、细砂、云母及蛭石保护层等应包括在报价内。

2）屋面刚性防水。屋面刚性防水工程量按设计图示尺寸以面积计算。不扣除房上烟囱、风帽底座、风道等所占面积。

屋面刚性防水项目适用于细石混凝土、补偿收缩混凝土、块体混凝土、预应力混凝土和钢纤维混凝土刚性防水屋面。报价时，刚性防水屋面的分格缝、泛水、变形缝部位的防水卷材、密封材料、背衬材料、沥青麻丝等应包括在报价内。

3）屋面排水管。屋面排水管工程量按设计图示尺寸以长度计算。如设计未标注尺寸，以檐口至设计室外散水上表面垂直距离计算，以米为计量单位。

屋面排水管项目适用于各种排水管材（PVC管、玻璃钢管、铸铁管等）。屋面排水管的报价，应将排水管、雨水口、箅子板、水斗、埋设管卡箍、裁管、接嵌缝等包括在报价内。

4）屋面天沟、沿沟。屋面天沟、沿沟工程量按设计图示尺寸以面积计算。薄钢板和卷材天沟按展开面积计算。

屋面天沟、沿沟项目适用于水泥砂浆天沟、细石混凝土天沟、预制混凝土天沟板、卷材天沟、玻璃钢天沟、镀锌薄钢板天沟等；塑料沿沟、镀锌薄钢板沿沟、玻璃钢天沟等。

报价时，天沟、沿沟的固定卡件、支撑件以及天沟、沿沟的接缝、嵌缝材料等应包括在报价内。

（3）墙、地面防水、防潮（编码：010703）

1）卷材防水、涂膜防水、砂浆防水（防潮）。卷材防水、涂膜防水、砂浆防水（防潮）工程量按设计图示尺寸以面积计算。地面的防水：按主墙间净空面积计算，扣除凸出地面的构筑物、设备基础等所占面积，不扣除间壁墙及单个 0.3m² 以内的柱、垛、烟囱和孔洞所占面积；墙基防水：外墙按中心线、内墙按净长线乘以宽度计算。

卷材防水、涂膜防水项目适用于基础、楼地

183

面、墙面等部位的防水。卷材防水，涂膜防水中抹找平层、刷基础处理剂、刷胶粘剂、胶粘防水卷材以及特殊处理部位（如：管道的通道部位）的嵌缝材料、附加卷材衬垫等应包括在报价内。砂浆防水（防潮）项目适用于地下、基础、楼地面、墙面等部位的防水防潮，报价时，防水、防潮层的外加剂应包括在报价内。

2）变形缝工程量。变形缝工程量按设计图示以长度（m）计算。

变形缝项目适用于基础、墙体、屋面等部位的抗震缝、温度缝（伸缩缝）、沉降缝等，报价时变形缝止水带的安装、盖板的制作及安装应包括在报价内。

（4）屋面及防水工程工程量计算及报价中应注意的问题

瓦屋面、型材屋面的木檩条、木椽子、木屋面板需刷防火涂料以及瓦屋面、型材屋面、膜结构屋面的钢檩条、钢支撑（柱、网架等）和拉结结构需刷防护材料时，可按油漆、涂料、裱糊项目单独编码列项，也可包括在瓦屋面、型材屋面、膜结构屋面项目报价内。

2.3.1.8 防腐、隔热、保温工程

184

防腐、隔热、保温工程清单项目共有 3 节，包括防腐面层，其他防腐，隔热、保温工程。适用于工业与民用建筑的基础、地面、墙面防腐，楼地面、墙体、屋盖的保温隔热工程。其中，防腐面层工程包括防腐混凝土面层、防腐砂浆面层、防腐胶泥面层、玻璃钢防腐面层、聚氯乙烯板面层、块料防腐面层等 6 个项目；其他防腐工程包括隔离层、砌筑沥青浸渍砖、防腐涂料等 3 个项目；隔热、保温工程包括保温隔热屋面、保温隔热顶棚、保温隔热墙、保温柱、隔热楼地面等 5 个项目。

(1) 防腐面层（编码：010801）

1) 防腐混凝土面层、防腐砂浆面层、防腐胶泥面层、玻璃钢防腐面层。防腐混凝土面层、防腐砂浆面层、防腐胶泥面层、玻璃钢防腐面层工程量按设计图示尺寸以面积计算。计算平面防腐工程量时，应扣除凸出地面的构筑物、设备基础等所占面积；计算立面防腐工程量时，砖垛等突出部分应按展开面积并入墙面积内。

防腐混凝土面层、防腐砂浆面层、防腐胶泥面层项目适用于平面或立面的水玻璃混凝土、水玻璃砂浆、水玻璃胶泥、沥青混凝土、沥青砂浆、沥青胶泥、树脂砂浆、树脂胶泥以及聚合物水泥砂浆等

185

防腐工程。玻璃钢防腐面层项目适用于树脂胶料与增强材料（如玻璃纤维丝、布、玻璃纤维表面毡、玻璃纤维短切毡或涤纶布、涤纶毡、丙纶布、丙纶毡等）复合塑制而成的玻璃钢防腐。

2) 聚氯乙烯板面层、块料防腐面层。聚氯乙烯板面层、块料防腐面层工程量按设计图示尺寸以面积计算。计算平面防腐工程量时，应扣除凸出地面的构筑物、设备基础等所占面积；计算立面防腐工程量时，砖垛等突出部分应按展开面积并入墙体面积内；计算踢脚板防腐工程量时，应扣除门洞所占面积并相应增加门洞侧壁面积。

聚氯乙烯板面层项目适用于地面、墙面的软、硬聚氯乙烯板防腐工程；块料防腐面层项目适用于地面、沟槽、基础的各类块料防腐工程。报价时聚氯乙烯板的焊接应包括在聚氯乙烯板面层报价内，防腐蚀块料粘贴的部位及规格、品种应在清单项目中进行描述。

(2) 其他防腐（编码：010802）

1) 隔离层。隔离层工程量按设计图示尺寸以面积计算。计算平面防腐工程量时，应扣除凸出地面的构筑物、设备基础等所占面积；计算立面防腐工程量时，砖垛等突出部分应按展开面积并入墙体

186

面积内。

隔离层项目适用于楼地面的沥青类、树脂玻璃钢类防腐工程隔离层。

2) 砌筑沥青浸渍砖。砌筑沥青浸渍砖工程量按设计图示尺寸以体积计算。

砌筑沥青浸渍砖项目适用于浸渍标准砖。工程量以体积计算，立砌按厚度 115mm 计算，平砌以53mm 计算。

3) 防腐涂料。防腐涂料工程量按设计图示尺寸以面积计算。计算平面防腐工程量时，应扣除凸出地面的构筑物、设备基础等所占面积；计算立面防腐工程量时，砖垛等突出部分应按展开面积并入墙体面积内。

防腐涂料项目适用于建筑物、构筑物以及钢结构的防腐，工程量清单中，应对涂刷的基层（混凝土或抹灰面）、涂料底漆层、中间漆层、面漆涂刷（或刮）的遍数进行描述，需要时刮腻子应包括在防腐涂料项目报价内。

（3）隔热、保温（编码：010803）

1) 保温隔热屋面、保温隔热顶棚、隔热楼地面。保温隔热屋面、保温隔热顶棚、隔热楼地面工程量按设计图示尺寸以面积计算，不扣除柱、垛所

187

占面积。

保温隔热屋面项目适用于各种材料的屋面隔热保温；保温隔热顶棚项目适用于各种材料的下贴式或吊顶上搁置式的保温隔热的顶棚。如果屋面防水层项目清单未包括找平层和屋面找坡层，应包括在屋面保温隔热项目报价内；保温隔热材料需加药物防虫剂时，应在清单中进行描述。

2）保温隔热墙。保温隔热墙工程量按设计图示尺寸以面积计算。扣除门窗洞口所占面积；门窗洞口侧壁需做保温时，并入保温墙体工程量内。

保温隔热墙项目适用于工业与民用建筑物外墙、内墙保温隔热工程。报价时，外墙内保温和外保温的面层，外墙内保温的内墙保温踢脚线，外墙外保温、内保温，内墙保温的基层抹灰或刮腻子等应包括在报价内。

3）保温柱。保温柱工程量按设计图示以保温层中心线展开长度乘以保温层高度以平方米计算。

（4）防腐、隔热、保温工程工程量计算及报价中应注意的问题

1）工程量计算中，柱帽的保温隔热并入顶棚保温隔热工程量内；池槽的保温隔热，池壁、池底应分别编码列项，池壁应并入墙面保温隔热工程量

内，池底应并入地面保温隔热工程量内。

2) 防腐工程的养护应包括在报价内，如果防腐工程需酸化处理，酸化处理所需费用应包括在报价内。

2.3.2 装饰装修工程工程量清单计价规范一般规定与工程量计算规则

2.3.2.1 楼地面装饰装修工程

楼地面装饰装修工程清单项目共分为9节，包括整体面层、块料面层、橡塑面层、其他材料面层、踢脚线、楼梯装饰、扶手、栏杆、栏板装饰、台阶装饰、零星装饰等项目。适用于楼地面、楼梯、台阶等装饰工程。其中，整体面层包括水泥砂浆楼地面、现浇水磨石楼地面、细石混凝土楼地面、菱苦土楼地面4个项目；块料面层包括石材楼地面、块材楼地面2个项目；橡塑面层包括橡胶板楼地面、橡胶卷材楼地面、塑料板楼地面、塑料卷材楼地面4个项目；其他材料面层包括楼地面地毯、竹木地板、防静电活动地板、金属复合地板4个项目；踢脚线包括水泥砂浆踢脚线、石材踢脚线、块料踢脚线、现浇水磨石踢脚线、塑料板踢脚线、木质踢脚线、金属踢脚线、防静电踢脚线8个

189

项目；楼梯装饰包括石材楼梯面层、块料楼梯面层、水泥砂浆楼梯面、现浇水磨石楼梯面、地毯楼梯面、木板楼梯面 6 个项目；扶手、栏杆、栏板装饰包括金属扶手带栏杆及栏板、硬木扶手带栏杆及栏板、塑料扶手带栏杆及栏板、金属靠墙扶手、硬木靠墙扶手、塑料靠墙扶手 6 个项目；台阶装饰包括石材台阶面、块料台阶面、水泥砂浆台阶面、现浇水磨石台阶面、剁假石台阶面 5 个项目；零星装饰包括石材零星项目、碎拼石材零星项目、块料零星项目、水泥砂浆零星项目等 4 个项目。

（1）整体面层（编码：020101）

整体面层工程量按设计图示尺寸以面积计算。扣除凸出地面构筑物、设备基础、室内铁道、地沟等所占面积，不扣除间壁墙和 0.3m² 以内的柱、垛、附墙烟囱及孔洞所占面积。门洞、空圈、暖气包槽、壁龛的开口部分不增加面积。

（2）块料面层（编码：020102）

块料面层工程量按设计图示尺寸以面积计算。扣除凸出地面构筑物、设备基础、室内铁道、地沟等所占面积，不扣除间壁墙和 0.3m² 以内的柱、垛、附墙烟囱及孔洞所占面积。门洞、空圈、暖气包槽、壁龛的开口部分不增加面积。

190

（3）橡塑面层（编码：020103）

橡塑面层工程量按设计图示尺寸以面积计算。门洞、空圈、暖气包槽、壁龛的开口部分并入相应的工程量内。

（4）其他材料面层（编码：020104）

其他材料面层工程量按设计图示尺寸以面积计算。门洞、空圈、暖气包槽、壁龛的开口部分并入相应的工程量内。

（5）踢脚线（编码：020105）

踢脚线工程量按设计图示长度乘以高度以面积计算。

（6）楼梯装饰（编码：020106）

楼梯装饰工程量按设计图示尺寸以楼梯（包括踏步、休息平台及500mm以内的楼梯井）水平投影面积（m^2）计算。楼梯与楼地面相连时，算至梯口梁内侧边沿；无梯口梁者，算至最上一层踏步边沿加300mm。

（7）扶手、栏杆、栏板装饰（编码：020107）

扶手、栏杆、栏板装饰工程量按设计图示尺寸以扶手中心线（包括弯头）长度（m）计算。

扶手、栏杆、栏板适用于楼梯、阳台、走廊、回廊及其他装饰性扶手栏杆、栏板。

191

(8) 台阶装饰（编码：020108）

台阶装饰工程量按设计图示尺寸以台阶（包括最上层踏步边沿加 300mm）水平投影面积（m²）计算。

(9) 零星装饰项目（编码：020109）

零星装饰项目工程量按设计图示尺寸以面积计算。

零星装饰适用于楼梯、台阶侧面装饰及面积在 0.5m² 以内的少量分散的楼地面装饰，其工程部位或名称应在项目中进行描述。

2.3.2.2 墙、柱面装饰装修工程

墙、柱面装饰装修工程清单项目共分为 10 节，包括墙面抹灰、柱面抹灰、零星抹灰、墙面镶贴块料、柱面镶贴块料、零星镶贴块料、墙饰面、柱（梁）饰面、隔断、幕墙等工程。适用于一般抹灰、装饰抹灰工程。墙面抹灰包括墙面一般抹灰、墙面装饰抹灰、墙面勾缝 3 个项目；柱面抹灰包括柱面一般抹灰、柱面装饰抹灰、柱面勾缝 3 个项目；零星抹灰包括零星项目一般抹灰、零星项目装饰抹灰 2 个项目；墙面镶贴块料包括石材墙面、拼碎石材墙面、块料墙面、干挂石材钢骨架 4 个项目；柱面镶贴块料包括石材柱面、拼碎石材柱面、块料柱面、石材梁面、块料梁面 5 个项目；零星镶贴块料包括石材零星项目、拼碎石材零星项目、块料零星项目 3 个项目；墙饰面板包括装饰板墙面项目；柱（梁）饰面包括柱（梁）面装饰项目；幕墙包括带骨架幕墙和全玻幕墙 2 个项目。

（1）墙面抹灰（编码：020201）

墙面抹灰工程量按设计图示尺寸以面积算。扣除墙裙、门窗洞口及单个 0.3m² 以外的孔洞面积，不扣除踢脚线、挂镜线和墙与构件交接处的面积，门窗洞口和孔洞的侧壁及顶面不增加面积。附墙柱、梁、垛、烟囱侧壁并入相应的墙面面积内。其中外墙抹灰面积按外墙垂直投影面积计算；外墙裙抹灰面积按其长度乘以高度计算；内墙抹灰面积按主墙间的净长乘以高度计算，无墙裙的，高度按室内楼地面至顶棚底面计算，有墙裙的，高度按墙裙顶至顶棚底面计算；内墙裙抹灰面按内墙净长乘以高度计算。

墙面抹灰工程量计算规则中所指"不扣除与构件交接处的面积"，是指不扣除墙与梁的交接处所占面积，不包括墙与楼板的交接处所占面积。

（2）柱面抹灰（编码：020202）

柱面抹灰工程量按设计图示柱断面（结构面）

周长乘以高度以面积计算。柱面抹灰项目适用于矩形柱、异形柱等抹灰。

（3）零星抹灰（编码：020203）

零星抹灰工程量按设计图示尺寸以面积计算。零星抹灰适用于小面积（0.5m² 以内少量分散）的抹灰。

（4）墙面镶贴块料（编码：020204）

石材墙面、拼碎石材墙面、块料墙面工程量按设计图示尺寸以镶贴表面积计算；干挂石材钢骨架工程量按设计图示尺寸以质量计算，以吨为计量单位。

（5）柱面镶贴块料（编码：050205）

柱面镶贴块料工程量按设计图示尺寸以镶贴表面积计算。石材柱面、块料柱面项目适用于矩形柱、异形柱（包括圆形柱、半圆形柱等）。

（6）零星镶贴块料（编码：020206）

零星镶贴块料工程量按设计图示尺寸以镶贴表面积计算。零星镶贴块料面层项目适用于小面积（0.5m² 以内）的块料面层。

（7）墙饰面（编码：020207）

墙饰面工程量按设计图示墙净长乘以净高以面积计算。扣除门窗洞口及单个 0.3m² 以上的孔洞所

194

占面积。

(8) 柱(梁)饰面(编码：020208)

柱(梁)饰面工程量按设计图示饰面外围尺寸以面积计算。柱帽、柱墩并入相应柱饰面工程量内。

(9) 隔断(编码：020209)

隔断工程量按设计图示框外围尺寸以面积计算。扣除单个 $0.3m^2$ 以上的孔洞所占面积；浴厕门的材质与隔断相同时，门的面积并入隔断面积内。

(10) 幕墙(编码：020210)

1) 带骨架幕墙工程量按设计图示框外围尺寸以面积计算。与幕墙同种材质的窗所占面积不扣除。

2) 全玻幕墙工程量按设计图示尺寸以面积计算，以平方米为计量单位。带肋全玻幕墙按展开面积计算。

带肋全玻幕墙是指玻璃幕墙带玻璃肋，玻璃肋的工程量应合并在玻璃幕墙工程量内。

2.3.2.3 顶棚装饰装修工程

顶棚装饰装修工程清单项目有顶棚抹灰、顶棚吊顶、顶棚其他装饰等 3 节，其中顶棚吊顶包括顶棚吊顶、格栅吊顶、吊筒吊顶、藤条造型悬挂吊

195

顶、织物软雕吊顶、网架（装饰）吊顶等 6 个项目；顶棚其他装饰包括灯带及送风口、回风口 2 个项目。

(1) 顶棚抹灰（编码：020301）

顶棚抹灰工程量按设计图示尺寸以水平投影面积计算。不扣除间壁墙、垛、柱、附墙烟囱、检查口和管道所占的面积，带梁顶棚、梁两侧抹灰面积并入顶棚面积内，板式楼梯底面抹灰按斜面积计算，锯齿形楼梯底板抹灰按展开面积计算。

(2) 顶棚吊顶（编码：020302）

1) 顶棚吊顶工程量按设计图示尺寸以水平投影面积计算。顶棚面中的灯槽及跌级、锯齿形、吊挂式、藻井式顶棚面积不展开计算。不扣除间壁墙、检查口、附墙烟囱、柱垛和管道所占面积，扣除单个 0.3m² 以外的孔洞、独立柱与顶棚相连的窗帘盒所占的面积。

2) 其他顶棚吊顶。其他顶棚吊顶包括格栅吊顶、吊筒吊顶、藤条造型悬挂吊顶、织物软雕吊顶、网架（装饰）吊顶等，工程量按设计图示尺寸以水平投影面积计算。

格栅吊顶适用于木格栅、金属格栅、塑料格栅等吊顶；吊筒吊顶适用于木（竹）质吊筒、金属吊筒、塑料吊筒以及圆形、矩形、扁钟形吊筒等。

（3）顶棚其他装饰（编码：020303）

1）灯带。灯带工程量按设计图示尺寸以框外围面积计算。

2）送风口、回风口。送风口、回风口工程量按设计图示数量计算，以个为计量单位。

送风口、回风口适用于金属、塑料、木质风口。

2.3.2.4 门窗装饰装修工程

门窗装饰装修工程清单项目分为9节，包括木门、金属门、金属卷帘门、其他门、木窗、金属窗、门窗套、窗帘盒、窗帘轨、窗台板等。适用于门窗工程。其中木门包括镶板木门、企口木板门、实木装饰门、胶合板门、夹板装饰门、木质防火门、木纱门、连窗门8个项目；金属门包括金属平开门、金属推拉门、金属地弹门、彩板门、塑钢门、防盗门、钢质防火门7个项目；金属卷帘门包括金属卷闸门、金属格栅门、防火卷帘门3个项目；其他门包括电子感应门、转门、电子对讲门、电动伸缩门、全玻门（带扇框）、全玻自由门（无扇框）、半玻门（带扇框）、镜面不锈钢饰面门8个项目；木窗包括木质平开窗、木质推拉窗、矩形木

197

百叶窗、异形木百叶窗、木组合窗、木天窗、矩形木固定窗、异形木固定窗、装饰空花木窗 9 个项目；金属窗包括金属推拉窗、金属平开窗、金属固定窗、金属百叶窗、金属组合窗、彩板窗、塑钢窗、金属防盗窗、金属格栅窗、特殊五金 10 个项目；门窗套包括木门窗套、金属门窗套、石材门窗套、门窗木贴脸、硬木筒子板、饰面夹板筒子板 6 个项目。窗帘盒、窗帘轨包括木窗帘盒，饰面夹板、塑料窗帘盒、铝合金窗帘盒、窗帘轨等项目；窗台板包括木窗台板、铝塑窗台板、石材窗台板、金属窗台板等项目。

（1）木门（编码：020401）

木门工程量按设计图示数量或设计图示洞口尺寸以面积计算，以樘或平方米为计量单位。

木门报价中，应包括木门五金的价格，木门五金主要有：折页、插销、风钩、弓背拉手、搭扣、木螺丝、弹簧折页（自动门）、管子拉手（自由门、地弹门）、地弹簧（地弹门）、角铁、门轴头（地弹门、自由门）等。门窗框与洞口之间缝的填塞，应包括在报价内。

（2）金属门（编码：020402）

金属门工程量按设计图示数量或设计图示洞口

198

尺寸以面积计算，以樘或平方米为计量单位。

（3）金属卷帘门（编码：040403）

金属卷帘门工程量按设计图示数量或设计图示洞口尺寸以面积计算，以樘或平方米为计量单位。

（4）其他门（编码：040404）

其他门工程量按设计图示数量或设计图示洞口尺寸以面积计算，以樘或平方米为计量单位。

（5）木窗（编码：040405）

木窗工程量按设计图示数量或设计图示洞口尺寸以面积计算，以樘或平方米为计量单位。

木窗报价中，应包括木窗五金的价格，木窗五金主要包括：折页、插销、风钩、木螺钉、滑轮滑轨（推拉窗）等。

（6）金属窗（编码：040406）

金属窗工程量按设计图示数量或设计图示洞口尺寸以面积计算，以樘或平方米为计量单位；特殊五金按个或套为计量单位，特殊五金是指贵重五金及业主认为应单独列项的五金配件。

（7）门窗套（编码：040407）

门窗套工程量按设计图示尺寸以展开面积计算。该项目包括底层抹灰，注意不要重复计算。

（8）窗帘盒、窗帘轨（编码：040408）

窗帘盒、窗帘轨工程量按设计图示尺寸以长度计算。

（9）窗台板（编码：020409）

窗台板工程量按设计图示尺寸以长度计算。

2.3.2.5 油漆、涂料、裱糊工程

油漆、涂料、裱糊工程清单项目共分为9节。包括门油漆、窗油漆、木扶手及其他板条线条油漆、木材面油漆、金属面油漆、抹灰面油漆、喷、刷涂料、花饰、线条刷涂料、裱糊等。适用于门窗油漆、金属、抹灰面油漆工程。其中，木扶手及其他板条线条油漆包括木扶手油漆，窗帘盒油漆，封檐板、顺水板油漆，挂衣板、黑板框油漆，挂镜线、窗帘棍、单独木线油漆5个项目；木材面油漆包括木、板、纤维板、胶合板油漆，木护墙、木墙裙油漆，窗台板、筒子板、盖板、门窗套、踢脚线油漆，清水板条顶棚、檐口油漆，木方格吊顶顶棚油漆，吸声板墙面、顶棚面油漆，暖气罩油漆，木间壁、木隔断油漆，玻璃间壁露明墙筋油漆，木栅栏、木栏杆（带扶手）油漆，衣柜、壁柜油漆，梁柱饰面油漆，零星木装修油漆，木地板油漆，木地板烫硬蜡面15个项目；抹灰面油漆包括抹灰面和抹灰线条油漆2个项目；花饰、线条刷涂料包括空

200

花格、栏杆刷涂料和线条刷涂料 2 个项目；裱糊包括墙纸裱糊、织锦缎裱糊 2 个项目。

（1）门油漆（编码：020501）

门油漆工程量按设计图示数量或设计图示单面洞口面积计算，以樘或平方米为计量单位。连窗门可按门油漆项目编码列项。

（2）窗油漆（编码：020502）

窗油漆工程量按设计图示数量或设计图示单面洞口面积计算，以樘或平方米为计量单位。

（3）木扶手及其他板条线条油漆（编码：020503）

木扶手及其他板条线条油漆工程量按设计图示尺寸以长度计算。木扶手带托板、不带托板应分别编码列项，工程量按中心线（含弯头）斜长度计算。

（4）木材面油漆（编码：020504）

木材面油漆项目中，木护墙、木墙裙油漆按垂直投影面积计算；木间壁、木隔断油漆、玻璃间壁露明墙筋油漆、木栅栏、木栏杆（带扶手）油漆工程量按设计图示尺寸以单面外围面积计算；衣柜、壁柜油漆、梁柱饰面油漆、零星木装修油漆工程量按设计图示尺寸以油漆部分展开面积计算；木地板

201

油漆、木地板烫硬蜡面工程量按设计图示尺寸以面积计算，空洞、空圈、暖气包槽、壁龛的开口部分并入相应的工程量内；其余木材面油漆工程量按设计图示尺寸以面积计算。木材面油漆工程量均以平方米为计量单位。木板、纤维板、胶合板双面油漆按双面面积计算。

（5）金属面油漆（编码：020505）

金属面油漆工程量按设计图示尺寸以质量计算，以吨为计量单位。

（6）抹灰面油漆（编码：020506）

1）抹灰面油漆工程量按设计图示尺寸以面积计算；

2）抹灰线条油漆工程量按设计图示尺寸以长度计算。

（7）喷、刷涂料（编码：020507）

喷、刷涂料工程量按设计图示尺寸以面积计算。

（8）花饰、线条刷涂料（编码：020508）

1）空花格、栏杆刷涂料工程量按设计图示尺寸以单面外围面积计算。其展开面积工料应包括在报价内。

2）线条刷涂料工程量按设计图示尺寸以长度

202

计算。

(9) 裱糊（编码：020509）

裱糊工程量按设计图示尺寸以面积计算。对花、不对花应分别编码列项。

2.3.2.6 其他装饰装修工程

其他装饰装修工程清单项目共分为7节48个项目。包括柜类、货架、暖气罩，浴厕配件，压条、装饰线、雨篷、旗杆、招牌、灯箱，美术字等项目。适用于装饰物件的制作、安装工程。其中柜类、货架包括柜台、酒柜、衣柜、存包柜、鞋柜、书柜、厨房壁柜、木壁柜、厨房低柜、厨房吊柜、矮柜、吧台背柜、酒吧吊柜、酒吧台、展台、收银台、试衣间、货架、书架、服务台12个项目；暖气罩包括饰面板暖气罩、塑料板暖气罩、金属暖气罩3个项目；浴厕配件包括洗漱台、晒衣架、帘子杆、浴缸拉手、毛巾杆（架）、毛巾环、卫生纸盒、肥皂盒、镜面玻璃、镜箱10个项目；压条、装饰线包括金属装饰线、木质装饰线、石材装饰线、石膏装饰线、镜面玻璃线、铝塑装饰线、塑料装饰线7个项目；雨篷、旗杆包括雨篷吊挂饰面、金属旗杆2个项目；招牌、灯箱包括平面、箱式招牌，竖式标箱，灯箱3个项目；美术字包括泡沫塑料字、有机玻璃字、木质字、金属字 4 个项目。

(1) 柜类、货架（编码：020601）

柜类、货架工程量均按设计图示数量计算，以个为计量单位。

厨房壁柜和厨房吊柜以嵌入墙内为壁柜，以支架固定在墙上的为吊柜。台柜项目以"个"计算，应按设计图纸或说明，包括台柜、台面材料（石材、皮草、金属、实木等）、内隔板材料、连接件、配件等，均应包括在报价内。

(2) 暖气罩（编码：020602）

暖气罩工程量按设计图示尺寸以垂直投影面积（不展开）计算，以平方米为计量单位。

(3) 浴厕配件（编码：020603）

1）洗漱台。洗漱台工程量按设计图示尺寸以台面外接矩形面积计算，以平方米为计量单位。不扣除孔洞、挖弯、削角所占面积，挡板、吊沿板面积并入台面面积内。

洗漱台现场制作、切割、磨边等人工、机械的费用应包括在报价内。

2）镜面玻璃。镜面玻璃工程量按设计图示尺寸以边框外围面积计算，以平方米为计量单位。

3）浴厕其他配件。浴厕其他配件包括晒衣架、

204

帘子杆、浴缸拉手、毛巾杆（架）、毛巾环、卫生纸盒、肥皂盒、镜箱等，工程量按设计图示数量计算，其中毛巾环以副为计量单位，卫生纸盒、肥皂盒、镜箱以个为计量单位，其余以根或套为计量单位。

（4）压条、装饰线（编码：020604）

压条、装饰线工程量按设计图示尺寸以长度计算。

（5）雨篷、旗杆（编码：020605）

1）雨篷吊挂饰面工程量。雨篷吊挂饰面工程量按设计图示尺寸以水平投影面积计算。

2）金属旗杆工程量。金属旗杆工程量按设计图示数量计算，以根为计量单位。也可将旗杆台座及台座面层一并纳入报价。

（6）招牌、灯箱（编码：020606）

1）平面、箱式招牌。平面、箱式招牌工程量按设计图示尺寸以正立面边框外围面积计算，以平方米为计量单位。复杂形的凸凹造型部分不增加面积。

2）竖式标箱、灯箱工程量。竖式标箱、灯箱工程量按设计图示数量计算，以个为计量单位。

（7）美术字（编码：020607）

美术字工程量按设计图示数量计算，以个为计量单位。

205

3 工程单价和工程计价定额

3.1 基础单价

基础单价，即要素价格。它是指根据施工所在地区的具体条件、施工技术及材料来源等，编制人工工日单价、材料价格和施工机械台班单价，作为计算直接工程费的基础资料。

基础单价，包括人工工日单价、材料价格和施工机械台班单价三项内容，是计算工程单价的基础，是编制工程计价定额的基础价格资料。正确确定基础单价，对于正确确定工程单价，进而正确确定工程造价非常重要。

基础单价可以分为某地区统一的基础单价和某工程专用的基础单价。某地区统一的基础单价用于编制地区统一工程计价定额，确定地区统一的工程单价。某工程专用的基础单价用于编制个别工程的工程计价定额，确定该工程专用的工程单价。

3.1.1 人工工日单价的确定

3.1.1.1 人工工日单价的组成

人工工日单价亦称日工资单价，简称人工单价。它是指在工程计价中一个建筑安装生产工人完成一个工作日的工作后应当获得的全部人工费用，它基本上反映的是建筑安装生产工人的工资水平和一个工人在一个工作日中可以得到的报酬。合理确定人工工日单价是正确计算人工费和工程造价的前提和基础。

建筑工程价目表中的人工费是指根据消耗量定额中规定的完成该子项工程或结构构件的合格产品所消耗的人工数量与相应的人工工日单价的乘积。

按照我国建设行政主管部门的统一规定，人工工日单价主要由基本工资、工资性津贴、生产工人辅助工资、职工福利费、生产工人劳动保护费组成。

(1) 基本工资是指按企业工资标准发放给生产工人的基本工资。基本工资分为岗位工资、技能工资和年功工资（按职工工作年限确定的工资）三种形式，生产工人的基本工资应执行岗位工资和技能工资制度。其中，工人岗位工资标准设8个岗次；技能工资分初级工、中级工、高级工、技师和高级技师五类工资标准分33档。

（2）工资性津贴是按规定标准发放的物价补贴，煤、燃气补贴，交通补贴，住房补贴，流动施工津贴等。

（3）生产工人辅助工资是指生产工人年有效施工天数以外非作业天数的工资，包括职工学习、培训期间的工资，调动工作、探亲、休假期间的工资，因气候影响的停工工资，女工哺乳时间的工资，病假在六个月以内的工资及产、婚、丧假期的工资等。

（4）职工福利费是指按规定标准计提的生产工人福利费。如书报费、洗理费、取暖费等。

（5）生产工人劳动保护费是指按规定标准发放的生产工人劳动保护用品的购置费及修理费，徒工服装补贴，防暑降温费，在有碍身体健康环境中施工的保健费用等。

3.1.1.2 影响人工工资单价的因素

（1）社会平均工资水平取决于经济发展水平。经济增长速度越快，社会平均工资涨幅也就越大。

（2）生活消费指数的提高会影响人工单价的提高，以减缓生活水平的下降，或维持原来的生活水平。生活消费指数的变动决定于物价的变动，尤其决定于生活消费品物价的变动。

（3）人工单价组成内容中的医疗保险、失业保险、住房消费等都列入人工单价就会提高人工单价。

（4）劳动力市场供需变化。劳动力市场供大于求，人工单价就会下降，反之就会提高。

（5）政府推行的社会保障和福利政策等等。

3.1.1.3　人工工资单价的确定

不同企业、不同工种、不同的技术等级日工资单价是不相同的，劳动力的来源不同，工资单价也不相同。人工工资单价应根据工种、技术等级和劳动力的来源（来源本企业的员工、外聘技工、当地劳务市场招聘的普工）的构成比例确定。还应根据本企业现状、工程特点及对生产工人的要求和当地劳务市场的劳动力资源的充足程度、技能水平及工资水平综合评价后，进行合理确定。

专业综合人工工资单价＝∑（本专业某种来源的人力资源人工单价×构成比重）

综合人工工资单价＝∑（某专业综合工日单价×权数）

其中权数的取定是根据各专业工日消耗量占总工日数的比重确定的，例如土建专业工日消耗量占总工日数的比重为 20％，则其权数为 20％。

3.1.1.4　日工资单价的计算

（1）日工资单价计算公式

日工资单价＝基本工资＋工资性津贴＋生产工人辅助工资＋职工福利费＋生产工人劳动保护费

基本工资＝生产工人平均月工资/年平均每月法定工作日

其中年平均每月法定工作日＝（全年日历日－法定假日）/12

全年日历日为 365 天。

法定假日指双休日和法定节日，全年共 52 个星期，每星期休假 2 天，全年双休日共计 52×2＝104 天；法定节日：春节 3 天，新年 1 天，五一节 1 天，国庆节 3 天，清明、端午、中秋各放假 1 天，共计 11 天。

全年日历日减去法定假日称为年法定工作日。年法定工作日为：365－104－11＝250（天）；年平均每月法定工作日为：250÷12＝20.83（天）。

工资性津贴＝∑年发放标准/（全年日历日－法定假日）＋∑月发放标准/年平均每月法定工作日＋每工作日发放标准

生产工人辅助工资＝全年无效工作日×（基本工资＋工资性津贴）/（全年日历日－法定假日）

全年无效工作日（非工人原因停工）按 26 天计。包括气候影响停工 12 天，开会学习 4 天，其他 10 天。

职工福利费＝（基本工资＋工资性津贴＋生产工人辅助工资）×福利费计提比例（％）

生产工人劳动保护费＝生产工人年平均支出劳动保护费/（全年日历日－法定假日）

近几年国家陆续出台了养老保险、医疗保险、住房公积金、失业保险等社会保障的改革措施，上述费用将逐步纳入工人的工资标准内。

（2）日工资单价的计算步骤

第一步，根据一定的人工单价的费用构成标准，在充分考虑影响单价各因素的基础上，分别计算不同工种、不同技术等级工人的人工单价。

第二步，根据具体工程的资源配置方案，计算不同工种、不同技术等级的工人在该工程上的工时比例。

211

第三步，把不同工种、不同技术等级工人的人工单价按其相应的工时比例进行加权平均，即可得到该工程的综合人工单价。综合人工单价是工程计价定额中常见的一种表现形式。

下面举例说明综合人工单价的确定。

【例3-1】 根据已知条件，试确定临时雇用工人综合人工单价。

1）雇用条件：① 正常工作时间工资标准，技术工人80元/工日，普通工人60元/工日；② 双休日加班工作时间，按正常工作时间工资标准的2倍计算；③ 如工人的工作效率能达到定额的标准，则除按正常工资标准支付外，还可得到基本工资的30%作为奖金；④ 法定节假日按正常工作时间工资标准的3倍计算；⑤ 年休假期和非工人原因停工的工资按正常工作时间工资标准照发；⑥ 病假工资40元/天；⑦ 工器具费为4元/天；⑧ 职工福利费为工资总额的14%。

2）工作时间的设定：① 全年365天，共52个星期，每周正常工作5天，每周双休日加班；② 节假日规定：除11天法定节假日外，每年放假15天，均安排在双休日休息；③ 非工人原因停工26天，5天病假。

212

解：（1）工作时间计算。工人工作时间计算如表 3-1 所示。

工人工作时间计算　　　表 3-1

序号	工作时间	时间分析	单位	计算式
1	正常工作时间	① 年法定工作日	天	$365-104-11=250$
		② 非工人原因停工天数	天	26
		③ 病假天数	天	5
	合计	①-②-③	天	$250-26-5=219$
2	加班工作时间	④ 双休日天数	天	$52\times2=104$
		⑤ 年休假期	天	15
	合计	④-⑤	天	$104-15=89$
3	全年工作天数	1+2	天	$219+89=308$

（2）年人工费计算。工人年人工费计算见表 3-2 所示。

213

		工人年人工费计算		表 3-2
序号	费用项目	计算公式	技工（元）	普工（元）
1	正常工作工资	219×工资标准	17520	13140
2	双休日正常工作工资	89×工资标准	7120	5340
	基本工资合计	1+2	24640	18480
3	奖金（达到定额标准）	基本工资×30%	7392	5544
4	双休日工作加发工资	双休日正常工作工资×100%	7120	5340
5	法定节假日工资	11×工资标准×300%	2640	1980
6	年休假工资	15×工资标准	1200	900
7	非工人原因停工工资	26×工资标准	2080	1560

214

续表

序号	费用项目	计算公式	技工（元）	普工（元）
8	病假工资	5×40	200	200
	工资总额	1+2+3+4 +5+6+7+8	45272	34004
9	工器具费	308×4	1232	1232
10	职工福利费	工资总额 ×14%	6338.08	4760.56
	人工费合计	工资总额 +9+10	52842.08	39996.56
11	人工工日 单价	人工费合 计÷308	171.57	129.86

假如技工与普工数量比为 2：1，则：

综合人工单价＝171.57×2/3＋129.86×1/3＝157.67（元/工日）

3.1.2　材料价格的确定

3.1.2.1　材料价格的概念及组成

材料价格是指材料（包括构件、成品及半成品等）从其来源地（或交货地点）到达施工工地仓库或堆放场地后的出库价格。材料价格一般由材料原价（或供应价格）、材料运杂费、运输损耗费、采购及保管费和检验试验费等组成。

（1）材料原价（或供应价格）：是指材料的出厂价、进口材料抵岸价或市场批发价。

（2）材料运杂费：是指材料自来源地运至工地仓库或指定堆放地点所发生的除运输损耗以外的全部费用。

（3）运输损耗费：是指材料在运输、装卸过程中不可避免的损耗等费用。

（4）采购及保管费：是指为组织采购、供应和保管材料过程中所需的各项费用。包括：采购费、仓储费、工地保管费、仓储损耗费等。

（5）检验试验费：是指对建筑材料、构件和建筑安装物进行一般鉴定、检查所发生的费用，包括自设试验室进行试验所耗用的材料和化学药品等费用。不包括新结构、新材料的试验费和建设单位对具有出厂合格证明的材料进行检验，对构件做破坏性试验及其他特殊要求检验试验的费用。

一般鉴定、检查，是指按相应规范所规定的材料品种、材料规格、取样批量、取样数量、取样方法和检测项目等内容，所进行的鉴定、检查。水泥、石灰、各种砌筑砖和砌块（均含空心）、成品

216

预制混凝土构件、钢筋（含钢筋网和钢绞线）、钢结构用钢材、焊条以及钢结构连接用的高强度螺栓、焊接球和螺栓球、各种防水卷材等材料，按规范规定的内容所进行的鉴定、检查，属于一般鉴定、检查。砌筑砂浆配合比设计、砌筑砂浆抗压试块、混凝土配合比设计、混凝土抗压试块、抗渗试块和抗折试块、现场预制混凝土构件、钢筋连接等施工单位自制或自行加工材料，按规范规定的内容所进行的鉴定、检查，也属于一般鉴定、检查。

《山东省建筑工程价目表》材料价格取定表中的相应材料单价，已包括检验试验费。建设单位采购或施工单位经建设单位认价后自行采购，其付款价一般（双方未另行约定时）均为材料供应至施工现场的落地价，未包括材料的检验试验费。

规范规定之外要求增加鉴定、检查的费用，建设单位对具有出厂合格证明的材料（属于一般鉴定、检查范围的材料除外）要求进行再检验的费用；新结构、新材料的试验费用；对构件进行破坏性试验及其他特殊要求的检验试验费用等，不包括在检验试验费内。

3.1.2.2 影响材料价格的因素

（1）市场材料供需的变化会影响材料价格的

217

涨落；

（2）材料生产成本的变动直接会影响材料的价格；

（3）流通环节的多少和材料供应体制也会影响材料价格；

（4）运输距离和运输方法的改变会影响材料运输费用，从而也影响到材料价格；

（5）国际市场行情会对进口材料的价格产生影响，有时也会对国内同类产品价格造成影响。

3.1.2.3　材料单价的确定与计算

（1）材料供应价格即材料市场价格的取得一般有两种途径：一是市场调查（询价）；二是通过查询市场材料价格信息取得。对于大批量或高价格的材料一般采用市场调查的方法取得价格；而小量的、低价值的材料，以及消耗性材料等，一般可采用工程当地的市场价格信息指导中的价格。

市场调查应根据所需材料的品种、规格、数量，以及质量要求，了解市场材料对工程材料满足的程度。

（2）材料的供货方式和供货渠道。材料的供货方式和供货渠道包括业主供货和承包商供货两种方式。对于业主供货的材料，招标书中列有业主供货材料单价表，投标人在利用招标人提供的材料价格报价时，应考虑现场交货的材料运费，还应考虑材料的保管费。承包商供货材料的渠道一般有当地供货、指定厂家供货、异地供货和国外供货等。不同的供货方式和供货渠道对材料价格的影响是不同的，主要反映在采购保管费、运输费、其他费用以及风险等方面。

（3）不同原价的确定。对同一种材料，因来源地、供应渠道或制造商不同出现几种原价时，其综合原价可按其不同来源地供应量的比例，采取加权平均的方法计算其材料原价。

其计算公式为：

$$\bar{P} = \frac{\sum PQ}{\sum Q}$$

式中　$\bar{P}$——材料原价；

　　P——表示各材料来源地的材料原价；

　　Q——表示各材料来源地的材料的数量；

　$\sum PQ$——付出的总金额；

　$\sum Q$——表示材料从各来源地的材料总数量。

（4）材料运杂费。材料运输费用应按照国家有关部门和地方政府交通运输部门的规定计算。同一品种的材料如有若干个来源地，其运输费用应根据

219

材料来源地、运输里程、运输方法和运价标准，采用加权平均的方法计算运输费。

（5）运输损耗费。在确定运输损耗费时，运输损耗可以计入运输费用，也可以单独列项计算。

（6）采购保管费用。采购的方式、批次、数量，以及材料保管的方式及天数不同，其费用也不相同。材料费是按照材料价格计算的，由于材料价格中包含有采购及保管费，如果工程中有的建筑材料由建设单位供应，那么施工单位和建设单位在办理工程结算款时，建设单位应从材料费中扣除建设单位自己应得的采购管理费。采购及保管费率综合取定值一般为 2.5%。各地区在不影响 2.5% 总水平的情况下，按照材料在工程中的重要性并结合价值大小分为几种不同的标准。采购管理费一般占采购及保管费的 40%～60%。

根据采购与保管分工或方式的不同，山东省建设造价主管部门规定：

1）建设单位采购、付款、供应至施工现场，并自行保管，施工单位随用随领，采购及保管费全部归建设单位。

2）建设单位采购、付款，供应至施工现场，交由施工单位保管，建设单位计取采购及保管费的

220

40%，施工单位计取 60%。

3）施工单位采购、付款，供应至施工现场，并自行保管，采购及保管费全部归施工单位。

建设单位采购或施工单位经建设单位认价后自行采购，其付款价一般（双方未另行约定时）均为材料供应至施工现场的落地价（应含卸车费用），未包括材料的采购及保管费。但《山东省建筑工程价目表》的材料单价，已包括采购及保管费。

（7）材料的检验试验费用。材料的检验试验费用应根据检验试验单位的收费标准确定。计算标底（招标控制价）或投标报价时，一般鉴定、检查所涉及的建筑工程材料（砂、碎石、水除外）的检验试验费，可按占材料费的3‰计算。

（8）其他费用主要是指国外采购材料时发生的保险费、关税、港口费、港口手续费、财务费用等。

（9）风险费主要是指材料价格浮动。由于工程所用材料不可能在工程开工初期一次全部采购完毕，所以，随着时间的推移，市场的变化造成材料价格的变动给承包商造成的材料费风险。

3.1.2.4 材料单价的计算

材料费＝Σ（材料消耗量×材料单价）＋检验试验费

材料单价＝［（供应价格＋运杂费）×（1＋运输损耗率）］×（1＋采购保管费率）

（1）材料原价（或供应价格）

采取加权平均的方法计算其材料原价。

【例 3-2】某工程生石灰供应有两个来源地，甲地供应量为 70%，原价 130 元/t；乙地供应量为 30%，原价 145 元/t。则生石灰的加权平均原价是：

130×70%＋145×30%＝134.50（元/t）

（2）材料运输费

采用加权平均的方法计算运输费。

【例 3-3】某工程用水泥由甲、乙、丙三地供应，各地供应量分别为 30、55、70t，运费单价分别为 120、115、130 元/t。水泥平均运输费用是：

（30×120＋55×115＋70×130）/（30＋55＋70）＝122.74（元/t）

（3）运输损耗费

运输损耗费＝［材料原价（或供应价）＋运杂费］×相应材料损耗率

（4）采购及保管费

采购及保管费＝［（供应价格＋运杂费）×（1
＋运输损耗率）］×采购保管费率

或采购及保管费＝（供应价格＋运杂费＋运输
损耗费）×采购保管费率

【例3-4】某工程材料由建设单位负责采购、订
货，并将材料运至施工工地，建筑企业在现场验收
后，负责材料的现场保管。若已知材料的预算价格
为3600元/t，材料采购保管费率为2.5%，按规定
建筑企业只能收取40%的材料采购保管费，试计算
建筑企业应将材料采购保管费中的多少扣还给建设
单位。

解：材料采购保管费＝3600×2.5%/（1＋
2.5%）＝87.80（元/t）

建筑企业应扣还给建设单位的材料采购保管
费为

87.80×（1－40%）＝52.68（元/t）

（5）检验试验费

检验试验费＝∑（单位材料量检验试验费×材
料消耗量）

单位材料量检验试验费＝按规定每批材料抽验
所需费用/该批材料数量

223

材料由于出产地不同、运输距离不同、运输方式不同等等，价格各地差别很大。

3.1.3 机械台班单价的确定

3.1.3.1 机械台班单价的概念及其组成

施工机械使用费是根据施工中耗用的机械台班数量和机械台班单价确定的。施工机械台班耗用量按消耗量定额规定计算；施工机械台班单价是指一台施工机械，在正常运转条件下一个工作班中所发生的分摊和支出的全部费用，每台班按 8 小时工作制计算。正确制定施工机械台班单价，是合理控制工程造价的重要方面。

机械台班单价由台班折旧费、台班大修理费、台班经常修理费、台班安拆费和场外运输费、台班人工费、台班燃料动力费、台班养路费及车船使用税 7 部分组成。

（1）折旧费是指施工机械在规定的使用年限内，陆续收回其原值及购置资金的时间价值。

（2）大修理费是指机械设备按规定的大修间隔台班进行必要的大修理，以恢复机械正常功能所需的费用。台班大修理费是机械使用期限内全部大修理费之和在台班费用中的分摊额，它取决于一次大

224

修理费用、大修理次数和耐用总台班的数量。

（3）经常修理费是指施工机械除大修理以外的各级保养和临时故障排除所需的费用。包括为保障机械正常运转所需替换设备与随机配备工具、附具的摊销和维护费用，机械运转中日常保养所需润滑与擦拭的材料费用及机械停滞期间的维护和保养费用等。分摊到台班费中，即为台班经常修理费。

（4）安拆费及场外运费由安拆费和场外运输费两项费用组成。

1）安拆费是指施工机械在现场进行安装与拆卸所需的人工、材料、机械和试运转费用以及机械辅助设施的折旧、搭设、拆除等费用；

2）场外运费是指施工机械整体或分体自停放地点运至施工现场或由一施工地点运至另一施工地点的运输、装卸、辅助材料及架线等费用。

（5）人工费是指机上司机（司炉）和其他操作人员的工作日人工费及上述人员在施工机械规定的年工作台班以外的人工费。

（6）燃料动力费是指施工机械在运转作业中所消耗的固体燃料（煤、木柴）、液体燃料（汽油、柴油）及水、电等费用。

（7）养路费及车船使用税是指施工机械按照国

家规定和有关部门规定应缴纳的养路费、车船使用
税、保险费及年检费等费用。

其中折旧费、大修理费、经常修理费、安拆费
及场外运输费四项费用称为第一类费用，它属于分
摊性质的费用，亦称为不变费用。机上人工费、燃
料动力费、养路费及车船使用税三项费用称为第二
类费用，它属于支出性质的费用，亦称为可变
费用。

3.1.3.2　影响机械台班单价变动的因素

（1）施工机械的价格是影响机械台班单价的重
要因素；

（2）机械使用年限会影响到折旧费的提取和经
常修理费、大修理费的开支；

（3）机械的供求关系、使用效率和管理水平直
接影响到机械台班单价；

（4）政府征收税费的规定等。

3.1.3.3　机械台班单价的确定与计算

施工机械使用费＝∑（施工机械台班消耗量×
机械台班单价）

机械台班单价＝台班折旧费＋台班大修理费＋
台班经常修理费＋台班安拆费和场外运输费＋台班
机上人工费＋台班燃料动力费＋台班养路费及车船

226

使用税

(1) 折旧费计算

台班折旧费＝机械预算价格×（1－残值率）×时间价值系数/耐用总台班

1) 机械预算价格。国产机械预算价格按照机械原值、供销部门手续费和一次运杂费以及车辆购置税之和计算。

国产机械原值应按下列途径询价、采集：

① 编制期施工企业已购进施工机械的成交价格；

② 编制期国内施工机械展销会发布的参考价格；

③ 编制期施工机械生产厂、经销商的销售价格；

供销部门手续费和一次运杂费可按机械原值的5％计算。

车辆购置税应按下列公式计算：

车辆购置税＝计税价格×车辆购置税率

其中计税价格＝机械原值＋供销部分手续费和一次运杂费－增值税

车辆购置税应执行编制期间国家有关规定。

进口机械的预算价格按照机械原值、关税、增

227

值税、消费税、外贸手续费和国内运杂费、财务费、车辆购置税之和计算。

进口机械的机械原值按其到岸价格取定。

关税、增值税、消费税及财务费应执行编制期国家有关规定，并参照实际发生的费用计算。

外贸部门手续费和国内一次运杂费应按到岸价格的6.5%计算。

车辆购置税的计税价格是到岸价格、关税和消费税之和。

2) 残值率。残值率是指机械报废时回收的残值占机械原值的百分比。残值率按目前有关规定执行：运输机械2%，掘进机械5%，特大型机械3%，中小型机械4%。

3) 时间价值系数。时间价值系数指购置施工机械的资金在施工生产过程中随着时间的推移而产生的单位增值。其公式如下：

时间价值系数＝1＋［（折旧年限＋1）/2］×年折现率

其中年折现率应按编制期银行年贷款利率确定。

4) 耐用总台班。耐用总台班指施工机械从开始投入使用至报废前使用的总台班数，应按施工机械的技术指标及寿命期等相关参数确定。

机械耐用总台班的计算公式为：

耐用总台班＝折旧年限×年工作台班＝大修理间隔台班×大修理周期

年工作台班根据有关部门对各类主要机械最近三年的统计资料分析确定。

大修理间隔台班是指机械自投入使用起至第一次大修止或自上一次大修后投入使用起至下一次大修止，应达到的使用台班数。

大修理周期是指机械正常的施工作业条件下，将其寿命期（即耐用总台班）按规定的大修理次数划分为若干个周期。其计算公式：

大修理周期＝寿命期大修理次数＋1

（2）大修理费计算

台班大修理费＝一次大修理费×寿命期内大修理次数/耐用总台班

寿命期内大修理次数＝使用周期数－1

耐用总台班＝大修理间隔台班×大修理周期

1）一次大修理费指施工机械一次大修理发生的工时费、配件费、辅料费、油燃料费及送修运杂费。一次大修费应以《全国统一施工机械保养修理技术经济定额》为基础，结合编制期市场价格综合

229

确定。

2）寿命期大修理次数指施工机械在其寿命期（耐用总台班）内规定的大修理次数，应参照《全国统一施工机械保养修理技术经济定额》确定。

（3）经常修理费计算

台班经常修理费＝［Σ（各级保养一次费用×寿命期内各级保养次数）＋临时故障排除费］/耐用总台班＋替换设备台班摊销费＋工具附具台班摊销费＋例保辅料费

当台班经常修理费计算公式中各项数值难以确定时，也可按下列公式计算：

台班经常修理费＝台班大修费×K

式中　K——台班经常修理费系数。

1）各级保养一次费用。分别指机械在各个使用周期内为保证机械处于完好状况，必须按规定的各级保养间隔周期，保养范围和内容进行的一、二、三级保养或定期保养所消耗的工时、配件、辅料、油燃料等费用。应以《全国统一施工机械保养修理技术经济定额》为基础，结合编制期市场价格综合确定。

2）寿命期各级保养总次数。分别指一、二、三级保养或定期保养在寿命期内各个使用周期中保

230

养次数之和，应按照《全国统一施工机械保养修理技术经济定额》确定。

3）临时故障排除费。指机械除规定的大修理及各级保养以外，临时故障所需费用以及机械在工作日以外的保养维护所需润滑擦拭材料费，可按各级保养（不包括例保辅料费）费用之和的3%计算。

4）替换设备及工具附具台班摊销费。指轮胎、电缆、蓄电池、运输皮带、钢丝绳、胶皮管、履带板等消耗性设备和按规定随机配备的全套工具附具的台班摊销费用。

5）例保辅料费。即机械日常保养所需润滑擦拭材料的费用。替换设备及工具附具台班摊销费、例保辅料费的计算应以《全国统一施工机械保养修理技术经济定额》为基础，结合编制期市场价格综合确定。

（4）安拆费和场外运输费计算

安拆费及场外运费根据施工机械不同分为计入台班单价、单独计算和不计算三种类型。

1）工地间移动较为频繁的小型机械及部分中型机械，其安拆费及场外运费应计入台班单价。台班安拆费及场外运费应按下列公式计算：

台班安拆费及场外运输费＝一次安拆费及场外

运输费×年平均安拆次数/年工作台班

①一次安拆费应包括施工现场机械安装和拆卸一次所需的人工费、材料费、机械费及试运转费；

②一次场外运费应包括运输、装卸、辅助材料和架线等费用；

③年平均安拆次数应以《全国统一施工机械保养修理技术经济定额》为基础，由各地区（部门）结合具体情况确定；

④运输距离均应按25km计算。

2）移动有一定难度的特、大型（包括少数中型）机械，其安拆费及场外运费应单独计算。

单独计算的安拆费及场外运费除应计算安拆费、场外运费外，还应计算辅助设施（包括基础、底座、固定锚桩、行走轨道枕木等）的折旧、搭设和拆除等费用。

自升式塔式起重机安装、拆卸费用的超高起点及其增加费，各地区（部门）可根据具体情况确定。

3）不需安装、拆卸且自身又能开行的机械和固定在车间不需安装、拆卸及运输的机械，其安拆费及场外运费不计算。

（5）人工费计算

台班人工费＝年工作台班机上人工消耗数量×人工单价×［1＋（年制度工作日－年工作台班）/年工作台班］

1）人工消耗量指机上司机（司炉）和其他操作人员工日消耗量；

2）年制度工作日应执行编制期国家有关规定；

3）人工单价应执行编制期工程造价管理部门的有关规定。

（6）燃料动力费计算

台班燃料动力费＝Σ（台班燃料动力消耗数量×相应燃料动力单价）

1）燃料动力消耗量应根据施工机械技术指标及实测资料综合确定。例如可采用下列公式：

台班燃料动力消耗量＝（实测数×4＋定额平均值＋调查平均值）/6

2）燃料动力单价应执行编制期工程造价管理部门的有关规定。

（7）养路费及车船使用税计算

台班养路费及车船使用税＝（年养路费＋车船使用税＋年保险费＋年检费用）/年工作台班

1）年养路费、年车船使用税、年检费用应执

233

行编制期有关部门的规定；

2）年保险费执行编制期有关部门强制性保险的规定，非强制性保险不应计算在内。

【例 3-5】现有 5t 载重汽车的资料为：预算价格 141846 元，年工作台班 240 台班，折旧年限 8 年，贷款年利率 8.64%，大修理间隔台班 950 台班，人工费单价 62.40 元/工日，大修理周期 2 年，人工消耗 1.25 工日/台班，一次大修理费 16653.44 元，柴油预算价格 5.17 元/kg，经常维修费系数 k 为 5.61，柴油 32.19kg/台班，机械残值率 2%。若不计养路费及车船税，试计算其台班使用费。

解：（1）计算第一类费用：

1）耐用总台班为：950×2＝1900（台班）

2）机械台班折旧费为：

141846×（1−2%）×［1+0.5×8.64%×（8+1）］÷1900＝101.61（元/台班）

3）台班大修理费：16653.44×（2−1）÷1900＝8.76（元/台班）

经常修理费为：8.76×5.61＝49.14（元/台班）

第一类费用小计：101.61＋8.76＋49.14＝159.51（元/台班）

234

（2）计算第二类费用：

1）台班人工费为：$62.40 \times 1.25 = 78.00$（元/台班）

2）台班柴油费为：$5.17 \times 32.19 = 166.42$（元/台班）

第二类费用小计：$78.00 + 166.42 = 244.42$（元/台班）

（3）5t 载重汽车台班使用费为：$159.51 + 244.42 = 403.93$（元/台班）

3.2 工程单价

3.2.1 工程单价的分类与作用

3.2.1.1 工程单价的含义

工程单价，是指单位假定建筑安装产品的不完全价格。通常是指建筑安装工程的预算单价和概算单价。工程单价与工程价值名称类似，但两者在概念上不等同，有本质的区别。

工程价值，是指完整的建筑产品价值，如单位工程产品价值、单项工程产品价值。工程价值是建筑物或构筑物在真实意义上的全部价值，即全部成本加利润、税金。工程单价，不是可以独立发挥建筑物或构筑物价值的价格，也不是单位假定建筑物或构筑物的完整价格，这种工程单价主要是指某一单位工程直接费中的直接工程费，即人工费、材料费和机械费或管理费、利润的汇总。

工程单价是传统概预算编制制度中采用单位估价法编制工程概预算的重要文件，也是计算程序中的一个重要环节。我国建设工程概预算制度中长期采用单位估价法编制概预算，因为在价格比较稳定，或价格指数比较完整、准确的情况下，通过编制地区的统一工程单价，可以简化概预算编制工作。

3.2.1.2 工程单价的分类

（1）按工程单价的适用对象划分

1）建筑工程单价；

2）安装工程单价。

（2）按用途划分

1）预算单价。预算单价是通过编制工程计价定额和地区单位估价表及设备安装价目表所确定的单价，是编制施工图预算时与消耗量定额相匹配的预算单价。如工程计价定额、单位估价汇总表和安装价目表中所列出的"预算价格"或"基价"都属于工程单价。

2) 概算单价。概算单价是通过编制扩大的工程计价定额即单位价值计算书所确定的单价，是编制设计概算时与概算定额相匹配的概算单价。

（3）按适用范围划分

1) 地区单价。根据地区性定额和价格等资料编制，在地区范围内使用的工程单价属地区单价。如地区单位估价表和汇总表所计算和列出的"预算单价"。

2) 个别单价。这是为适应个别工程编制概算或预算的需要而计算的工程单价。

（4）按编制依据划分

1) 定额单价。这是指根据各种工程的工程计价定额，如概算定额、消耗量定额等编制的工程单价。亦称工程计价定额单价或工程单价。

2) 补充单价。当现行有关定额有缺项时，以补充定额为依据而编制的工程单价即是补充单价。

（5）按单价的综合程度划分

1) 工料单价。也称直接工程费用单价，包括人工费、材料费和机械台班使用费，即建筑安装工程的直接工程费。如工程计价定额中的"基价"。

2) 综合单价。也称工程量清单单价，其内容包括人工费、材料费、机械台班使用费、管理费、利润等。同时，还应考虑风险费用。

3) 全费单价。也称完全费用单价，其内容包括直接工程费、间接费、利润和税金等。同时，还应考虑一定的风险费用。

3.2.1.3 工程单价的作用

(1) 工程单价是确定和控制工程造价的基本依据；

(2) 能简化编制概预算的工作量和缩短工作周期；

(3) 工程单价能为投标报价提供依据；

(4) 利用工程单价可以对结构方案进行经济比较，优选设计方案；

(5) 利用工程单价可以进行工程款的期中结算。

3.2.2 工程单价的编制

3.2.2.1 工程单价的编制依据

(1) 工程实物定额。编制预算单价或概算单价，主要依据之一是消耗量定额或概算定额。首先，工程单价的分项是根据定额的分项划分的，所以工程单价的编号、名称、计量单位的确定均以相应的定额为依据。其次，确定分部分项工程的人工、材料和机械台班消耗的种类和数量，也是依据相应的定额。

（2）人工工日单价、材料价格和机械台班单价。工程单价除了依据概算定额和消耗量定额确定分部分项工程的人工、材料、机械的消耗数量，还必须依据上述三项"价"的因素，才能计算出分部分项工程的人工费、材料费和机械费，进而计算出工程单价。

（3）规费和税金的取费标准。它是计算全费单价的必要依据。

3.2.2.2 工程单价的编制方法

设计图纸决定着它所包含的分项工程和结构构件的数量，即工程量。施工图设计一经确定，建筑工程造价主要就取决于施工单位的人工、材料及机械台班的消耗水平及相应价格。人工、材料及机械台班的消耗水平及相应价格集中地通过工程单价体现出来。目前工程单价的编制主要有工料单价法、综合单价法和全费用单价法3种。

（1）工料单价法

为了有利于控制工程造价，各地建设行政主管部门或其授权的工程造价管理机构一般以工程计价定额的形式来发布地区统一的消耗量定额，按照上述工料单价的计算方法以及省会（或市政府）所在地的工资单价、材料预算价格、机械台班单价来确定工料单价。这种定额的工料单价，也叫定额基价。

工程单价的编制过程，实质就是人工、材料、机械的消耗量和人工、材料、机械台班单价的结合过程。其计算公式一般为：

分部分项工程直接工程费单价（基价）＝分部分项工程人工费＋材料费＋机械使用费

措施项目直接费单价（基价）＝措施项目人工费＋材料费＋机械使用费

其中：人工费＝∑（工日消耗量×人工日工资单价）

材料费＝∑（材料消耗量×材料单价）＋检验试验费

施工机械使用费＝∑（施工机械台班消耗量×机械台班单价）

在计划经济时期，由于价格水平得到控制，地区统一的工程单价（或者工程计价定额）具有相对的稳定性。在市场价格变动情况下计算工程造价，必须根据工程造价管理机构发布的调价文件，对固定的定额工料单价求出的定额直接费进行修正，通过采用修正后的工料单价乘以根据图纸计算出来的工程量的方法，或者通过采用定额直接费加直接费调整的方法，可以获得符合实际市场情况的直接工程费。

我国长期以来，在根据图纸计算出来的工程量乘以工料单价得到直接工程费之后，其他费用的计算均采用在一定的费用计算基础上取费的办法。对于建筑工程，一般选用以直接工程费为计算基础乘以规定的取费费率来计算间接费、利润等费用。

在造价实务工作中，由于固定的定额工料单价的存在，面对变化的建筑市场和建筑材料市场，各地长期的造价计算习惯，各地工程造价计算程序与方法有着更加复杂的不同情况。

（2）综合单价法

为了简化计价程序，实现与国际惯例接轨，工程量清单采用综合单价计价。综合单价是指完成工程量清单中一个规定计量单位项目所需的人工费、材料费、机械使用费、管理费和利润，并考虑一定的风险因素。

综合单价应包括完成规定计量单位合格产品所需的全部费用，考虑我国的现实情况，综合单价包

241

括除规费、税金以外的全部费用。综合单价不仅适用于分部分项工程量清单，也适用于措施项目清单、其他项目清单。

分项工程的综合单价可以在工料单价的基础上综合计算管理费和利润生成。综合单价的理论计算公式为：

综合单价＝工料单价＋管理费＋利润

综合单价目前各地区计算方法不完全相同，主要原因是国家没有规定统一的取费办法。日前，综合单价的具体计算和编制方法，由各省、自治区、直辖市工程造价管理机构制定具体统一办法。因此，各省市对管理费和利润的计算五花八门。关于取费问题，国家有关部门正在统一思想，着手制定相应计费办法，不久就会有新的规定办法出台。目前不统一的地方主要表现在以下几个方面：

① 管理费和利润均以基价为基数计算：

综合单价＝工料单价（基价）×（1＋管理费费率＋利润率）

② 管理费以基价为基数计算，利润以基价和管理费之和为基数计算：

综合单价＝工料单价（基价）×（1＋管理费费率）×（1＋利润率）

③ 装饰和安装工程的管理费和利润均以人工费为基数计算：

综合单价＝工料单价（基价）＋人工费×（管理费费率＋利润率）

④ 装饰和安装工程的管理费和利润均以人工费加机械费之和为基数计算：

综合单价＝工料单价（基价）＋（人工费＋机械费）×（管理费费率＋利润率）

⑤ 以综合费率计取：

综合单价＝工料单价（基价）×（1＋综合费率）

⑥ 管理费由人工费为计算基础，利润以基价加管理费的合计值为计费基础：

综合单价＝［人工费×（1＋管理费率）＋材料费＋机械费］×（1＋利润率）

从以上式子可以看出，统一且合理地确定费用计算基础至关重要。确定费用计算基础应考虑以下两个基本问题：一是能否促进企业加强管理和有利于多种形式承包制的推行，二是能否使取费相对合理和稳定，编制和使用是否方便和统一。有三种费用计算基础可以选择使用。

第一种：以直接工程费为费用计算基础。这种方法使用已久，简便易行，但存在不少弊病。首

243

先，理论上并不科学。材料、构件越昂贵，在工程成本中所占比重越大，则取费就越多，形成了同类工程的肥瘦之别，也滋长施工单位要求建设单位变更使用贵重材料的行为。其次，没有考虑工程资金占用情况。第三，不利于专业化协作的发展。专业化程度越高，计取费用的次数就越多，前一工序（如构件制作）的价格又成为下一工序（如构件安装）计取费用的基础，提高了工程造价。这也是我国建筑业专业化程度低，大而全、小而全的施工单位很多的原因之一。

第二种：以人工费为费用计算基础。这种方法大致可以反映出费用实际支出的变化趋势，工程造价中价格变动最为活跃的材料费以及机械费不再影响管理费值的多少，缓解了因材料价格波动带来的对工程造价的冲击。提取直接费构成因素中最稳定可控的人工费作为管理费的计算基础，是合乎管理工作性质及其费用实际支出变化情形的，这有利于管理费的市场形成及动态调控。特别适合于直接工程费构成因素不稳定而人工费比较稳定的工程（如设备安装工程）。这种方法的缺点在于，手工劳动比重大的工程在计取费用时处于特别有利的地位。由于人工费成为计

244

取费用的唯一敏感因素，当遇到定额项目中既可使用人工也可使用机械作业的工作项目时，机械施工往往不被使用，不利于建筑业摆脱笨重体力劳动、提高施工机械化水平，影响整个行业的技术进步。

第三种：以人工费和机械费之和为费用计算基础。在一般建筑工程中，许多工程要求的技术水平不高，表现为手工劳动密集型，而许多中小型机械工作的项目也往往可以利用人工来代替，人工和机械的费用之和较为稳定；有些工程项目人工和机械互为补充，相互交替，两者很难截然分割。因而，在一般建筑工程中，以人工费和机械费之和作为费用的计算基础，在理论上较为合理。更为重要的是，在建筑材料市场价格变化的情况下，有关费用计算值不至于随之发生较大变化。但没有考虑材料的影响因素，因为材料不同，管理费的支出也是不相同的。

以上三种都有优缺点。如果根据分项工程特点，分部分解、分别处理，差别对待、系统衡量、科学测算，又会很麻烦。随着工程量清单计价的全面启用，管理费率分部分解、分别测算、分项应用，是今后解决管理费差别的唯一途径。

245

（3）全费用单价法

全费用单价是指构成工程造价的全部费用均包括在分项工程单价中。在全费用单价下，工程造价的计算表现出如下简洁情况：

工程造价＝∑分项工程量×全费用单价

全费用单价＝工料单价×（1＋综合费率）

3.3 工程计价定额

3.3.1 工程计价定额的概念及作用

3.3.1.1 工程计价定额的概念

工程计价定额又称单位估价表，是以货币形式确定定额计量单位分部分项工程或结构构件直接工程费和施工技术措施项目直接费的文件。它是根据消耗量定额所确定的人工、材料和机械台班消耗数量乘以人工工资单价、材料单价和机械台班单价汇总而成。也就是说，全国或地区统一的消耗量定额，如果套用某个工程或某个地区的建安工人日工资单价、材料单价和施工机械台班单价，就形成了个别工程综合单价表或地区工程计价定额。

3.3.1.2 工程计价定额的内容组成及分类

工程计价定额的内容由两部分组成：一是相应消耗量定额规定的人工、材料、机械数量；二是与上述三种"量"相适应的人工工资单价、材料单价和机械台班单价。地区工程计价定额如表 3-3 所示。

地区工程计价定额　　　　　　表 3-3

找平层

工作内容：清理基层、刷素水泥浆、混凝土搅拌、搅平、压实。

10m²

定 额 编 号		9-1-4	9-1-5
项目		细石混凝土	
		40mm	每增减 5mm
基价　　　　　　元		117.61	14.83
其中	人工费　　元	49.44	6.72
	材料费　　元	67.85	8.06
	机械费　　元	0.32	0.05

人工、材料、机械名称	单位	单价	数量	数量
综合工日	工日	48.00	1.03	0.14
素水泥浆	m³	379.64	0.0100	—
细石混凝土 C20	m³	157.98	0.4040	0.0510

247

续表

定 额 编 号			9-1-4	9-1-5
水	m³	3.80	0.0600	—
平板式混凝土振捣器	台班	13.43	0.024	0.004

编制工程计价定额就是把三种"量"与"价"分别结合起来，得出分项工程的人工费、材料费和施工机械台班使用费，三者汇总即为工程预算单价（基价）。用公式表示为：

每一分项工程预算单价（基价）＝人工费＋材料费＋施工机械使用费

其中：人工费＝相应等级日工资标准×人工工日数量

材料费＝∑（相应的材料单价×材料耗量）

施工机械使用费＝∑（相应的施工机械台班使用费×施工机械台班使用量）

为了便于清单报价，也可在工程预算单价（基价）的基础上计算出管理费和利润。用公式表示为：

管理费＝每一分项工程预算单价（基价）×管理费率

利润＝每一分项工程预算单价（基价）×利润率

工程综合单价表如表 3-4 所示。

工程综合单价表

表 3-4

商品混凝土现浇柱

计量单位：m³

工作内容：泵送、浇捣、养护。

定额编号		5-181		5-182		5-183	
项 目	单位	矩形柱		圆形、多边形柱L、T、十形柱			
		数量	合价	数量	合价	数量	合价
综合单价	元		351.15		352.78		356.09
其中	人工费	元		19.76		21.06		23.14
	材料费	元	303.61		303.46		303.92	
	机械费	元	14.94		14.94		14.94	
	管理费	元		8.68		9.00		9.52
	利润	元		4.16		4.32		4.57
二类工	工日	26.00	0.76	19.76	0.81	21.06	0.89	23.14

续表

定额编号				5-181		5-182		5-183	
项目		单位	单价	矩形柱		圆形、多边形柱		L、T、十形柱	
				数量	合价	数量	合价	数量	合价
材料	303083 商品混凝土 C30（泵送）	m³	296.00	0.99	293.04	0.99	293.04	0.99	293.04
	013003 水泥砂浆1:2	m³	212.43	0.031	6.59	0.031	6.59	0.031	6.59
	605155 塑料薄膜	m²	0.86	0.28	0.24	0.14	0.12	0.51	0.44
	613206 水	m³	2.80	1.25	3.50	1.24	3.47	1.29	3.61
	泵管摊销费	元			0.24		0.24		0.24
机械	15004 混凝土振动器（插入式）	台班	12.00	0.112	1.34	0.112	1.34	0.112	1.34
	06016 灰浆搅拌机200L	台班	51.43	0.006	0.31	0.006	0.31	0.006	0.31
	13082 混凝土输送泵车	台班	1208.41	0.011	13.29	0.011	13.29	0.011	13.29

3.3.1.3 工程计价定额与消耗定额的关系

工程计价定额主要来源于消耗量定额的人工、材料、机械台班数量和某一地区或某一工程的人工、材料、机械台班单价。有了上述的量和价，就能编出分项工程单价（基价）。确切地说，定额只列有人工、材料、机械台班的消耗量，不列相应单价。所以也就无法据以列出子项工程单价，也就是不能根据定额编制施工图预算和进行投标报价。如果消耗量定额套用某一地区的人工工资单价、材料预算价格、机械台班单价，那就是某一地区的工程计价定额。一般说来，国家预算定额套用北京地区价格，各省消耗量定额套用省会城市价格（山东省采用全省平均价格），这样省定额和省会城市的工程计价定额就融为一体，该估价表中的预算单价，通常称为基价，以便作为计取各项费用的计算基础。

3.3.1.4 工程计价定额的作用

工程计价定额的主要作用表现在：

（1）工程计价定额是确定工程造价的基本依据之一。各种分项工程的工程量乘以相应的预算单价并汇总后，就求出了一个单位工程的直接工程费，在此基础上就可以计算间接费、利润和税金，最后

251

汇总求出工程造价。

（2）工程综合单价表是建筑施工企业进行投标报价的依据。各种分项工程清单工程量乘以工程综合单价表中的相应的综合单价并汇总后，就求出了一个单位工程的分部分项工程费和措施项目费用，在此基础上再确定其他项目费、规费和税金，最后汇总求出单位工程或单项工程投标总价。

（3）工程计价定额在决定设计方案作技术经济分析时有重要作用。应该采取什么样的设计方案，必须考虑其经济条件，这就需要用预算单价进行衡量比较，决定采用哪种设计方案比较经济。

（4）工程计价定额也是工程结算的依据之一。工程价款必须按着工程进度进行拨付，以保证建筑安装企业资金的需要。有了工程计价定额，再算出企业实际已完成的建筑安装工程量，就可办理施工过程中的结算和竣工工程结算。

（5）工程计价定额是建设部门搞好经济核算常用的货币指标之一。如考核单位建筑产品的预算成本；另外也是统计和分析建设项目投资额完成情况的重要指标之一。

3.3.2 补充工程计价定额的编制

实际工作中，在编制施工图预算时，都会由于新材料、新设备、新工艺、新技术的出现而遇到在现行工程计价定额中找不到需用的工程预算单价的情形。这时，就必须要编制补充工程计价定额。

补充工程计价定额的编制内容、方法与工程计价定额基本相同，具体说明如下：

（1）补充工程计价定额应包括人工、材料、机械台班的消耗量和相应的人工、材料、机械的单价以及人工、材料及施工机械使用费三个部分。

（2）补充工程计价定额的编制，是将实物消耗量乘人工、材料和机械台班的单价，汇总后即得到补充工程单价。即：

补充工程单价＝∑（人工工日单价×人工补充定额）＋∑（材料单价×材料的补充定额）＋∑（机械台班单价×机械的补充定额）

（3）补充工程计价定额的分部工程范围划分（即属于哪个分部）、计算单位、编制内容及工程说明，都应与相应的定额一致。对某些比较复杂特殊的整体构件可适当扩大其结构范围，以简化编制预算的手续。

253

（4）编制补充工程计价定额，可根据有关设计图纸、劳动定额、企业定额和施工现场有关测定的资料及类似工程进行计算比较制定。

（5）补充工程计价定额编制好后，应随同造价文件一同报送相关部门审定，批准后的补充工程计价定额，只适用于同一建设单位的各项工程。对于标准构件的补充工程计价定额，可以重复使用，但需要根据地区不同对其价值部分做出相应调整。

（6）一次性使用的补充工程计价定额，是由预算编制单位（设计单位、建设单位或施工企业）在现行工程计价定额中有缺项时，根据主管部门的有关规定编制。这类工程计价定额要经定额管理机构审查批准，才能在该建设工程上一次性使用，并报有关机关备案。

（7）在地区范围内反复使用的补充工程计价定额，由各地区的定额管理机构在两次消耗量定额手册修订间隔期间，根据当地预算编制工作中的实际需要统一编制。这种在地区范围内反复使用的补充工程计价定额，实际上是一种地区统一工程计价定额。

（8）编制和审查补充工程计价定额，是各地区、各部门定额管理机构的一项重要的、经常性的任务。质量较好的补充工程计价定额，是修订消耗量定额和工程计价定额的依据之一，应该注意积累和研究这类资料。

3.3.3 建筑工程价目表

3.3.3.1 建筑工程价目表的内容

建筑工程价目表又称为地区单位估价汇总表，简称价目表。为使用方便，在工程计价定额的基础上，应编制单位估价汇总表（价目表）。单位估价汇总表（价目表）亦称为单价手册，是汇总反映工程计价定额主要内容的表格。同工程计价定额相比，在项目划分上，单位估价汇总表的项目与消耗量定额和工程计价定额相互对应；在定额项目上，为简化预算编制，单位估价汇总表中纳入了消耗量定额中一些常用的分部分项工程和定额中需要调整或换算的项目；在内容上，将工程计价定额略去了人工、材料和机械台班的消耗数量（即"三量"），保留了工程计价定额中的人工费、材料费、机械费（即"三价"）和基价（预算价值）；在计量单位上，可以将消耗量定额和工程计价定额中的扩大计量单位（如 $10m^3$、$100m^3$ 等）折算为个位计量单位（如定额单位为 $10m^3$，应折合为 $1m^3$），以便于套用单

255

价的方便。建筑工程价目表的编制表式参见表 3-5。

建筑工程价目表　　　　　　表 3-5

楼地面工程

定额编号	项目名称	单位	省定额价			
			基价	人工费	材料费	机械费
一、找平层						
9-1-1	水泥砂浆在混凝土或硬基层上 20mm	10m²	63.93	21.84	40.09	2.00
9-1-2	水泥砂浆在填充材料上 20mm	10m²	70.27	22.40	45.40	2.47
9-1-3	水泥砂浆每增减 5mm	10m²	13.56	3.92	9.11	0.53
9-1-4	细石混凝土 40mm	10m²	98.22	28.84	69.06	0.32
9-1-5	细石混凝土每增减 5mm	10m²	12.18	3.92	8.21	0.05
9-1-6	沥青砂浆在混凝土或硬基层上 20mm	10m²	230.77	46.20	184.57	

256

续表

定额编号	项目名称	单位	省定额价			
			基价	人工费	材料费	机械费
9-1-7	沥青砂浆在填充材料上20mm	10m²	285.10	54.88	230.22	
9-1-8	沥青砂浆每增减5mm	10m²	60.69	14.28	46.41	

建筑工程价目表是依据消耗量定额中的人工、材料、施工机械台班消耗数量，乘以某一地区现行人工、材料、施工机械台班单价，计算出以货币形式表现的完成单位子项工程或结构构件合格产品的单位价格，即基价、人工费、材料费、机械费。

建筑工程价目表主要由定额编号、工程项目名称、基价、人工费、材料费、机械费和地区单价（省价目表不包括此项）组成。

建筑工程价目表中的基价、人工费、材料费、机械费和地区单价，分别与工程量相乘就可得出每个子项工程的直接工程费、人工费、材料费、机械费和地区直接工程费。它是编制建筑工程招标标底或招标控制价的依据，是发承包双方确定合同价、编制工程预算时的参考。价目表对市场具有一定的指导意义，是计取企业管理费和利润的基础。

补充价目表的编制内容、方法与建筑工程价目表基本相同。

3.3.3.2 建筑工程价目表套用

建筑工程价目表套用是指选择合适的工程单价来计算工程造价。在定额计价情况下，套用价目表的单价，必须维护定额和单价的严肃性，除定额说明允许换算调整者外，一律遵照执行，不得任意修改。

（1）直接套用

分项工程的名称、规格、计量单位必须与定额或价目表中所列的内容完全一致，方可以直接套用。防止重套、漏套或错套价目表的现象发生。套价目表时一定要注意个位单位和扩大单位之间的换算。

（2）换算或调整

当某些单价的特征不完全符合设计图纸时，必须根据定额说明是否允许换算的规定，对单价进行局部换算或调整。

价目表换算或调整的基本公式为：

换算后的单价＝价目表的单价－∑换出工料消耗量×相应预算价格＋∑换入工料消耗量×相应预算价格

换算主要是指因价目表中已经计价的主要材料品种不同而进行的换价，但一般不调量，即价变量不变，称为价差换算，计算公式简化为：

换算后的单价＝价目表单价－消耗量×（换出单价－换入单价）

选择价目表的单价时，施工图所示分项内容与定额基本符合，而所使用的建筑材料品种、规格或配合比与定额中的规定不同，或施工操作上有特殊规定，而定额又允许换算时，则必须经过换算，此时应在定额编号后加添"换"字。

【例 3-6】某工程盥洗室砖墙面使用防水水泥砂浆抹灰。设计做法为：底层 1：2.5 防水水泥砂浆 15mm 厚，面层 1：2 防水水泥砂浆 10mm 厚。试换算价目表的单价。

解：查某省价目表附录，1：2.5 防水水泥砂浆预算价格为 236.50 元/m³，1：2 防水水泥砂浆预算价格为 254.76 元/m³。

查水泥砂浆抹灰企业计价定额，墙面抹水泥砂浆有关数据为：1：3 水泥砂浆 12mm 厚 0.136m³，

259

材料费为 23.98 元；1：2.5 水泥砂浆 8mm 厚 0.082m³，材料费为 16.34 元。换算如下：

底层：1：2.5 防水水泥砂浆用量为：0.136× 15/12=0.170（m³）

面层：1：2 防水水泥砂浆用量为：0.082×10/ 8=0.103（m³）

换算材料费为：

40.56－（23.98+16.34）+（0.170×236.50 +0.103×254.76）

=40.56－40.32+66.45=66.69（元/m³）

换算后的综合单价=40.04+66.69+2.26+ 10.58+5.08=124.65（元/m³）

（3）补充单价

在套用价目表时，当设计和施工所示分项工程在价目表上既不能直接套用，又不能换算、调整时，必须编制补充单价。

价目表的补充应按编制价目表的原则、方法进行。补充单价可在预算书定额编号栏内写"补"，如同一工程有几个补充单价，可写"补1"、"补2"……补充单价的组成，应作为工程预算书的附件列后。

【例 3-7】取用上例的基本资料，假设施工单位在投标报价时决定：人工消耗量按定额量乘 0.90

260

系数，工资单价为 30 元/工日；材料消耗量及费用不变；机械消耗量不变，灰浆搅拌机台班单价为56.43 元；管理费费率为人工费加机械费之和的33%，利润率为人工费加机械费之和的 8%。试计算投标综合单价。

解：人工费：$1.54 \times 0.9 \times 30 = 41.58$（元/m³）

材料费：66.69（元/m³）

机械费：$0.044 \times 56.43 = 2.48$（元/m³）

管理费：$(41.58 + 2.48) \times 33\% = 14.54$（元/m³）

利润：$(41.58 + 2.48) \times 8\% = 3.52$（元/m³）

投标综合单价：$41.58 + 66.69 + 2.48 + 14.54 + 3.52 = 128.81$（元/m³）

4 建筑工程计价方法

4.1 建筑工程计价的依据和步骤

4.1.1 工程计价的依据和内容

4.1.1.1 工程计价的依据

工程计价依据非常广泛，不同建设阶段的计价依据不完全相同，不同形式的承发包方式的计价依据也有差别。建筑工程计价依据主要有以下几个方面：

(1) 经过批准和会审的全部施工图设计文件

在编制施工图预算或清单报价之前，施工图纸必须经过建设主管机关批准，同时还要经过图纸会审，并签署"图纸会审纪要"。审批和会审后的施工图纸及技术资料表明了工程的具体内容、各部分的做法、结构尺寸、技术特征等，它是计算工程量的主要依据。造价部门不仅要具备全部施工图设计文件和"图纸会审纪要"，而且要具备图纸所要求的全部标准图。

（2）经过批准的工程设计概算文件

设计单位编制的设计概算文件经过主管部门批准后，是国家控制工程投资最高限额和单位工程造价的主要依据。如果施工图预算所确定的投资总额超过设计概算，则应调整设计概算，并经原批准部门批准后，方可实施。施工企业编制的施工图预算或投标报价是由建设单位根据设计概算文件进行控制的。

（3）经过批准的项目管理实施规划或施工组织设计

项目管理实施规划或施工组织设计是确定单位工程的施工方法、施工进度计划、施工现场平面布置和主要技术措施等内容的文件；是对建筑安装工程规划、组织施工有关问题的设计说明。拟建工程项目管理实施规划或施工组织设计经有关部门批准后，就成为指导施工活动的重要技术经济文件，它所确定的施工方案和相应的技术组织措施就成为造价部门必须具备的依据之一；是计算分项工程量，选套工程单价和计取有关费用的重要依据。

（4）建筑工程消耗量定额或计价规范

国家和地方颁发的现行建筑安装工程消耗量定

额及计价规范，都详细地规定了分项工程项目划分，分项工程内容，工程量计算规则和定额项目使用说明等内容。因此它是编制施工图预算和标底或招标控制价的主要依据。

（5）单位估价表或价目表

单位估价表或价目表是确定分项工程费用的重要文件，是编制建筑安装工程招标标底或招标控制价的主要依据，是计取各项费用的基础和换算定额单价的主要依据。

（6）人工工资单价、材料价格、施工机械台班单价

这些资料是计算人工费、材料费和机械台班使用费的主要依据，是编制工程综合单价的基础，是计取各项目费用的重要依据，也是调整价差的依据。

（7）建筑工程费用定额

建筑工程费用定额规定了建筑安装工程费用中的间接费用、利润和税金的取费标准和取费方法，它是在建筑安装工程人工费、材料费和机械台班使用费计算完毕后，计算其他各种费用的主要依据。工程费用随地区不同取费标准不同。按照国家规定，各地区均制定了建筑工程费用定额，它规定了

264

各项费用取费标准；这些标准是确定工程造价的基础。

(8) 造价工作手册

造价工作手册是工程造价人员必备的参考书。它主要包括：各种常用数据和计算公式、各种标准构件的工程量和材料量、金属材料规格和计量单位之间的换算，以及投资估算指标、概算指标、单位工程造价指标和工期定额等参考资料。它能为准确、快速编制施工图预算和清单报价提供方便。

(9) 工程承发包合同文件

施工企业和建设单位间签订的工程承发包合同文件中的若干条款，如工程承包形式、材料设备供应方式、材料供应价格、工程款结算方式、费率系数或包干系数等，在编制施工图预算和清单报价时必须充分考虑，认真执行。

4.1.1.2 工程定额计价的内容

工程定额计价形式多种多样，使用的定额和考虑的内容也不相同，下面主要介绍单位工程施工图预算书编制内容。

建筑安装单位工程施工图预算书编制内容，按装订顺序主要包括：预算书封面、编制说明、取费程序表、单位工程预（结）算表、工程量计算表、工料分析及汇总表等。

(1) 预算书封面

预算书的封面有统一的表式，各建筑标准、表格商店均有出售，分为建筑、安装、装饰等不同种类（或用造价软件输出标准表）。每一单位工程预算用一张封面，在封面空格位置填写相应内容，如结构类型应填砖混结构、框架结构等。在编制人位置加盖造价师或造价员印章，在公章位置加盖单位公章，预算书即时产生法律效力。预算书封面内容如表 4-1 所示。

建筑工程预（ ）算书　　　表 4-1

工程名称：_____　工程地点：_____

建筑面积：_____　结构类型：_____

工程造价：_____元　单方造价：_____元/m²

建设单位：_____　施工单位：_____

（公　章）　　　　　（公　章）

审批部门：_____　编制人：_____

（公　章）　　　　　（印　章）

年　　月　　日

(2) 编制说明

每份单位工程预算书中，都列有编制说明。编制说明的内容没有统一要求，一般包括如下几点：

1）编制依据。

① 所编预算的工程名称及概况；

② 采用的图纸名称和编号；

③ 采用的消耗量定额和单位估价表或价目表；

④ 采用的费用定额；

⑤ 是按几类工程计取费用；

⑥ 采用了项目管理实施规划或施工组织设计方案中的哪些措施。

2）是否考虑了设计变更或图纸会审记录的内容。

3）特殊项目的补充单价或补充定额的编制依据。

4）遗留项目或暂估项目有哪些？并说明其原因。

5）存在的问题及以后处理的办法。

6）其他应说明的问题。

（3）取费程序表

按工料单价法或综合单价法计算工程费用，均需按取费程序计算各项费用。取费程序及计算方法详见费用项目计算规则。应该注意：取费时，费用项目不能随意增减和颠倒。

（4）单位工程预（结）算表

单位工程预（结）算表也有标准表式，必须按要求求认真填写。定额编号应按分部分项工程从小到大填写，以便于预算的审核；各个分部之间应留一定数量的空行，以便遗漏项目的增添；定额编号、项目名称、计量单位应和定额保持一致；工程量保留的位数应按定额要求保留。单位工程预（结）算表的填写，见表 4-2 所示。

单位工程预（结）算表　　　　表 4-2

定额编号	项目名称	单位	工程量	省定额价		其中					
				基价	合价	人工费		材料费		机械费	
						单价	合价	单价	合价	单价	合价
1-4 -1	人工场地平整	10m²	40	13.86	554.40	13.86	554.40	—	—	—	—

（5）工程量计算表

工程量应采用表格形式进行计算，表格有横开、竖开两种，由于工程计算式子较大，横开表格比较好用。定额编号和工程项目名称要与定额

268

一致，单位以个位单位填写；工程量应按宽、高
（厚）、长、数量、系数列式；只有一个计算式
子，其计算结果直接填到工程量栏内即可，等号
后面可不写结果。如果有多个分式出现，每个分
式后面都应该有结果，工程量合计数填到工程量
栏内。各个项目之间应留一定数量的空行，以便
遗漏项目的增添或修改。工程量计算表的填写，
见表 4-3 所示。

工程量计算表　　　　表 4-3

定额编号	项目名称	计算公式	单位	工程量
1-4-1	人工场地平整	$(36+4) \times$ $(6+4) =$	m²	400.00

（6）工料分析及汇总表

工料分析表的前半部分项目栏的填写，与单位
工程预（结）表基本相同，后半部分从上到下分别
填写工料机名称及规格、单位、定额单位用量及工
料数量，如果格子太小，数字放不下，可沿格子对
角线方向斜着写。工料分析表见表 4-4 所示。将每
一列的工料数量合计数填到该列最下面的格子内，

269

然后将各页工料合计数汇总到单位工程工料分析汇总表中，如表 4-5 所示。应该指出，以上所有表格都可以用造价软件完成，而且非常标准。

工料分析表　　　　　表 4-4

定额编号	项目名称	单位	工程量	综合工日		机砖		灰浆搅拌机	
				工日		千块		台班	
				定额	数量	定额	数量	定额	数量
3-1-14	240混水砖墙	10m³	10.40	15.38	159.95	5.314	55.266	0.281	2.92

单位工程工料分析汇总表　　　　　表 4-5

序号	工料名称	规格	单位	数量	备注
1	综合工日		工日	2000.25	不分工种
2	机砖	240×115×53	千块	256.12	
3	石子	20mm	m³	89.23	
4	水泥	42.5MPa	t	56.45	

　　将以上内容按顺序装订成册，一个单位工程预算书则编制完成。

4.1.2 建筑工程计价的步骤

工程计价方式多种多样，考虑的角度也不同，但不论如何都是以施工图纸为对象，以工程数量为基础，对工程预先合理定价。因此，必须按一定步骤进行计算。

4.1.2.1 收集计价的基础文件和资料

进行工程计价之前，首先应把所需的各种依据资料搜集齐全。工程计价的基础文件和资料主要包括：施工图设计文件、项目管理实施规划或施工组织设计文件、设计概算文件、建设工程计价规范、建筑工程消耗量定额、建筑工程费用定额、工程承包合同文件、材料价格及设备价目表、人工和机械台班单价，以及造价工作手册等文件和资料。用计算机进行工程计价还应该安装造价软件。

4.1.2.2 熟悉施工图

施工图纸是建筑工程计价的基础。在工程报价之前，必须结合"图纸会审纪要"和相关标准图，对工程结构、建筑做法、材料品种及其规格质量、设计尺寸等进行充分熟悉和详细审查。如发现问题，工程造价人员有责任及时向设计部门和设计人员提出修改意见，其处理结果应取得设计签认，以便作为修改图纸、设计说明书和工程计价的依据。遇有设计图纸和说明书的规定与消耗量定额内容不符（如材料品种、规格或定额缺项等）情况时，要详细记录下来，以便工程报价时进行调整或补充。

对施工图纸和设计说明书的阅读和审核不仅可以发现和改正图纸中的问题，而且可以在造价人员头脑中形成一个完整、系统和清晰的工程实物形象，以免在选用定额子目和工程量计算上发生错误。同时，对于加快计价速度也十分有利。

熟悉图纸的步骤如下：

（1）首先熟悉图纸目录及总说明，了解工程性质、建筑面积、建设单位名称、设计单位名称、图纸张数等，做到对工程情况有一个初步了解。

（2）按图纸目录检查各类图纸是否齐全；建筑、结构、设备图纸是否配套；施工图纸与说明书是否一致；各单位工程施工图纸之间有无矛盾。

（3）熟悉建筑总平面，了解建筑物的地理位置、高程、朝向以及有关建筑情况；掌握工程结构形式、特点和全貌；了解工程地质和水文地质资料。

（4）熟悉建筑平面图，了解房屋的长度、宽度、轴线尺寸、开间大小、平面布局，并核对分尺

272

寸之和是否等于总尺寸。然后再看立面图和剖面图，了解建筑做法、标高等。同时要核对平、立、剖之间有无矛盾。如发现错误，应及时与设计部门联系，以取得设计变更通知单，作为清单计价的依据。

（5）根据索引查看详图，如做法不明，应及时提出问题、解决问题，以便于施工。

（6）熟悉建筑构件、配件、标准图集及设计变更。根据施工图中注明的图集名称、编号及编制单位，查找选用图集。阅读图集时要注意了解图集的总说明，了解编制该图集的设计依据，使用范围，选用标准构件、配件的条件，施工要求及注意事项。同时还要了解图集编号及表示方法。

4.1.2.3　熟悉项目管理实施规划和施工现场情况

项目管理实施规划（或施工组织设计）是由施工单位根据工程特点、建筑工地的现场情况等各种有关条件编制的，它与工程造价有着密切关系。造价人员必须熟悉项目管理实施规划（或施工组织设计），对分部分项工程施工方案和施工方法、预制构件及加工方法、运输方式和运距、大型预制构件的安装方案和起重机械选择、脚手架形式和安装方法、生产设备订货和运输方式等与清单计价有关的

273

问题均应了解清楚。

为编制出符合施工实际的单位工程造价，除了要全面掌握施工图设计文件和项目管理实施规划（或施工组织设计）文件外，还必须掌握施工现场的实际情况。例如：施工现场障碍物拆除状况；场地平整状况；土方开挖和基础施工状况；工程地质和水文地质状况；施工顺序和施工项目划分状况；主要建筑材料、构配件和制品的供应状况；以及其他施工条件、施工方法和技术组织措施的实施状况；大型机械进出场情况等。这些现场施工状况，对单位工程造价的准确性影响很大，必须随时观察和掌握，并做好记录以备应用。

4.1.2.4 合理划分工程项目

工程项目的划分主要取决于施工图纸的要求、项目管理实施规划（或施工组织设计）所采用的方法、清单计价规范和消耗量定额规定的工程内容。因此，在熟悉清单计价规范、消耗量定额和有关项目管理实施规划（或施工组织设计）资料的基础上，根据设计要求，确定应该计算的工程项目。项目编码、项目名称、项目顺序均应与清单计价规范或消耗量定额保持一致。这样不仅能够避免重复和漏项，也有利于选套消耗量定额和确定工程项目

274

单价。

4.1.2.5 正确计算工程量

工程量是编制单位工程造价的原始数据，工程量的计算又是一项工作量大而又细致的工作，在整个计价工作中，约占编制工作70%以上的时间，如果用造价软件编制，该部分工作占的比重就更大了。而且其计算的准确程度和快慢与否，将直接影响计价工作的质量和速度。因此，在工程计价时，不仅要求认真、细致和准确，而且要按照一定的计算顺序进行，计算式力求简单明了和按一定次序排列，从而防止重算和漏算等现象出现，做到"快、准、全"进行工程计价。工程量计算一般多采用表格形式逐项分析处理（用计算机计算优越性并不明显），即根据划分的工程项目，按照相应工程量计算规则的要求，逐个计算出各个工程项目的工程量；复核后，可按规范和消耗量定额规定的分部、分项工程顺序进行列表汇总。

4.1.2.6 进行消耗量计算

人工、材料、机械消耗量计算是单位工程造价书的重要组成部分，也是施工企业内部经济核算和加强经营管理的措施；人工、材料、机械消耗量是建筑安装企业施工管理工作中必不可少的一项技术经济指标。其具体作用如下：

（1）它为单位工程及其分部分项工程提供了人工、材料、机械预算数量；

（2）它是生产计划部门编制施工计划、安排生产、统计完成工作量的依据；

（3）它是人力资源部门组织、调配劳动力、编制工资计划的依据；

（4）它是材料部门编制材料供应计划、储备材料、加工订货和组织材料进场的依据；

（5）它是财务部门进行各项经济活动分析的依据；

（6）它是施工企业进行"两算"（施工图预算与施工预算）对比的依据。

分部工程的人工、材料、机械消耗量计算，首先根据单位工程中的工程项目，逐项从消耗量定额中查出定额人工、材料和机械的含量并将其分别乘以相应分项工程量，得出该工程项目人工、材料、机械消耗量。计算公式如下：

人工消耗量＝∑工程量×某工程项目定额人工含量

材料消耗量＝∑工程量×某工程项目定额材料含量

机械消耗量＝∑工程量×某工程项目定额机械含量

对于砂浆和混凝土等半成品（中间）材料还应

276

根据消耗量定额中的砂浆及混凝土配合比表进行二次分析，计算出原材料数量，对于由工厂制作和现场安装的各种构件和制品，如预制钢筋混凝土构件、金属结构构件、门窗构件以及各种建筑制品等项目，它们的工料机数量，应按照制作和安装分别列表计算。

采用实物法计算工程费用时，所有人工、材料、机械消耗量都要进行计算，因此，必须使用造价软件，上机进行全面人工、材料、机械分析。如果采用单价法计算工程费用时，只分析综合工日和主要材料即可。如土建主要分析钢材、木材、水泥、砖、瓦、砂、石、石灰、油毡、沥青、玻璃等材料。

4.1.2.7　计算各项费用

（1）计算人工费、材料费和机械费

人工费、材料费和机械费的计算方法有两种：第一种用实物法计算，即将分析的人工、材料、机械的数量，分别与人工、材料、机械单价相乘、累加，即得到单位工程人工费、材料费、机械费。第二种用单价法计算，即用各项目工程量分别乘以单位估价表或价目表中的人工费、材料费、机械费单价，分别合计，即得到单位工程人工费、材料费和

277

机械费。

采用实物法计算时，人工、材料、机械单价应根据市场行情合理定价或参考造价管理部门提供的即时价格计算。

套单位估价表或价目表时，通常应按以下三种情况分别处理：

1) 当计算项目工程内容与消耗量定额规定工程内容一致时，可以直接选套单位估价表或价目表，并使项目工程量的名称、计量单位、定额编号，均应与单位估价表或价目表要求相符。套用以10 倍为扩大单位的价目表时，特别应注意将计量单位缩小 10 倍，否则会造成 10 倍的差错。

2) 当计算项目工程内容与消耗量定额规定工程内容不完全一致，而定额规定允许换算时，应进行工程单价换算；然后选套换算后的工程单价，并在定额编号的后面注明"换"字。

3) 当计算项目工程内容与消耗量定额规定工程内容完全不一致，应按照编制补充消耗量定额或单位估价表的要求或参照相应定额，重新编制补充定额或单位估价表，并报请当地工程造价管理部门批准，作为一次性定额纳入造价文件。编制补充定额时，应在定额编号位置注明"补"字。

278

（2）计算单位工程总造价及技术经济指标

工程造价的计算程序和公式，详见费用项目构成及计算规则。

技术经济指标通常根据工程类别，分别以不同计量单位，确定相应技术经济指标。如每平方米建筑面积造价指标；每平方米建筑面积劳动量消耗指标；每平方米建筑面积主要材料消耗指标等。

4.1.2.8 编制说明、填写封面

施工图预算书和工程清单计价文件一般应编写编制说明，主要用来叙述所编制的工程造价文件项目上所表达不了的，而又需要使审核或使用计价的单位知道的内容。

预算书或清单和清单报价的封面能起到装饰的作用，更重要的是一份内容提要，如工程名称、单位、编制人、编制时间等一目了然。在编制人位置加盖造价师或造价员印章，在公章位置加盖单位公章，预算书或清单和清单报价即成为一份具有法律效力的经济文件。

4.1.2.9 复核、装订、审批

复核是指一个单位工程造价文件编制出来后，由本企业的有关人员对工程计价的主要内容及计算情况进行一次检查核对，以便发现可能出现的差

279

错，及时改正，提高工程计价的准确性。审核无误后，一式多份，装订成册，报送建设单位、财政或审计部门，审核批准。

4.2 工程量计算技巧

4.2.1 工程量的作用和计算依据

4.2.1.1 工程量的作用

工程量是以规定的计量单位表示的工程数量。它是编制建设工程招投标文件和编制建筑工程预算、项目管理实施规划（或施工组织设计）、施工作业计划、材料供应计划、建筑统计和经济核算的依据，也是编制基本建设计划和基本建设财务管理的重要依据。

在编制单位工程造价过程中，计算工程量是既费力又费时间的工作，其计算快慢和准确程度，直接影响工程造价速度和质量。因此，必须认真、准确、迅速地进行工程量计算。

4.2.1.2 工程量的计算依据

工程量是根据施工图纸所标注的工程项目尺寸和数量，以及构配件和设备明细表等数据，按照建设工程工程量清单计价规范、项目管理实施规划

280

（或施工组织设计）和消耗量定额的要求，逐个分项进行计算、并经过汇总而计算出来的。具体依据有以下几个方面：

（1）施工图设计文件；

（2）项目管理实施规划（或施工组织设计）文件；

（3）建筑工程量计算规则；

（4）建设工程工程量清单计价规范；

（5）建筑工程消耗量定额；

（6）工程造价工作手册。

4.2.2　工程量计算的要求和步骤

4.2.2.1　工程量计算的要求

（1）工程量计算应采取表格形式，项目编号要正确，项目名称要完整，单位要用国际单位制表示，如 m、t 等，还要在工程量计算表中列出计算公式，以便于计算和审查。

（2）工程量计算是根据设计图纸规定的各个分部分项工程的尺寸、数量，以及构件、设备明细表等，以物理计量单位或自然单位计算出来的各个具体工程和结构配件的数量。工程量的计量单位应与计价规范和消耗量定额中各个项目的单位一致，一

281

般应以每延长米、平方米、立方米、千克、吨、个、组、套等为计量单位。即使有些计量单位一样，其含义也有所不同，如抹灰工程的计量单位大部分按平方米计算，但有的项目按水平投影面积；有的按垂直投影面积；还有的按展开面积计算，因此，对规范和定额中的工程量计算规则应很好地理解。

（3）必须在熟悉和审查图纸的基础上进行，要严格按照规范和定额规定和工程量计算规则，结合施工图所注位置与尺寸为依据进行计算，不能人为地加大或缩小构件的尺寸，以免影响工程量计算的准确性。施工图设计文件上的标志尺寸，通常有两种：标高均以米为单位，其他尺寸均以毫米为单位。为了简单明了和便于检查核对，在列计算式时，应将图纸上标明的毫米数，换算成米数。各个数据应按宽、高（厚）、长、数量、系数的次序填写，尺寸一般要取图纸所注的尺寸（可读尺寸），计算式应注明轴线或部位。

（4）数字计算要精确。在计算过程中，小数点要保留三位。汇总时一般可以取小数点后两位。总之，应本着单位大、价值较高的可多保留几位，单位小、价值低可少保留几位的原则。如钢材、木材

282

及使用贵重材料的项目其计算结果可保留三位小数。位数的保留应按有关要求确定。

（5）要按一定的顺序计算。为了便于计算和审核工程量，防止重复和漏算，计算工程量时除了按定额项目的顺序进行计算外，对于每一个工程分项也要按一定的顺序进行计算。在计算过程中，如发现新项目，要随时补进去，以免遗忘。

（6）要结合图纸，尽量做到结构按分层计算，内装饰按分层分房间计算，外装饰分立面计算或按施工方案的要求分段计算；有些项目要按使用材料的不同分别进行计算。如钢筋混凝土框架工程量要一层层计算；外装饰可先计算出正立面，再计算背立面，其次计算侧立面等等。这样做可以避免漏项，同时也为编制工料分析和施工时安排进度计划，人工、材料计划创造有利条件。

（7）计算底稿要整齐、数字清楚、数值准确、切忌草率零乱、辨认不清。工程量计算表是造价的原始单据，计算时要考虑可修改和补充的余地，一般每一个分部工程计算完后，可留一部分空白，不要各分部工程量之间挤得太紧。

4.2.2.2　工程量计算的步骤

计算工程量的具体步骤与"统筹图"是一致

的。大体上可分为熟悉图纸、基数计算、计算项目工程量、计算其他不能用基数计算的项目工程量、整理与汇总五个步骤。

在掌握了基础资料，熟悉了图纸之后，不要急于计算，应该先把在计算工程量中需要的数据统计并计算出来，其内容包括：

（1）计算出基数

所谓基数，是指在工程量计算中需要反复使用的基本数据。如在工程量计算时，不论长度、面积或体积，一般都与长度有关，因此，长度是计算和描述许多项目工程量的基数。基数在计算中要反复多次地使用，为了避免重复计算，一般都事先把它们计算出来，随用随取。

（2）编制统计表

所谓统计表，在土建工程中主要是指门窗洞口面积统计表和墙体构件体积统计表。另外，还应统计好各种预制混凝土构件的数量、体积以及所在的位置。

（3）编制预制构件加工委托计划

为了不影响正常的施工进度，一般都需要把预制构件加工或订购计划提前编出来。这项工作多数由造价人员来做。需要注意的是：此项委托计划应把施工现场自己加工的，委托预制构件厂加工的或去厂家订购的分开编制，以满足施工实际需要。

以上三项内容是属于为工程量计算所做的准备工作，做好了这些工作，则可进行下一项内容。

（4）计算工程量

计算工程量要按照一定的顺序计算，根据各分项工程的相互关系，统筹安排，即能保证不重复、不漏算，还能加快计算速度。

（5）计算其他项目

不能用线面基数计算的其他项目工程量，如水槽、水池、炉灶、楼梯扶手和栏杆、花台、阳台、台阶等，这些零星项目应分别计算，列入各章节内，要特别注意清点，防止遗漏。

（6）工程量整理、汇总

最后按章节对工程量进行整理、汇总，核对无误，为套用定额或单价做准备。

4.2.3 工程量计算顺序

4.2.3.1 单位工程工程量计算顺序

（1）按图纸顺序计算

根据图纸排列的先后顺序，由建施到结施；每个专业图纸由前到后，先算平面，后算立面，再算

285

剖面；先算基本图，再算详图。用这种方法计算工程量的要求是，对消耗量定额的章节内容要很熟，否则容易出现项目间的混淆及漏项。此种方法适合于各张图纸内容不相关的情况下使用。

（2）按消耗量定额的分部分项顺序计算

按消耗量定额的章、节、项次序，由前到后，逐项对照，定额项与图纸设计内容能对上号时就计算。这种方法一是要首先熟悉图纸，二是要熟练掌握定额。使用这种方法要注意，工程图纸是按使用要求设计的，其平立面造型、内外装修、结构形式以及内部设施千变万化，有些设计采用了新工艺、新材料，或有些零星项目，可能套不上定额项目，在计算工程量时，应单列出来，待以后编补充定额或补充单位估价表，不要因定额缺项而漏掉。此种方法比较适合初学者使用。

（3）按施工顺序计算

按施工顺序计算工程量，就是先施工的先算，后施工的后算，即由平整场地、基础挖土算起，直到装饰工程等全部施工内容结束为止。如带形基础工程，它一般是由挖基槽土方、做垫层、砌基础和回填土等 4 个分项工程组成，各分项工程量计算顺序就可采用：挖基槽土方——做垫层——砌基

286

础——回填土。用这种方法计算工程量，要求编制人员具有一定的施工经验，能掌握组织施工的全过程，并且要求对定额及图纸内容要十分熟悉，否则容易漏项。此种方法比较适合有施工经验的技术人员使用。

（4）按统筹图计算

工程量运用统筹法计算时，必须先行编制"工程量计算统筹图"和工程量计算手册。其目的是将定额中的项目、单位、计算公式以及计算次序，通过统筹安排后反映在统筹图上，既能看到整个工程计算的全貌及其重点，又能看到每一个具体项目的计算方法和前后关系。编好工程量计算手册，且将多次应用的一些数据，按照标准图册和一定的计算公式，先行算出，纳入手册中。这样可以避免临时进行复杂的计算，以缩短计算过程，节省时间，并做到一次计算，多次应用。此种方法比较适合于长期从事造价工作的技术人员使用。

工程量计算统筹图的优点是既能反映一个单位工程中工程量计算的全部概况和具体的计算方法，又做到了简化适用，有条不紊，前后呼应，规律性强，有利于具体计算工作，提高工作效率。这种方法能大量减少重复计算，加快计算进度，提高运算质量，缩短造价的编制时间。统筹图一般采用网络图的形式表示。

（5）按造价软件程序计算

计算机计算工程量的优点是：快速、准确、简便、完整。现在的造价软件大多都能计算工程量。工程量计算及钢筋汇总软件在工程量计算方面给用户提供适用于造价人员习惯的上机环境，将五花八门的工程量计算草底按统一表格形式输出，从而实现由计算草底到各种造价表格的全过程电子表格化。钢筋汇总模块加入了图形功能，并增加了平法（建筑结构施工图平面整体设计方法）和图法（结构施工图法）输入功能，造价人员在抽取钢筋时只需将平法施工图中的相关数据，依照图纸中的标注形式，直接输入到软件中，便可自动抽取钢筋长度及重量。此种方法比较适合于计算机水平较高的技术人员使用。

（6）管线工程一般按下列顺序进行

水暖和电器照明工程中的管道和线路系统总是有来龙去脉的。因此，计算时，应由进户管线开始，沿着管钱的走向，先主管线，后支管线，最后设备，依次进行计算。此种方法适合安装工程量的计算。

288

此外，计算工程量，还可以先计算平面的项目，后计算立面；先地下，后地上；先主体，后一般；先内墙，后外墙。住宅也可按建筑设计对称规律及单元个数计算。因为单元组合住宅设计，一般是由一个到两个单元平面布置类型组合的，所以在这种情况下，只需计算一个或两个单元的工程量，最后乘以单元的个数，把各相同单元的工程量汇总，即得该栋住宅的工程量。这种算法，要注意山墙和公共墙部位工程量的调整，计算时可灵活处理。

应当指出，建施图之间，结施图之间，建施图与结施图之间都是相互关联、相互补充的。无论是采用哪一种计算顺序，在计算一项工程量，查找图纸中的数据时，都要互相对照着看图，多数项目凭一张图纸是计算不了的。如计算墙砌体，就要涉及建施的平面图、立面图、剖面图、墙身详图及结施图的结构平面布置和圈梁布置图等，要注意图纸的连贯性，缺一张图纸有时就无法计算。

4.2.3.2　分项工程量计算顺序

（1）按照顺时针方向计算

此种计算方法是从施工图纸左上角开始，按顺

289

时针方向计算，当计算路线绕图一周后，再重新回到施工图纸左上角的计算方法。如图 4-1 所示。这种方法适用于：外墙挖地槽、外墙墙基垫层、外墙基础、外墙、圈梁、过梁、楼地面、顶棚、外墙粉饰、内墙粉饰等。

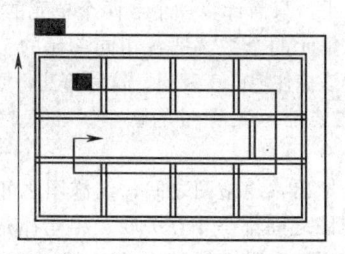

图 4-1　按照顺时针方向计算示意图

（2）按照横竖分割计算

横竖分割计算是采用先横后竖、先左后右、先上后下的计算顺序。在同一施工图纸上，先计算横向工程量，后计算竖向工程量。在横向采用：先左后右、从上到下；在竖向采用：先上后下，从左至右。如图 4-2 所示。这种方法适用于：内墙挖地槽、内墙墙基垫层、内墙基础、内墙、间壁墙、内墙面抹灰等。

290

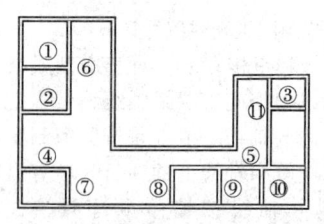

图 4-2　按照横竖分割计算示意图

（3）按照图纸注明编号、分类计算

按照图纸注明编号、分类计算，主要用于图纸上进行分类编号的钢筋混凝土结构、金属结构、门窗、钢筋等构件工程量的计算。如图 4-3 所示。图中钢筋混凝土工程中的桩、框架、柱、梁、板等构件，都可按图纸注明编号、分类计算。

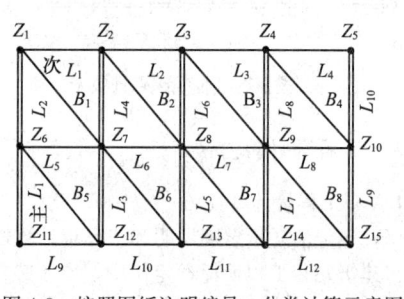

图 4-3　按照图纸注明编号、分类计算示意图

291

（4）按照图纸轴线编号计算

为计算和审核方便，对于造型或结构复杂的工程，可以根据施工图纸轴线编号确定工程量计算顺序。因为轴线一般都是按国家制图标准编号的，可以先算横轴线上的项目，再算纵轴线上的项目。同一轴线按编号顺序计算。如图 4-4 所示。

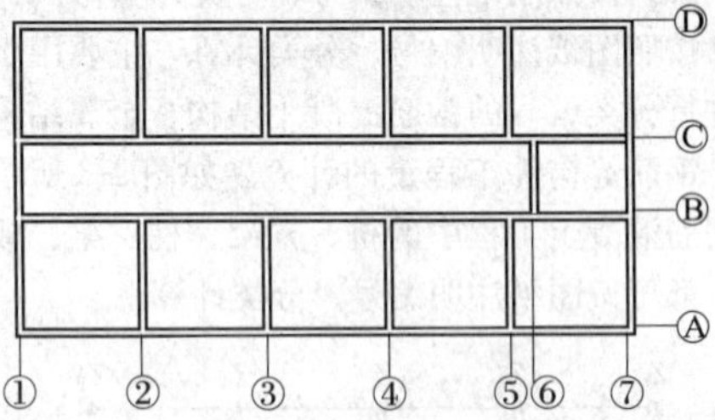

图 4-4　按照图纸轴线编号计算示意图

4.2.4　工程量计算方法

4.2.4.1　工程量计算技巧

（1）熟记消耗量定额说明和工程量计算规则

在建筑安装工程消耗量定额中，除了最前面总说明之外，各个分部、分项工程都有相应说明。在

《建设工程工程量清单计价规范》和《建筑工程量计算规则》内还有专门的工程量计算规则，这些内容都应牢牢记住。在计算开始之前，先要熟悉有关分项工程规定内容，将所选定编号记下来，然后开始工程量计算工作。这样即可以保证准确性，也可以加快计算速度。

(2) 准确而详细地填列工程内容

工程量计算表中各项内容填列准确和详细程度，对于整个单位工程造价编制的准确性和速度快慢影响很大。因此，在计算每项工程量的同时，要准确而详细地填列"工程量计算表"中的各项内容，尤其要准确填写各项目工程名称。如对于钢筋混凝土工程，要填写现浇、预制、断面形式和尺寸等字样；对于砌筑工程，要填写砌体类型、厚度和砂浆强度等级等字样；对于装饰工程，要填写装饰类型、材料种类和标号等字样，以此类推，目的是为选套定额和单位估价表项目提供方便，加快造价编制速度。

(3) 结合设计说明看图纸

在计算工程量时，切不可忘记建施及结施图纸的设计总说明，每张图纸的说明以及选用标准图集的总说明和分项说明等。因为很多项目的做法及工

293

程量来自于这里。另外，对于初学造价者来说，最好是在计算每项工程量的同时，随即采项，这样可以防止因不熟悉消耗量定额而造成的计算结果与定额规定或计算单位不符而发生的返工。还要找出设计与定额不相符的部分，在采项的同时将定额基价换算过来，以防止漏换。

(4) 统筹主体兼顾其他工程

主体结构工程量计算是全部工程量计算的核心。在计算主体工程量时，要积极地为其他工程量计算提供基本数据。这不但能加快造价编制速度，还会收到事半功倍的效果。例如：在计算现浇钢筋混凝土密肋型楼盖时，不仅要算出混凝土、钢筋和模板工程量，而且要同时算出梁的侧表面积，为顶棚装饰工程量计算提供方便；在计算外墙砌筑体积时，除了计算外墙砌筑工程量外，还应按项目管理实施规划（或施工组织设计）文件规定，同时计算出外墙装饰工程量和脚手架工程量等。

4.2.4.2　工程计算的一般方法

在建筑工程中，计算工程量的原则是"先分后合，先零后整"。分别计算工程量后，如果各部分均套同一定额，可以合并套用。如果工程量合并计算,而各部分必须分别套定额,就必须重新计算工程量,就会造成返工。在造价师考试中,由于标准答案采分点划分的很细,列综合式子与标准答案没有可比性,也不容易得分。另外,在建筑工程中,各部位的建筑结构和建筑做法不完全相同,要求也不一样,必须分别计算工程量。

工程量计算的一般方法有分段法、分层法、分块法、补加补减法、平衡法或近似法。

(1) 分段法

如果基础断面不同时,所有基础垫层和基础等都应分段计算。又如内外墙各有几种墙厚,或者各段采用的砂浆强度等级不同时,也应分段计算。高低跨单层工业厂房,由于山墙的高度不同,计算墙体时也应分段计算。

(2) 分层法

如遇有多层建筑物的各楼层建筑面积不等,或者各层的墙厚及砂浆强度等级不同时,要分层计算。有时为了按层进行工料分析、编制施工预算、下达施工任务书、备工备料等,则均可采用上述类同的办法,分层、分段、分面计算工程量。

(3) 分块法

如果楼地面、顶棚、墙面抹灰等有多种构造和做法时，应分别计算。即先计算小块、然后在总的面积中减去这些小块的面积，得最大的一种面积，对复杂的工程，可用这种方法进行计算。

（4）补加补减法

如每层的墙体都相同，只是顶层多（或少）一个隔墙，可先按每层都无（有）这一隔墙的情况计算，然后在顶层补加（补减）这一隔墙。

（5）平衡法或近似法

当工程量不大或因计算复杂难以正确计算时，可采用平衡抵消或近似计算的方法。如复杂地形土方工程就可以采用近似法计算。

4.2.5 运用统筹法原理计算工程量

4.2.5.1 统筹法在工程量计算中的运用

统筹法是按照事物内部固有的规律性，逐步地、系统的、全面地加以解决问题的一种方法。利用统筹法原理计算工程量，使计算工作快、准、好地进行。即抓住工程量计算的主要矛盾加以解决问题的方法。

工程量计算中有许多共性的因素，如外墙条形基础垫层工程量按外墙中心线长度乘垫层断面计

296

算，而条形基础工程量按外墙中心线长度乘以设计断面计算；地面垫层按室内主墙间净面积乘以设计厚度以立方米计算，而楼地面找平层和整体面层均按主墙间净面积以平方米计算，如此等等。可见，有许多子项工程量的计算都会用到外墙中心线长度和主墙间净面积等，即"线""面"可以作为许多工程量计算的基数，它们在整个工程量计算过程中要反复多次被使用，在工程量计算之前，就可以根据工程图纸尺寸将这些基数先计算好，在工程量计算时利用这些基数分别计算相关项目的工程量。各种型钢、圆钢，只要计算出长度，就可以查表求出其重量；混凝土标准构件，只要列出其型号，就可以查标准图，知道其构件的重量、体积和各种材料的用量等，都可以列"册"表示。总之，利用"线、面、册"计算工程量，就是运用统筹法的原理，在清单计价中，以减少不必要的重复工作的一种简捷方法，亦称"四线"、"两面"、"一册"计算法。

所谓"四线"是指在建筑设计平面图中外墙中心线的总长度（代号 $L_{中}$）；外墙外边线的总长度（代号 $L_{外}$）；内墙净长线长度（代号 $L_{内}$）；内墙混凝土基础或垫层净长度（代号 $L_{净}$）。

"两面"是指在建筑设计平面图中底层建筑面积（代号 $S_{底}$）和房心净面积（代号 $S_{房}$）。"一册"是指各种计算工程量有关系数、标准钢筋混凝土构件、标准木门窗等个体工程量计算手册（造价手册）。它是根据各地区具体情况自行编制的，以补充"四线"、"两面"的不足，扩大统筹范围。

4.2.5.2 "统筹法"计算工程量的基本要求

统筹法计算工程量的基本要点是：统筹程序、合理安排；利用基数、连续计算；一次算出、多次应用；结合实际、灵活机动。

（1）统筹程序、合理安排

按以往的习惯，工程量大多数是按施工顺序或定额顺序进行计算，按统筹法计算，已突破了这种习惯的计算方法。例如，按定额顺序应先计算墙体，后计算门窗。在计算墙体时要扣除门窗面积，在计算门窗时又要重新计算。计算顺序不应该受到定额顺序和施工顺序的约束，可以先计算门窗，后计算墙体，合理安排顺序，避免重复劳动，加快计算速度。

（2）利用基数、连续计算

就是根据图纸的尺寸，把"四条线"、"两个面"的长度和面积先算好，作为基数，然后利用基数分别计算相关的分项工程量。例如，与外墙中心线长度计算有关的分项工程有：外墙基础垫层、外墙基础、外墙现浇混凝土圈梁、外墙身砌筑等项目。

利用基数把与它有关的许多计算项目串起来，使前面的计算项目为后面的计算项目创造条件，后面的计算项目利用前面的计算项目的数量连续计算，彼此衔接，就能减少许多重复劳动，提高计算速度。

（3）一次算出、多次应用

就是把不能用"线"、"面"基数进行连续计算的项目，如常用的定型混凝土构件和建筑构件项目的工程量，以及那些有规律性的项目的系数，预先组织力量，一次编好，汇编成工程量计算手册，供计算工程量时使用。如某一型号的混凝土板的块数知道了，就可以用块数乘以系数得出砂子、石子、水泥、钢筋的数量；又如定额需要换算的项目，一次换算出，以后就可以多次使用，因此这种方法方便易行。

（4）结合实际、灵活机动

由于建筑物的造型，各楼层的面积大小，以及它的墙厚、基础断面、砂浆强度等级、各部位的装饰标准等都可能不同，不一定都能用上"线、面、册"进行计算，在具体的计算中要结合图纸的情况，分段、分层等灵活计算。

4.2.5.3　基数计算

（1）一般线面基数的计算

$L_{中}$——建筑平面图中外墙中心线的总长度；

$L_{内}$——建筑平面图中内墙净长线长度；

$L_{外}$——建筑平面图中外墙外边线的总长度；

$L_{净}$——建筑基础平面图中内墙混凝土基础或垫层净长度；

$S_{底}$——建筑物底层建筑面积；

$S_{房}$——建筑平面图中房心净面积。

【例 4-1】平面图如图 4-5 所示，计算一般线面基数。

解：$L_{中}=（3.00×2+3.30）×2=18.60$（m）

$L_{外}=（6.24+3.54）×2=19.56$（m）

或　$L_{外}=18.60+0.24×4=19.56$（m）

$L_{内}=3.30-0.24=3.06$（m）

$S_{底}=6.24×3.54=22.09$（m²）

$S_{房}=（3.00×2-0.24×2）×3.06=16.89$（m²）

（2）偏轴线基数的计算

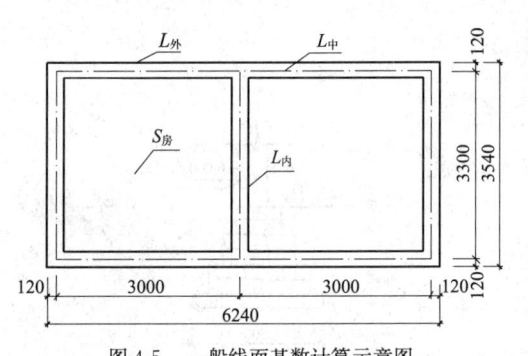

图 4-5　一般线面基数计算示意图

当轴线与中心线不重合时，可以根据两者之间的关系，计算各基数。

【例 4-2】计算如图 4-6 所示基础平面图的各个基数。

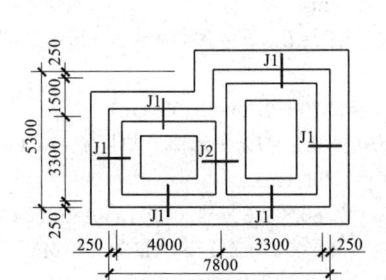

301

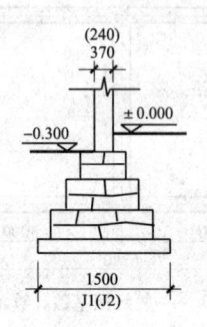

图 4-6　基础偏轴线各基数计算示意图

解：$L_外 = (7.80 + 5.30) \times 2 = 26.20$ （m）

$L_中 = (7.80 - 0.37) \times 2 + (5.30 - 0.37) \times 2 = 24.72$ （m）

或　$L_中 = L_外 - 墙厚 \times 4 = 26.20 - 0.37 \times 4 = 24.72$ （m）

$L_内 = 3.30 - 0.24 = 3.06$ （m）

（垫层）$L_净 = L_内 + 墙厚 - 垫层宽 = 3.06 + 0.37 - 1.50 = 1.93$ （m）

$S_底 = 7.80 \times 5.30 - 4.00 \times 1.50 = 35.34$ （m²）

$S_房 = (4.00 - 0.24) \times (3.30 - 0.24) + (3.30 - 0.24) \times (3.30 + 1.50 - 0.24) = 25.46$ （m²）

302

或 $S_房 = S_底 - L_中 \times 墙厚 - L_内 \times 墙厚 = 35.34 - 24.72 \times 0.37 - 3.06 \times 0.24 = 25.46$ （m²）

（3）基数的扩展计算

某些工程项目的计算不能直接使用基数，但与基数之间有着必然的联系，可以利用基数扩展计算。

【例4-3】如图4-7所示，散水、女儿墙工程量等计算，可以利用基数 $L_外$ 扩展计算。

解：$L_外 = (12.37 + 7.37 + 1.50) \times 2 = 42.48$ （m）

女儿墙中心线长度 = $L_外$ - 女儿墙厚 × 4 = $42.48 - 0.24 \times 4 = 41.52$ （m）

女儿墙工程量 = 女儿墙中心线长度 × 女儿墙厚 × 女儿墙高 = $41.52 \times 0.24 \times 1.00 = 9.96$ （m³）

散水中心线长度 = $L_外$ + 散水宽 × 4 = $42.48 + 0.80 \times 4 = 45.68$ （m）

散水工程量 = 散水中心线长度 × 散水宽 = $45.68 \times 0.80 = 36.54$ （m²）

利用基数直接或间接计算的项目很多，在此不一一列举。

303

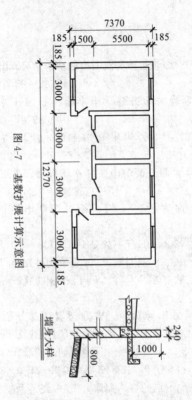

图 4-7 基数扩展计算示意图

4.3 建筑工程常用计算公式和参数

4.3.1 土石方工程量计算方法

4.3.1.1 大型土石方工程量计算方法

大型土石方工程工程量计算常用方法有：方格网点计算法、横截面法、分块法。

(1) 横截面法

横截面法是指根据地形图以及总图或横截面图，将场地划分成若干个互相平行的横截面图，按横截面以及与其相邻横截面的距离计算出挖、填土石方量的方法。横截面法适用于地形起伏变化较大或形状狭长地带。

1) 计算前的准备

① 根据地形图及总平面图，将要计算的场地划分成若干个横截面，相邻两个横截面距离视地形变化而定。在起伏变化大的地段，布置密一些（即距离短一些），反之则可适当长一些。如线路横断面在平坦地区，可取 50m 一个，山坡地区可取 20m 一个，遇到变化大的地段再加测断面。

② 实测每个横截面特征点的标高，量出各点之间距离（如果测区已有比较精确的大比例尺地形

图，也可在图上设置横截面，用比例尺直接量取距离，按等高线求算高程，方法简捷，就其精度来说，没有实测的高），按比例尺把每个横截面绘制到厘米方格纸上，并套上相应的设计断面，则自然地面和设计地面两轮廓线之间的部分，即是需要计算的施工部分土石方量。

2) 具体计算步骤

① 划分横截面。根据地形图（或直接测量）及竖向布置图，将要计算的场地划分横截面，划分原则为垂直等高线，或垂直主要建筑物边长，横截面之间的间距可不等，地形变化复杂的间距宜小，反之宜大一些，但最大不宜大于100m。

② 划截面图形。按比例划制每个横截面的自然地面和设计地面的轮廓线。设计地面轮廓线之间的部分，即为填方和挖方的截面。

③ 计算横截面面积。按附录A表A-6的面积计算公式，计算每个截面的填方或挖方截面积。

④ 计算土方量。根据截面面积计算土方量，相邻两截面间的土方量计算公式：

$$V=\frac{1}{2}(F_1+F_2)\times L$$

式中　　V——表示相邻两截面间的土方量（m^3）；

F_1、F_2——表示相邻两截面的挖（填）方截面积（m^2）；

L——表示相邻截面间的间距（m）。

(2) 方格网法

方格网法是指根据地形图以及总图或横截面图，将场地划分成方格网，并在方格网上注明标高，然后据此计算并加以汇总土石方量的计算方法。方格网法对于地势较平缓地区，计算精度较高。

方格网法的计算步骤如下：

1) 根据平整区域的地形图（或直接测量地形）划分方格网：方格网大小视地形变化的复杂程度及计算要求的精度不同而不同，一般方格网大小为20m×20m（也可10m×10m），然后按设计总图或竖向布置图，在方格网上套划出方格角点的设计标高（即施工后需达到的高度）和自然标高（原地形高度），设计标高与自然标高之差即为施工高度。"—"表示挖方，"+"表示填方。

2) 确定零点与零线位置。在一个方格内同时有挖方和填方时，要先求出方格边线上的零点位置，将相邻零点连接起来为零线，即挖方区与填方区分界线，如图4-8所示。

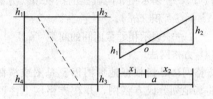

图 4-8 零线零点位置示意图

零点可按下式计算：

$$x_1 = \frac{ah_1}{h_1 + h_2} \quad x_2 = \frac{ah_2}{h_1 + h_2}$$

式中 x_1、x_2——角点至零点距离（m）；

h_1、h_2——相邻两角点的施工高度（m），用绝对值代入；

a——方格网边长（m）。

在实际工程中，常采用图解法直接绘出零点位置，如图 4-9 所示，既简便又迅速，且不易出错，其方法是：用比例尺在角点相反方向标出挖、填高度，再用尺连接两点与方格边线相交即为零点。也可用尺量出计算边长（x_1、x_2）。

3）各方格的土方量计算。按附录 A 表 A-7 中计算公式计算各方格的土方量，并汇总土方量。

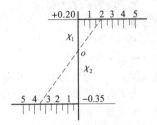

图 4-9 零点位置图解法

4.3.1.2 沟槽土方量计算方法

(1) 不同截面沟槽土方量计算

在实际工作中,常遇到沟槽的截面不同,如图 4-10 所示的情况,这时土方量可以沿长度方向分段后,再用下列公式进行计算。

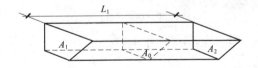

图 4-10 截面法沟槽土方量计算

$$V_1 = \frac{L_1}{6}(A_1 + 4A_0 + A_2)$$

式中 V_1——第一段的土方量(m^3);

L_1——第一段的长度（m）；

各段土方量的和即为总土方量：

$$V = V_1 + V_2 + \cdots + V_n$$

（2）综合放坡系数的计算

在工作实际中，常遇到沟槽上下土质不同，放坡系数不同，为了简化计算，常采用加权平均的方法计算综合放坡系数。如图 4-11 所示。

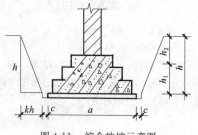

图 4-11 综合放坡示意图

综合放坡系数计算公式为：

$$K = (K_1 h_1 + K_2 h_2)/h$$

式中 K——综合放坡系数；

K_1、K_2——不同土类放坡系数；

h_1、h_2——不同土类的厚度；

h——放坡总深度。

(3) 相同截面沟槽土方量计算

相同截面的沟槽比较常见，下面介绍几种沟槽工程量计算公式。

1) 无垫层，不放坡，不带挡土板，无工作面
$$V = b \cdot h \cdot L$$

2) 如图 4-12a 所示，无垫层，放坡，不带挡土板，有工作面
$$V = (b + 2c + K \cdot h) h \cdot L$$

3) 如图 4-12b 所示，无垫层，不放坡，不带挡土板，有工作面
$$V = (b + 2c) h \cdot L$$

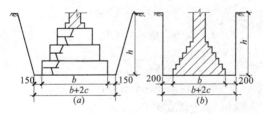

图 4-12 无垫层、不带挡土板、有工作面

4) 如图 4-13a 所示，有混凝土垫层，不带挡土板，有工作面，在垫层上面放坡
$$V = [(b + 2c + K \cdot h) h + (b' + 2 \times 0.1) h'] \cdot L$$

5) 如图 4-13b 所示,有混凝土垫层,不带挡土板,有工作面,不放坡

$$V=[(b+2c)h+(b'+2\times 0.1)h']\cdot L$$

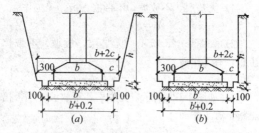

图 4-13 有混凝土垫层、不带挡土板、有工作面

6) 如图 4-14a 所示,无垫层,有工作面,双面支挡土板

$$V=(b+2c+0.2)h\cdot L$$

7) 如图 4-14b 所示,无垫层,有工作面,一面支挡土板、一面放坡

$$V=(b+2c+0.1+K\cdot h/2)h\cdot L$$

8) 如图 4-15a 所示,有混凝土垫层,有工作面,双面支挡土板

$$V=[(b+2c+0.2)h+(b'+2\times 0.1)h']\cdot L$$

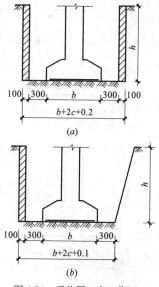

图 4-14 无垫层、有工作面、
单双面支挡土板

9) 如图 4-15b 所示,有混凝土垫层,有工作面,一面支挡土板、一面放坡

$$V=[(b+2c+0.1+K \cdot h/2)h+(b'+2\times 0.1)h'] \cdot L$$

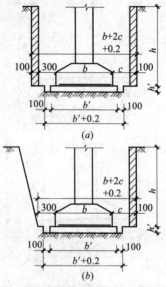

图 4-15 有混凝土垫层，有工作面，
单双面支挡土板

10) 如图 4-16a 所示，有灰土垫层，有工作面，双面放坡

$$V=[(b+2c+K \cdot h)h+b'h'] \cdot L$$

11) 如图 4-16b 所示，有灰土垫层，有工作面，

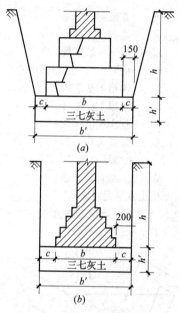

图 4-16 有灰土垫层、有工作面
注：当 $b+2c<b'$ 时，宽度按 b' 计算。

不放坡
$$V=[(b+2c)h+b'h']\cdot L$$

式中 V——挖土工程量（m³）；

b——基础宽（m）；
c——基础工作面（m）；
K——综合放坡系数；
h'——垫层上表面至室外地坪的高度（m）；
b'——沟槽内垫层的宽度（m）；
c_1——垫层工作面（m）；
h——挖土深度（m）；
L——外墙为中心线长度；内墙为基础（垫层）底面之间的净长度（m）。

4.3.1.3 基坑土方量计算方法

（1）基坑土方量近似计算法

基坑土方量，可近似地按拟柱体体积公式计算，见图 4-17。

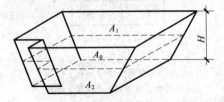

图 4-17 基坑土方量按拟柱体体积公式计算

$$V=\frac{H}{6}(A_1+4A_0+A_2)$$

式中 V——土方工程量 (m^3);

H——基坑深度 (m);

A_1、A_2——基坑上下底面积 (m^2);

A_0——基坑中截面的面积 (m^2)。

(2) 矩形截面基坑工程量计算

1) 无垫层,不放坡,不带挡土板,无工作面矩形基坑工程量计算公式

$$V = a \cdot b \cdot H$$

2) 如图 4-18 所示,无垫层,周边放坡,矩形基坑工程量计算公式

$$V = (a + 2c + K \cdot h)(b + 2c + K \cdot h) \cdot h + 1/3 K^2 \cdot h^3$$

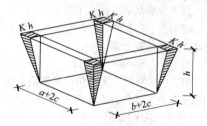

图 4-18 矩形基坑工程量计算示意图

3) 有垫层,周边放坡,矩形基坑工程量计算公式

$$V = (a + 2c + K \cdot h)(b + 2c + K \cdot h) \cdot h + 1/3$$

$K^2 \cdot h^3 + (a_1 + 2c_1)(b_1 + 2c_1)(H - h)$

式中　V——挖土工程量（m³）；

　　　a——基础长度（m）；

　　　b——基础宽度（m）；

　　　c——基础工作面（m）；

　　　K——综合放坡系数；

　　　h——垫层上表面至室外地坪的高度（m）；

　　　a_1——垫层长度（m）；

　　　b_1——垫层宽度（m）；

　　　c_1——垫层工作面（m）；

　　　H——挖土深度（m）。

（3）圆形截面基坑工程量计算

1）无垫层，不放坡，不带挡土板，无工作面圆形基坑工程量计算公式

$$V = \pi \cdot R^2 \cdot H$$

2）如图 4-19 所示，无垫层，不带挡土板，无工作面圆形基坑工程量计算公式

$$V = 1/3\pi \cdot H(R^2 + R_1^2 + R \cdot R_1)$$
$$R_1 = R + K \cdot H$$

式中　V——挖土工程量（m³）；

　　　K——综合放坡系数；

　　　H——挖土深度（m）；

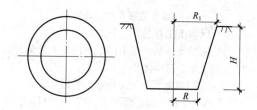

图 4-19 圆形基坑工程量计算示意图

R——圆形坑底半径（m）；

R_1——圆形坑顶半径（m）。

4.3.1.4 回填土方量计算方法

（1）场地平整工程量计算公式，图 4-20。

场地平整工程量 $= S_底 + L_外 \times 2 + 16$ （m²）

式中　$S_底$——底层建筑面积（m²）；

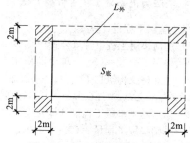

图 4-20 场地平整计算示意图

$L_{外}$——外墙外边线长度（m）。

(2) 回填土工程量计算公式

槽坑回填土体积＝挖土体积－设计室外地坪以下埋设的垫层、基础体积

管道沟槽回填体积＝挖土体积－管道所占体积

房心回填体积＝房心面积×回填土设计厚度

(3) 运土工程量计算公式

运土体积＝挖土总体积－回填土（天然密实）总体积

式中的计算结果为正值时，为余土外运；为负值时取土内运。

4.3.1.5 竣工清理工程量计算公式

竣工清理工程量＝勒脚以上外墙外围水平面积×室内地坪到檐口（山尖1/2）的高度

4.3.2 垫层与桩基础工程量计算方法

4.3.2.1 垫层工程量计算

(1) 地面垫层工程量计算公式

地面垫层工程量＝($S_{房}$－单个面积在 $0.3m^2$ 以上孔洞、独立柱及构筑物等面积)×垫层厚

$S_{房} = S_{底} - \sum L_{中} \times 外墙厚 - \sum L_{内} \times 内墙厚$

(2) 条形基础垫层工程量计算公式

条形基础垫层工程量＝($\sum L_{中} + \sum L_{净}$)×垫层断面积

(3) 独立、满堂基础垫层工程量计算公式

独立、满堂基础垫层工程量＝设计长度×设计宽度×平均厚度

4.3.2.2 钢筋混凝土桩工程量计算

(1) 预制钢筋混凝土桩工程量计算公式

预制钢筋混凝土桩工程量＝设计桩总长度×桩断面面积

(2) 灌注桩混凝土工程量计算公式

灌注桩混凝土工程量＝$(L+0.5) \times \pi D^2/4$

或 灌注桩混凝土工程量＝$D^2 \times 0.7854 \times (L+增加桩长)$

式中 L——桩长（含桩尖）；

D——桩外直径。

(3) 夯扩成孔灌注桩工程量计算公式

夯扩成孔灌注桩工程量＝$(L+0.3) \times \pi D^2/4+$夯扩混凝土体积

(4) 混凝土爆扩桩

混凝土爆扩桩由桩柱和扩大头两部分组成，常用的形式如图4-21所示。

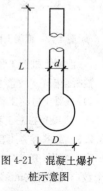

图4-21 混凝土爆扩桩示意图

混凝土爆扩桩工程量计算公式
$$V = 0.7854 d^2 (L-D) + \frac{1}{6}\pi D^3$$

（5）混凝土桩壁、桩芯工程量计算（如图 4-22 所示）

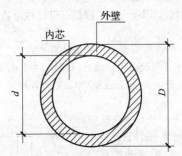

图 4-22　混凝土桩壁、桩芯工程量计算

1）混凝土桩壁工程量计算公式
混凝土桩壁工程量 $= H_{桩壁} \times \pi D^2/4 - H_{桩芯} \times \pi d^2/4$

2）混凝土桩芯工程量计算公式
混凝土桩芯工程量 $= H_{桩芯} \times \pi d^2/4$

4.3.2.3　地基强夯工程量计算公式

夯点密度（夯点/100m²）＝设计夯击范围内的夯点个数/夯击范围（m²）×100

地基强夯工程量＝设计图示面积

或 地基强夯工程量＝$S_{轴包}+L_{外轴}×4+4×16=S_{轴包}+L_{外轴}×4+64$（m²）

低锤满拍工程量＝设计冲击范围

1台日＝1台抽水机×24小时

4.3.3 砌筑工程量计算方法

4.3.3.1 砖条形基础工程量计算公式

条形基础工程量＝L×基础断面积－嵌入基础的构件体积

L——外墙为中心线长度（$L_{中}$）；内墙为内墙净长度（$L_{内}$）

（1）标准砖等高式大放脚砖基础断面积，按大放脚增加断面积计算。见图4-23。

砖基础断面积＝基础墙厚×基础高度＋大放脚增加断面积＝$b·h+\Delta s$

式中 b——基础墙厚；

h——基础高度；

Δs——全部大放脚增加断面积＝$0.007875n(n+1)$；

n——大放脚层数。

（2）标准砖等高式大放脚砖基础断面积，按大

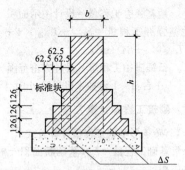

图 4-23　等高式大放脚砖基础增加断面积

放脚折加高度计算。见图 4-24。

砖基础断面积＝(基础高度＋大放脚折加高度)×基础墙厚＝$(h+\Delta h) \cdot b$

大放脚折加高度＝大放脚增加断面积÷基础墙厚
　　　　　　＝$\Delta s/b$

式中　b——基础墙厚；

　　　h——基础高度；

　　　Δs——全部大放脚增加断面积＝$0.007875n(n+1)$；

　　　n——大放脚层数；

　　　Δh——大放脚折加高度。

（3）标准砖等高式砖基础大放脚折加高度与增加断面积，见表 4-6。

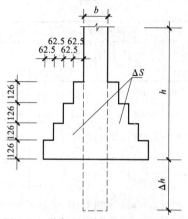

图 4-24 等高式大放脚砖基础折加高度

标准砖等高式砖基础大放脚折加高度与增加断面积

表 4-6

放脚层数	折加高度 (m)						增加断面积 (m^2)
	$\frac{1}{2}$ 砖 (0.115)	1 砖 (0.24)	$1\frac{1}{2}$ 砖 (0.365)	2 砖 (0.49)	$2\frac{1}{2}$ 砖 (0.615)	3 砖 (0.74)	
一	0.137	0.066	0.043	0.032	0.026	0.021	0.01575
二	0.411	0.197	0.129	0.096	0.077	0.064	0.04725
三	0.822	0.394	0.259	0.193	0.154	0.128	0.0945

续表

放脚层数	折加高度 (m)						增加断面积 (m²)
	$\frac{1}{2}$砖 (0.115)	1砖 (0.24)	$1\frac{1}{2}$砖 (0.365)	2砖 (0.49)	$2\frac{1}{2}$砖 (0.615)	3砖 (0.74)	
四	1.369	0.656	0.432	0.321	0.259	0.213	0.1575
五	2.054	0.984	0.647	0.482	0.384	0.319	0.2363
六	2.876	1.378	0.906	0.675	0.538	0.447	0.3308
七		1.838	1.208	0.900	0.717	0.596	0.4410
八		2.363	1.553	1.157	0.922	0.766	0.5670
九		2.953	1.942	1.447	1.153	0.958	0.7088
十		3.609	2.373	1.768	1.409	1.171	0.8663

注：1. 本表按标准砖双面放脚，每层等高 12.6cm（二皮砖，二灰缝）砌出 6.25cm 计算。

2. 本表折加墙基高度的计算，以 240mm×115mm×53mm 标准砖，1cm 灰缝及双面大放脚为准。

3. 折加高度 (m) = $\frac{\text{放脚断面积 (m}^2\text{)}}{\text{墙厚 (m)}}$。

4. 采用折加高度数字时，取两位小数，第三位以后四舍五入。采用增加断面数字时，取三位小数，第四位以后四舍五入。

(4) 标准砖不等高式大放脚砖基础断面积,按大放脚增加断面积计算。见图 4-25。

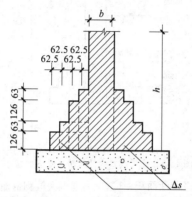

图 4-25 不等高式大放脚砖基础增加断面积

砖基础断面积＝基础墙厚×基础高度＋大放脚增加断面积＝$b \cdot h + \Delta s$

式中 b——基础墙厚;

h——基础高度;

Δs——全部大放脚增加断面积。

(5) 标准砖不等高式大放脚砖基础断面积,按大放脚折加高度计算。见图 4-26。

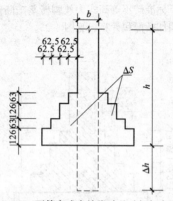

图 4-26 不等高式大放脚砖基础折加高度

砖基础断面积=(基础高度+大放脚折加高度)×基础墙厚=$(h+\Delta h) \cdot b$

大放脚折加高度=大放脚增加断面积/基础墙厚
$$=\Delta s/b$$

式中 b——基础墙厚；

h——基础高度；

Δs——全部大放脚增加断面积；

Δh——大放脚折加高度。

(6) 标准砖不等高式砖基础大放脚折加高度与增加断面积，见表 4-7。

标准砖不等高式砖基础大放脚折加高度与增加断面积

表 4-7

放脚层数	折加高度 (m)						增加断面积 (m^2)
	$\frac{1}{2}$砖 (0.115)	1砖 (0.24)	$1\frac{1}{2}$砖 (0.365)	2砖 (0.49)	$2\frac{1}{2}$砖 (0.615)	3砖 (0.74)	
一	0.137	0.066	0.043	0.032	0.026	0.021	0.0158
二	0.343	0.164	0.108	0.080	0.064	0.053	0.0394
三	0.685	0.320	0.216	0.161	0.128	0.106	0.0788
四	1.096	0.525	0.345	0.257	0.205	0.170	0.1260
五	1.643	0.788	0.518	0.386	0.307	0.255	0.1890
六	2.260	1.083	0.712	0.530	0.423	0.331	0.2597
七		1.444	0.949	0.707	0.563	0.468	0.3465
八			1.208	0.900	0.717	0.596	0.4410
九				1.125	0.896	0.745	0.5513
十					1.088	0.905	0.6694

注：1. 本表适用于间隔式砖墙基大放脚（即底层为二皮开始高 12.6cm，上层为一皮砖高 6.3cm，每边每层砌出 6.25cm）。

2. 本表折加墙基高度的计算，以 240mm×115mm×53mm 标准砖，1cm 灰缝及双面大放脚为准。

3. 本表砖墙基础体积计算公式与表 4-6（等高式砖墙基）同。

(7) 砖垛基础增加体积计算公式。见图 4-27。

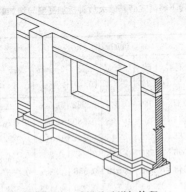

图 4-27 砖垛基础增加体积

垛基体积＝垛基正身体积＋大放脚部分体积＝垛厚×基础断面积

(8) 标准砖等高大放脚柱基础体积计算公式。见图 4-28。

标准砖等高大放脚柱基础体积＝柱断面长×柱断面宽×柱基高＋砖柱四周大放脚体积

$= a \cdot b \cdot h + \Delta v$

$= a \cdot b \cdot h + n(n+1)[0.007875(a+b) + 0.000328125(2n+1)]$

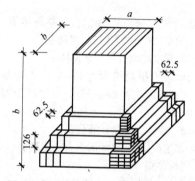

图 4-28 标准砖等高大放脚柱基础体积

式中 a——柱断面长 (m);

b——柱断面宽 (m);

h——柱基高 (m);

Δv——砖柱四周大放脚体积;

n——大放脚层数。

4.3.3.2 砖消耗用量计算

(1) 砖消耗用量计算公式

砖的用量(块/m³)=2×墙厚砖数/[墙厚×(砖长+灰缝)×(砖厚+灰厚)]×(1+损耗率)或 砖

的用量(块/m^3)=127×墙厚砖数/墙厚×(1+损耗率)

砂浆用量(m^3/m^3)=[1-砖单块体积(m^3/块)×砖净用量(块/m^3)]×(1+损耗率)

(2) 标准砖墙砖与砂浆损耗率

实砌砖墙损耗率为2%；多孔砖墙损耗率为2%；实砌砖墙砂浆损耗率为1%；多孔砖墙砂浆损耗率为10%。

4.3.3.3 墙体工程量计算公式

墙体工程量=[($L+a$)×H-门窗洞口面积]×h-$\sum$构件体积

式中 L——外墙为中心线长度（$L_{中}$）；内墙为内墙净长度（$L_{内}$）；框架间墙为柱间净长度（$L_{净}$）；

a——墙垛厚，墙垛厚是指墙外皮至垛外皮的厚度；

H——墙高，砖墙高度按计算规则计算；

h——墙厚，砖墙厚度严格按黏土砖砌体计算厚度表计算。

4.3.3.4 砖平碹计算公式。见图4-29所示。

砖平碹工程量=($L+0.1m$)×0.24×b($L\leqslant$1.5m)

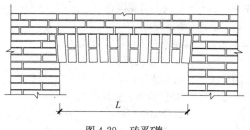

图 4-29 砖平碹

砖平碹工程量 $=(L+0.1\mathrm{m})\times 0.365\times b(L>1.5\mathrm{m})$

式中 L——门窗洞口宽度；

b——墙体厚度。

4.3.3.5 平砌砖过梁计算公式。见图 4-30 所示。

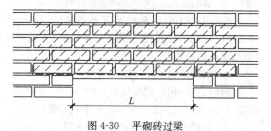

图 4-30 平砌砖过梁

平砌砖过梁工程量=$(L+0.5m)\times 0.44\times b$

式中 L——门窗洞口宽度；

　　　b——墙体厚度。

4.3.3.6 烟囱筒身体积计算公式

$$V=\sum H\times C\times \pi D$$

式中 V——筒身体积；

　　　H——每段筒身垂直高度；

　　　C——每段筒壁厚度；

　　　D——每段筒壁中心线的平均直径。

勾缝面积=$0.5\times\pi\times$烟囱高$\times$(上口外径+下口外径)。

4.3.4 钢筋及混凝土工程量计算方法

4.3.4.1 钢筋混凝土构件钢筋工程量计算

(1) 钢筋混凝土构件纵向钢筋计算公式

钢筋图示用量=(构件长度-两端保护层+弯钩长度+弯起增加长度+钢筋搭接长度)×线密度(钢筋单位理论质量)

(2) 双肢箍筋长度计算公式

箍筋长度=构件截面周长-8×保护层厚+4×箍筋直径+2×($1.9d+10d$ 或 75 中较大值)

(3) 箍筋根数。箍筋配置范围如图 4-31 所示。

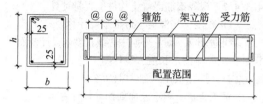

图 4-31 箍筋配置范围示意图

箍筋根数＝配置范围/@＋1

(4) 设计无规定时，马凳的材料应比底板钢筋降低一个规格，若底板钢筋规格不同时，按其中规格大的钢筋降低一个规格计算。长度按底板厚度的 2 倍加 200mm 计算，每平方米 1 个，计入钢筋总量。设计无规定时计算公式：

马凳钢筋质量＝(板厚×2＋0.2)×板面积×受撑钢筋次规格的线密度

(5) 墙体拉结筋设计无规定时按 $\phi 8$ 钢筋，长度按墙厚加 150mm 计算，每平方米 3 个，计入钢筋总量。设计无规定时计算公式：

墙体拉结筋质量＝(墙厚＋0.15)×(墙面积×3)×0.395

(6) 钢筋单位理论质量：钢筋每米理论质量＝$0.006165 \times d^2$（d 为钢筋直径）

4.3.4.2 现浇钢筋混凝土构件工程量计算

（1）现浇钢筋混凝土带形基础计算公式

带形基础工程量＝外墙中心线长度×设计断面＋设计内墙基础图示长度×设计断面

（2）现浇钢筋混凝土柱计算公式

柱工程量＝图示断面面积×柱计算高度

（3）现浇钢筋混凝土构造柱计算公式

构造柱工程量＝构造柱折算截面积×构造柱计算高度

有咬口的现浇钢筋混凝土构造柱折算截面积，见表4-8。

现浇钢筋混凝土构造柱折算截面积（m^2）

表4-8

构造柱的平面形式	构造柱基本截面（$d_1 \times d_2$）(m)			
	0.24×0.24	0.24×0.365	0.365×0.24	0.365×0.365
☐ d_1 d_2	0.072	0.1095	0.1020	0.1551
☐ d_1 d_2	0.0792	0.1167	0.1130	0.1661

续表

构造柱的平面形式	构造柱基本截面（$d_1 \times d_2$）(m)			
	0.24× 0.24	0.24× 0.365	0.365× 0.24	0.365× 0.365
┘ 型	0.072	0.1058	0.1058	0.1551
十 型	0.0864	0.1239	0.1239	0.1770

（4）钢筋混凝土梁计算公式

单梁工程量＝图示断面面积×梁长＋梁垫体积

（5）钢筋混凝土板计算公式

有梁板工程量＝图示长度×图示宽度×板厚＋主梁及次梁肋体积

主梁及次梁肋体积＝主梁长度×主梁宽度×肋高＋次梁净长度×次梁宽度×肋高

无梁板工程量＝图示长度×图示宽度×板厚＋柱帽体积

平板工程量＝图示长度×图示宽度×板厚＋边

沿的翻檐体积

斜屋面板工程量＝图示板长度×斜坡长度×板厚＋板下梁体积

（6）钢筋混凝土墙计算公式

墙工程量＝(外墙中心线长度×设计高度－门窗洞口面积)×外墙厚＋(内墙净长度×设计高度－门窗洞口面积)×内墙厚

（7）钢筋混凝土楼梯工程量计算（见图 4-32）

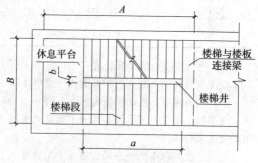

图 4-32　钢筋混凝土楼梯平面图

当 $b \leqslant 500$mm 时，$S = A \times B$

当 $b > 500$mm 时，$S = A \times B - a \times b$

（8）预制钢筋混凝土构件计算公式

预制混凝土构件工程量＝图示断面面积×构件长度
（9）预制钢筋混凝土桩计算公式
预制混凝土桩工程量＝图示断面面积×桩总长度
（10）混凝土柱牛腿单个体积计算表（见表4-9）

混凝土柱牛腿单个体积计算表（m³） 表4-9

表中每个混凝土柱牛腿的体积系指图示虚线以外部分

a	b	c	d (mm)		
(mm)			400	500	600
250	300	300	0.048	0.060	0.072
300	300	300	0.054	0.084	0.081
300	400	400	0.080	0.100	0.120
300	500	600	0.132	0.165	0.198
300	500	700	0.154	0.193	0.231
400	200	200	0.040	0.050	0.060
400	250	250	0.052	0.066	0.079
400	300	300	0.066	0.082	0.099
400	300	600	0.132	0.165	0.198
400	350	350	0.081	0.101	0.121

续表

a	b	c	d (mm)		
(mm)			400	500	600
400	400	400	0.096	0.120	0.144
400	400	700	0.168	0.210	0.252
400	450	450	0.113	0.141	0.169
400	500	500	0.130	0.163	0.195
400	500	700	0.182	0.223	0.273
400	550	550	0.149	0.186	0.223
400	600	600	0.168	0.210	0.252
400	800	800	0.256	0.320	0.384
400	650	650	0.189	0.236	0.283
400	700	700	0.210	0.263	0.315
400	700	950	0.285	0.356	0.425
400	1000	1000	0.360	0.450	0.540
500	200	200	0.045	0.060	0.072
500	250	250	0.063	0.078	0.094
500	300	300	0.078	0.098	0.117
500	400	400	0.112	0.140	0.168

续表

a	b	c	d (mm)		
(mm)			400	500	600
500	500	500	0.150	0.189	0.225
500	600	600	0.192	0.240	0.288
500	700	700	0.238	0.298	0.357
500	1000	1000	0.400	0.500	0.600
500	1100	1100	0.462	0.578	0.693
500	300	700	0.266	0.333	0.399

4.3.5 门窗及木结构工程量计算方法

4.3.5.1 门窗工程量计算公式

半圆窗工程量=0.3927×窗洞宽×窗洞宽

或 半圆窗工程量=π/8×窗洞宽×窗洞宽

矩形窗工程量=窗洞宽×矩形高

门连窗工程量=门洞宽×门洞高+窗洞宽×窗洞高

纱门扇工程量=纱扇宽×纱扇高

卷闸门安装工程量=卷闸门宽×(洞口高度+0.6)

4.3.5.2 木结构工程量计算公式

檩木工程量=檩木杆件计算长度×竣工木料断

面面积

屋面板斜面积＝屋面水平投影面积×延尺系数

封檐板工程量＝屋面水平投影长度×檐板数量

博风板工程量＝(山尖屋面水平投影长度×屋面坡度系数＋0.5×2)×山墙端数

4.3.5.3 三角屋架下弦长度（L）与上弦、腹杆长度系数表。三角屋架杆件代号与长度系数表对应关系，见图 4-33 和表 4-10 所示。

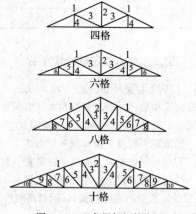

图 4-33　三角屋架杆件代号

三角屋架下弦长度 (L) 与上弦、腹杆长度系数表　　表 4-10

杆号	26°34′ 1/4 坡							30°			
编号	四格	六格	八格	十格	四格	六格	八格	十格
1	0.559L	0.559L	0.559L	0.559L	0.577L	0.577L	0.577L	0.577L
2	0.25L	0.25L	0.25L	0.25L	0.289L	0.289L	0.289L	0.289L
3	0.28L	0.236L	0.225L	0.224L	0.289L	0.254L	0.25L	0.252L
4	0.125L	0.167L	0.188L	0.20L	0.144L	0.192L	0.216L	0.231L
5		0.186L	0.141L	0.18L		0.192L	0.191L	0.20L
6		0.083L	0.125L	0.15L		0.096L	0.144L	0.173L
7			0.14L	0.14L			0.144L	0.153L
8			0.063L	0.1L			0.122L	0.116L
9				0.112L				0.116L
10				0.05L				0.058L

4.3.6 屋面及防水工程量计算方法

4.3.6.1 材料用量的调整

(1) 瓦屋面材料规格不同的调整公式

调整用量=[设计实铺面积/(单页有效瓦长×单页有效瓦宽)]×(1+损耗率)

单页有效瓦长、单页有效瓦宽=瓦的规格—规范规定的搭接尺寸

(2) 彩钢压型板屋面檩条,定额按间距1~1.2m编制,设计与定额不同时,檩条数量可以换算,其他不变。

调整用量=设计每平方米檩条用量×10m^2×(1+损耗率),损耗率按3%计算。

(3) 变形缝主材用量调整公式

调整用量=(设计缝口断面积÷定额缝口断面积)×定额用量

(4) 整体面层的厚度与定额不同时,可按设计厚度调整用量。调整公式如下:

调整用量=(设计缝口断面积÷定额缝口断面积)×定额用量

调整用量=10m^2×铺筑厚度×(1+损耗率)

损耗率：耐酸沥青砂浆为1%；耐酸沥青胶泥为1%；耐酸沥青混凝土为1%；环氧砂浆为2%；环氧稀胶泥为5%；钢屑砂浆为1%。

(5) 块料面层用量调整公式

调整用量＝10m²÷[(块料长＋灰缝)×(块料宽＋灰缝)]×单块块料面积×(1＋损耗率)

损耗率：耐酸瓷砖为2%，耐酸瓷板为4%。

4.3.6.2 屋面工程量计算

(1) 瓦屋面工程量计算公式

等两坡屋面工程量＝檐口总宽度×檐口总长度×延尺系数

等四坡屋面＝(两斜梯形水平投影面积＋两斜三角形水平投影面积)×延尺系数

或 等四坡屋面＝屋面水平投影面积×延尺系数

等两坡正山脊工程量＝檐口总长度＋檐口总宽度×延尺系数×山墙端数

等四坡正斜脊工程量＝檐口总长度－檐口总宽度＋屋面檐口总宽度×隅延尺系数×2

(2) 屋面坡度系数，见表4-11。

屋面坡度系数表　　　　表 4-11

坡度			延尺系数 C	隅延尺系数 D
B/A ($A=1$)	$B/2A$	角度 α		
1	1/2	45°	1.4142	1.7321
0.75		36°52′	1.2500	1.6008
0.70		35°	1.2207	1.5779
0.666	1/3	33°40′	1.2015	1.5620
0.65		33°01′	1.1926	1.5564
0.60		30°58′	1.1662	1.5362
0.577		30°	1.1547	1.5270
0.55		28°49′	1.1413	1.5170
0.50	1/4	26°34′	1.1180	1.5000
0.45		24°14′	1.0966	1.4839
0.40	1/5	21°48′	1.0770	1.4697
0.35		19°17′	1.0594	1.4569
0.30		16°42′	1.0440	1.4457
0.25		14°02′	1.0308	1.4362
0.20	1/10	11°19′	1.0198	1.4283
0.15		8°32′	1.0112	1.4221

续表

坡 度			延尺系数 C	隅延尺系数 D
B/A ($A=1$)	$B/2A$	角度 α		
0.125		7°8′	1.0078	1.4191
0.100	1/20	5°42′	1.0050	1.4177
0.083		4°45′	1.0035	1.4166
0.066	1/30	3°49′	1.0022	1.4157

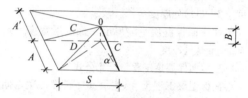

注：1. $A=A'$，且 $S=0$ 时，为等两坡屋面；$A=A'=S$ 时，等四坡屋面；
2. 屋面斜铺面积＝屋面水平投影面积×C；
3. 等两坡屋面山墙泛水斜长：$A×C$；
4. 等四坡屋面斜脊长度：$A×D$。

4.3.6.3 防水工程量计算公式

屋面防水工程量＝设计总长度×总宽度×坡度系数＋弯起部分面积

地面防水、防潮层工程量＝主墙间净长度×主

墙间净宽度±增减面积

墙基防水、防潮层工程量＝外墙中心线长度×实铺宽度＋内墙净长度×实铺宽度

4.3.6.4 保温层工程量计算

（1）屋面保温层工程量计算公式

屋面保温层工程量＝保温层设计长度×设计宽度×平均厚度

双坡屋面保温层平均厚度＝保温层宽度÷2×坡度÷2＋最薄处厚度

单坡屋面保温层平均厚度＝保温层宽度×坡度÷2＋最薄处厚度

（2）地面保温层工程量计算公式

地面保温层工程量＝（主墙间净长度×主墙间净宽度－应扣面积）×设计厚度

（3）顶棚保温层工程量计算公式

顶棚保温层工程量＝主墙间净长度×主墙间净宽度×设计厚度＋梁、柱帽保温层体积

（4）墙体保温层工程量计算公式

墙体保温层工程量＝（外墙保温层中心线长度×设计高度－洞口面积）×厚度＋（内墙保温层净长度×设计高度－洞口面积）×厚度＋洞口侧壁体积

(5) 柱体保温层工程量计算公式

柱体保温层工程量＝保温层中心线展开长度×设计高度×厚度

(6) 池槽保温层工程量计算公式

池槽壁保温层工程量＝设计图示净长×净高×设计厚度

池底保温层工程量＝设计图示净长×净宽×设计厚度

4.3.6.5 耐酸防腐工程量计算

耐酸防腐平面工程量＝设计图示净长×净宽－应扣面积

铺砌双层防腐块料工程量＝（设计图示净长×净宽－应扣面积）×2

4.3.7 金属结构工程量计算方法

4.3.7.1 金属杆件质量计算公式

金属杆件质量＝金属杆件设计长度×型钢线密度

4.3.7.2 多边形钢板质量计算公式

多边形钢板质量＝最大对角线长度×最大宽度×面密度

最大矩形面积＝$A \times B$。如图 4-34 所示。

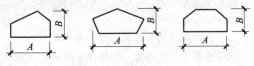

图 4-34 最大矩形面积

4.4 装饰工程常用计算公式和参数

4.4.1 楼地面工程量计算方法

4.4.1.1 找平层和整体面层工程量计算公式

楼地面找平层和整体面层工程量＝主墙间净长度×主墙间净宽度－构筑物等所占面积

楼地面块料面层工程量＝净长度×净宽度－不做面层面积＋增加其他面积

4.4.1.2 楼梯工程量计算公式

楼梯工程量＝楼梯间净宽×(休息平台宽＋踏步宽×步数)×(楼层数－1)

如图 4-35 所示，当楼梯井宽度＞500mm 时：

楼梯工程量＝[楼梯间净宽×(休息平台宽＋踏步宽×步数)－(楼梯井宽－0.5)×楼梯井长]×(楼层数－1)

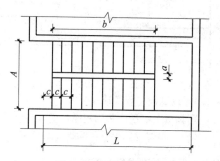

图 4-35 楼梯间平面图

即:当 $a \leqslant 500$mm 时,楼梯面层工程量 $= L \times A \times (n-1)$ (n 为楼层数)

当 $a > 500$mm 时,楼梯面层工程量 $= [L \times A - (a-0.5) \times b] \times (n-1)$

注意:楼梯最后一跑只能增加最后一级踏步宽乘楼梯间宽度一半的面积,如扣减楼梯井宽度时,宽度按扣减后的一半计算。

4.4.1.3 台阶工程量计算公式

台阶工程量=台阶长×踏步宽×步数

台阶如图 4-36 所示,台阶工程量 $= L \times B \times 4$

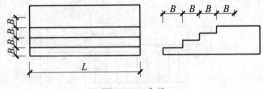

图 4-36　台阶

4.4.1.4　踢脚板工程量计算公式

踢脚板工程量＝踢脚板净长度×高度

或　踢脚线工程量＝踢脚线净长度

4.4.2　墙柱面工程量计算方法

4.4.2.1　内墙抹灰工程量计算公式

内墙抹灰工程量＝主墙间净长度×墙面高度－门窗等面积＋垛的侧面抹灰面积

内墙裙抹灰工程量＝主墙间净长度×墙裙高度－门窗所占面积＋垛的侧面抹灰面积

柱抹灰工程量＝柱结构断面周长×设计柱抹灰高度

4.4.2.2　外墙抹灰工程量计算公式

外墙抹灰工程量＝外墙面长度×墙面高度－门窗等面积＋垛梁柱的侧面抹灰面积

外墙裙抹灰工程量＝外墙面长度×墙裙高度－

门窗所占面积+垛梁柱侧面抹灰面积

其他抹灰工程量=展开宽度在 300mm 以内的实际长度

或 其他抹灰工程量=展开宽度在 300mm 以上的实际面积

栏板、栏杆工程量=栏板、栏杆长度×栏板、栏杆抹灰高度

墙面勾缝工程量=墙面长度×墙面高度

外墙装饰抹灰工程量=外墙面长度×抹灰高度-门窗等面积+垛梁柱的侧面抹灰面积

柱装饰抹灰工程量=柱结构断面周长×设计柱抹灰高度

4.4.2.3 墙柱面贴块料工程量计算公式

墙面贴块料工程量=图示长度×装饰高度

柱面贴块料工程量=柱装饰块料外围周长×装饰高度

4.4.2.4 墙、柱饰面工程量计算公式

墙、柱饰面龙骨工程量=图示长度×高度×系数

墙、柱饰面基层面层工程量=图示长度×高度

木间壁、隔断工程量=图示长度×高度-门窗面积

铝合金(轻钢)间壁、隔断、幕墙=净长度×净高度-门窗面积

4.4.3 顶棚工程量计算方法

4.4.3.1 顶棚抹灰工程量计算公式

顶棚抹灰工程量＝主墙间的净长度×主墙间的净宽度＋梁测面面积

井字梁顶棚抹灰工程量＝主墙间的净长度×主墙间的净宽度＋梁测面面积

装饰线工程量＝∑(房间净长度＋房间净宽度)×2

4.4.3.2 顶棚吊顶工程量计算公式

一级吊顶顶棚龙骨工程量＝主墙间的净长度×主墙间的净宽度

二～三级顶棚龙骨工程量＝跌级高差最外边线长度×跌级高差最外边线宽度

一级吊顶顶棚龙骨工程量＝主墙间的净长度×主墙间的净宽度－"二～三级"顶棚龙骨工程量

顶棚饰面工程量＝主墙间的净长度×主墙间的净宽度－独立柱等所占面积

跌落等艺术形式顶棚饰面工程量＝∑(展开长度×展开宽度)

4.4.3.3 顶棚龙骨工程量计算公式

每间房子用量＝大龙骨每根长度×(分布宽度/龙骨间距＋1)×断面×(1＋损耗率)

小龙骨通常是方格结构,如 400mm×400mm,500mm×500mm 等。

每间房内小龙骨的用量=[房间长×(房间宽/龙骨间距+1)+房间宽×(房间长/龙骨间距+1)]×龙骨断面×(1+损耗率)

轻钢龙骨分为大、中、小三种。

轻钢龙骨质量=龙骨长度×(宽度/间距+1)×(1+损耗率)×每 m 质量

铝合金主、次龙骨用量=龙骨纵长×(宽度/间距-1)×(1+损耗率)

4.4.3.4 顶棚块料面层计算公式

$$10m^2 用量 = 10 \times (1+损耗率)$$

或 $$10m^2 用量 = \frac{10}{块长 \times 块宽} \times (1+损耗率)$$

4.4.4 涂刷、裱糊、油漆工程量计算方法

4.4.4.1 涂刷、裱糊、油漆工程量计算公式

涂刷工程量=抹灰面工程量

裱糊工程量=设计裱糊(实贴)面积

油漆工程量=代表项工程量×各项相应系数

4.4.4.2 基层处理工程量计算公式

基层处理工程量=面层工程量

木材面刷防火涂料工程量＝板方框外围投影面积

4.5 措施项目常用计算公式和参数

4.5.1 脚手架工程量计算方法

4.5.1.1 墙柱脚手架工程量计算公式

独立柱脚手架工程量＝(柱图示结构外围周长＋3.6)×设计柱高

梁墙脚手架工程量＝梁墙净长度×设计室外地坪（或板顶）至板底高度

型钢平台外挑钢管架工程量＝外墙外边线长度×设计高度

内墙里脚手架工程量＝内墙净长度×设计净高度

围墙脚手架工程量＝围墙长度×室外自然地坪至围墙顶面高度

石砌墙体双排里脚手架工程量＝砌筑长度×砌筑高度

4.5.1.2 装饰脚手架工程量计算公式

外墙装饰脚手架工程量＝装饰面长度×装饰面高度

内墙面装饰双排里脚手架工程量＝内墙净长度×设计净高度×0.3

满堂脚手架工程量＝室内净长度×室内净宽度

满堂脚手架增加层＝[室内净高度－5.2(m)]÷1.2(m) （计算结果0.5以内舍去）

4.5.1.3 其他脚手架工程量计算公式

水平防护架工程量＝水平投影长度×水平投影宽度

垂直防护架工程量＝实际搭设长度×自然地坪至最上一层横杆的高度

挑脚手架工程量＝实际搭设总长度

悬空脚手架工程量＝水平投影长度×水平投影宽度

4.5.1.4 安全防护网工程量计算公式

建筑物垂直封闭工程量＝(外围周长＋1.50×8)×(建筑物脚手架高度＋1.5护栏高)

立挂式安全网工程量＝实际长度×实际高度

挑出式安全网工程量＝挑出总长度×挑出的水平投影宽度

4.5.2 水平运输工程量计算方法

4.5.2.1 门窗运输的工程量，以门窗洞口面积为基数，分别乘以下列系数：木门，0.975；木窗，0.9715；铝合金门窗，0.9668。

4.5.2.2 构件运输按构件的类型和外形尺寸划分类别。构件类型及分类见表 4-12、表 4-13。

预制混凝土构件分类表 表 4-12

类别	项　目
Ⅰ	4m 内空心板、实心板
Ⅱ	6m 内的桩、屋面板、工业楼板、基础梁、吊车梁、楼梯休息板、楼梯段、阳台板、4～6m 内空心板及实心板
Ⅲ	6m 以上至 14m 的梁、板、柱、桩，各类屋架、桁架、托架（14m 以上另行处理）
Ⅳ	天窗架、挡风架、侧板、端壁板、天窗上下档、门框及单件体积在 0.1m³ 以内的小型构件
Ⅴ	装配式内、外墙板、大楼板、厕所板
Ⅵ	隔墙板（高层用）

金属结构构件分类表 表 4-13

类别	项　目
Ⅰ	钢柱、屋架、托架梁、防风桁架
Ⅱ	吊车梁、制动梁、型钢檩条、钢支撑、上下档、钢拉杆、栏杆、盖板、垃圾出灰门、倒灰门、箅子、爬梯、零星构件、平台、操作台、走道休息台、扶梯、钢吊车梯台、烟囱紧固箍
Ⅲ	墙架、挡风架、天窗架、组合檩条、轻型屋架、滚动支架、悬挂支架、管边支架

4.5.2.3 预制混凝土构件安装操作损耗率,见表4-14。

预制混凝土构件安装操作损耗率表 表 4-14

构件类别 \ 定额内容	运输	安装
预制加工厂预制	1.013	1.005
现场(非就地)预制	1.010	1.005
现场就地预制	—	1.005
成品构件	—	1.010

4.5.3 钢筋混凝土模板工程量计算方法

4.5.3.1 模板工程量计算公式

构造柱与砖墙咬口模板工程量=混凝土外露面的最大宽度×柱高

混凝土墙板模板=混凝土与模板接触面面积－0.3m^2以上单孔面积＋垛孔洞侧面积

轻体框架模板工程量=框架外露面积

后浇带二次支模工程量=后浇带混凝土与模板接触面积

雨篷、阳台模板工程量=外挑部分水平投影面积

混凝土楼梯模板工程量＝钢筋混凝土楼梯工程量

混凝土台阶模板工程量＝台阶水平投影面积

现浇混凝土小型池槽模板工程量＝池槽外围体积

4.5.3.2 模板支撑超高工程量计算公式

超高次数＝（支模高度－3.6）÷3（遇小数进为1）

梁、板水平构件模板支撑超高工程量(m^2)＝超高构件的全部模板面积×超高次数

柱、墙竖直构件模板支撑超高工程量(m^2)＝$\sum$（相应模板面积×超高次数）

现场预制混凝土模板工程量＝混凝土工程量

5 工程量清单及清单计价

5.1 建设工程工程量清单计价规范概述

为了规范建设工程工程量清单计价行为，统一建设工程工程量清单的编制和计价方法，按照工程造价管理改革的要求，2008 年 7 月 9 日，住房和城乡建设部发布第 63 号公告，批准了新的国家标准《建设工程工程量清单计价规范》GB 50500—2008（以下简称"08 规范"），自 2008 年 12 月 1 日起实施。其中第 1.0.3、3.1.2、3.2.1、3.2.2、3.2.3、3.2.4、3.2.5、3.2.6、3.2.7、4.1.2、4.1.3、4.1.5、4.1.8、4.3.2、4.8.1 条为强制性条文，必须严格执行。原《建设工程工程量清单计价规范》GB 50500—2003（以下简称"03 规范"）同时作废。

"08 规范"是在"03 规范"的基础上进行修订的。"03 规范"实施以来，对规范工程招投标中的发、承包计价行为起到了重要的作用，为建设市场形成工程造价的机制奠定了基础。但在使用中也存在需要进一步完善的地方，如"03规范"主要侧重于工程招标投标中的工程量清单计价，对工程合同签订、工程计量与价款支付、工程变更、工程价款调整、工程索赔和工程结算等方面缺乏相应的内容，不适应深入推行工程量清单计价改革工作的需要。"08规范"的正文条文数量由"03规范"的45条增加到136条，其中强制性条文由6条增加到15条，增加了工程量清单计价中有关招标控制价、投标报价、工程合同价款的约定、工程计量与价款支付、索赔与现场签证、工程价款调整、竣工结算、工程计价争议处理等方面的内容，并增加了条文说明。总之，"08规范"的内容涵盖了工程实施阶段从招投标开始到工程竣工结算全过程。"08规范"附录部分内容基本没有改变，只将基础垫层项目单列；门窗计算规则增加了按设计图示洞口尺寸以面积计算等个别的调整。

5.1.1 实行工程量清单计价的目的、意义

5.1.1.1 实行工程量清单计价，是工程造价深化改革的产物

改革开放以来，为适应市场经济发展的需要。

我国工程造价管理领域，推行了一系列的改革，先是从改变过去以固定"量"、"价"、"费"的定额为主导的静态管理模式，过渡到"控制量"、"指导价"、"竞争费"的动态管理模式。随着工程项目合同制和建设项目法人责任制的全面推行，以及加入WTO与国际接轨的要求，取消国家定价，把定价权交给企业和市场，由市场形成价格的改革势在必行。其主导原则就是"确定量、市场价、竞争费"，具体改革措施就是在工程施工发、承包过程中采用工程量清单计价方法。工程量清单计价将改革以工程预算定额为计价依据的计价模式。

5.1.1.2 实行工程量清单计价，是规范建设市场秩序，适应社会主义市场经济发展的需要

工程造价是工程建设的核心内容，也是建设市场运行的核心内容，建设市场上存在许多不规范行为，大多与工程造价有关。过去的工程预算定额在工程发包与承包工程计价中调节双方利益、反映市场价格等方面显得滞后，特别是在公开、公平、公正竞争方面，缺乏合理完善的机制，甚至出现了一些漏洞。实现建设市场的良性发展除了法律法规和行政监管以外，发挥市场规律中"竞争"和"价格"的作用是治本之策。工程量清单计价是市场形成工程造价的主要形式，工程量清单计价有利于发挥企业自主报价的能力。实现政府定价到市场定价的转变；有利于规范业主在招标中的行为，有效改变招标单位在招标中盲目压价的行为，从而真正体现公开、公平、公正的原则，反映市场经济规律。

5.1.1.3 实行工程量清单计价，是促进建设市场有序竞争和企业健康发展的需要

采用工程量清单计价模式招标投标，对发包单位，由于工程量清单是招标文件的组成部分，招标单位必须编制出准确的工程量清单，并承担相应的风险，促进招标单位提高管理水平。由于工程量清单是公开的，招标控制价是公开的，将避免工程招标中的弄虚作假、暗箱操作等不规范行为。对承包企业，采用工程量清单报价，必须对单位工程成本、利润进行分析，统筹考虑，精心选择施工方案，并根据企业的定额合理确定人工、材料、施工机械等要素的投入与配置，优化组合，合理控制现场费用和施工技术措施费用，确定投标价。改变过去过分依赖国家发布定额的状况，企业根据自身的条件编制出自己的企业定额。

工程量清单计价的实行，有利于规范建设市场计价行为，规范建设市场秩序，促进建设市场有序竞争；有利于控制建设项目投资，合理利用资源；有利于促进技术进步，提高劳动生产率；有利于提高造价工程师的素质，使其成为懂技术、懂经济、懂管理的全面发展的复合型人才。

5.1.1.4 实行工程量清单计价，有利于我国工程造价管理政府职能的转变

按照政府部门真正履行起"经济调节，市场监管、社会管理和公共服务"职能的要求，对工程造价政府管理的模式做相应改变。推行政府宏观调控、企业自主报价、市场竞争形成价格、社会全面监督的工程造价管理思路。实行工程量清单计价，将会有利于我国工程造价管理政府职能的转变，由过去政府控制的指令性定额转变为制定适应市场经济规律需要的工程量清单计价方法，由过去行政直接干预转变为对工程造价依法监管，有效地强化政府对工程造价的宏观调控。

5.1.1.5 实行工程量清单计价，是适应我国加入世界贸易组织，融入世界大市场的需要

随着我国改革开放的进一步加快，中国经济日益融入全球市场，特别是我国加入世界贸易组织（WTO）后，行业壁垒下降，建设市场将进一步对外开放。国外的企业以及投资的项目越来越多地进入国内市场,我国企业走出国门在海外投资和经营的项目也在增加。为了适应这种对外开放建设市场的要求,就必须与国际通行的计价方法相适应,为建设市场主体创造一个与国际惯例接轨的市场竞争环境。工程量清单计价是国际通行的计价做法,在我国实行工程量清单计价,有利于提高国内建设各方主体参与国际化竞争的能力,有利于提高工程建设的管理水平。

5.1.2 编制计价规范的指导思想及原则

5.1.2.1 "计价规范"的性质、作用和方法

"计价规范"是统一工程量清单编制,规范工程量清单计价的国家标准,是调整建设工程工程量清单计价活动中发包人与承包人各种关系的规范文件。

《建设工程工程量清单计价规范》是推行工程量清单计价改革的重要基础。推行工程量清单计价是适应我国工程投资体制和建设管理体制改革的需要,是深化我国工程造价管理改革的一项重要工作,对于规范建设工程发、承包双方的计价行为,维护建设市场秩序,建立市场形成工程造价的机制将发挥重要的作用。

工程量清单计价方法,是建设工程招标投标中,招标人按照国家统一的工程量计算规则提供工程数量,由投标人依据工程量清单自主报价,并按照经评审低价中标的工程造价计价方式。

5.1.2.2 编制"计价规范"的指导思想

"计价规范"的出台,是建设市场发展的要求,为建设工程招标投标计价活动健康有序的发展提供了依据。在"计价规范"中贯彻了由政府宏观调控、市场竞争形成价格的指导思想。主要体现在:

(1) 政府宏观调控。一是规定了全部使用国有资金或国有资金投资为主的建设工程要严格执行"计价规范"的有关规定,与招标投标法规定的政府投资要进行公开招标是相适应的;二是"计价规范"统一了项目编码、项目名称、项目特征、计量单位、工程量计算规则,为建立全国统一建设市场和规范计价行为提供了依据;三是"计价规范"没有人工、材料、机械的消耗量,必然促使企业提高管理水平,引导企业学会编制自己的企业定额,适应市场需要。

(2) 市场竞争形成价格。由于"计价规范"不规定人工、材料、机械消耗量,为企业报价提供了自主空间,投标企业可以结合自身的生产效率、消耗水平和管理能力与已储备的本企业报价资料,按照"计价规范"规定的原则和方法进行投标报价。工程造价的最终确定,由承发包双方在市场竞争中按价值规律通过合同确定。

5.1.2.3 "计价规范"的编制原则

(1) 政府宏观调控、企业自主报价、市场竞争形成价格的原则

按照政府宏观调控、市场竞争形成价格的指导思想,为规范发包方与承包方计价行为,确定了工程量清单计价的原则、方法和必须遵守的规则,包括统一项目编码、项目名称、项目特征、计量单位、工程量计算规则等。留给企业自主报价,参与市场竞争的空间,将属于企业性质的施工方法、施工措施和人工、材料、机械的消耗量水平、取费等应该由企业来确定的,给企业充分选择的权利,以促进生产力的发展。

(2) 与现行预算定额既有机结合又有所区别的原则

"计价规范"在编制过程中,以现行的"全国统一工程预算定额"为基础,特别是项目划分、计量单位、工程量计算规则等方面,尽可能多地与定额衔接。原因主要是预算定额是我国经过几十年实

践的总结，这些内容具有一定的科学性和实用性。与工程预算定额有所区别的主要原因是：预算定额是按照计划经济的要求制订发布贯彻执行的，其中有许多不适应"计价规范"编制指导思想的，主要表现在：① 定额项目是国家规定以工序为划分项目的原则；② 施工工艺、施工方法是根据大多数企业的施工方法综合取定的；③ 人工、材料、机械消耗量是根据"社会平均水平"综合测定的；④ 取费标准是根据不同地区平均测算的。因此企业报价时就表现为平均主义，企业不能结合项目具体情况、自身技术管理水平自主报价，不能充分调动企业加强管理的积极性。

（3）既考虑我国工程造价管理的现状，又尽可能与国际惯例接轨的原则

"计价规范"要根据我国当前工程建设市场发展的形势，逐步解决定额计价中与当前工程建设市场不相适应的因素，适应我国社会主义市场经济发展的需要，适应与国际接轨的需要，积极稳妥地推行工程量清单计价。因此，在编制中，既借鉴了世界银行、菲迪克（FIDIC）、英联邦国家以及香港等的一些做法，同时，也结合了我国现阶段的具体情况。如：实体项目的设置方面，就结合了当前按专

业设置的一些情况；有关名词尽量沿用国内习惯。

5.1.3 计价规范的主要内容及特点

5.1.3.1 "计价规范"的主要内容

"计价规范"包括正文和附录两大部分，两者具有同等效力。正文共五章，包括总则、术语、工程量清单编制、工程量清单计价、工程量清单及其计价格式等内容，分别就"计价规范"的适用范围、遵循的原则、编制工程量清单应遵循的规则、工程量清单计价活动的规则、工程量清单及其计价格式作了明确规定。

附录包括：附录 A 建筑工程工程量清单项目及计算规则；附录 B 装饰装修工程工程量清单项目及计算规则；附录 C 安装工程工程量清单项目及计算规则；附录 D 市政工程工程量清单项目及计算规则；附录 E 园林绿化工程工程量清单项目及计算规则；附录 F 矿山工程工程量清单项目及计算规则。

附录中包括项目编码、项目名称、项目特征、计量单位、工程量计算规则和工程内容，其中项目编码、项目名称、项目特征、计量单位和工程量作为分部分项工程量清单的五个要件，要求招标人在编制工程量清单时必须执行，缺一不可。

5.1.3.2 "计价规范"的特点

(1) 强制性

强制性主要表现在：一是由建设主管部门按照强制性国家标准的要求批准颁布，规定全部使用国有资金或国有资金投资为主的工程建设项目，必须采用工程量清单计价；二是明确工程量清单是招标文件的组成部分，并规定了招标人在编制工程量清单和投标人报价时必须遵守的规则，其中强制性条文就有15条。

(2) 实用性

附录中工程量清单项目及计算规则的项目名称表现的是工程实体项目，项目编码、项目名称明确清晰，工程量计算规则简洁明了；特别还列有项目特征和工程内容，提供了实用的工程量清单计价标准表格。易于编制工程量清单时确定具体项目名称和投标报价。

(3) 竞争性

竞争性主要表现在两个方面：一是"计价规范"中的措施项目，在工程量清单中只列"措施项目"一栏，具体采用什么措施，如模板、脚手架、临时设施、施工排水等详细内容由投标人根据企业的施工组织设计,视具体情况报价,因为这些项目在各个企业间各有不同,是企业竞争项目,也是留给企业竞争的空间;二是"计价规范"中人工、材料和施工机械没有具体的消耗量,投标企业可以依据企业的定额和市场价格信息,也可以参照建设行政主管部门发布的社会平均消耗量定额进行报价,"计价规范"将报价权交给了企业。

(4) 通用性

采用工程量清单计价将与国际惯例接轨,符合工程量计算方法标准化、工程量计算规则统一化、工程造价确定市场化的要求。

5.2 计价规范总则与术语

5.2.1 计价规范总则

5.2.1.1 制定"计价规范"的目的和法律依据

为规范工程造价计价行为,统一建设工程工程量清单的编制和计价方法,根据《中华人民共和国建筑法》、《中华人民共和国合同法》、《中华人民共和国招标投标法》等法律法规,制定"计价规范"。

5.2.1.2 "计价规范"适用于建设工程工程量清单计价活动

"计价规范"所指的工程量清单计价活动包括：工程量清单、招标控制价、投标报价的编制，工程合同价款的约定，竣工结算的办理以及施工过程中的工程计量、工程价款支付、索赔与现场签证、工程价款调整和工程计价争议处理等活动

5.2.1.3 执行"计价规范"的范围

全部使用国有资金投资或国有资金投资为主（以下两者简称"国有资金投资"）的工程建设项目，必须采用工程量清单计价。国有投资的资金包括国家融资资金。

(1) 国有资金投资的工程建设项目包括：

1) 使用各级财政预算资金的项目；

2) 使用纳入财政管理的各种政府性专项建设资金的项目；

3) 使用国有企事业单位自有资金，并且国有资产投资者实际拥有控制权的项目。

(2) 国家融资资金投资的工程建设项目包括：

1) 使用国家发行债券所筹资金的项目；

2) 使用国家对外借款或者担保所筹资金的项目；

3) 使用国家政策性贷款的项目；

4) 国家授权投资主体融资的项目；

5) 国家特许的融资项目。

(3) 国有资金为主的工程建设项目是指国有资金占投资总额 50% 以上，或虽不足 50% 但国有资金投资者实质上拥有控股权的工程建设项目。

5.2.1.4 非国有资金投资的工程建设项目，可采用工程量清单计价

按执行内容多少有下列两种情况：

(1) 非国有资金投资的工程建设项目，采用工程量清单计价的，应执行"计价规范"；

(2) 对于不采用工程量清单计价方式的工程建设项目，除工程量清单等专门性规定外，"计价规范"的其他条文仍应执行。

5.2.1.5 工程量清单、招标控制价、投标报价、工程价款结算等工程造价文件的编制与核对应由具有资格的工程造价专业人员承担

按照《注册造价工程师管理办法》（建设部第 150 号令）的规定，注册造价工程师应在本人承担的工程造价成果文件上签字并加盖执业专用章；按照《全国建设工程造价人员管理暂行办法》（中价协 [2006] 013 号）的规定，造价员应在本人承担的工程造价业务文件上签字并加盖专用章。

5.2.1.6 建设工程计价活动的基本要求

建设工程工程量清单计价活动应遵循客观、公正、公平的原则。

建设工程计价活动的结果既是工程建设投资的价值表现,同时又是工程建设交易活动的价值表现。因此,建设工程造价计价活动不仅要客观反映工程建设的投资,还应体现工程建设交易活动的公正、公平性。

5.2.1.7 编制工程量清单的依据及其适用范围

"计价规范"附录 A、附录 B、附录 C、附录 D、附录 E、附录 F 应作为编制工程量清单的依据。"计价规范"附录的适用范围:

(1) 附录 A 为建筑工程工程量清单项目及计算规则,适用于工业与民用建筑物和构筑物工程;

(2) 附录 B 为装饰装修工程工程量清单项目及计算规则,适用于工业与民用建筑物和构筑物的装饰装修工程;

(3) 附录 C 为安装工程工程量清单项目及计算规则,适用于工业与民用安装工程;

(4) 附录 D 为市政工程工程量清单项目及计算规则,适用于城市市政建设工程;

(5) 附录 E 为园林绿化工程工程量清单项目及计算规则,适用于园林绿化工程;

(6) 附录 F 为矿山工程工程量清单项目及计算规则，适用于矿山工程。

5.2.1.8 建设工程工程量清单计价活动，除应遵守"计价规范"外，尚应符合国家现行有关标准的规定

"计价规范"的条款是建设工程计价活动中应遵守的专业性条款，在工程计价活动中，除应遵守专业性条款外，还应遵守国家现行有关标准的规定。

5.2.2 计价规范术语

5.2.2.1 工程量清单。是指建设工程的分部分项工程项目、措施项目、其他项目、规费项目和税金项目的名称和相应数量等的明细清单。

工程量清单是建设工程实行工程量清单计价的专用名词。表示的是拟建工程的分部分项工程项目、措施项目、其他项目、规费项目和税金项目的名称和数量。

5.2.2.2 项目编码。是指分部分项工程量清单项目名称的数字标识。

5.2.2.3 项目特征。是指构成分部分项工程量清单项目、措施项目自身价值的本质特征。项目特征

是对体现分部分项工程量清单、措施项目清单价值的特有属性和本质特征的描述。

5.2.2.4 综合单价。是指完成一个规定计量单位的分部分项工程量清单项目或措施清单项目所需的人工费、材料费、施工机械使用费和企业管理费与利润，以及一定范围内的风险费用。

综合单价是相对于工程量清单计价而言，对完成一个规定计量单位的分部分项清单项目或措施清单项目所需的人工费、材料费、施工机械使用费、企业管理费、利润以及包含一定范围风险因素的价格表示。

5.2.2.5 措施项目。是指为完成工程项目施工，发生于该工程施工准备和施工过程中的技术、生活、安全、环境保护等方面的非工程实体项目。

措施项目是相对于工程实体的分部分项工程项目而言，对实际施工中必须发生的施工准备和施工过程中技术、生活、安全、环境保护等方面的非工程实体项目的总称。

5.2.2.6 暂列金额。是指招标人在工程量清单中暂定并包括在合同价款中的一笔款项。用于施工合同签订时尚未确定或者不可预见的所需材料、设备、服务的采购，施工中可能发生的工程变更、合同约定调整因素出现时的工程价款调整以及发生的索赔、现场签证确认等的费用。

暂列金额是招标人暂定并掌握使用的一笔款项，它包括在合同价款中，由招标人用于合同协议签订时尚未确定或者不可预见的所需材料、设备、服务的采购以及施工过程中各种工程价款调整因素出现时的工程价款调整。

5.2.2.7 暂估价。是指招标人在工程量清单中提供的用于支付必然发生但暂时不能确定价格的材料的单价以及专业工程的金额。暂估价是在招标阶段预见肯定要发生，只是因为标准不明确或者需要由专业承包人完成，暂时又无法确定具体价格时采用。

5.2.2.8 计日工。是指在施工过程中，完成发包人提出的施工图纸以外的零星项目或工作，按合同中约定的综合单价计价。计日工是对零星项目或工作采取的一种计价方式，包括完成作业所需的人工、材料、施工机械及其费用的计价，类似于定额计价中的签证记工。

5.2.2.9 总承包服务费。是指总承包人为配合协调发包人进行的工程分包自行采购的设备、材料等进行管理、服务以及施工现场管理、竣工资料汇总整理等服务所需的费用。

总承包服务费是在工程建设的施工阶段实行施工总承包时,当招标人在法律、法规允许的范围内对工程进行分包和自行采购供应部分设备、材料时,要求总承包人提供相关服务(如分包人使用总包人的脚手架、水电接剥等)和施工现场管理等所需的费用。

5.2.2.10 索赔。是指在合同履行过程中,对于非己方的过错而应由对方承担责任的情况造成的损失,向对方提出补偿的要求。

索赔是专指工程建设的施工过程中,发、承包双方在履行合同时,对于非自己过错的责任事件并造成损失时,向对方提出补偿要求的行为。

5.2.2.11 现场签证。是指发包人现场代表与承包人现场代表就施工过程中涉及的责任事件所作的签认证明。

现场签证是专指在工程建设的施工过程中,发、承包双方的现场代表(或其委托人)对施工过程中由于发包人的责任致使承包人在工程施工中于合同内容外发生了额外的费用,由承包人通过书面形式向发包人提出,予以签字确认的证明。

5.2.2.12 企业定额。是指施工企业根据本企业的施工技术和管理水平而编制的人工、材料和施工机械台班等的消耗标准。

企业定额是一个广义概念，这里的企业定额是专指施工企业定额。它是施工企业根据自身拥有的施工技术、机械装备和具有的管理水平而编制的，完成一个工程量清单项目使用的人工、材料、机械台班及其费用等的消耗标准，是施工企业内部进行施工管理的标准，也是施工企业进行投标报价的依据之一。

5.2.2.13 规费。是指根据省级政府或省级有关权力部门规定必须缴纳的，应计入建筑安装工程造价的费用。

根据《建筑安装工程费用项目组成》（建标[2003] 206号）的规定，"规费"属于工程造价的组成部分，其计取标准由省级、行业建设主管部门依据省级政府或省级有关权力部门的相关规定制定。

5.2.2.14 税金。是指国家税法规定的应计入建筑安装工程造价内的营业税、城市维护建设税及教育费附加等。税金是依据国家税法的规定应计入建筑安装工程造价内，由承包人负责缴纳的营业税、城市建设维护税以及教育费附加等的总称。

5.2.2.15 发包人。是指具有工程发包主体资格和支付工程价款能力的当事人以及取得该当事人资格的合法继承人。发包人有时也称建设单位或业主，在工程招标发包中，又被称为招标人。

5.2.2.16 承包人。是指被发包人接受的具有工程施工承包主体资格的当事人以及取得该当事人资格的合法继承人。承包人有时也称施工企业，在工程招标发包中，投标时又被称为投标人，中标后称为中标人。

5.2.2.17 造价工程师。是指取得《造价工程师注册证书》，在一个单位注册从事建设工程造价活动的专业人员。即按照《注册造价工程师管理办法》（建设部令第150号），经全国统一考试合格，取得《全国建设工程造价工程师执业资格证书》，经批准注册在一个单位从事工程造价活动的专业技术人员。

5.2.2.18 造价员。是指通过考试，取得《全国建设工程造价员资格证书》，在一个单位注册从事建设工程造价活动的专业人员。

5.2.2.19 工程造价咨询人。是指取得工程造价咨询资质等级证书，接受委托从事建设工程造价咨询活动的企业。即按照《工程造价咨询企业管理办法》（建设部令第149号）的规定，取得工程造价咨询资质，在其资质许可范围内接受委托，提供工程造价咨询服务的企业。

5.2.2.20 招标控制价。是指招标人根据国家或省级、行业建设主管部门颁发的有关计价依据和办法，按设计施工图纸计算的，对招标工程限定的最高工程造价。

工程造价的计价具有动态性和阶段性（多次性）的特点。工程建设项目从决策到竣工交付使用，都有一个较长的建设期。在整个建设期内，构成工程造价的任何因素发生变化都必然会影响工程造价的变动，不能一次确定可靠的价格，要到竣工结算后才能最终确定工程造价，因此需对建设程序的各个阶段进行计价，以保证工程造价确定和控制的科学性。工程造价的多次性计价反映了不同的计价主体对工程造价的逐步深化、逐步细化、逐步接近和最终确定工程造价的过程。

招标控制价是在工程招标发包过程中，由招标人根据有关计价规定计算的工程造价，其作用是招标人用于对招标工程发包的最高限价，有的地方亦称拦标价、预算控制价。

5.2.2.21 投标价。是指投标人投标时报出的工程造价。它是在工程招标发包过程中，由投标人按照招标文件的要求,根据工程特点,并结合自身的施工技术、装备和管理水平,依据有关计价规定自主确定的工程造价,是投标人希望达成工程承包交易的期望价格,它不能高于招标人设定的招标控制价。

5.2.2.22 合同价。是指发、承包双方在施工合同中约定的工程造价。它是在工程发、承包交易过程中,由发、承包双方以合同形式确定的工程承包价格。采用招标发包的工程,其合同价应为投标人的中标价。

5.2.2.23 竣工结算价。是指发、承包双方依据国家有关法律、法规和标准规定,按照合同约定确定的最终工程造价。它是在承包人完成施工合同约定的全部工程内容,发包人依法组织竣工验收合格后,由发、承包双方按照合同约定的工程造价条款,即合同价、合同价款调整以及索赔和现场签证等事项确定的最终工程造价。

5.3 工程量清单编制

5.3.1 一般规定

5.3.1.1 工程量清单应由具有编制能力的招标人或受其委托,具有相应资质的工程造价咨询人编制。

规范规定了招标人应负责编制工程量清单,若招标人不具有编制工程量清单的能力时,根据《工程造价咨询企业管理办法》(建设部第149号令)的规定,可委托具有工程造价咨询资质的工程造价咨询企业编制。

5.3.1.2 采用工程量清单方式招标,工程量清单必须作为招标文件的组成部分,其准确性和完整性由招标人负责。

工程施工招标发包可采用多种方式,但采用工程量清单方式招标发包,招标人必须将工程量清单作为招标文件的组成部分,连同招标文件一并发(或售)给投标人。招标人对编制的工程量清单的准确性和完整性负责,投标人依据工程量清单进行投标报价。

5.3.1.3 工程量清单的作用。工程量清单是工程量清单计价的基础,应作为编制招标控制价、投标报价、计算工程量、支付工程款、调整合同价款、办理竣工结算以及工程索赔等的依据之一。

5.3.1.4 工程量清单的组成。工程量清单应由分部分项工程量清单、措施项目清单、其他项目清单、规费项目清单、税金项目清单组成。

5.3.1.5 编制工程量清单的依据。编制工程量清

单应依据:
(1) 建设工程工程量清单计价规范;
(2) 国家或省级、行业建设主管部门颁发的计价依据和办法;
(3) 建设工程设计文件;
(4) 与建设工程项目有关的标准、规范、技术资料;
(5) 招标文件及其补充通知、答疑纪要;
(6) 施工现场情况、工程特点及常规施工方案;
(7) 其他相关资料。

5.3.2 分部分项工程量清单

5.3.2.1 分部分项工程量清单应包括项目编码、项目名称、项目特征、计量单位和工程量。

规范规定了构成一个分部分项工程量清单的五个要件——项目编码、项目名称、项目特征、计量单位和工程量,这五个要件在分部分项工程量清单的组成中缺一不可。

5.3.2.2 分部分项工程量清单各构成要件的编制依据。分部分项工程量清单应根据附录规定的项目编码、项目名称、项目特征、计量单位和工程量计算规则进行编制。该编制依据主要体现了对分部分项工程量清单内容规范管理的要求。

5.3.2.3 工程量清单编码的表示方式。分部分项工程量清单的项目编码,应采用十二位阿拉伯数字表示。一至九位应按附录的规定设置,十至十二位应根据拟建工程的工程量清单项目名称设置,同一招标工程的项目编码不得有重码。

各位数字的含义是:一、二位为工程分类顺序码;三、四位为专业工程顺序码;五、六位为分部工程顺序码;七、八、九位为分项工程项目名称顺序码;十至十二位为清单项目名称顺序码。

当同一标段(或合同段)的一份工程量清单中含有多个单位工程且工程量清单是以单位工程为编制对象时,在编制工程量清单时应特别注意对项目编码十至十二位的设置不得有重码的规定。例如一个标段(或合同段)的工程量清单中含有三个单位工程,每一单位工程中都有项目特征相同的实心砖墙砌体,在工程量清单中又需反映三个不同单位工程的实心砖墙砌体工程量时,则第一个单位工程的实心砖墙的项目编码应为 010302001001,第二个单位工程的实心砖墙的项目编码应为 010302001002,第三个单位工程的实心砖墙的项目编码应为

010302001003，并分别列出各单位工程实心砖墙的工程量。

5.3.2.4 分部分项工程量清单的项目名称应按附录的项目名称结合拟建工程的实际确定。

5.3.2.5 分部分项工程量清单中所列工程量应按附录中规定的工程量计算规则计算。

工程量的有效位数应遵守下列规定：

（1）以"t"为单位，应保留三位小数，第四位小数四舍五入；

（2）以"m^3"、"m^2"、"m"、"kg"为单位，应保留两位小数，第三位小数四舍五入；

（3）以"个"、"项"等为单位，应取整数。

5.3.2.6 分部分项工程量清单的计量单位应按附录中规定的计量单位确定。附录中有两个或两个以上计量单位的，应结合拟建工程项目的实际选择其中一个确定。

5.3.2.7 分部分项工程量清单项目特征应按附录中规定的项目特征，结合拟建工程项目的实际予以描述。

工程量清单的项目特征是确定一个清单项目综合单价不可缺少的重要依据，在编制工程量清单时，必须对项目特征进行准确和全面的描述。

（1）工程量清单项目特征描述的重要意义

1) 项目特征是区分清单项目的依据。工程量清单项目特征是用来表述分部分项清单项目的实质内容,用于区分计价规范中同一清单条目下各个具体的清单项目。没有项目特征的准确描述,对于相同或相似的清单项目名称,就无从区分。

2) 项目特征是确定综合单价的前提。由于工程量清单项目的特征决定了工程实体的实质内容,必然直接决定了工程实体的自身价值。因此,工程量清单项目特征描述得准确与否,直接关系到工程量清单项目综合单价的准确确定。

3) 项目特征是履行合同义务的基础。实行工程量清单计价,工程量清单及其综合单价是施工合同的组成部分,因此,如果工程量清单项目特征的描述不清甚至漏项、错误,从而引起在施工过程中的更改,都会引起分歧,导致纠纷。

(2) 工程量清单项目特征描述的原则

清单项目特征的描述,应根据计价规范附录中有关项目特征的要求,结合技术规范、标准图集、施工图纸,按照工程结构、使用材质及规格或安装位置等,予以详细而准确的表述和说明。但有些项目特征用文字往往又难以准确和全面的描述清楚。因此,为达到规范、简捷、准确、全面描述项目特征的要求，在描述工程量清单项目特征时应按以下原则进行。

1) 项目特征描述的内容应按附录中的规定，结合拟建工程的实际，能满足确定综合单价的需要；

2) 若采用标准图集或施工图纸能够全部或部分满足项目特征描述的要求，项目特征描述可直接采用详见××图集或××图号的方式。对不能满足项目特征描述要求的部分，仍应用文字描述。

5.3.2.8 编制补充项目的规定。随着工程建设中新材料、新技术、新工艺等的不断涌现，"计价规范"附录所列的工程量清单项目不可能包含所有项目。在编制工程量清单时，当出现"计价规范"附录中未包括的清单项目时，编制人应作补充，并报省级或行业工程造价管理机构备案，省级或行业工程造价管理机构应汇总报住房和城乡建设部标准定额研究所。

补充项目的编码由附录的顺序码与B和三位阿拉伯数字组成，并应从×B001起顺序编制，同一招标工程的项目不得重码。工程量清单中需附有补充项目的名称、项目特征、计量单位、工程量计算规则、工程内容。

例如，钢管桩的补充项目见表 5-1 所示。

桩基础（编码 010201） 表 5-1

项目编码	项目名称	项目特征	计量单位	工程量计算规则	工程内容
AB001	钢管桩	1. 地层描述 2. 送桩长度/单桩长度 3. 钢管材质、管径、壁厚 4. 管桩填充材料种类 5. 桩倾斜度 6. 防护材料种类	m/根	按设计图示尺寸以桩长（包括桩尖）或根数计算	1. 桩制作、运输 2. 打桩、试验桩、斜桩 3. 送桩 4. 管桩填充材料、刷防护材料

在编制补充项目时应注意以下三个方面：
(1) 补充项目的编码应按"计价规范"的规定确定；

(2) 在工程量清单中应附补充项目的项目名称、项目特征、计量单位、工程量计算规则和工作内容;

(3) 将编制的补充项目报省级或行业工程造价管理机构备案。

5.3.3 措施项目清单

5.3.3.1 措施项目清单应根据拟建工程的实际情况列项。通用措施项目可按表 5-2 选择列项,专业工程的措施项目可按附录中规定的项目选择列项。若出现"计价规范"未列的项目,可根据工程实际情况补充。

通用措施项目一览表　　　表 5-2

序号	项 目 名 称
1	安全文明施工(含环境保护、文明施工、安全施工、临时设施)
2	夜间施工
3	二次搬运
4	冬雨期施工
5	大型机械设备进出场及安拆
6	施工排水
7	施工降水
8	地上、地下设施,建筑物的临时保护设施
9	已完工程及设备保护

措施项目清单的编制需考虑多种因素,除工程本身的因素外,还涉及水文、气象、环境、安全等因素。"计价规范"仅提供了"通用措施项目一览表"作为措施项目列项的参考。表中所列内容是各专业工程均可列出的措施项目。各专业工程的"措施项目清单"中可列的措施项目分别在附录中规定,应根据拟建工程的具体情况选择列项。

由于影响措施项目设置的因素太多,"计价规范"不可能将施工中可能出现的措施项目一一列出。在编制措施项目清单时,因工程情况不同,出现"计价规范"及附录中未列的措施项目,可根据工程的具体情况对措施项目清单作补充。

5.3.3.2 措施项目中可以计算工程量的项目清单宜采用分部分项工程量清单的方式编制,列出项目编码、项目名称、项目特征、计量单位和工程量计算规则;不能计算工程量的项目清单,以"项"为计量单位。

"计价规范"将实体性项目划分为分部分项工程量清单,非实体性项目划分为措施项目。所谓非实体性项目,一般来说,其费用的发生和金额的大小与使用时间、施工方法或者两个以上工序相关,与实际完成的实体工程量的多少关系不大,典型的是大中型施工机械、文明施工和安全防护、临时设施等。但有的非实体性项目，则是可以计算工程量的项目，典型的是混凝土浇筑的模板工程，用分部分项工程量清单的方式采用综合单价，更有利于措施费的确定和调整。

5.3.4 其他项目清单

5.3.4.1 其他项目清单内容组成。工程建设标准的高低、工程的复杂程度、工程的工期长短、工程的组成内容、发包人对工程管理要求等都直接影响其他项目清单的具体内容，"计价规范"仅提供了暂列金额、暂估价（包括材料暂估单价、专业工程暂估价）、计日工、总承包服务费等4项内容作为列项参考。其不足部分，可根据工程的具体情况进行补充。

（1）暂列金额在"计价规范"第2.0.6条已经定义是招标人暂定并包括在合同中的一笔款项。不管采用何种合同形式，其理想的标准是，一份合同的价格就是其最终的竣工结算价格，或者至少两者应尽可能接近。我国规定对政府投资工程实行概算管理，经项目审批部门批复的设计概算是工程投资控制的刚性指标，即使商业性开发项目也有成本的预先控制问题，否则，无法相对准确预测投资的收益和科学合理地进行投资控制。但工程建设自身的特性决定了工程的设计需要根据工程进展不断地进行优化和调整，业主需求可能会随工程建设进展出现变化，工程建设过程还会存在一些不能预见、不能确定的因素。

消化这些因素必然会影响合同价格的调整，暂列金额正是为这类不可避免的价格调整而设立，以便达到合理确定和有效控制工程造价的目标。

(2) 暂估价是指招标阶段直至签订合同协议时，招标人在招标文件中提供的用于支付必然要发生但暂时不能确定价格的材料以及专业工程的金额。暂估价类似于 FIDIC 合同条款中的 Prime Cost hems，在招标阶段预见肯定要发生，只是因为标准不明确或者需要由专业承包人完成，暂时无法确定价格。暂估价数量和拟用项目应当结合工程量清单中的"暂估价表"予以补充说明。

为方便合同管理，需要纳入分部分项工程量清单项目综合单价中的暂估价应只是材料费，以方便投标人组价。

专业工程的暂估价一般应是综合暂估价，应当包括除规费和税金以外的管理费、利润等取费。总承包招标时,专业工程设计深度往往是不够的,一般需要交由专业设计人设计,国际上,出于提高可建造性考虑,一般由专业承包人负责设计,以发挥其专业技能和专业施工经验的优势。这类专业工程交由专业分包人完成是国际工程的良好实践,目前在我国工程建设领域也已经比较普遍。公开透明地合理确定这类暂估价的实际开支金额的最佳途径,就是通过施工总承包人与工程建设项目招标人共同组织的招标。

(3) 计日工是为了解决现场发生的零星工作的计价而设立的。国际上常见的标准合同条款中,大多数都设立了计日工(Day work)计价机制。计日工对完成零星工作所消耗的人工工时、材料数量、施工机械台班进行计量,并按照计日工表中填报的适用项目的单价进行计价支付。计日工适用的所谓零星工作一般是指合同约定之外的或者因变更而产生的、工程量清单中没有相应项目的额外工作,尤其是那些时间不允许事先商定价格的额外工作。

(4) 总承包服务费是为了解决招标人在法律、法规允许的条件下进行专业工程发包,以及自行供应材料、设备,并需要总承包人对发包的专业工程提供协调和配合服务,对供应的材料、设备提供收、发和保管服务以及进行施工现场管理时发生,并向总承包人支付的费用。招标人应预计该项费用并按投标人的投标报价向投标人支付该项费用。

5.3.4.2 出现"计价规范"第 3.4.1 条未列的项目,可根据工程实际情况补充。

5.3.5 规费项目清单

规费是政府和有关权力部门规定必须缴纳的费用。根据建设部、财政部"关于印发《建筑安装工程费用项目组成》的通知"(建标 [2003] 206 号)的规定,规费项目清单应按照下列内容列项:

(1) 工程排污费;
(2) 工程定额测定费;
(3) 社会保障费:包括养老保险费、失业保险费、医疗保险费;
(4) 住房公积金;
(5) 危险作业意外伤害保险。

编制人对《建筑安装工程费用项目组成》未包括的规费项目,在编制规费项目清单时应根据省级政府或省级有关权力部门的规定列项。

5.3.6 税金项目清单

根据建设部、财政部"关于印发《建筑安装工程费用项目组成》的通知"(建标[2003]206号)的规定,目前我国税法规定应计入建筑安装工程造价的税种包括营业税、城市建设维护税及教育费附加。如国家税法发生变化,税务部门依据职权增加了税种,应对税金项目清单进行补充。

5.4 工程量清单计价

5.4.1 一般规定

5.4.1.1 采用工程量清单计价,建设工程造价由分部分项工程费、措施项目费、其他项目费、规费和税金组成。

5.4.1.2 分部分项工程量清单应采用综合单价计价。《建筑工程施工发包与承包计价管理办法》(建设部令第107号)第五条规定,工程计价方法包括工料单价法和综合单价法。实行工程量清单计价应采用综合单价法,其综合单价的组成内容应符合"计价规范"第2.0.4条的规定。

5.4.1.3 招标文件中的工程量清单标明的工程量

是投标人投标报价的共同基础，竣工结算的工程量按发、承包双方在合同中约定应予计量且实际完成的工程量确定。

招标文件中工程量清单所列的工程量是一个预计工程量，它一方面是各投标人进行投标报价的共同基础，另一方面也是对各投标人的投标报价进行评审的共同平台，体现了招投标活动中的公开、公平、公正和诚实信用原则。发、承包双方竣工结算的工程量应按经发、承包双方认可的实际完成的工程量确定，而非招标文件中工程量清单所列的工程量。

5.4.1.4 措施项目清单计价应根据拟建工程的施工组织设计，可以计算工程量的措施项目，应按分部分项工程量清单的方式采用综合单价计价；其余的措施项目可以"项"为单位的方式计价，应包括除规费、税金外的全部费用。

"计价规范"第 3.3.2 条规定可以计算工程量的措施项目宜采用分部分项工程量清单的方式编制，与之相对应，应采用综合单价计价；以"项"为计量单位的，按项计价，但应包括除规费、税金以外的全部费用。

5.4.1.5 措施项目清单中的安全文明施工费应按

照国家或省级、行业建设主管部门的规定计价，不得作为竞争性费用。

根据《中华人民共和国安全生产法》、《中华人民共和国建筑法》、《建设工程安全生产管理条例》、《安全生产许可证条例》等法律、法规的规定，建设部办公厅印发了《建筑工程安全防护、文明施工措施费及使用管理规定》（建办［2005］89号），将安全文明施工费纳入国家强制性标准管理范围，其费用标准不予竞争。"计价规范"规定措施项目清单中的安全文明施工费应按国家或省级、行业建设主管部门的规定费用标准计价，招标人不得要求投标人对该项费用进行优惠，投标人也不得将该项费用参与市场竞争。

措施项目清单中的安全文明施工费包括《建筑安装工程费用项目组成》（建标［2003］206号）中措施费的文明施工费、环境保护费、临时设施费、安全施工费。

5.4.1.6 其他项目清单计价的依据。其他项目清单应根据工程特点和"计价规范"第4.2.6、4.3.6、4.8.6条的规定计价。

5.4.1.7 按照《工程建设项目货物招标投标办法》（国家发改委、建设部等七部委27号令）第五条规定:"以暂估价形式包括在总承包范围内的货物达到国家规定规模标准的,应当由总承包中标人和工程建设项目招标人共同依法组织招标"的规定设置。上述规定同样适用于以暂估价形式出现的专业分包工程。对未达到法律、法规规定招标规模标准的材料和专业工程,需要约定定价的程序和方法,并与材料样品报批程序相互衔接。因此,规范规定:

(1) 招标人在工程量清单中提供了暂估价的材料和专业工程属于依法必须招标的,由承包人和招标人共同通过招标确定材料单价与专业工程分包价;

(2) 若材料不属于依法必须招标的,经发、承包双方协商确认单价后计价;

(3) 若专业工程不属于依法必须招标的,由发包人、总承包人与分包人按有关计价依据进行计价。

5.4.1.8 规费和税金应按国家或省级、行业建设主管部门的规定计算,不得作为竞争性费用。即规费和税金应按照国家或省级、行业建设主管部门依据国家税法及省级政府或省级有关权力部门的规定确定,在工程计价时应按规定计算。

5.4.1.9 采用工程量清单计价的工程,应在招标文件或合同中明确风险内容及其范围(幅度),不得采用无限风险、所有风险或类似语句规定风险内容及其范围(幅度)。

风险是一种客观存在的、会带来损失的、不确定的状态。它具有客观性、损失性、不确定性的特点,并且风险始终是与损失相联系的。工程施工发包是一种期货交易行为,工程建设本身又具有单件性和建设周期长的特点。在工程施工过程中影响工程施工及工程造价的风险因素很多,但并非所有的风险都是承包人能预测、能控制和应承担其造成损失的。因此,规范规定了招标人应在招标文件中或在签订合同时,载明投标人应考虑的风险内容及其风险范围或风险幅度。

基于市场交易的公平性和工程施工过程中发、承包双方权、责的对等性要求,发、承包双方应合理分摊风险,所以要求招标人在招标文件中或在合同中禁止采用无限风险、所有风险或类似语句规定投标人应承担的风险内容及其风险范围或风险幅度。

根据我国工程建设特点,投标人应完全承担的风险是技术风险和管理风险,如管理费和利润;应有限度承担的是市场风险,如材料价格、施工机械使用费等的风险;应完全不承担的是法律、法规、规章和政策变化的风险。

"计价规范"定义的风险是综合单价包含的内容。对于法律、法规、规章或有关政策出台导致工程税金、规费、人工发生变化,并由省级、行业建设行政主管部门或其授权的工程造价管理机构根据上述变化发布的政策性调整,承包人不应承担此类风险,应按照有关调整规定执行。材料价格的风险宜控制在5%以内,施工机械使用费的风险可控制在10%以内,超过者予以调整。管理费和利润的风险由投标人全部承担。

5.4.2 招标控制价

5.4.2.1 招标人编制的招标控制价超过批准的概算时的处理原则。国有资金投资的工程建设项目应实行工程量清单招标,并应编制招标控制价。招标控制价超过批准的概算时,招标人应将其报原概算审批部门审核。投标人的投标报价高于招标控制价的,其投标应予以拒绝。

我国对国有资金投资项目的投资控制实行的是投资概算审批制度,国有资金投资的工程原则上不能超过批准的投资概算。

国有资金投资的工程进行招标,根据《中华人民共和国招标投标法》的规定,招标人可以设标底。当招标人不设标底时,为有利于客观、合理的评审投标报价和避免哄抬标价,造成国有资产流失,招标人应编制招标控制价。

国有资金投资的工程,招标人编制并公布的招标控制价相当于招标人的采购预算,同时要求其不能超过批准的概算,因此,招标控制价是招标人在工程招标时能接受投标人报价的最高限价。国有资金中的财政性资金投资的工程在招标时还应符合《中华人民共和国政府采购法》相关条款的规定。如该法第三十六条规定:"在招标采购中,出现下列情形之一的,应予废标……(三)投标人的报价均超过了采购预算,采购人不能支付的。"本条依据这一精神,规定了国有资金投资的工程,投标人的投标不能高于招标控制价,否则,其投标将被拒绝。

5.4.2.2 招标控制价应由具有编制能力的招标人,或受其委托具有相应资质的工程造价咨询人编制。

规范规定了应由招标人负责编制招标控制价,当招标人不具有编制招标控制价的能力时,根据

《工程造价咨询企业管理办法》（建设部令第149号）的规定，可委托具有工程造价咨询资质的工程造价咨询企业编制。

工程造价咨询人不得同时接受招标人和投标人对同一工程的招标控制价和投标报价的编制。

5.4.2.3 招标控制价应根据下列依据编制：

（1）建设工程工程量清单计价规范；

（2）国家或省级、行业建设主管部门颁发的计价定额和计价办法；

（3）建设工程设计文件及相关资料；

（4）招标文件中的工程量清单及有关要求；

（5）与建设项目相关的标准、规范、技术资料；

（6）工程造价管理机构发布的工程造价信息，工程造价信息没有发布的参照市场价；

（7）其他的相关资料。

5.4.2.4 规范规定了编制招标控制价时应遵守的计价规定，并体现招标控制价的计价特点，可概括为以下3个方面：

（1）使用的计价标准、计价政策应是国家或省级、行业建设主管部门颁布的计价定额和相关政策规定；

（2）采用的材料价格应是工程造价管理机构通过工程造价信息发布的材料单价，工程造价信息未发布材料单价的材料，其材料价格应通过市场调查确定；

（3）国家或省级、行业建设主管部门对工程造价计价中费用或费用标准有规定的，应按规定执行。

5.4.2.5 分部分项工程费应根据招标文件中的分部分项工程量清单项目的特征描述及有关要求，按"计价规范"第4.2.3条的规定确定综合单价计算。

综合单价中应包括招标文件中要求投标人承担的风险费用。

招标文件提供了暂估单价的材料，按暂估的单价计入综合单价。

规范规定了招标控制价中分部分项工程费的计价要求，可以概括为以下4个方面：

（1）工程量的确定，依据分部分项工程量清单中的工程量；

（2）按"计价规范"第4.2.3条的规定确定综合单价；

（3）招标文件提供了暂估单价的材料，应按暂估的单价计入综合单价；

（4）为使招标控制价与投标报价所包含的内容一致，综合单价中应包括招标文件中要求投标人所承担的风险内容及其范围（幅度）产生的风险费用。

5.4.2.6 招标控制价中措施项目费的计价依据和原则：

（1）措施项目费依据招标文件中措施项目清单所列内容；

（2）措施项目费按"计价规范"第4.1.4、第4.1.5和第4.2.3条的规定计价。

5.4.2.7 招标控制价中其他项目费的计价要求。其他项目费应按下列规定计价：

（1）暂列金额。暂列金额由招标人根据工程特点，按有关计价规定进行估算确定，一般可以分部分项工程量清单费的10%~15%为参考。

（2）暂估价。暂估价中的材料单价应按照工程造价管理机构发布的工程造价信息或参考市场价格确定；暂估价中的专业工程暂估价应分不同专业，按有关计价规定估算。

（3）计日工。招标人应根据工程特点，按照列出的计日工项目和有关计价依据计算。

（4）总承包服务费。招标人应根据招标文件中列出的内容和向总承包人提出的要求，参照下列标准计算：

1) 招标人仅要求对分包的专业工程进行总承包管理和协调时，按分包的专业工程估算造价的1.5%计算；

2) 招标人要求对分包的专业工程进行总承包管理和协调，并同时要求提供配合服务时，根据招标文件中列出的配合服务内容和提出的要求，按分包的专业工程估算造价的3%～5%计算；

3) 招标人自行供应材料的，按招标人供应材料价值的1%计算。

5.4.2.8 规费和税金的计取原则。规费和税金应按"计价规范"第4.1.8条的规定计算。即规费和税金必须按国家或省级、行业建设主管部门的规定计算。

5.4.2.9 招标控制价应在招标时公布，不应上调或下浮，招标人应将招标控制价及有关资料报送工程所在地工程造价管理机构备查。

招标控制价的作用决定了招标控制价不同于标底，无须保密。为体现招标的公平、公正，防止招标人有意抬高或压低工程造价，招标人应在招标文件中如实公布招标控制价，不得对所编制的招标控制价进行上浮或下调。同时，招标人应将招标控制价报工程所在地的工程造价管理机构备查。

5.4.2.10 投标人经复核认为招标人公布的招标控制价未按照"计价规范"的规定进行编制的，应在开标前5天向招投标监督机构或（和）工程造价管理机构投诉。

招投标监督机构应会同工程造价管理机构对投诉进行处理，发现确有错误的，应责成招标人修改。

本条规定赋予了投标人对招标人不按"计价规范"的规定编制招标控制价进行投诉的权利。同时要求招投标监督机构和工程造价管理机构担负并履行对未按"计价规范"规定编制招标控制价的行为进行监督处理的责任。

5.4.3 投标价

5.4.3.1 除"计价规范"强制性规定外，投标价由投标人自主确定，但不得低于成本。投标价应由投标人或受其委托具有相应资质的工程造价咨询人编制。因此，应注意以下具体要求：

（1）投标报价由投标人自主确定，但"计价规范"强制性规定的安全文明施工费、规费和税金应按照国家或省级、行业建设主管部门的规定计价，不得作为竞争性费用。

（2）《中华人民共和国反不正当竞争法》第十一条规定："经营者不得以排挤竞争对手为目的，以低于成本的价格销售商品。"《中华人民共和国招标投标法》第四十一条规定："中标人的投标应当符合下列条件……（二）能够满足招标文件的实质性要求，并且经评审的投标价格最低；但是投标价格低于成本的除外。"《评标委员会和评标方法暂行规定》（国家计委等七部委第 12 号令）第二十一条规定："在评标过程中，评标委员会发现投标人的报价明显低于其他投标报价或者在设有标底时明显低于标底的，使得其投标报价可能低于其个别成本的，应当要求该投标人作出书面说明并提供相关证明材料。投标人不能合理说明或者不能提供相关证明材料的，由评标委员会认定该投标人以低于成本报价竞标，其投标应作废标处理。"根据上述法律、规章的规定，"计价规范"规定投标人的投标报价不得低于成本。

5.4.3.2 投标人应按招标人提供的工程量清单填报价格。填写的项目编码、项目名称、项目特征、计量单位、工程量必须与招标人提供的一致。

实行工程量清单招标，招标人在招标文件中提供工程量清单，其目的是使各投标人在投标报价中具有共同的竞争平台。因此，要求投标人在投标报价中填写的工程量清单的项目编码、项目名称、项目特征、计量单位、工程数量必须与招标人招标文件中提供的一致，不能更改。

5.4.3.3 投标人投标报价应遵循的依据。投标报价应根据下列依据编制：

(1) 建设工程工程量清单计价规范；

(2) 国家或省级、行业建设主管部门颁发的计价办法；

(3) 企业定额，国家或省级、行业建设主管部门颁发的计价定额；

(4) 招标文件、工程量清单及其补充通知、答疑纪要；

(5) 建设工程设计文件及相关资料；

(6) 施工现场情况、工程特点及拟定的投标施工组织设计或施工方案；

(7) 与建设项目相关的标准、规范等技术资料；

(8) 市场价格信息或工程造价管理机构发布的工程造价信息；

（9）其他的相关资料。

投标报价最基本特征是投标人自主报价，它是市场竞争形成价格的体现。

5.4.3.4 投标人对分部分项工程费中综合单价的确定依据和原则。

（1）分部分项工程费应依据"计价规范"第2.0.4条综合单价的组成内容（包括人工费、材料费、施工机械使用费和企业管理费与利润），按招标文件中分部分项工程量清单项目的特征描述确定综合单价计算。

（2）招标文件中提供了暂估单价的材料，按暂估的单价计入综合单价。

（3）综合单价中应考虑招标文件中要求投标人承担的风险内容及其范围（幅度），产生的风险费用。在施工过程中，当出现的风险内容及其范围（幅度）在合同约定的范围内时，工程价款不做调整。

5.4.3.5 投标人对措施项目费投标报价的原则。投标人可根据工程实际情况结合施工组织设计，对招标人所列的措施项目进行增补。

措施项目费应根据招标文件中的措施项目清单及投标时拟定的施工组织设计或施工方案按"计价

规范"第4.1.4条的规定自主确定。其中安全文明施工费应按照"计价规范"第4.1.5条的规定确定。

由于各投标人拥有的施工装备、技术水平和采用的施工方法有所差异,招标人提出的措施项目清单是根据一般情况确定的,没有考虑不同投标人的"个性",投标人投标时应根据自身编制的投标施工组织设计或施工方案确定措施项目,对招标人提供的措施项目进行调整。投标人根据投标施工组织设计或施工方案调整和确定的措施项目应通过评标委员会的评审。

措施项目费的计算包括:

(1) 措施项目的内容应依据招标人提供的措施项目清单和投标人投标时拟定的施工组织设计或施工方案;

(2) 措施项目费的计价方式应根据招标文件的规定,可以计算工程量的措施清单项目采用综合单价方式报价,其余的措施清单项目采用以"项"为计量单位的方式报价;

(3) 措施项目费由投标人自主确定,但其中安全文明施工费应按国家或省级、行业建设主管部门的规定确定。

5.4.3.6 投标人对其他项目费投标报价的原则。其他项目费应按下列规定报价:

(1) 暂列金额应按招标人在其他项目清单中列出的金额填写,不得变动。

(2) 材料暂估价应按招标人在其他项目清单中列出的单价计入综合单价;专业工程暂估价应按招标人在其他项目清单中列出的金额填写。

暂估价不得变动和更改。暂估价中的材料必须按照暂估单价计入综合单价;专业工程暂估价必须按照其他项目清单中列出的金额填写。

(3) 计日工按招标人在其他项目清单中列出的项目和数量,自主确定综合单价并计算计日工费用。

(4) 总承包服务费根据招标文件中列出的内容和提出的要求自主确定。即依据招标人在招标文件中列出的分包专业工程内容和供应材料、设备情况,按照招标人提出协调、配合与服务要求和施工现场管理需要自主确定。

5.4.3.7 投标人对规费和税金投标报价的计取原则。规费和税金应按"计价规范"第4.1.8条的规定确定。

规费和税金的计取标准是依据有关法律、法规和政策规定制定的,具有强制性。投标人是法律、法规和政策的执行者,他不能改变,更不能制定,而必须按照法律、法规、政策的有关规定执行。因此,本条规定投标人在投标报价时必须按照国家或省级、行业建设主管部门的有关规定计算规费和税金。

5.4.3.8 投标总价应当与分部分项工程费、措施项目费、其他项目费和规费、税金的合计金额一致。

实行工程量清单招标,投标人的投标总价应当与组成工程量清单的分部分项工程费、措施项目费、其他项目费和规费、税金的合计金额相一致,即投标人在投标报价时,不能进行投标总价优惠(或降价、让利),投标人对招标人的任何优惠(或降价、让利)均应反映在相应清单项目的综合单价中。

5.4.4 工程合同价款的约定

5.4.4.1 实行招标的工程合同价款应在中标通知书发出之日起 30 天内,由发、承包双方依据招标文件和中标人的投标文件在书面合同中约定。

不实行招标的工程合同价款,在发、承包双方认可的工程价款基础上,由发、承包双方在合同中约定。

《中华人民共和国合同法》第二百七十条规定:"建设工程合同应采用书面形式。"《中华人民共和国招标投标法》第四十六条规定:"招标人和中标人应当自中标通知书发出之日起 30 日内,按照招标文件和中标人的投标文件订立书面合同。招标人和中标人不得再行订立背离合同实质性内容的其他协议。"

工程合同价款的约定是建设工程合同的主要内容,根据有关法律条款的规定,工程合同价款的约定应满足以下几个方面的要求:

(1) 约定的依据要求:招标人向中标的投标人发出的中标通知书;

(2) 约定的时间要求:自招标人发出中标通知书之日起 30 天内;

(3) 约定的内容要求:招标文件和中标人的投标文件;

(4) 合同的形式要求:书面合同。

5.4.4.2 实行招标的工程,合同约定不得违背招、投标文件中关于工期、造价、质量等方面的实质性内容。招标文件与中标人投标文件不一致的地方,以投标文件为准。

在工程招投标及建设工程合同签订过程中,招标文件应视为要约邀请,投标文件为要约,中标通知书为承诺。因此,在签订建设工程合同时,当招标文件与中标人的投标文件有不一致的地方,应以投标文件为准。

5.4.4.3 实行工程量清单计价的工程,宜采用单价合同。对实行工程量清单计价的工程,宜采用单价合同方式。即合同约定的工程价款中所包含的工程量清单项目综合单价在约定条件内是固定的,不予调整,工程量允许调整。工程量清单项目综合单价在约定的条件外,允许调整。调整方式、方法应在合同中约定。

5.4.4.4 发、承包双方应在合同条款中对下列事项进行约定;合同中没有约定或约定不明的,由双方协商确定;协商不能达成一致的,按"计价规范"执行。

(1) 预付工程款的数额、支付时间及抵扣方式;

(2) 工程计量与支付工程进度款的方式、数额及时间;

(3) 工程价款的调整因素、方法、程序、支付及时间;

(4) 索赔与现场签证的程序、金额确认与支付时间；

(5) 发生工程价款争议的解决方法及时间；

(6) 承担风险的内容、范围以及超出约定内容、范围的调整办法；

(7) 工程竣工价款结算编制与核对、支付及时间；

(8) 工程质量保证（保修）金的数额、预扣方式及时间；

(9) 与履行合同、支付价款有关的其他事项等。

《中华人民共和国建筑法》第十八条规定"建筑工程造价应当按照国家有关规定，由发包单位与承包单位在合同中约定。公开招标发包的，其造价的约定，须遵守招标投标法律的规定"。本条规定了发、承包双方应在合同中对工程价款进行约定的基本事项。

5.5 工程量清单计价表格

5.5.1 计价表格组成

5.5.1.1 封面：

(1) 工程量清单：封-1

(2) 招标控制价：封-2

(3) 投标总价：封-3

(4) 竣工结算总价：封-4

5.5.1.2 总说明：表-01

5.5.1.3 汇总表：

(1) 工程项目招标控制价/投标报价汇总表：表-02

(2) 单项工程招标控制价/投标报价汇总表：表-03

(3) 单位工程招标控制价/投标报价汇总表：表-04

(4) 工程项目竣工结算汇总表：表-05

(5) 单项工程竣工结算汇总表：表-06

(6) 单位工程竣工结算汇总表：表-07

5.5.1.4 分部分项工程量清单表：

(1) 分部分项工程量清单与计价表：表-08

(2) 工程量清单综合单价分析表：表-09

5.5.1.5 措施项目清单表：

(1) 措施项目清单与计价表（一）：表-10

(2) 措施项目清单与计价表（二）：表-11

5.5.1.6 其他项目清单表：

(1) 其他项目清单与计价汇总表：表-12

(2) 暂列金额明细表：表-12-1

(3) 材料暂估单价表：表-12-2

(4) 专业工程暂估价表：表-12-3
(5) 计日工表：表-12-4
(6) 总承包服务费计价表：表-12-5
(7) 索赔与现场签证计价汇总表：表-12-6
(8) 费用索赔申请（核准）表：表-12-7
(9) 现场签证表：表-12-8

5.5.1.7 规费、税金项目清单与计价表：表-13

5.5.1.8 工程款支付申请（核准）表：表-14

5.5.2 计价表格使用规定

5.5.2.1 工程量清单与计价宜采用统一格式。各省、自治区、直辖市建设行政主管部门和行业建设主管部门可根据本地区、本行业的实际情况，在"计价规范"计价表格的基础上补充完善。

规范规定了工程量清单计价表宜采用统一格式，但由于行业、地区的一些特殊情况，赋予了省级或行业建设主管部门可在"计价规范"提供计价格式的基础上予以补充。

5.5.2.2 工程量清单的编制应符合下列规定：

(1) 工程量清单编制使用表格包括：封-1、表-01、表-08、表-10、表-11、表-12（不含表-12-6～表-12-8）、表-13。

(2) 封面应按规定的内容填写、签字、盖章，造价员编制的工程量清单应有负责审核的造价工程师签字、盖章。

(3) 总说明应按下列内容填写：

1) 工程概况：建设规模、工程特征、计划工期、施工现场实际情况、自然地理条件、环境保护要求等；

2) 工程招标和分包范围；

3) 工程量清单编制依据；

4) 工程质量、材料、施工等的特殊要求；

5) 其他需要说明的问题。

(4) 主要表式与填写要求如下表：

××中学教师住宅工程
工程量清单

招标人：<u>××中学 单位公章 （单位盖章）</u>　　工程造价咨询人：<u>××工程造价咨询企业 资质专用章 （单位资质专用章）</u>

法定代表人或其授权人：<u>××中学 法定代表人 （签字或盖章）</u>　　法定代表人或其授权人：<u>××工程造价咨询企业 法定代表人 （签字或盖章）</u>

编制人：<u>×××签字 盖造价工程师或造价员专用章 （造价人员签字盖专用章）</u>　　复核人：<u>×××签字 盖造价工程师专用章 （造价工程师签字盖专用章）</u>

编制时间：××××年×月×日　　复核时间：××××年×月×日

封-1

注：此为招标人委托工程造价咨询人编制工程量清单的封面。

总 说 明

工程名称：××中学教师住宅工程

1. 工程概况：本工程为砖混结构，采用混凝土灌注桩，建筑层数为六层，建筑面积为 10940m^2，计划工期为 300 日历天。施工现场距教学楼最近处为 20m，施工中应注意采取相应的防噪措施。

2. 工程招标范围：本次招标范围为施工图范围内的建筑工程和安装工程。

3. 工程量清单编制依据：

(1) 住宅楼施工图。

(2)《建设工程工程量清单计价规范》。

4. 其他需要说明的问题：

(1) 招标人供应现浇构件的全部钢筋，单价暂定为 5000 元/t。

承包人应在施工现场对招标人供应的钢筋进行验收及保管和使用发放。

招标人供应钢筋的价款支付，由招标人按每次发生的金额支付给承包人，再由承包人支付给供应商。

(2) 进户防盗门另进行专业发包。总承包人应配合专业工程承包人完成以下工作：

1) 按专业工程承包人的要求提供施工工作面并对施工现场进行统一管理，对竣工资料进行统一整理汇总。

2) 为专业工程承包人提供垂直运输机械和焊接电源接入点，并承担垂直运输费和电费。

3) 为防盗门安装后进行补缝和找平并承担相应费用。

表-01

分部分项工程量清单与计价表

工程名称：××中学教师住宅工程　　标段：　　第1页　共6页

序号	项目编码	项目名称	项目特征描述	计量单位	工程量	金额（元）		
						综合单价	合价	其中：暂估价
			A.1 土（石）方工程					
1	010101001001	平整场地	Ⅱ、Ⅲ类土综合，土方就地挖填找平	m²	1792			
2	010101003001	挖基础土方	Ⅲ类土，条形基础，垫层底宽2m，挖土深度4m以内，弃土运距为10km	m³	1432			
			（其他略）					
			分部小计					

续表

序号	项目编码	项目名称	项目特征描述	计量单位	工程量	金额（元）		
						综合单价	合价	其中：暂估价
			A.2 桩与地基基础工程					
3	010201003001	混凝土灌注桩	人工挖孔，二级土，桩长10m，有护壁段长9m，共42根，桩直径1000mm，扩大头直径1100mm，桩混凝土为C25，护壁混凝土为C20	m	420			
			（其他略）					
			分部小计					
			本页小计					
			合　计					

注：根据建设部、财政部发布的《建筑安装工程费用组成》（建标［2003］206号）的规定，为计取规费等的使用，可在表中增设其中："直接费"、"人工费"或"人工费＋机械费"。

表-08

措施项目清单与计价表（一）

工程名称：××中学教师住宅工程　　标段：　　第1页　共1页

序号	项目名称	计算基础	费率（%）	金额（元）
1	安全文明施工费			
2	夜间施工费			
3	二次搬运费			
4	冬雨期施工			
5	大型机械设备进出场及安拆费			
6	施工排水			
7	施工降水			
8	地上、地下设施、建筑物的临时保护设施			
9	已完工程及设备保护			
10	各专业工程的措施项目			
(1)	垂直运输机械			
(2)	脚手架			
合　计				

注：1. 本表适用于以"项"计价的措施项目。
　　2. 根据建设部、财政部发布的《建筑安装工程费用组成》（建标［2003］206号）的规定，"计算基础"可为"直接费"、"人工费"或"人工费+机械费"。

表-10

措施项目清单与计价表（二）

工程名称：××中学教师住宅工程　　标段：第1页　共1页

序号	项目编码	项目名称	项目特征描述	计量单位	工程量	金额（元）	
						综合单价	合价
1	AB001	现浇钢筋混凝土平板模板及支架	矩形板，支模高度3m	m²	1200		
2	AB002	现浇钢筋混凝土有梁板及支架	矩形梁，断面200mm×400mm，梁底支模高度2.6m，板底支模高度3m	m²	1500		
		（其他略）					
		本页小计					
		合计					

注：本表适用于以综合单价形式计价的措施项目。

表-11

其他项目清单与计价汇总表

工程名称：××中学教师住宅工程　　标段：　第1页　共1页

序号	项目名称	计量单位	金额（元）	备注
1	暂列金额	项	300000	明细详见表-12-1
2	暂估价		100000	
2.1	材料暂估价		—	明细详见表-12-2
2.2	专业工程暂估价	项	100000	明细详见表-12-3
3	计日工			明细详见表-12-4
4	总承包服务费			明细详见表-12-5
5				
合　计			—	

注：材料暂估单价进入清单项目综合单价，此处不汇总。

表-12

暂列金额明细表

工程名称：××中学教师住宅工程　　标段：第1页　共1页

序号	项目名称	计量单位	暂定金额（元）	备注
1	工程量清单中工程量偏差和设计变更	项	100000	
2	政策性调整和材料价格风险	项	100000	
3	其他	项	100000	
4				
5				
6				
7				
8				
9				
10				
11				
合计			300000	—

注：此表由招标人填写，如不能详列，也可只列暂定金额总额，投标人应将上述暂列金额计入投标总价中。

表-12-1

材料暂估单价表

工程名称:××中学教师住宅工程　标段:　　　第1页 共1页

序号	材料名称、规格、型号	计量单位	单价（元）	备　注
1	钢筋（规格、型号综合）	t	5000	用在所有现浇混凝土钢筋清单项目

注:1. 此表由招标人填写,并在备注栏说明暂估价的材料拟用在哪些清单项目上,投标人应将上述材料暂估单价计入工程量清单综合单价报价中。

2. 材料包括原材料、燃料、构配件以及按规定应计入建筑安装工程造价的设备。

表-12-2

专业工程暂估价表

工程名称：××中学教师住宅工程　标段：第1页　共1页

序号	工程名称	工程内容	金额（元）	备注
1	入户防盗门	安装	100000	
	合　计		100000	—

注：此表由招标人填写，投标人应将上述专业工程暂估价计入投标总价中。

表-12-3

计日工表

工程名称：××中学教师住宅工程　　标段：　　第1页　共1页

编号	项目名称	单位	暂定数量	综合单价	合价
一	人工				
1	普工	工日	200		
2	技工（综合）	工日	50		
3					
4					
	人工小计				
二	材料				
1	钢筋（规格、型号综合）	t	1		
2	水泥 42.5	t	2		
3	中砂	m³	10		
4	砾石（5~40mm）	m³	5		
5	页岩砖（240mm×115mm×53mm）	千块	1		
6					
	材料小计				
三	施工机械				
1	自升式塔式起重机（起重力矩1250kN·m）	台班	5		
2	灰浆搅拌机（400L）	台班	2		
3					
4					
	施工机械小计				
	总　　计				

注：此表项目名称、数量由招标人填写，编制招标控制价时，单价由招标人按有关计价规定确定；投标时，单价由投标人自主报价，计入投标总价中。

表-12-4

总承包服务费计价表

工程名称：××中学教师住宅工程　　标段：第1页 共1页

序号	项目名称	项目价值（元）	服务内容	费率（%）	金额（元）
1	发包人发包专业工程	100000	1. 按专业工程承包人的要求提供施工工作面并对施工现场进行统一管理，对竣工资料进行统一整理汇总。 2. 为专业工程承包人提供垂直运输机械和焊接电源接入点，并承担垂直运输费和电费。 3. 为防盗门安装后进行补缝和找平并承担相应费用		
2	发包人供应材料	1000000	对发包人供应的材料进行验收及保管和使用发放		
	合　计				

表-12-5

规费、税金项目清单与计价表

工程名称：××中学教师住宅工程　　标段：　　第1页　共1页

序号	项目名称	计算基础	费率（%）	金额（元）
1	规费			
1.1	工程排污费	按工程所在地环保部门规定按实计算		
1.2	社会保障费	（1）＋（2）＋（3）		
（1）	养老保险费	定额人工费		
（2）	失业保险费	定额人工费		
（3）	医疗保险费	定额人工费		
1.3	住房公积金	定额人工费		
1.4	危险作业意外伤害保险	定额人工费		
1.5	工程定额测定费	税前工程造价		
2	税金	分部分项工程费＋措施项目费＋其他项目费＋规费		
合　计				

注：根据建设部、财政部发布的《建筑安装工程费用组成》（建标［2003］206号）的规定，"计算基础"可为"直接费"、"人工费"或"人工费＋机械费"。

表-13

5.5.2.3 招标控制价、投标报价、竣工结算的编制应符合下列规定：

(1) 使用表格：

1) 招标控制价使用表格包括：封-2、表-01、表-02、表-03、表-04、表-08、表-09、表-10、表-11、表-12（不含表-12-6～表-12-8）、表-13。

2) 投标报价使用的表格包括：封-3、表-01、表-02、表-03、表-04、表-08、表-09、表-10、表-11、表-12（不含表-12-6～表-12-8）、表-13。

3) 竣工结算使用的表格包括：封-4、表-01、表-05、表-06、表-07、表-08、表-09、表-10、表-11、表-12、表-13、表-14。

(2) 封面应按规定的内容填写、签字、盖章，除承包人自行编制的投标报价和竣工结算外，受委托编制的招标控制价、投标报价、竣工结算若为造价员编制的，应有负责审核的造价工程师签字、盖章以及工程造价咨询人盖章。

(3) 总说明应按下列内容填写：

1) 工程概况：建设规模、工程特征、计划工期、合同工期、实际工期、施工现场及变化情况、施工组织设计的特点、自然地理条件、环境保护要求等。

2) 编制依据等。

5.5.2.4 "计价规范"第5.2.2条和第5.2.3条对工程量清单计价表的使用作出了规定，特别强调在封面的有关签署和盖章中应遵守和满足有关工程造价计价管理规章和政策的规定。这是工程造价文件是否生效的必备条件。

我国在工程造价计价活动管理中，对从业人员实行的是执业资格管理制度，对工程造价咨询人实行的是资质许可管理制度。建设部先后发布了《工程造价咨询企业管理办法》（建设部令第149号）、《注册造价工程师管理办法》（建设部令第150号），中国建设工程造价管理协会印发了《全国建设工程造价员管理暂行办法》（中价协[2006]013号）。

工程造价文件是体现上述规章、规定的主要载体，工程造价文件封面的签字盖章应按下列规定办理，方能生效。

（1）招标人自行编制工程量清单和招标控制价时，编制人员必须是在招标人单位注册的造价人员。

由招标人盖单位公章，法定代表人或其授权人签字或盖章；当编制人是注册造价工程师时，由其签字盖执业专用章；当编制人是造价员时，由其在编制人栏签字盖专用章,并应由注册造价工程师复核,在复核人栏签字盖执业专用章。

招标人委托工程造价咨询人编制工程量清单和招标控制价时,编制人员必须是在工程造价咨询人单位注册的造价人员。工程造价咨询人盖单位资质专用章,法定代表人或其授权人签字或盖章;当编制人是注册造价工程师时,由其签字盖执业专用章;当编制人是造价员时,由其在编制人栏签字盖专用章,并应由注册造价工程师复核,在复核人栏签字盖执业专用章。

(2) 投标人编制投标报价时,编制人员必须是在投标人单位注册的造价人员。由投标人盖单位公章,法定代表人或其授权人签字或盖章;编制的造价人员(造价工程师或造价员)签字盖执业专用章。

(3) 承包人自行编制竣工结算总价,编制人员必须是承包人单位注册的造价人员。由承包人盖单位公章,法定代表人或其授权人签字或盖章;编制的造价人员(造价工程师或造价员)签字盖执业专用章。

(4) 发包人自行核对竣工结算时,核对人员必须是在发包人单位注册的造价工程师。由发包人盖单位公章,法定代表人或其授权人签字或盖章,核对的造价工程师签字盖执业专用章。

发包人委托工程造价咨询人核对竣工结算时,核对人员必须是在工程造价咨询人单位注册的造价工程师。由发包人盖单位公章,法定代表人或其授权人签字或盖章;工程造价咨询人盖单位资质专用章,法定代表人或其授权人签字或盖章,核对的造价工程师签字盖执业专用章。

除非出现发包人拒绝或不答复承包人竣工结算书的特殊情况,竣工结算办理完毕后,竣工结算总价封面发、承包双方的签字、盖章应当齐全。

5.5.2.5 投标人应按招标文件的要求,附工程量清单综合单价分析表。

5.5.2.6 工程量清单与计价表中列明的所有需要填写的单价和合价,投标人均应填写,未填写的单价和合价,视为此项费用已包含在工程量清单的其他单价和合价中。即投标人在投标报价中应对招标人提供的工程量清单与计价表中所列项目均应填写单价和合价,否则,将被视为此项费用已包含在其他项目的单价和合价中。

5.5.2.7 主要表式与填写要求见下表:

××中学教师住宅工程

招标控制价

招标控制价(小写)：8413949 元
　　(大写)：捌佰肆拾壹万叁仟玖佰肆拾玖元

招标人：　××中学　　　工程造价　××工程造价咨询企业
　　　　　单位公章　　　咨询人：　资质专用章
　　　　 (单位盖章)　　　　　　　(单位资质专用章)

法定代表人　××中学　　法定代表人　××工程造价咨询企业
或其授权人：法定代表人　或其授权人：　法定代表人
　　　　　 (签字或盖章)　　　　　　　(签字或盖章)

编制人：　×××签字　　复核人：　　×××签字
　　　　盖造价工程师　　　　　　盖造价工程师专用章
　　　　或造价员专用章　　　　 (造价工程师签字盖专用章)
　　　(造价人员签字盖专用章)

编制时间：××××年×月×日　复核时间：××××年×月×日

封-2

　　注：此为招标人委托工程造价咨询人编制招标控制价的封面。

投 标 总 价

招　标　人：　××中学
工 程 名 称：　××中学教师住宅工程
投标总价(小写)：　7965428元
　　　(大写)：　柒佰玖拾陆万伍仟肆佰贰拾捌元

投　标　人：　　　××建筑公司
　　　　　　　　　　单位公章
　　　　　　　　　（单位盖章）

法 定 代 表 人
或 其 授 权 人：　　××建筑公司
　　　　　　　　　　法定代表人
　　　　　　　　　（签字或盖章）

编　制　人：　　　×××签字
　　　　　　　　盖造价工程师
　　　　　　　或造价员专用章
　　　　　　（造价人员签字盖专用章）

编 制 时 间：××××年×月×日

封-3

××中学教师住宅 工程

竣工结算总价

中标价（小写）：7965428 元 （大写）：柒佰玖拾陆万伍仟肆
佰贰拾捌元

结算价（小写）：7932571 元 （大写）：柒佰玖拾叁万贰仟伍
佰柒拾壹元

发包人：　　××中学　　　法定代表人　　××中学
　　　　　单位公章　　　　或其授权人：法定代表人
　　　　　（单位盖章）　　　　　　　　（签字或盖章）

承包人：　　××　　　　　法定代表人　　××
　　　　　建筑公司　　　　或其授权人：建筑公司
　　　　　单位公章　　　　　　　　　　法定代表人
　　　　　（单位盖章）　　　　　　　　（签字或盖章）

工程造价　　××　　　　　法定代表人　　××工程
咨询人：　工程造价企业　　或其授权人：造价企业
　　　　　资质专用章　　　　　　　　　法定代表人
　　　　　（单位资质专用章）　　　　　（签字或盖章）

编制人：　×××签字　　　核对人：　　×××签字
　　　　盖造价工程师　　　　　　　盖造价工程师专用章
　　　　或造价员专用章　　　　　　（造价工程师签字盖专用章）
　　　　（造价人员签字盖专用章）

编制时间：××××年×月×日　核对时间：××××年×
　　　　　　　　　　　　　　　　　　　月×日

封-4

注：此为招标人委托工程造价咨询人核对竣工结算封面。

总 说 明

工程名称：××中学教师住宅工程　　　第1页　共1页

1. 工程概况：本工程为砖混结构，混凝土灌注桩基，建筑层数为六层，建筑面积为 10940m^2，招标计划工期为300日历天，投标工期为280日历天。

2. 投标报价包括范围：为本次招标的住宅工程施工图范围内的建筑工程和安装工程。

3. 投标报价编制依据：

(1) 招标文件及其所提供的工程量清单和有关报价的要求，招标文件的补充通知和答疑纪要。

(2) 住宅楼施工图及投标施工组织设计。

(3) 有关的技术标准、规范和安全管理规定等。

(4) 省建设主管部门颁发的计价定额和计价管理办法及相关计价文件。

(5) 材料价格根据本公司掌握的价格情况并参照工程所在地工程造价管理机构×××× 年×月工程造价信息发布的价格。

表-01

工程项目投标报价汇总表

工程名称：××中学教师住宅工程　　　第1页　共1页

序号	单项工程名称	金额（元）	其中		
			暂估价（元）	安全文明施工费（元）	规费（元）
1	教师住宅楼工程	7965428	1100000	222742	222096
	合　　计	7965428	1100000	222742	222096

注：本表适用于工程项目招标控制价或投标报价的汇总。

说明：本工程仅为一栋住宅楼，故单项工程即为工程项目。

表-02

单项工程投标报价汇总表

工程名称：××中学教师住宅工程　　　第1页　共1页

序号	单项工程名称	金额（元）	其中		
			暂估价（元）	安全文明施工费（元）	规费（元）
1	教师住宅楼工程	7965428	1100000	222742	222096
	合　　计	7965428	1100000	222742	222096

注：本表适用于单项工程招标控制价或投标报价的汇总。暂估价包括分部分项工程中的暂估价和专业工程暂估价。

表-03

单位工程投标报价汇总表

工程名称：××中学教师住宅工程　　标段：　　第1页　共1页

序号	汇总内容	金额（元）	其中:暂估价(元)
1	分部分项工程	6308811	1000000
1.1	A.1 土（石）方工程	99757	
1.2	A.2 桩与地基基础工程	397283	
1.3	A.3 砌筑工程	729518	
1.4	A.4 混凝土及钢筋混凝土工程	2532419	1000000
1.5	A.6 金属结构工程	1794	
1.6	A.7 屋面及防水工程	251838	
1.7	A.8 防腐、隔热、保温工程	133226	
1.8	B.1 楼地面工程	291030	
1.9	B.2 墙柱面工程	428643	
1.10	B.3 顶棚工程	230431	
1.11	B.4 门窗工程	366464	
1.12	B.5 油漆、涂料、裱糊工程	243606	
1.13	C.2 电气设备安装工程	360140	
1.14	C.8 给水排水安装工程	242662	
2	措施项目	738257	—
2.1	安全文明施工费	222742	—
3	其他项目	433600	—
3.1	暂列金额	300000	—
3.2	专业工程暂估价	100000	—
3.3	计日工	21600	—
3.4	总承包服务费	12000	—
4	规费	222096	—
5	税金	262664	—
招标控制价合计＝1＋2＋3＋4＋5		7965428	1000000

注：本表适用于单位工程招标控制价或投标报价的汇总，如无单位工程划分，单项工程也使用本表汇总。

表-04

工程项目竣工结算汇总表

工程名称：××中学教师住宅工程　　　第1页　共1页

序号	单项工程名称	金额（元）	其中	
			安全文明施工费（元）	规费（元）
1	教师住宅楼工程	7932571	230769	239634
	合计	7932571	230769	239634

表-05

单项工程竣工结算汇总表

工程名称：××中学教师住宅工程　　　第1页　共1页

序号	单项工程名称	金额（元）	其中	
			安全文明施工费（元）	规费（元）
1	教师住宅楼工程	7932571	230769	239634
	合计	7932571	230769	239634

表-06

单位工程竣工结算汇总表

工程名称：××中学教师住宅工程　　标段：第1页　共1页

序号	汇总内容	金额（元）
1	分部分项工程	6485047
1.1	A.1 土（石）方工程	110831
1.2	A.2 桩与地基基础工程	423926
1.3	A.3 砌筑工程	708926
1.4	A.4 混凝土及钢筋混凝土工程	2573200
1.5	A.6 金属结构工程	1812
1.6	A.7 屋面及防水工程	269547
1.7	A.8 防腐、隔热、保温工程	132985
1.8	B.1 楼地面工程	318459
1.9	B.2 墙柱面工程	440237
1.10	B.3 顶棚工程	241039
1.11	B.4 门窗工程	380026
1.12	B.5 油漆、涂料、裱糊工程	256793
1.13	C.2 电气设备安装工程	375626
1.14	C.8 给水排水安装工程	251640
2	措施项目	747112
2.1	安全文明施工费	230769
3	其他项目	199197
3.1	专业工程结算价	95000
3.2	计日工	4480
3.3	总承包服务费	12123
3.4	索赔与现场签证	87594
4	规费	239634
5	税金	261581
竣工结算总价合计＝1+2+3+4+5		7932571

注：如无单位工程划分，单项工程也使用本表汇总。

表-07

分部分项工程量清单与计价表

工程名称：××中学教师住宅工程　　标段：　　第1页 共6页

序号	项目编码	项目名称	项目特征描述	计量单位	工程量	金额（元）		
						综合单价	合计	其中：暂估价
			A.1 土（石）方工程					
1	010101001001	平整场地	Ⅱ、Ⅲ类土综合，土方就地挖填找平	m²	1792	0.88	1577	
2	010101003001	挖基础土方	Ⅲ类土，条形基础，垫层底宽2m，挖土深度4m以内，弃土运距为7km	m³	1432	21.92	31389	
			（其他略）					
			分部小计				99757	

447

续表

序号	项目编码	项目名称	项目特征描述	计量单位	工程量	金额（元）		
						综合单价	合计	其中：暂估价
			A.2 桩与地基基础工程					
3	010201003001	混凝土灌注桩	人工挖孔，二级土，桩长10m，有护壁段长9m，共42根，桩直径1000mm，扩大头直径1100mm，桩混凝土为C25，护壁混凝土为C20	m	420	322.06	135265	
			（其他略）					
			分部小计				397283	
			本页小计				497040	
			合　计				497040	

注：根据建设部、财政部发布的《建筑安装工程费用组成》（建标〔2003〕206号）的规定，为计取规费等的使用，可在表中增设其中："直接费"、"人工费"或"人工费+机械费"。

表-08

448

工程量清单综合单价分析表

工程名称：××中学教师住宅工程   标段：   第1页 共5页

项目编码	010201003001	项目名称		混凝土灌注桩			计量单位			m
清单综合单价组成明细										
定额编号	定额名称	定额单位	数量	单价				合价		
				人工费	材料费	机械费	管理费和利润	人工费	材料费	机械费	管理费和利润
AB0291	挖孔桩芯混凝土C25	10m³	0.0575	878.85	2813.67	83.50	263.46	50.53	161.79	4.80	15.15
AB0284	挖孔桩护壁混凝土C20	10m³	0.02255	893.96	2732.48	86.32	268.54	20.16	61.62	1.95	6.06

449

续表

项目编码	010201003001	项目名称		小 计		混凝土灌注桩		计量单位	m
人工单价						70.69	223.41	6.75	21.21
38元/工日		未计价材料费					322.06		
	清单项目综合单价						223.41		
材料费明细	主要材料名称、规格、型号		单位	数量	单价（元）	合价（元）		暂估单价（元）	暂估合价（元）
	混凝土C25		m³	0.584	268.09	156.56			
	混凝土C20		m³	0.248	243.45	60.38			
	水泥42.5		kg	(276.189)	0.556	(153.56)			
	中砂		m³	(0.384)	79.00	(30.34)			
	砾石5～40mm		m³	(0.732)	45.00	(32.94)			
	其他材料费				—	6.47		—	
	材料费小计				—	223.41		—	

注：1. 如不使用省级或行业建设主管部门发布的计价依据，可不填定额项目、编号等。
2. 招标文件提供了暂估单价的材料，按暂估的单价填入表内"暂估单价"栏及"暂估合价"栏。

表-09

措施项目清单与计价表（一）

工程名称：××中学教师住宅工程　　标段：第1页 共1页

序号	项目名称	计算基础	费率（%）	金额（元）
1	安全文明施工费	人工费	30	222742
2	夜间施工费	人工费	1.5	11137
3	二次搬运费	人工费	1	7425
4	冬雨期施工	人工费	0.6	4455
5	大型机械设备进出场及安拆费			13500
6	施工排水			2500
7	施工降水			17500
8	地上、地下设施、建筑物的临时保护设施			2000
9	已完工程及设备保护			6000
10	各专业工程的措施项目			255000
(1)	垂直运输机械			105000
(2)	脚手架			150000
	合计			542259

注：1. 本表适用于以"项"计价的措施项目。

　　2. 根据建设部、财政部发布的《建筑安装工程费用组成》（建标［2003］206号）的规定，"计算基础"可为"直接费"、"人工费"或"人工费+机械费"。

表-10

措施项目清单与计价表(二)

工程名称:××中学教师住宅工程　　标段:　第1页　共1页

序号	项目编码	项目名称	项目特征描述	计量单位	工程量	金额(元)	
						综合单价	合价
1	AB001	现浇钢筋混凝土平板模板及支架	矩形板,支模高度3m	m²	1200	18.37	22044
2	AB002	现浇钢筋混凝土有梁板及支架	矩形梁,断面200mm×400mm,梁底支模高度2.6m,板底支模高度3m	m²	1500	23.97	35955
			(其他略)				
	本页小计						195998
	合　计						195998

注:本表适用于以综合单价形式计价的措施项目。

表-11

其他项目清单与计价汇总表

工程名称：××中学教师住宅工程　　标段：　　第1页 共1页

序号	项目名称	计量单位	金额（元）	备注
1	暂列金额	项	300000	明细详见表-12-1
2	暂估价		100000	
2.1	材料暂估价		—	明细详见表-12-2
2.2	专业工程暂估价	项	100000	明细详见表-12-3
3	计日工		21600	明细详见表-12-4
4	总承包服务费		12000	明细详见表-12-5
	合　计		433600	—

注：材料暂估单价进入清单项目综合单价，此处不汇总。

表-12

暂列金额明细表

工程名称：××中学教师住宅工程　　标段：　　第1页　共1页

序号	项目名称	计量单位	暂定金额（元）	备注
1	工程量清单中工程量偏差和设计变更	项	100000	
2	政策性调整和材料价格风险	项	100000	
3	其他	项	100000	
	合　计		300000	—

注：此表由招标人填写，如不能详列，也可只列暂定金额总额，投标人应将上述暂列金额计入投标总价中。

表-12-1

材料暂估单价表

工程名称：××中学教师住宅工程　　标段：第1页 共1页

序号	材料名称、规格、型号	计量单位	单价（元）	备注
1	钢筋（规格、型号综合）	t	5000	用在所有现浇混凝土钢筋清单项目

注：1. 此表由招标人填写，并在备注栏说明暂估价的材料拟用在哪些清单项目上，投标人应将上述材料暂估单价计入工程量清单综合单价报价中。

2. 材料包括原材料、燃料、构配件以及按规定应计入建筑安装工程造价的设备。

表-12-2

专业工程暂估价表

工程名称：××中学教师住宅工程　　标段：　　第1页　共1页

序号	工程名称	工程内容	金额（元）	备注
1	入户防盗门	安装	100000	
	合　　计		100000	—

注：此表由招标人填写，投标人应将上述专业工程暂估价计入投标总价中。

表-12-3

计日工表

工程名称：×××中学教师住宅工程　　标段：　　第1页　共1页

编号	项目名称	单位	暂定数量	综合单价	合价
一	人工				
1	普工	工日	200	40	8000
2	技工（综合）	工日	50	60	3000
3					
4					
	人工小计				11000
二	材料				
1	钢筋（规格、型号综合）	t	1	5300	5300
2	水泥 42.5	t	2	600	1200
3	中砂	m^3	10	80	800
4	砾石（5～40mm）	m^3	5	42	210
5	页岩砖（240mm×115mm×53mm）	千块	1	300	300
6					
	材料小计				7810
三	施工机械				
1	自升式塔式起重机（起重力矩 1250kN·m）	台班	5	550	2750
2	灰浆搅拌机（400L）	台班	2	20	40
3					
4					
	施工机械小计				2790
	总　　计				21600

注：此表项目名称、数量由招标人填写，编制招标控制价时，单价由招标人按有关计价规定确定；投标时，单价由投标人自主报价，计入投标总价中。

表-12-4

总承包服务费计价表

工程名称：××中学教师住宅工程　　标段：第1页　共1页

序号	项目名称	项目价值（元）	服务内容	费率（%）	金额（元）
1	发包人发包专业工程	100000	1. 按专业工程承包人的要求提供施工工作面并对施工现场进行统一管理，对竣工资料进行统一整理汇总。 2. 为专业工程承包人提供垂直运输机械和焊接电源接入点，并承担垂直运输费和电费。 3. 为防盗门安装后进行补缝和找平并承担相应费用	7	7000
2	发包人供应材料	1000000	对发包人供应的材料进行验收和保管和使用发放	0.5	5000
		合　　计			12000

表-12-5

索赔与现场签证计价汇总表

工程名称：××中学教师住宅工程　　标段：第1页　共1页

序号	签证及索赔项目名称	计量单位	数量	单价（元）	合价（元）	索赔及签证依据
1	暂停施工				2135.87	001
2	砌筑花池	座	5	500	2500	002
	（其他略）					
	本页小计				87594	—
	合　　计				87594	—

注：签证及索赔依据是指经双方认可的签证单和索赔依据的编号。

表-12-6

费用索赔申请（核准）表

工程名称：××中学教师住宅工程　标段：　　编号：001

致：××中学住宅建设办公室
　　根据施工合同条款第12条的约定，由于你方工作需要的原因，我方要求索赔金额（大写）贰仟壹佰叁拾伍元捌角柒分，（小写）2135.87元，请予核准。
附：1. 费用索赔的详细理由和依据：根据发包人"关于暂停施工的通知"（详见附件1）
　　2. 索赔金额的计算：（详见附件2）
　　3. 证明材料：监理工程师确认的现场工人、机械、周转材料数量及租赁合同（略）
　　　　　　　　承包人（章）（略）
　　　　　　　　承包人代表×××
　　　　　　　　日　　期　××××年×月×日

复核意见： 　　根据施工合同条款第12条的约定，你方提出的费用索赔申请经复核： □不同意此项索赔，具体意见见附件。 ☑同意此项索赔，索赔金额的计算，由造价工程师复核。	复核意见： 　　根据施工合同条款第12条的约定，你方提出的费用索赔申请经复核，索赔金额为（大写）贰仟壹佰叁拾伍元捌角柒分，（小写）2135.87元。
监理工程师　××× 日　　期××××年×月×日	造价工程师　××× 日　　期××××年×月×日

审核意见：
□不同意此项索赔。
☑同意此项索赔，与本期进度款同期支付。
　　　　　　发包人（章）（略）
　　　　　　发包人代表×××
　　　　　　日　　期××××年×月×日

注：1. 在选择栏中的"□"内作标识"√"。
　　2. 本表一式四份，由承包人填报，发包人、监理人、造价咨询人、承包人各存一份。

表-12-7

现场签证表

工程名称：××中学教师住宅工程　　标段：　　编号：002

施工部位	学校指定位置	日期	××××年×月×日

致：××中学住宅建设办公室
　　根据×××2009年8月25日的口头指令，我方要求完成此项工作应支付价款金额为（大写）贰仟伍佰元，（小写）2500.00元，请予核准。
附：1. 签证事由及原因：为迎接新学期的到来，改变校容、校貌，学校新增加5座花池。
　　2. 附图及计算式：（略）
　　　　　　承包人（章）（略）
　　　　　　承包人代表　×××
　　　　　　日　　期××××年×月×日

复核意见： 　　你方提出的此项签证申请经复核： 　　□不同意此项签证，具体意见见附件。 　　☑同意此项签证，签证金额的计算，由造价工程师复核。 　监理工程师　××× 　日期××××年×月×日	复核意见： 　　☑此项签证按承包人中标的计日工单价计算，金额为（大写）贰仟伍佰元，（小写）2500.00元。 　　□此项签证因无计日工单价，金额为（大写）____元，（小写）____元。 　造价工程师　××× 　日　　期××××年×月×日

审核意见：
　　□不同意此项签证。
　　☑同意此项签证，价款与本期进度款同期支付。
　　　　　　　　　　发包人（章）（略）
　　　　　　　发包人代表　×××
　　　　　　　日　　期××××年×月×日

注：1. 在选择栏中的"□"内作标识"√"。
　　2. 本表一式四份，由承包人在收到发包人（监理人）的口头或书面通知后填写，发包人、监理人、造价咨询人、承包人各存一份。

表-12-8

规费、税金项目清单与计价表

工程名称：××中学教师住宅工程　　标段：　　第1页　共1页

序号	项目名称	计算基础	费率（%）	金额（元）
1	规费			222096
1.1	工程排污费	按工程所在地环保部门规定按实计算		
1.2	社会保障费	(1)＋(2)＋(3)		163353
(1)	养老保险费	人工费	14	103946
(2)	失业保险费	人工费	2	14894
(3)	医疗保险费	人工费	6	44558
1.3	住房公积金	人工费	6	44558
1.4	危险作业意外伤害保险	人工费	0.5	3712
1.5	工程定额测定费	税前工程造价	0.14	10473
2	税金	分部分项工程费＋措施项目费＋其他项目费＋规费	3.41	262664
	合　计			484760

注：根据建设部、财政部发布的《建筑安装工程费用组成》（建标［2003］206号）的规定，"计算基础"可为"直接费"、"人工费"或"人工费＋机械费"。

表-13

工程款支付申请(核准)表

工程名称:××中学教师住宅工程　标段:　　编号:××

致:××中学
我方于××××年×月×日至××××年×月×日期间已完成了主体4、5层的砌筑工作,根据施工合同的约定,现申请支付本期的工程款额为(大写)玖拾贰万柒仟元,(小写)927000.00,请予核准。

序号	名称	金额(元)	备注
1	累计已完成的工程价款	5030000.00	(包括甲供钢材款)
2	累计已实际支付的工程价款	3600000.00	(包括甲供钢材款)
3	本周期已完成的工程价款	1000000.00	(包括甲供钢材款)
4	本周期完成的计日工金额	5000.00	
5	本周期应增加和扣减的变更金额	15000.00	
6	本周期应增加和扣减的索赔金额	10000.00	
7	本周期应抵扣的预付款		
8	本周期扣减的质保金		
9	本周期应增加或扣减的其他金额		
10	本周期实际应支付的工程价款	927000.00	

承包人(章)(略)
承包人代表　×××
日　　期××××年×月×日

续表

复核意见： □与实际施工情况不相符，修改意见见附件。 ☑与实际施工情况相符，具体金额由造价工程师复核。 监理工程师 ××× 日期××××年×月×日	复核意见： 你方提出的支付申请经复核，本期间已完成工程款额为（大写）壹佰零叁万元，（小写）1030000.00元，本期间应支付金额为（大写）玖拾贰万柒仟元（小写）927000.00元。 造价工程师 ××× 日　　期 ××××年×月×日
审核意见： □不同意。 ☑同意，支付时间为本表签发后的15天内。 　　　　发包人（章）（略） 　　　　发包人代表 ××× 　　　　日　　期 ××××年×月×日	

注：1. 在选择栏中的"□"内作标识"√"。

　　2. 本表一式四份，由承包人填报，发包人、监理人、造价咨询人、承包人各存一份。

表-14

6 工程结算与竣工决算

6.1 工程变更与索赔

6.1.1 工程变更

6.1.1.1 工程变更的概念

工程变更是指在工程项目实施过程中,按照合同约定的程序对部分或全部工程在材料、工艺、功能、构造、尺寸、技术指标、工程数量及施工方法等方面做出的改变。工程变更一般伴有费用变化,变更的范围也是非常广泛。工程变更的定义包括广义和狭义两种,广义的工程变更包含合同变更的全部内容,如设计方案的变更,工程量清单数量的增减,工程质量和工期要求的变动,建设规模和建设标准的调整,政府行政法规的调整,合同条款的修改以及合同主体的变更等等;而狭义的工程变更只包括以工程变更令形式变更的内容,如建筑物尺寸的变动,基础形式的调整,施工条件的变化等等。

6.1.1.2 工程变更的产生原因

工程变更是建筑施工生产的特点之一,主要原因是:

(1) 业主方对项目提出新的要求;
(2) 由于现场施工环境发生了变化;
(3) 由于设计上的错误,必须对图纸做出修改;
(4) 由于使用新技术有必要改变原设计;
(5) 由于招标文件和工程量清单不准确引起工程量增减;
(6) 发生不可预见的事件,引起停工和工期拖延。

6.1.1.3 工程变更的范围

由于工程变更属于合同改变过程中的正常治理工作,工程师可以根据施工进展的实际情况,在认为必要时,就以下几个方面发布变更指令。

(1) 对合同中任何工程量的改变

由于招标文件中的工程量清单所列的工程量是依据设计图纸计算的,是为承包人编制投标报价时使用,在实施过程中会出现实际工程量与工程量清单的工程数量不符的情况。为了便于合同管理,当事人双方应在专用条款内约定工程量变化较大可以调整单价的百分比。

(2) 任何工程质量或其他特性的变更

如在强制性标准外提高或者降低质量标准。

(3) 工程任何部分标高、位置和尺寸的改变

这方面的改变无疑会增加或者减少工程量，因此也属于工程变更。

(4) 删减任何合同约定的工作内容

删减的工作应是不再需要的工程项目，不应用变更指令的方式将承包范围内的工作变更给其他承包人实施。

(5) 新增工程按单独合同对待

进行永久工程所必需的任何附加工作、永久设备、材料供给或其他服务，包括任何联合竣工检验、钻孔和其他检验以及勘察工作。这种变更指令应是增加与合同工作范围性质一致的新增工作内容，而且不应以变更指令的形式要求承包人使用超过他目前正在使用或计划使用的施工设备范围去完成新增工程。除非承包人同意此项工作按变更对待，一般应将新增工程按一个单独的合同来对待。

(6) 改变原定的施工顺序或时间安排

此类属于合同工期的变更，既可能由于增加工程量、增加工作内容等情况，也可能源于工程师为

了协调几个承包人施工的干扰而发布的变更指示。

6.1.1.4 工程变更的确认

由于工程变更会带来工程造价和工期的变化,为了有效地控制造价,无论哪一方提出工程变更,均需由工程师确认并签发工程变更指令。当工程变更发生时,要求工程师及时处理并确认变更的合理性。一般过程是:提出工程变更→分析提出的工程变更对项目目标的影响→分析有关的合同条款和会议、通信记录→初步确定处理变更所需的费用、时间范围和质量要求(向业主提交变更详细报告)→确认工程变更。

6.1.1.5 工程变更的控制

工程变更按照发生的时间划分,有以下几种:

(1) 工程尚未开始:这时的变更只需对工程设计进行修改和补充。

(2) 工程正在施工:这时变更的时间通常很紧迫,甚至可能发生现场停工,等待变更通知。

(3) 工程已完工:这时进行变更,就必须做返工处理。

因此,应尽可能避免工程完工后进行变更,既可以防止浪费,又可以避免一旦处理不好引起纠纷,损害投资者或承包人的利益,对项目目标控制不利。首先，因为承包工程实际造价＝合同价＋索赔额。承包方为了适应日益竞争的建设市场，通常在合同谈判时让步而在工程实施过程中通过索赔获取补偿；由于工程变更所引起的工程量的变化、承包方的索赔等，都有可能使最终投资超出原来的预计投资，所以造价工程师应密切注意对工程变更价款的处理。其次，工程变更容易引起停工、返工现象，会延迟项目的完工时间，对进度不利；第三，变更的频繁还会增加工程师的组织协调工作量（协调会议、联席会的增多）；而且，变更频繁对合同管理和质量控制也不利。因此对工程变更进行有效控制和管理十分重要。

工程变更中除了对原工程设计进行变更、工程进度计划变更之外，施工条件的变更往往较复杂，需要特别重视，尽量避免索赔的发生。施工条件的变更，往往是指未能预见的现场条件或不利的自然条件，即在施工中实际遇到的现场条件同招标文件中描述的现场条件有本质的差异，使承包人向业主提出施工单价和施工时间的变更要求。在土建工程中，现场条件的变更一般出现在基础地质方面，如厂房基础下发现流砂或淤泥层，隧洞开挖中发现新的断层破碎等等。

在施工实践中,控制由于施工条件变化所引起的合同价款变化,主要是把握施工单价和施工工期的科学性、合理性。因为,在施工合同条款的理解方面,对施工条件的变更没有十分严格的定义,往往会造成合同双方各执一词。所以,应充分做好现场记录资料和试验数据库的收集整理工作,使以后在合同价款的处理方面,更具有科学性和说服力。

6.1.1.6 工程变更的处理程序

(1) 建设单位需对原工程设计进行变更,根据《建设工程施工合同文本》的规定,发包方应不迟于变更前14天以书面形式向承包方发出变更通知。变更超过原设计标准或批准的建设规模时,须经原规划管理部门和其他有关部门审查批准,并由原设计单位提供变更的相应图纸和说明。发包方办妥上述事项后,承包方根据发包方变更通知并按工程师要求进行变更。因变更导致合同价款的增减及造成的承包方损失,由发包方承担,延误的工期相应顺延。

合同履行中发包方要求变更工程质量标准及发生其他实质性变更,由双方协商解决。

(2) 承包人(施工合同中的乙方)要求对原工程进行变更,其控制程序如图6-1所示。具体规定如下:

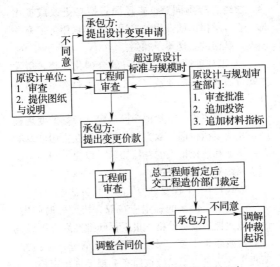

图 6-1 对承包方提出的工程变更的控制程序

1) 施工中乙方不得擅自对原工程设计进行变更。因乙方擅自变更设计发生的费用和由此导致甲方的直接损失,由乙方承担,延误的工期不予顺延。

2) 乙方在施工中提出的合理化建议涉及设计图纸或施工组织设计的更改及对原材料、设备的换用，须经工程师同意。未经同意擅自更改或换用时，乙方承担由此发生的费用，并赔偿甲方的有关损失，延误的工期不予顺延。

3）工程师同意采用乙方的合理化建议，所发生的费用和获得的收益，甲乙双方另行约定分担或分享。

工程变更程序一般由合同规定，最好的变更程序是在变更执行前，双方就办理工程变更中涉及的费用增加和造成损失的补偿协议，以免因费用补偿的争议影响工程的进度。

6.1.1.7 工程变更价款的计算方法

工程变更价款的确定应在双方协商的时间内，由承包人提出变更价格，报工程师批准后方可调整合同价或顺延工期。造价工程师对承包方（乙方）所提出的变更价款，应按照有关规定进行审核、处理，主要有：

(1) 乙方在工程变更确定后 14 天内，提出变更工程价款的报告，经工程师确认后调整合同价款。变更合同价款按下列方法进行：

1）合同中已有适用于变更工程的价格，按合同已有的价格计算变更合同价款；

2）合同中只有类似于变更工程的价格，可以

参照类似价格变更合同价款;

3) 合同中没有适用或类似于变更工程的价格,由乙方提出适当的变更价格,经工程师确认后执行。

(2) 乙方在双方确定变更后 14 天内不向工程师提出变更工程报告时,可视该项变更不涉及合同价款的变更。

(3) 工程师收到变更工程价款报告之日起 14 天内,应予以确认。工程师无正当理由不确认时,自变更价报告送达之日起 14 天后变更工程价款报告自行生效。

(4) 工程师不同意乙方提出的变更价款,可以和解或者要求有关部门(如工程造价管理部门)调解。和解或调解不成的,双方可以采用仲裁或向法院起诉的方式解决。

(5) 工程师确认增加的工程变更价款作为追加合同价款,与工程款同期支付。

(6) 因乙方自身原因导致的工程变更,乙方无权追加合同价款。

6.1.1.8 工程变更申请

在工程项目管理中,工程变更通常要经过一定的手续,如申请、审查、批准、通知等。申请表的格式和内容可根据具体工程需要设计。某工程项目的工程变更申请表,见表 6-1。

工程变更申请表　　　　表 6-1

申请人	
申请表编号	
合同号	
变更的分项工程内容及技术资料说明: 工程号:　　　　施工段号:　　　　图号:	
变更依据	
变更说明	
变更所涉及的资料	
变更的影响: 技术要求: 对其他工程的影响: 劳动力: 工程成本: 材料: 机械:	
计划变更实施日期	
变更申请人(签字)	
变更批准人(签字)	
备注	

对国有资金投资项目,施工中发包人需对原工程设计进行变更,如设计变更涉及概算调增的,应报原概算批复部门批准,其中涉及新增财政性投资的项目应经同级财政部门同意,并明确新增投资的来源和金额。承包人按照发包人发出并经原设计单位同意的变更通知及有关要求进行变更施工。

6.1.1.9 工程变更中应注意的问题

(1) 对工程师的认可权应合理限制

在国际承包工程中,业主常常通过工程师对材料的认可权,提高材料的质量标准;对设计的认可权,提高设计质量标准;对施工的认可权,提高施工质量标准。如果施工合同条文规定比较含糊,承包人应首先办理业主或工程师的书面确认,然后再提出费用的索赔。

(2) 工程变更不能超过合同规定的工程范围

工程变更不能超出合同规定的工程范围。如果超过了这个范围,承包人有权不执行变更或坚持先商定价格,后进行变更。

(3) 变更程序的对策

国际承包工程中,经常出现变更已成事实后,再进行价格谈判的情况,这对承包人很不利。当遇到这种情况时可采取以下对策:

1) 控制施工进度，等待变更谈判结果。这样不仅损失较小，而且谈判回旋余地较大；

2) 争取以计时工或按承包人的实际费用支出计算费用补偿。也可采用成本加酬金的方法计算，避免价格谈判中的争执；

3) 应有完整的变更实施的记录和照片，并由工程师签字，为索赔做准备。

（4）承包人不能擅自作主进行工程变更

对任何工程问题，承包人不能自作主张进行工程变更。如果施工中发现图纸错误或其他问题需进行变更，应首先通知工程师，经同意或通过变更程序后再进行变更。否则，不仅得不到应有的补偿，还会带来不必要的麻烦。

（5）承包人在签订变更协议过程中须提出补偿问题

在商讨变更工程、签订变更协议过程中，承包人必须提出变更索赔问题。双方在变更执行前就应对补偿范围、补偿方法、索赔值的计算方法、补偿款的支付时间等问题达成一致的意见。

6.1.2 工程价款的调整

由于建设工程的特殊性，常常在施工中变更设计,带来工程价款的调整,在市场经济条件下,物价的异常波动,会带来合同材料价款的调整;国家法律、法规或政策的变化,会带来规费、税金等的调整,影响工程造价随之调整。因此,在施工过程中,工程价款的调整是十分正常的现象。

6.1.2.1 国家法律、法规、规章及政策发生变化的工程价款调整

招标工程以投标截止日前 28 天,非招标工程以合同签订前 28 天为基准日,其后国家的法律、法规、规章和政策发生变化影响工程造价的,应按省级或行业建设主管部门或其授权的工程造价管理机构发布的规定调整合同价款。

工程建设过程中,发、承包双方都是国家法律、法规、规章及政策的执行者。因此,在发、承包双方履行合同的过程中,当国家的法律、法规、规章及政策发生变化,国家或省级、行业建设主管部门或其授权的工程造价管理机构据此发布工程造价调整文件,工程价款应当进行调整。

6.1.2.2 工程变更的价款调整

变更合同价款的方法,合同专用条款中有约定的按约定计算。无约定的按《建设工程工程量清单计价规范》GB 50500—2008 和《建设工程价款结

算暂行办法》(财建[2004]369号,以下简称价款结算办法)的方法进行计算。

"计价规范"规定:若施工中出现施工图纸(含设计变更)与工程量清单项目特征描述不符的,发、承包双方应按新的项目特征确定相应工程量清单项目的综合单价。即当施工中施工图纸(含设计变更)与工程量清单项目特征描述不一致时,发、承包双方应按实际施工的项目特征重新确定综合单价。

6.1.2.3 综合单价的调整

当工程量清单中工程量有误或工程变更引起实际完成的工程量增减超过工程量清单中相应工程量的10%或合同中约定的幅度时,工程量清单项目的综合单价应予调整。

(1)因分部分项工程量清单漏项或非承包人原因的工程变更,造成增加新的工程量清单项目,其对应的综合单价按下列方法确定:

1)合同中已有适用的综合单价,按合同中已有的综合单价确定;

2)合同中有类似的综合单价,参照类似的综合单价确定;

3)合同中没有适用或类似的综合单价,由承包人提出综合单价,经发包人确认后执行。

新增项目综合单价的确定原则。新增项目综合单价是以已标价工程量清单为依据的。第一,直接采用适用的项目单价的前提是其采用的材料、施工工艺和方法相同,亦不因此增加关键线路上工程的施工时间;第二,采用适用的项目单价的前提是其采用的材料、施工工艺和方法基本相似,不增加关键线路上工程的施工时间,可仅就其变更后的差异部分,参考类似的项目单价由发、承包双方协商新的项目单价;第三,无法找到适用和类似的项目单价时,应采用招投标时的基础资料,按成本加利润的原则,由发、承包双方协商新的综合单价。

(2) 因分部分项工程量清单漏项或非承包人原因的工程变更,引起措施项目发生变化,造成施工组织设计或施工方案变更,原措施费中已有的措施项目,按原措施费的组价方法调整;原措施费中没有的措施项目,由承包人根据措施项目变更情况,提出适当的措施费变更,经发包人确认后调整。

(3) 因非承包人原因引起的工程量增减,工程量变化在合同约定幅度以内的,应执行原有的综合单价;工程量变化在合同约定幅度以外的,其综合单价及措施项目费应予以调整。

在合同履行过程中，因非承包人原因引起的工程量增减与招标文件中提供的工程量可能有偏差，该偏差对工程量清单项目的综合单价将产生影响，是否调整综合单价以及如何调整应在合同中约定。

6.1.2.4 市场价格的调整

若施工期内市场价格波动超出一定幅度时，应按合同约定调整工程价款；合同没有约定或约定不明确的，应按省级或行业建设主管部门或其授权的工程造价管理机构的规定调整。

规范规定了市场价格发生变化超过一定幅度时，工程价款应该调整。如合同没有约定或约定不明确的，可按以下规定执行。

按照国家发改委、财政部、建设部等九部委第56号令发布的标准施工招标文件中的通用合同条款，对物价波动引起的价格调整规定了以下两种方式：

(1) 采用价格指数调整价格差额。此种方法适用于使用的材料品种较少，但每种材料使用量较大的土木工程，如公路、水坝等工程。

1) 价格调整公式。因人工、材料和设备等价格波动影响合同价格时，根据投标函附录中的价格指数和权重表约定的数据，按以下公式计算差额并调整合同价格：

$$\Delta P = P_0 \left[A + \left(B_1 \times \frac{F_{t1}}{F_{01}} + B_2 \times \frac{F_{t2}}{F_{02}} + B_3 \times \frac{F_{t3}}{F_{03}} + \cdots + B_n \times \frac{F_{tn}}{F_{0n}} \right) - 1 \right]$$

式中　　　　　　　ΔP——需调整的价格差额。

P_0——约定的付款证书中承包人应得到的已完成工程量的金额。此项金额应不包括价格调整、不计质量保证金的扣留和支付、预付款的支付和扣回。约定的变更及其他金额已按现行价格计价的，也不计在内。

A——定值权重（即不调部分的权重）。

B_1，B_2，B_3，…，B_n——各可调因子的变值权重（即可调部分的权重），为各可调因子在投标函投标总报价中所占的比例。

F_{t1}，F_{t2}，F_{t3}，…，F_{tn}——各可调因子的现行价格

          指数,指约定的付款证书相关周期最后一天的前42天的各可调因子的价格指数。

$F_{01}, F_{02}, F_{03}, \cdots, F_{0n}$——各可调因子的基本价格指数,指基准日期的各可调因子的价格指数。

  以上价格调整公式中的各可调因子、定值和变值权重,以及基本价格指数及其来源在投标函附录价格指数和权重表中约定。价格指数应首先采用有关部门提供的价格指数,缺乏上述价格指数时,可采用有关部门提供的价格代替。

  2) 暂时确定调整差额。在计算调整差额时得不到现行价格指数的,可暂用上一次价格指数计算,并在以后的付款中再按实际价格指数进行调整。

  3) 权重的调整。约定的变更导致原定合同中的权重不合理时,由监理人与承包人和发包人协商后进行调整。

  4) 承包人工期延误后的价格调整。由于承包人原因未在约定的工期内竣工,则对原约定竣工日期后继续施工的工程,在使用价格调整公式时,应采用原约定竣工日期与实际竣工日期的两个价格指数中较低的一个作为现行价格指数。

(2) 采用造价信息调整价格差额。此种方法适用于使用的材料品种较多，相对而言，每种材料使用量较小的房屋建筑与装饰工程。施工期内，因人工、材料、设备和机械台班价格波动影响合同价格时，人工、机械使用费按照国家或省、自治区、直辖市建设行政管理部门、行业建设管理部门或其授权的工程造价管理机构发布的人工成本信息、机械台班单价或机械使用费系数进行调整；需要进行价格调整的材料，其单价和采购数应由监理人复核，监理人确认需调整的材料单价及数量，作为调整工程合同价格差额的依据。

1) 人工单价发生变化时，发、承包双方应按省级或行业建设主管部门或其授权的工程造价管理机构发布的人工成本文件调整工程价款。

2) 材料价格变化超过省级或行业建设主管部门或其授权的工程造价管理机构规定的幅度时应当调整，承包人应在采购材料前将采购数量和新的材料单价报发包人核对，确认用于本合同工程时，发包人应确认采购材料的数量和单价。发包人在收到承包人报送的确认资料后3个工作日不予答复的视为已经认可,作为调整工程价款的依据。如果承包人未报经发包人核对即自行采购材料,再报发包人确认调整工程价款的,如发包人不同意,则不作调整。

3)施工机械台班单价或施工机械使用费发生变化超过省级或行业建设主管部门或其授权的工程造价管理机构规定的范围时,按其规定进行调整。

6.1.2.5 措施费用调整

施工期内,措施费用按承包人在投标报价书中的措施费用进行控制,有下列情况之一者,措施费用应予调整:

(1)发包人更改承包人的施工组织设计(修正错误除外),造成措施费用增加的应予调整;

(2)单价合同中,实际完成的工作量超过发包人所提工程量清单的工作量,造成措施费用增加的应予调整;

(3)因发包人原因并经承包人同意顺延工期,造成措施费用增加的应予调整;

(4)施工期间因国家法律、行政法规以及有关政策变化导致措施费中税金、规费等变化的,应予调整。

措施费用具体调整办法在合同中约定,合同中没有约定或约定不明的,由发包、承包双方协商,双方协商不能达成一致的,可以按工程造价管理部门发布的组价办法计算,也可按合同约定的争议解决办法处理。

6.1.2.6 当不可抗力事件发生造成损失时,工程价款的调整原则

因不可抗力事件导致的费用,发、承包双方应按以下原则分别承担并调整工程价款。

(1) 工程本身的损害、因工程损害导致第三方人员伤亡和财产损失以及运至施工场地用于施工的材料和待安装的设备的损害,由发包人承担;

(2) 发包人、承包人人员伤亡由其所在单位负责,并承担相应费用;

(3) 承包人的施工机械设备损坏及停工损失,由承包人承担;

(4) 停工期间,承包人应发包人要求留在施工场地的必要的管理人员及保卫人员的费用,由发包人承担;

(5) 工程所需清理、修复费用,由发包人承担。

6.1.2.7 工程价款调整报告

工程价款调整报告应由受益方在合同约定时间

内向合同的另一方提出,经对方确认后调整合同价款。受益方未在合同约定时间内提出工程价款调整报告的,视为不涉及合同价款的调整。

收到工程价款调整报告的一方应在合同约定时间内确认或提出协商意见,否则,视为工程价款调整报告已经确认。

规范规定了工程价款调整因素确定后,发、承包双方应按合同约定的时间和程序提出并确认调整的工程价款。当合同未作约定或"计价规范"的有关条款未作规定时,按下列规定办理:

(1) 调整因素确定后 14 天内,由受益方向对方递交调整工程价款报告。受益方在 14 天内未递交调整工程价款报告的,视为不调整工程价款。

(2) 收到调整工程价款报告的一方,应在收到之日起 14 天内予以确认或提出协商意见,如在 14 天内未作确认也未提出协商意见时,视为调整工程价款报告已被确认。

6.1.2.8 经发、承包双方确定调整的工程价款的支付方法

经发、承包双方确定调整的工程价款,作为追加(减)合同价款与工程进度款同期支付。

6.1.3 索赔与现场签证

6.1.3.1 索赔的概念

工程索赔是指在合同履行过程中,对于并非自己的过错,而是应由对方承担责任的情况造成的实际损失向对方提出经济补偿和(或)时间补偿的要求。施工索赔是索赔中的一种,是指由承包人向业主提出的、旨在为了取得经济补偿和(或)工期延长的要求的索赔。

索赔是工程承包中经常发生的正常现象。由于施工现场条件、气候条件的变化,施工进度、物价的变化,以及合同条款、规范、标准文件和施工图纸的变更、差异、延误等因素的影响,使得工程承包中不可避免地出现索赔。

对于施工合同的双方来说,索赔是维护自身合法利益的权利。它同合同条件中双方的合同责任一样,构成严密的合同制约关系。承包人可以向业主提出索赔,业主也可以向承包人提出索赔。本节主要结合合同和价款结算办法讨论承包人向业主的索赔。

索赔的性质属于经济补偿行为,而不是惩罚。称为"索补"可能更容易被人们所接受,工程实际中一般多称为"签证申请"。只有先提出了"索"才有可能"赔",如果不提出"索"就不可能有"赔"。

6.1.3.2 索赔的作用

索赔的性质属于经济补偿行为,而不是惩罚。索赔的损失结果与被索赔人的行为并不一定存在法律上的因果关系。索赔工作是承发包双方之间经常发生的管理业务,是双方合作的方式,而不是对立的。经过实践证明,索赔的健康开展对于培养和发展社会主义建设市场,促进建筑业的发展,提高工程建设的效益,起着非常重要的作用:

(1) 有利于促进双方加强内部管理,严格履行合同;

(2) 有助于双方提高管理素质,加强合同管理,维护市场正常秩序;

(3) 有助于双方更快地熟悉国际惯例,熟练掌握索赔和处理索赔的方法与技巧;

(4) 有助于对外开放和对外工程承包的开展;

(5) 有助于政府部门转变职能,使双方依据合同和实际情况实事求是地协商工程造价和工期,从而使政府部门从繁琐的调整概算和协调双方关系等微观管理工作中解脱出来;

（6）有助于工程造价的合理确定，可以把原来工程报价中的一些不可预见费用，改为实际发生的损失支付，便于降低工程报价，使工程造价更为实事求是。

6.1.3.3 索赔的起因

索赔主要由以下几个方面引起：

（1）现代承包工程的特点

现代承包工程的特点是工程量大、投资大、结构复杂、技术和质量要求高、工期长等等。再加上工程环境因素、市场因素、社会因素等影响工期和工程成本。

（2）合同内容的有限性

施工合同是在工程开始前签订的，不可能对所有问题作出预见和规定，对所有的工程问题作出准确的说明。

另外，合同中难免有考虑不周的条款，有缺陷和不足之处，如措词不当、说明不清楚、有二义性等，都会导致合同内容的不完整性。

上述原因会导致双方在实施合同中对责任、义务和权力的争议，而这些争执往往都与工期、成本、价格等经济利益相联系。

（3）应业主要求

业主可能会在建筑造型、功能、质量、标准、实施方式等方面提出合同以外的要求。

(4) 各承包人之间的相互影响

往往完成一个工程需若干个承包人共同工作。由于管理上的失误或技术上的原因,当一方失误不仅会造成自己的损失,而且还会殃及其他合作者,影响整个工程的实施。因此,在总体上应按合同条件,平等对待各方利益,坚持"谁过失,谁赔偿"的原则,进行索赔。

(5) 对合同理解的差异

由于合同文件十分复杂,内容又多,再加上双方看问题的立场和角度不同,会造成对合同权利和义务的范围界限划分的理解不一致,造成合同上的争执,引起索赔。

在国际承包工程中,合同双方来自不同的国家,使用不同的语言,适应不同的法律参照系,有不同的工程施工习惯。所以,双方对合同责任理解的差异也是引起索赔的主要原因之一。

上述这些情况,在工程承包合同的实施过程中都有可能产生,所以,索赔也不可避免。

6.1.3.4 索赔的条件

索赔是受损失者的权力,其根本目的在于保护

自身利益,挽回损失,避免亏本。要想取得索赔的成功,提出索赔要求必须符合以下基本条件:

(1) 客观性

是指客观存在不符合合同或违反合同的干扰事件,此事件对承包人的工期和(或)成本造成影响。这些干扰事件还要有确凿的证据证明。

(2) 合法性

当施工过程产生的干扰,非承包人自身责任引起时,按照合同条款对方应给予补偿。索赔要求必须符合本工程施工合同的规定。因为,不同的合同条件,索赔要求有不同的合法性,因而会产生不同的结果。

(3) 合理性

索赔要求应合情合理,符合实际情况,真实反映由于事件的发生而造成的实际损失,应采用合理的计算方法和计算基础。

承包人应该正确的、辩证地对待索赔问题,不能为了追求利润,滥用索赔,或者采用不正当手段搞索赔,否则会产生以下不良影响:

1) 合同双方关系紧张,互不信任,不利于合同的继续实施和双方的进一步合作。

2) 承包人信誉受损,不利于将来的继续经营活动。在国际工程承包中,不利于在工程所在国继续扩展业务。任何业主在招标中都会对上述承包人存有戒心,敬而远之。

3) 会受到处罚。在工程施工中滥用索赔,对方会提出反索赔的要求。如果索赔违反法律,还会受到相应的法律处罚。

6.1.3.5 索赔的分类

(1) 按发生索赔的原因分类

1) 增加(或减少)工程量索赔;
2) 地基变化索赔;
3) 工期延长索赔;
4) 加速施工索赔;
5) 不利自然条件及人为障碍索赔;
6) 工程范围变更索赔;
7) 合同文件错误索赔;
8) 工程拖期索赔;
9) 暂停施工索赔;
10) 终止合同索赔;
11) 设计图纸拖交索赔;
12) 拖延付款索赔;
13) 物价上涨索赔;
14) 业主风险索赔;

15) 特殊风险索赔;
16) 不可抗拒天灾索赔;
17) 业主违约索赔;
18) 法令变更索赔等。

(2) 按索赔的目的分类

1) 工期索赔

工期索赔就是承包人向业主要求延长施工的时间,使原定的工程竣工日期顺延一段合理的时间。

如果施工中发生计划进度拖后的原因在承包人方面,如实际开工日期较工程师指令的开工日期拖后,施工机械缺乏,施工组织不善等。在这种情况下,承包人无权要求工期延长,唯一的出路是自费采取赶工措施把延误的工期赶回来。否则,必须承担误期损害赔偿费。

2) 经济索赔

经济索赔就是承包人向业主要求补偿不应该由承包人自己承担的经济损失或额外开支,也就是取得合理的经济补偿。有时,人们将索赔具体地称为"费用索赔"。

承包人取得经济补偿的前提是:在实际施工过程中发生的施工费用超过了投标报价书中该项工作所预算的费用;而这些费用超支的责任不在承包人

方面,也不属于承包人的风险范围。具体地说,施工费用超支的原因,主要来自两种情况:一是施工受到了干扰,导致工作效率降低;二是业主指令工程变更或额外工程,导致工程成本增加。由于这两种情况所增加的施工费用,即新增费用或额外费用,承包人有权索赔。因此,经济索赔有时也被称为额外费用索赔,简称为费用索赔。

(3) 按索赔的合同依据分类

1) 合同规定的索赔

合同规定的索赔是指承包人所提出的索赔要求,在该工程项目的合同文件中有文字依据,承包人可以据此提出索赔要求,并取得经济补偿。这些在合同文件中有文字规定的合同条款,在合同解释上被称为明示条款,或称为明文条款。

2) 非合同规定的索赔

非合同规定的索赔亦被称为"超越合同规定的索赔",即承包人的该项索赔要求,虽然在工程项目的合同条件中没有专门的文字叙述,但可以根据该合同条件的某些条款的含义,推论出承包人有索赔权。这种索赔要求,同样有法律效力,有权得到相应的经济补偿。这种有经济补偿含义的合同条款,在合同管理工作中被称为"默示条款",或称为"隐含条款"。

3) 道义索赔

这是一种罕见的索赔形式,是指通情达理的业主目睹承包人为完成某项困难的施工,承受了额外费用损失,因而出于善良意愿,同意给承包人以适当的经济补偿。因在合同条款中找不到此项索赔的规定。这种经济补偿,称为道义上的支付,或称优惠支付,道义索赔俗称为"通融的索赔"或"优惠索赔"。这是施工合同双方友好信任的表现。

(4) 按索赔的有关当事人分类

1) 工程承包人同业主之间的索赔

这是承包施工中最普遍的索赔形式。在工程施工索赔中,最常见的是承包人向业主提出的工期索赔和经济索赔;有时,业主也向承包人提出经济补偿的要求,即"反索赔"。

2) 总承包人同分包商之间的索赔

总承包人是向业主承担全部合同责任的签约人,其中包括分包商向总承包人所承担的那部分合同责任。

总承包人和分包商,按照他们之间所签订的分包合同,都有向对方提出索赔的权利,以维护自己的利益,获得额外开支的经济补偿。

分包商向总承包人提出的索赔要求，经过总承包人审核后，凡是属于业主方面责任范围内的事项，均由总承包人汇总加工后向业主提出；凡属总承包人责任的事项，则由总承包人同分包商协商解决。有的分包合同规定：所有属于分包合同范围内的索赔，只有当总承包人从业主方面取得索赔款后，才拨付给分包商。这是对总承包人有利的保护性条款，在签订分包合同时，应由签约双方具体商定。

3) 承包人同供货商之间的索赔

承包人在中标以后，根据合同规定的机械设备和工期要求，向设备制造厂家或材料供应商询价订货，签订供货合同。如果供货商违反供货合同的规定，使承包人受到经济损失，承包人有权向供货商提出索赔，反之亦然。承包人同供货商之间的索赔，一般称为"商务索赔"，无论施工索赔或商务索赔，都属于工程承包施工的索赔范围。

(5) 按索赔的处理方式分类

1) 单项索赔

单项索赔就是采取一事一索赔的方式，即在每一件索赔事项发生后，报送索赔通知书，编报索赔报告书，要求单项解决支付，不与其他的索赔事项混在一起。

单项索赔是施工索赔通常采用的方式。它避免了多项索赔的相互影响制约,所以解决起来比较容易。

2) 综合索赔

综合索赔又称总索赔,俗称一揽子索赔。即对整个工程(或某项工程)中所发生的数起索赔事项,综合在一起进行索赔。

采取这种方式进行索赔,是在特定的情况下被迫采用的一种索赔方法。有时,在施工过程中受到非常严重的干扰,以致承包人的全部施工活动与原来的计划大不相同,原合同规定的工作与变更后的工作相互混淆,承包人无法为索赔保持准确而详细的成本记录资料,无法分辨哪些费用是原定的,哪些费用是新增的,在这种条件下,无法采用单项索赔的方式。

综合索赔也就是总成本索赔,它是对整个工程(或某项工程)的实际总成本与原预算成本之差额提出索赔。

采取综合索赔时,承包人必须事前征得工程师的同意,并提出以下证明:

① 承包人的投标报价是合理的;

② 实际发生的总成本是合理的；

③ 承包人对成本增加没有任何责任；

④ 不可能采用其他方法准确地计算出实际发生的损失数额。

虽然如此，承包人应该注意，应尽量避免采取综合索赔的方式，因为它涉及的争论因素太多，一般很难索赔成功。

(6) 按索赔的对象分类

1) 施工索赔

施工索赔是指在建设工程施工合同履行过程中，承包人或者因非自身因素，或者因发包人不履行合同或未能正确履行合同，给承包人造成经济损失，承包人根据法律、合同的规定，向发包人提出经济补偿或工期延长的要求。

2) 反索赔

反索赔是指业主向承包人提出的、由于承包人责任或违约而导致业主经济损失的补偿要求。反索赔一般包括两个方面的含义：其一是业主对承包人提出的索赔要求进行分析和评审，否定其不合理的要求，即反驳对方不合理的索赔要求；其二是对承包人在履约中的缺陷责任，如工期拖延、施工质量达不到要求等提出损失补偿，即向对方提出索赔。

反索赔的主要步骤如下:

① 对合同进行全面细致的分析,从而确定索赔的合同依据;

② 对索赔事件的起因、经过、持续时间、影响范围进行详细的调查;

③ 在事件调查和收集整理工程资料的基础上,对合同状态、实际状态、可能状态进行比较分析;

④ 起草索赔报告(或对承包人的索赔报告进行分析),阐述索赔理由;

⑤ 提交索赔报告。

6.1.3.6 索赔的原则

(1) 必须以合同为依据。施工企业必须对合同条件、协议条款等有详细了解,遭遇索赔事件时,以合同为依据来提出索赔要求。

(2) 及时提交索赔意向书。根据招投标文件及合同要求中的有关规定提出索赔意向书,意向书应包含索赔项目(分部分项工程名称)、索赔事由及依据、事件发生起算日期和估算损失,无须附详细的计算资料和证明。索赔意向书递交监理工程师后应经主管监理工程师签字确认,必要时施工企业负责人、现场负责人、现场监理工程师和主管监理工程师要一起到现场核对。这样,监理工程师通过意向书就可以对整个事件的起因、地点及索赔方向有大致了解。

（3）必须注意资料的积累。积累一切可能涉及索赔论证的资料。施工企业与建设单位研究的技术问题、进度问题和其他重大问题的会议应做好文字记录，并争取与会者签字，作为正式文档资料。同时应建立业务往来的文件编号等业务记录制度，做到处理索赔时以事实和数据为依据。收集的证据要确凿，理由要充分，所有工程费用和工期索赔应附该项目现场监理工程师认可的记录、计算资料及相关的证明材料。

6.1.3.7 索赔的基本程序及其规定

（1）索赔的基本程序

在工程项目施工阶段，每出现一个索赔事件，都应按照国家有关规定、国际惯例和工程项目合同条件的规定，认真及时地协商解决，一般索赔程序如图6-2所示。

（2）承包人向发包人提出索赔的程序、时间和要求

若承包人认为非承包人原因发生的事件造成了承包人的经济损失，承包人应在确认该事件发生后，按合同约定向发包人发出索赔通知。

发包人在收到最终索赔报告后并在合同约定时间内,未向承包人作出答复,视为该项索赔已经认可。

规范规定了承包人向发包人的索赔应在索赔事件发生后,持证明索赔事件发生的有效证据和依据正当的索赔理由,按合同约定的时间向发包人提出索赔。发包人应按合同约定的时间对承包人提出的索赔进行答复和确认。当发、承包双方在合同中对此未作具体约定时,按以下规定办理:

1) 承包人应在确认引起索赔的事件发生后28天内向发包人发出索赔通知,否则,承包人无权获得追加付款,竣工时间不得延长。

2) 承包人应在现场或发包人认可的其他地点,保持用以证明任何索赔可能需要的此类同期记录。发包人收到承包人的索赔通知后,未承认发包人责任前,可检查记录保持情况,并可指示承包人保持进一步的同期记录。

3) 在承包人确认引起索赔的事件后42天内,承包人应向发包人递交一份详细的索赔报告,包括索赔的依据、要求追加付款的全部资料。

如果引起索赔的事件具有连续影响,承包人应按月递交进一步的中间索赔报告,说明累计索赔的金额。

承包人应在索赔事件产生的影响结束后 28 天内，递交一份最终索赔报告。

4）发包人在收到索赔报告后 28 天内，应作出回应，表示批准或不批准并附具体意见。还可以要求承包人提供进一步的资料，但仍要在上述期限内对索赔作出回应。

5）发包人在收到最终索赔报告后的 28 天内，未向承包人作出答复，视为该项索赔报告已经认可。

(3) 发包人对索赔事件的处理程序和要求

1）承包人在合同约定的时间内向发包人递交费用索赔意向通知书；

2）发包人指定专人收集与索赔有关的资料；

3）承包人在合同约定的时间内向发包人递交费用索赔申请表；

4）发包人指定的专人初步审查费用索赔申请表，符合"计价规范"第 4.6.1 条规定的条件时予以受理；

5）发包人指定的专人进行费用索赔核对，经造价工程师复核索赔金额后，与承包人协商确定并由发包人批准；

6) 发包人指定的专人应在合同约定的时间内签署费用索赔审批表,或发出要求承包人提交有关索赔的进一步详细资料的通知,待收到承包人提交的详细资料后,按上述第(4、5)条的程序进行。

(4) 承包人的费用索赔与工程延期索赔要求

若承包人的费用索赔与工程延期索赔要求相关联时,发包人在作出费用索赔的批准决定时,应结合工程延期的批准,综合作出费用索赔和工程延期的决定。

索赔事件发生后,在造成费用损失时,往往会造成工期的变动。当索赔事件造成的费用损失与工期相关联时,承包人应根据发生的索赔事件,在向发包人提出费用索赔要求的同时,提出工期延长的要求。

发包人在批准承包人的索赔报告时,应将索赔事件造成的费用损失和工期延长联系起来,综合作出批准费用索赔和工期延长的决定。

(5) 发包人向承包人提出索赔的程序、时间和要求

若发包人认为由于承包人的原因造成额外损失,发包人应在确认引起索赔的事件后,按合同约定向承包人发出索赔通知。

承包人在收到发包人索赔通知后并在合同约定时间内，未向发包人作出答复，视为该项索赔已经认可。

双方如果在合同中对索赔的时限有约定的从其约定。当合同中对此未作具体约定时，按以下规定办理：

1）发包人应在确认引起索赔的事件发生后28天内向承包人发出索赔通知，否则，承包人免除该索赔的全部责任。

2）承包人在收到发包人索赔报告后的28天内，应作出回应，表示同意或不同意并附具体意见，如在收到索赔报告后的28天内，未向发包人作出答复，视为该项索赔报告已经认可。

（6）承包人应发包人要求完成合同以外的零星工作或非承包人责任事件发生时，承包人应按合同约定及时向发包人提出现场签证。当合同对此未作具体约定时，承包人应在发包人提出要求后7天内向发包人提出签证，发包人签证后施工。若没有相应的计日工单价，签证中还应包括用工数量和单价、机械台班数量和单价、使用材料及数量和单价等。若发包人未签证同意，承包人施工后发生争议的，责任由承包人自负。

发包人应在收到承包人的签证报告 48 小时内给予确认或提出修改意见，否则，视为该签证报告已经认可。

（7）发、承包双方确认的索赔与现场签证费用与工程进度款同期支付。

6.1.3.8 索赔证据和索赔文件

（1）索赔证据

合同一方向另一方提出索赔时，应有正当的索赔理由和有效证据，并应符合合同的相关约定。

《中华人民共和国民法通则》第一百一十一条规定："当事人一方不履行合同义务或履行合同义务不符合合同约定条件的，另一方有权要求履行或者采取补救措施，并有权要求赔偿损失"。因此，索赔是合同双方依据合同约定维护自身合法利益的行为，它的性质属于经济补偿行为，而非惩罚。

建设工程施工中的索赔是发、承包双方行使正当权利的行为，承包人可向发包人索赔，发包人也可向承包人索赔。

索赔应满足三个要素：一是正当的索赔理由；二是有效的索赔证据；三是在合同约定的时间内提出。任何索赔事件的确立，其前提条件是必须有正当的索赔理由。对正当索赔理由的说明必须具有证据,因为进行索赔主要是靠证据说话。没有证据或证据不足,索赔是难以成功的。

1) 对索赔证据的要求:

① 真实性。索赔证据必须是在实施合同过程中确定存在和发生的,必须完全反映实际情况,能经得住推敲。

② 全面性。所提供的证据应能说明事件的全过程。索赔报告中涉及的索赔理由、事件过程、影响、索赔数额等都应有相应证据,不能零乱和支离破碎。

③ 关联性。索赔的证据应当能够互相说明,相互具有关联性,不能互相矛盾。

④ 及时性。索赔证据的取得及提出应当及时,符合合同约定。

⑤ 具有法律证明效力。一般要求证据必须是书面文件,有关记录、协议、纪要必须是双方签署的;工程中重大事件、特殊情况的记录、统计必须由合同约定的发包人现场代表或监理工程师签证认可。

2) 索赔证据的种类:

① 招标文件、工程合同、发包人认可的施工组织设计、工程图纸、技术规范等。

② 工程各项有关的设计交底记录、变更图纸、变更施工指令等。

③ 工程各项经发包人或合同中约定的发包人现场代表或监理工程师签认的签证。

④ 工程各项往来信件、指令、信函、通知、答复等。

⑤ 工程各项会议纪要。

⑥ 施工计划及现场实施情况记录。

⑦ 施工日报及工长工作日志、备忘录。

⑧ 工程送电、送水、道路开通、封闭的日期及数量记录。

⑨ 工程停电、停水和干扰事件影响的日期及恢复施工的日期记录。

⑩ 工程预付款、进度款拨付的数额及日期记录。

⑪ 工程图纸、图纸变更、交底记录的送达份数及日期记录。

⑫ 工程有关施工部位的照片及录像等。

⑬ 工程现场气候记录,如有关天气的温度、风力、雨雪等。

⑭ 工程验收报告及各项技术鉴定报告等。

⑮ 工程材料采购、订货、运输、进场、验收、

使用等方面的凭据。

⑯ 国家和省级或行业建设主管部门有关影响工程造价、工期的文件、规定等。

(2) 索赔文件

索赔文件是承包人向业主索赔的正式书面材料,也是业主审议承包人索赔请求的主要依据。索赔文件通常包括三个部分:

1) 索赔信。索赔信是承包人致业主或工程师的一封简短的信函,它主要包括的内容有:

① 说明索赔事件;

② 列举索赔理由;

③ 提出索赔金额及(或)工期;

④ 附件说明。

2) 索赔报告。索赔报告是索赔文件的正文,对索赔的解决有重大的影响。索赔报告一般由三部分组成,即标题、事实与理由、损失计算及要求赔偿的金额和(或)工期。在撰写索赔报告时,主要应注意以下几个方面:

① 索赔事件应真实,证据应确凿;

② 索赔的计算要准确,计算的依据、方法、结果应详细列出;

③ 要明确索赔事件的发生是非承包人责任;

④ 要说明所发生的事件是一个有经验的承包人所不能预测的;

⑤ 要阐述清楚所发生事件与承包人所遭受损失之间的因果关系。

3) 附件。附件主要有两个内容:

① 索赔报告中所列举事实、理由、影响等的证明文件和证据。

② 索赔金额及(或)工期的详细计算书,这是为了主宰索赔金额的真实性而设置的,为了简明可以大量选用图表。

6.1.3.9 索赔的具体操作步骤

(1) 填写索赔意向书

索赔事件发生后,及时在合同规定的时限内(一般规定为 28 天)向监理工程师提出索赔意向书。意向书应根据合同要求抄送、抄报相关单位。

(2) 同期记录

索赔意向书提交后,应从索赔事件起算日起至索赔事件结束日止,认真做好同期记录,每天均应有记录,并有现场监理工程人员的签字。索赔事件造成现场损失时,还应做好现场照片、录像资料的整理,打印后请监理工程师签字。

同期记录的内容有:事件发生时及过程中现场

实际状况；导致现场人员、设备的闲置清单；对工期的延误；对工程的损害程度；导致费用增加的项目及所用的人员、机械、材料数量、有效票据等。

（3）详细情况报告

在索赔事件的进行过程中（每隔一星期或更长时间，或视具体情况由监理工程师来定），承包人应向监理工程师提交索赔事件的阶段性详细情况报告，说明索赔事件目前的损失款额、影响程度及费用索赔的依据。同时将详细情况报告抄送、抄报相关单位。

（4）最终索赔报告

当索赔事件所造成的影响结束后，施工企业应在合同规定的时间内向监理工程师提交最终索赔详细报告，并同时抄送、抄报相关单位。最终报告应包括以下内容：

1) 施工单位的正规性文件。

2) 索赔申请表。填写索赔项目、依据、证明文件、索赔金额和日期。在一般建筑工程施工中，索赔项目一般包括工程变更引起的费用、工期增加，由于地质条件造成局部或部分停工等引起的机械、人员窝工费用，相应工期及费用增加等。索赔依据一般包括在建工程技术规范、施工图纸、业主与施工企业签订的工程承包协议、业主对施工企业施工进度计划的批复、业主下达的变更图纸、变更令及大型工程项目技术方案的修改等。索赔证明文件包括业主下达的各项往来文件及施工企业在施工过程中收集到的各项有利证据。索赔金额及工期的计算一般参照承包单位与业主签订合同中包含的工程量清单、工程概预算定额、机械台班单价,地方政策文件及业主、监理下达的有关文件。但是,多数施工企业往往在施工过程中只对存在的问题向上级主管单位进行口头汇报或只填写索赔意向书而不注重证据的收集,最终导致很多本来对施工企业有利的索赔项目不能得到批复。

3) 批复的索赔意向书。

4) 编制说明。索赔事件的起因、经过和结束的详细描述。

5) 附件。与本项费用或工期索赔有关的各种往来文件,包括施工企业发出的与工期和费用索赔有关的证明材料及详细计算资料。

6.1.3.10 承包人索赔的主要内容与处理原则

(1) 业主未能按合同约定的内容和时间完成应该做的工作

当业主未能按合同专用条款第 8.1 款约定的内

容和时间完成应该做的工作,导致工期延误或给承包人造成损失的,承包人可以进行工期索赔或损失费用索赔。工期确认时间根据合同通用条款第13.2款约定为14天。

(2) 发包人指令错误

因发包人指令错误发生的追加合同价款和给承包人造成的损失、延误的工期,承包人可以根据合同通用条款第6.2款的约定进行费用、损失费用和工期索赔。

(3) 发包人未能及时向承包人提供所需指令、批准

因发包人未能按合同约定,及时向承包人提供所需指令、批准并履行约定的其他义务时,承包人可以根据合同通用条款第6.3款的约定进行费用、损失费用和工期索赔。工期确认时间根据合同通用条款第13.2款约定为14天。

(4) 业主未能按合同约定时间提供图纸

因业主未能按合同专用条款第4.1款约定提供图纸,承包人可以根据合同通用条款第13.1款的约定进行工期索赔。发生费用损失的,还可以进行费用索赔。工期确认时间根据合同通用条款第13.2款约定为14天。

(5) 延期开工

1) 承包人可以根据合同通用条款第 11.1 款的约定向发包人提出延期开工的申请,申请被批准则承包人可以进行工期索赔。发包人的确认时间为 48 小时。

2) 业主根据合同通用条款第 11.2 款的约定要求延期开工,承包人可以进行因延期开工造成的损失和工期索赔。

(6) 地质条件发生变化

当开挖过程中遇到文物或地下障碍物时,承包人可以根据合同通用条款第 43 条的约定进行费用、损失费用和工期索赔。

当业主没有完全履行告知义务,开挖过程中遇到地质条件显著异常与招标文件描述不同时,承包人可以根据合同通用条款第 36.2 款的约定进行费用、损失费用和工期索赔。

当开挖后地基需要处理时,承包人应该按照设计院出具的设计变更单进行地基处理。承包人按照设计变更单的索赔程序进行费用、损失费用和工期的索赔。

(7) 暂停施工

因业主原因造成暂停施工时,承包人可以根据合同通用条款第 12 条的约定进行费用、损失费用和工期索赔。

(8) 停水、停电

因非承包人原因一周内停水、停电、停气造成停工累计超过 8 小时承包人可以根据合同通用条款第 13.1 款的约定要求进行工期索赔。工期确认时间根据合同通用条款第 13.2 款约定为 14 天。能否进行费用索赔视具体的合同约定而定。

(9) 不可抗力

发生合同通用条款第 39.1 款及专用条款第 39.1 款约定的不可抗力，承包人可以根据合同通用条款第 39.3 款的约定进行费用、损失费用和工期索赔。工期确认时间根据合同通用条款第 13.2 款约定为 14 天。

因业主一方迟延履行合同后发生不可抗力的，不能免除其迟延履行的相应责任。

(10) 检查检验

发包人对工程质量的检查检验不应该影响施工正常进行。如果影响施工正常进行，承包人可以根据合同通用条款第 16.3 款的约定进行费用、损失费用和工期索赔。

(11) 重新检验

当重新检验时检验合格,承包人可以根据合同通用条款第 18 条的约定进行费用、损失费用和工期索赔。

(12) 工程变更和工程量增加

因工程变更引起的工程费用增加,按前述工程变更的合同价款调整程序处理。造成实际的工期延误和因工程量增加造成的工期延长,承包人可以根据合同通用条款第 13.1 款的约定要求进行工期索赔。工期确认时间根据合同通用条款第 13.2 款约定为 14 天。

(13) 工程预付款和进度款支付

工程预付款和进度款没有按照合同约定的时间支付,属于业主违约。承包人可以按照合同通用条款第 24 条、第 26 条及专用条款第 24 条、第 26 条的约定处理,并按专用条款第 35.1 款的约定承担违约责任。

(14) 业主供应的材料设备

业主供应的材料设备,承包人按照合同通用条款第 27 条及专用条款第 27 条的约定处理。

(15) 其他

合同中约定的其他顺延工期和业主违约责任,承包人视具体合同约定处理。

6.1.3.11 索赔费用的组成和计算方法

（1）索赔款的主要组成部分

索赔时可索赔费用的组成部分，同施工承包合同价所包含的组成部分一样，包括直接费、间接费和利润。具体内容如图 6-3 所示。

图 6-3 可索赔费用的组成部分

从原则上说，凡是承包人有索赔权的工程成本增加，都是可以索赔的费用。这些费用都是承包人为了完成额外的施工任务而增加的开支。但是，对于不同原因引起的索赔，可索赔费用的具体内容有所不同。同一种新增的成本开支，在不同原因、不同性质的索赔中，有的可以肯定地列入索赔款额中，有的则不能列入，还有的在能否列入的问题上需要具体分析判断。

在具体分析费用的可索赔性时,应对各项费用的特点和条件进行审核论证:

1) 人工费

人工费是指直接从事索赔事项建筑安装工程施工的生产工人开支的各项费用。主要包括:基本工资、工资性补贴、生产工人辅助工资、职工福利费、生产工人劳动保护费。

2) 材料费

材料费是指施工过程中耗费的构成工程实体的原材料、辅助材料、构配件、零件、半成品的费用。主要包括:材料原价、材料运杂费、运输损耗费、采购保管费、检验试验费。对于工程量清单计价来说,还包括操作及安装损耗费。

为了证明材料原价,承包人应提供可靠的订货单、采购单,或造价管理机构公布的材料信息价格。

3) 施工机械费

施工机械费的索赔计价比较繁杂,应根据具体情况协商确定。

① 使用承包人自有的设备时,要求提供详细的设备运行时间和台数、燃料消耗记录、随机工作

人员工作记录等等。这些证据往往难以齐全准确，因而有时使双方争执不下。因此，在索赔计价时往往按照有关的预算定额中的台班单价计价。

② 使用租赁的设备时，只要租赁价格合理，又有可信的租赁收费单据时，就可以按租赁价格计算索赔款。

③ 索赔项目需要新增加机械设备时，双方事前协商解决。

4）措施费

索赔项目造成的措施费用的增加，可以据实计算。

5）企业管理费

企业组织施工生产和经营管理的费用，如：管理人员工资、办公费、差旅交通费、保险费等多项费用。企业管理费按照有关规定计算。

6）利润

利润按照投标文件的计算方法计取。

7）规费及税金

规费及税金按照投标文件的计算方法计取。

可索赔的费用，除了前述的人工费、材料、设备费、分包费、管理费、利息、利润等几个方面以外，有时，承包人还会提出要求补偿额外担保费用，尤其是当这项担保费的款额相当大时。对于大型工程，履行担保的额度款都很可观，由于延长履约担保所付的款额甚大，承包人有时会提出这一索赔要求，是符合合同规定的。如果履约担保的额度较小，或经过履约过程中对履约担保款额的逐步扣减，此项费用已无足轻重的，承包人亦会自动取消额外担保费的索赔，只提出主要的索赔款项，以利于整个索赔工作的顺利解决。

（2）在工程索赔的实践中，以下几项费用一般是不允许索赔的。

1）承包人对索赔事项的发生原因负有责任的有关费用。

2）承包人对索赔事项未采取减轻措施因而扩大的损失费用。

3）承包人进行索赔工作的准备费用。

4）索赔款在索赔处理期间的利息。

5）工程有关的保险费用。索赔事项涉及的一些保险费用，如工程一切险、工人事故保险、第三方保险等费用，均在计算索赔款时不予考虑，除非在合同条款中另有规定。

（3）索赔费用的计算方法

1）实际费用法。这是索赔计算时最常用到的一种方法。其计算的原则是,以承包人为某项索赔工作所支付的实际开支为根据,向业主要求费用补偿。用实际费用法计算索赔费用时,其过程与一般计算工程造价的过程相似,即先计算由于索赔事件的发生而导致发生的直接费中的额外费用,在此额外费用的基础上,再计算相应增加的间接费和利润,汇总即为索赔金额。

2) 总费用法。即总成本法,是用索赔事件发生后所重新计算出的项目的实际总费用,减去合同估算的总费用,其余额即为索赔金额。计算公式为

索赔金额=实际总费用-合同估算总费用

使用总费用法计算索赔值应符合以下几个条件:

① 合同实施过程中的总费用计算是准确的;工程成本计算符合现行计价规定;成本分摊方法、分摊基础选择合理;实际成本与索赔报价成本所包括的内容应一致。

② 承包人的索赔报价是合理的,反映实际情况。

③ 费用损失的责任,或干扰事件的责任与承包人无任何关系。

3) 修正的总费用法。是对总费用法的改进,

即在总费用法的基础上,去掉某些不合理的因素,使其更加合理。其具体做法如下:

① 将计算索赔额的时段局限于受到外界影响的时间,而不是整个施工期;

② 只计算受影响时段内某项工作所受影响的损失,而不是计算该时段内所有施工所受的损失;

③ 与该项工作无关的费用不列入总费用中;

④ 对投标报价费用重新进行核算,按受影响时段内该项工作的实际单价进行核算,乘以实际完成的该项工作的工程量,得出调整后的报价费用。

修正的总费用法的计算公式为

索赔金额＝某项工作调整后的实际总费用－
 该项工作的报价费用

4) 分项法。分项法是按每个或每类干扰事件引起费用项目损失分别计算索赔值的方法。其特点是:

① 能反映实际情况,比较科学、合理;

② 能为索赔报告的进一步分析、评价、审核明确双方责任提供依据;

③ 应用面广,容易被人们接受;

④ 比总费用法复杂。

5) 因素分析法。亦称连环替代法。它是依据分析指标与其影响因素的关系，从数量上确定各因素对分析指标影响方向和影响程度的一种方法。因素分析法既可以全面分析各因素对某一经济指标的影响，又可以单独分析某个因素对经济指标的影响。

因素分析法是将分析指标分解为各个可以计量的因素，并根据各个因素之间的依存关系，顺次用各因素的比较值（通常即实际值）替代基准值（通常为标准值或计划值），据以测定各因素对分析指标的影响。

6.1.3.12 工期索赔的组成和计算方法

（1）工期索赔的组成

1）由于灾害性气候、不可抗力等原因而导致的工期索赔。

2）由于业主未能及时提供合同中约定的施工条件，导致承包人无法正常施工而引起的工期索赔。此时的工期索赔往往伴随有费用索赔。

（2）工期索赔的计算方法

1）比例法。在工程实施中，因业主原因影响的工期，通常可直接作为工期的延长天数。但是，当提供的条件能满足部分施工时，应按比例法来计算工期索赔值。

2)相对单位法。工程的变更必然会引起劳动量的变化,这时我们可以用劳动量相对单位法来计算工期索赔天数。

3)网络分析法。是通过分析干扰事件发生前后的网络计划,对比两种工期的计算结果,从而计算出索赔工期。

4)平均值计算法。是通过计算业主对各个分项工程的影响程度,然后得出应该索赔工期的平均值。

5)其他方法。在实际工程中,工期补偿天数的确定方法可以是多样的。例如,在干扰事件发生前由双方商讨,在变更协议或其他附加协议中直接确定补偿天数。

6.1.3.13 业主反索赔的内容与特点

反索赔的目的是维护业主方面的经济利益。为了实现这一目的,需要进行两方面的工作。首先,要对承包人的索赔报告进行评论和反驳,否定其索赔要求,或者削减索赔款额。其次,对承包人的违约之处,提出进一步的经济赔偿要求——反索赔,以抗衡承包人的索赔要求。

(1)对承包人履约中的违约责任进行索赔

主要是针对承包人在工期、质量、材料应用、施工管理等方面对违反合同条款的有关内容进行索赔。

（2）对承包人所提出的索赔要求进行评审、反驳与修正

一方面是对无理的索赔要求进行有理的驳斥与拒绝；另一方面在肯定承包人具有索赔权的前提下，业主和工程师要对承包人提出的索赔报告进行详细审核，对索赔款的各个部分逐项审核、查对单据和证明文件，确定哪些不能列入索赔款额，哪些款额偏高，哪些在计算上有错误或重复。通过检查，削减承包人提出的索赔款额，使其更加准确。

6.1.3.14　索赔的管理

由于索赔引起费用或工期增加，所以往往成为上级主管单位的复查对象。为真实、准确反映索赔情况，施工企业应建立完整的工程索赔台账或档案。索赔台账应反映索赔发生的原因、索赔发生的时间、索赔意向提交时间、索赔结束时间、索赔申请工期和金额、监理工程师审核结果、业主审批结果等内容。对合同工期内发生的每笔索赔均应及时登记。工程完工时应形成一册完整的台账，作为工程竣工结算资料的组成部分。

施工索赔是一项复杂的、系统性很强的工作，

在索赔工作中施工企业要充分理解施工图纸、技术规范、签订的合同、补充协议及与业主、监理的各项往来文件，必须依合同、重证据、讲技巧、树信誉，踏踏实实地做好索赔管理基础工作，严格按程序办事。施工索赔是合同管理的重要环节，也是项目管理的重要内容，是施工企业赢取利润的重要手段，只有把索赔工作处理好，才能切实维护企业的合法权益，取得效益最大化。

6.2　工程计量与价款支付

6.2.1　工程预付款与进度款

6.2.1.1　工程预付款

工程预付款又称预付备料款。是根据工程承发包合同规定，由发包单位在开工前拨给承包单位一定限额的预付备料款，作为承包工程项目储备主要材料、构配件所需的流动资金。

工程预付款的数额一般是根据施工工期、建安工程量、主要材料和构配件费用占建安工程量的比例以及材料储备期等因素来确定。它是施工准备和购买所需材料、结构构件等流动资金的主要来源。

工程是否实行预付款，取决于工程性质、承包工程量的大小以及发包人在招标文件中的规定。工程实行预付款的,合同双方应根据合同通用条款及价款结算办法的有关规定,在合同专用条款中约定并履行。

6.2.1.2 工程进度款

工程进度款是指在施工过程中,按逐月(或形象进度或控制界面等)完成的工程数量计算的各项费用总和。《建设工程施工发包与承包计价管理办法》规定:建筑工程发、承包双方应当按照合同约定定期或者按照工程进度分段进行工程结算。工程进度款是按完成的合同工程量开出账单的金额,而不管它是否已经由客户支付。

6.2.2 工程价款结算方式

6.2.2.1 工程价款结算的意义

工程价款结算,是指承包人在工程施工过程中,依据承包合同中关于付款的规定和已经完成的工程量,以预付备料款和工程进度款的形式,按照规定的程序向业主收取工程价款的一项经济活动。

工程价款结算是工程项目承包中一项十分重要的工作,主要表现为:

(1) 工程价款结算是反映工程进度的主要指标

在施工过程中,工程价款结算的依据之一就是已完成的工程量。承包人完成的工程量越多,所应结算的工程价款就越多,根据累计已结算的工程价款占合同总价款的比例,能够近似地反映出工程的进度情况,有利于准确掌握工程进度。

(2) 工程价款结算是加速资金周转的重要环节

对于承包人来说,只有当工程价款结算完毕,才意味着其获得了工程成本和相应的利润,实现了既定的经济效益目标。

6.2.2.2 工程款的结算方式

我国现行工程价款结算方式有四种,即按月结算、竣工后一次结算、分段结算及业主和承包人商定的其他结算方式。

(1) 按月结算

这是一种以分部分项工程为对象,实行旬末或月中预交、月终结算、竣工后清算的结算办法。我国现行建筑安装工程价款结算中,相当一部分是实行这种按月结算方式。实行按月结算的工程会造成业主资金的大量占压。

(2) 竣工后一次结算

对于规模较小的项目,可实行工程价款每月预支,竣工后一次结算的方式。

(3) 分段结算

是指对于当年开工,当年不能竣工的单项工程或单位工程按照工程形象进度,划分不同阶段进行结算。分段结算可以按月预支工程款。

实行竣工后一次结算和分段结算的工程,当年结算的工程款应与分年度的工作量一致,年终不另清算。这两种结算方式有利于业主进行投资管理,节约投资。

(4) 结算双方约定的其他结算方式

如目标结算方式,即将合同中的工程内容分解为若干个单元,完成并验收一个单元,就支付该单元的工程价款。

6.2.2.3 工程价款结算办法

工程价款结算应按合同约定办理,合同未作约定或约定不明的,发、承包双方应依照下列规定与文件协商处理:

(1) 国家有关法律、法规和规章制度;

(2) 国务院建设行政主管部门、省、自治区、直辖市或有关部门发布的工程造价计价规范、标准、计价办法等有关规定;

(3) 建设项目的合同、补充协议、变更签证和现场签证,以及经发、承包人认可的其他有效

文件;

(4) 其他可依据的材料。

6.2.2.4 工程结算价款组成和计算

(1) 分部分项工程量清单报价款。

(2) 措施项目清单报价款。

(3) 其他项目清单价款。

(4) 因工程量的变更而调整的价款。

1) 分部分项工程量清单漏项、或设计变更增加新的工程量清单项目,应调增的价款。

调增价款=Σ(漏项、新增项目工程量×
相应新编综合单价)。

2) 分部分项工程量清单多余项目,或设计变更减少了原有分部分项工程量清单项目,应调减的价款。

调减价款=Σ(多余项目原有价款+
设计变更减少的项目原有价款)

3) 分部分项工程量清单有误而调增的工程量,或设计变更引起分部分项工程量清单工程量增加,应调增的价款。

调增价款=Σ[某工程量清单项目调增工程量
(工程量10%或工程费0.1%以内部分)×
相应原综合单价]+Σ[某工程量清

单项目调增工程量（工程量10%或工程费0.1%以外部分）×相应新编综合单价]

4）分部分项工程量清单有误而调减的工程量，或设计变更引起分部分项工程量清单工程量减少，应调减的价款。

调减价款=∑（某工程量清单项目调减的
　　　　　工程量×相应原综合单价）

（5）索赔费用。

（6）规费项目清单价款。

规费=（分部分项工程量清单价款+措施项目
　　　清单价款+其他项目清单价款+工程变更
　　　调整价款+索赔费用+实际发生的发包人
　　　自行采购材料的价款）×规费率

其中建筑、装饰装修、安装工程的"规费"不包括社会保障费、意外伤害保险费。

（7）税金项目清单价款。

税金=[（分部分项工程量清单价款+措施项目
　　　清单价款+其他项目清单价款+工程变更
　　　调整价款+索赔费用+实际发生的发包人
　　　自行采购材料的价款）×（1+社会保障
　　　费率+意外伤害保险费率）+规费]×

税金率

6.2.3 工程预付款结算

发包人应按照合同约定支付工程预付款。支付的工程预付款,按照合同约定在工程进度款中抵扣。

6.2.3.1 工程预付款的支付

规范规定了发包人应按合同约定的时间和比例(或金额)向承包人支付工程预付款。当合同对工程预付款的支付没有约定时,工程预付款的额度,原则上预付比例不低于合同金额(扣除暂列金额)的10%,不高于合同金额(扣除暂列金额)的30%,对重大工程项目,按年度工程计划逐年预付。实行工程量清单计价的工程,实体性消耗和非实体性消耗部分宜在合同中分别约定预付款比例(或金额)。

通常预付备料款的限额计算公式为

备料款限额＝全年施工产值×主要材料所占比重×材料储备天数/年度施工日历天数

或

备料款限额＝全年施工产值×预付备料款占工程价款比例

6.2.3.2 预付款的拨付时间及违约责任

（1）工程预付款的支付时间：在具备施工条件的前提下，发包人应在双方签订合同后的一个月内或约定的开工日期前的 7 天内预付工程款。

（2）若发包人未按合同约定时间预付工程款，承包人应在预付时间到期后 10 天内向发包人发出要求预付的通知，发包人收到通知后仍不按要求预付，承包人可在发出通知 14 天后停止施工，发包人应从约定应付之日起按同期银行贷款利率计算向承包人支付应付预付款的利息，并承担违约责任。

6.2.3.3 预付款的扣回

预付的工程款必须在合同中约定抵扣方式，并在工程进度款中进行抵扣。通常备料款的扣款方式一般为：从未施工工程尚需的主要材料及构件的价值相当于备料款数额时起扣，从每月结算的工程价款中按材料比重抵扣备料款，竣工前全部扣清。其起扣点的计算公式为

备料款起扣点＝工程价款总额－预付备料款限额/主要材料所占比重

6.2.3.4 不拨付预付款的情况

凡是没有签订合同或不具备施工条件的工程，发包人不得预付工程款，不得以预付款为名转移

资金。

对于只包定额工日，不包材料定额，材料供应由建设单位负责的工程，没有预付备料款。

6.2.4 工程进度款结算

6.2.4.1 工程进度款结算的概念

工程进度款结算是承包单位在项目建设过程中，按预定工期（或按月）完成的分部分项工程量计算的各项费用，在当月定期提出的工程价款结算账单和已完工程的月报表，向发包单位办理中间结算，累计至工程项目全部完成。

6.2.4.2 工程量的确定

（1）工程量的调整

由于施工中的诸多原因，发生了工程量的变更，因而引起了工程量的变化，遵照谁引起风险谁承担责任的原则，工程量计算时，若发现工程量清单中出现漏项、工程量计算偏差，以及工程变更引起工程量的增减，应按承包人在履行合同义务过程中实际完成的工程量计算。即规定了工程量应按承包人在履行合同义务过程中的实际完成工程量计量。

1）分部分项工程量清单有漏项，或设计变更增加新的分部分项工程量清单项目,其工程数量可由承包人按建设工程工程量清单计价规范进行计算,经发包人确认后,作为工程结算的依据。

由于招标人的原因,不论是工程量清单有误,还是设计变更等原因引起的分部分项工程量清单项目和工程量增加或减少均要按实调整。

2) 分部分项工程量清单有多余项目,或设计变更减少了原有分部分项工程量清单项目,可由承包人提出,经发包人确认后,作为工程结算的依据。

3) 分部分项工程量清单工程量有误,或设计变更引起分部分项工程量清单工程量的变化,可由承包人按实际进行调整,经发包人确认后,作为工程结算的依据。

(2) 承包人与发包人进行工程计量的要求

承包人应按照合同约定,向发包人递交已完工程量报告。发包人应在接到报告后按合同约定进行核对。当发、承包双方在合同中未对工程量的计量时间、程序、方法和要求作约定时,按以下规定办理:

1) 承包人应在每个月末或合同约定的工程段末向发包人递交上月或工程段已完工程量报告。

2) 发包人应在接到报告后 7 天内按施工图纸（含设计变更）核对已完工程量，并应在计量前 24 小时通知承包人。承包人应按时参加。

3) 计量结果的确认：

① 如发、承包双方均同意计量结果，则双方应签字确认。

② 如承包人未按通知参加计量，则由发包人批准的计量应认为是对工程量的正确计量。

③ 如发包人未在规定的核对时间内进行计量，视为承包人提交的计量报告已经认可。

④ 如发包人未在规定的核对时间内通知承包人，致使承包人未能参加计量，则由发包人所作的计量结果无效。

⑤ 对于承包人超出施工图纸范围或因承包人原因造成返工的工程量，发包人不予计量。

⑥ 如承包人不同意发包人的计量结果，承包人应在收到上述结果后 7 天内向发包人提出，申明承包人认为不正确的详细情况。发包人收到后，应在 2 天内重新检查对有关工程量的计量，或予以确认，或将其修改。

发、承包双方认可的核对后的计量结果应作为支付工程进度款的依据。

6.2.4.3 工程价款的调整

由于工程量的变动,需调整或新编综合单价,合同中应有约定,否则应按建设工程工程量清单计价办法的规定执行。

(1) 分部分项工程量清单漏项,或由于设计变更增加了新的分部分项工程量清单项目,其综合单价可由承包人根据省建设工程工程量清单计价办法,参照工程造价管理机构发布的相关价格、费用信息进行编制,经发包人确认后,作为工程结算的依据。

(2) 分部分项工程量清单有多余项目,或设计变更减少了原有分部分项工程量清单项目,其原有价款,结算时应给予扣除。

(3) 因非承包人原因引起的工程量增减与招标文件中提供的工程量可能有偏差,该偏差对工程量清单项目的综合单价将产生影响,是否调整综合单价以及如何调整应在合同中约定。若合同未作约定,按以下原则办理:

1) 当工程量清单项目工程量的变化幅度在10%以内时,其综合单价不做调整,执行原有综合单价。

2) 当工程量清单项目工程量的变化幅度在

10%以外，且其影响分部分项工程费超过0.1%时，其综合单价以及对应的措施费（如有）均应作调整。调整的方法是由承包人对增加的工程量或减少后剩余的工程量提出新的综合单价和措施项目费，经发包人确认后调整。

综合单价，可由承包人根据省建设工程工程量清单计价办法的规定，参照工程造价管理机构发布的相关价格、费用信息进行编制，经发包人确认后，作为工程结算的依据。但新编综合单价低于原有综合单价时，应执行原有综合单价。

6.2.4.4 进度款结算

承包单位在项目建设过程中，按逐月完成的分部分项工程量计算各项费用，在月末提出工程价款结算账单和已完工程月报表，向发包单位办理中间结算，收取当月的工程价款。

进度款结算的具体步骤如下：

（1）根据每月所完成的工程量计算工程款。

（2）计算累计工程款。若累计工程款没有超过起扣点，则根据当月工程量计算出的工程款即为该月应支付的工程款；若累计工程款已超过起扣点，则从每月结算的工程价款中按材料比重抵扣工程材料预付款，竣工前全部扣清。

6.2.4.5 工程进度款支付

工程量的正确计量是发包人向承包人支付工程进度款的前提和依据。发包人支付工程进度款,应按照合同约定计量和支付,支付周期同计量周期。

计量和付款周期可采用分段或按月结算的方式,当采用分段结算方式时,应在合同中约定具体的工程分段划分,付款周期应与计量周期一致。

(1) 承包人应在每个付款周期末(月末或合同约定的工程段完成后),向发包人递交进度款支付申请,并附相应的证明文件。除合同另有约定外,进度款支付申请应包括下列内容:

1) 本周期已完成工程的价款;
2) 累计已完成的工程价款;
3) 累计已支付的工程价款;
4) 本周期已完成计日工金额;
5) 应增加和扣减的变更金额;
6) 应增加和扣减的索赔金额;
7) 应抵扣的工程预付款;
8) 应扣减的质量保证金;
9) 根据合同应增加和扣减的其他金额;
10) 本付款周期实际应支付的工程价款。

(2) 发包人在收到承包人递交的工程进度款支

付申请及相应的证明文件后,发包人应在合同约定时间内核对和支付工程进度款。发包人应扣回的工程预付款,与工程进度款同期结算抵扣。

规范规定了发包人应按合同约定的时间核对承包人的支付申请,并应按合同约定的时间和比例向承包人支付工程进度款。当发、承包双方在合同中未对工程,进度款支付申请的核对时间以及工程进度款支付时间、支付比例作约定时,按以下规定办理:

1)发包人应在收到承包人的工程进度款支付申请后14天内核对完毕;否则,从第15天起承包人递交的工程进度款支付申请视为被批准;

2)发包人应在批准工程进度款支付申请的14天内,向承包人按不低于计量工程价款的60%,不高于计量工程价款的90%向承包人支付工程进度款;

3)发包人在支付工程进度款时,应按合同约定的时间、比例(或金额)扣回工程预付款。

(3)发包人未在合同约定时间内支付工程进度款,承包人应及时向发包人发出要求付款的通知,发包人收到承包人通知后仍不按要求付款,可与承包人协商签订延期付款协议,经承包人同意后延期支付。协议应明确延期支付的时间和从付款申请生效后按同期银行贷款利率计算应付款的利息。

(4) 发包人不按合同约定支付工程进度款,双方又未达成延期付款协议,导致施工无法进行时,承包人可停止施工,由发包人承担违约责任。

6.2.5 工程竣工结算

6.2.5.1 工程竣工结算的概念

工程竣工结算是指承包单位按照合同约定全部完成所承包的工程内容,并经质量验收合格,符合合同约定要求,由承包方提供完整的结算资料,包括施工图及在施工过程中的变更记录,监理验收签单及工程变更签证、必要的分包合同及采购凭证,工程结算书等交由发包单位,进行审核后的工程最终工程款的结算。

工程完工后,发、承包双方应在合同约定时间内办理工程竣工结算。竣工结算应该按照合同有关条款和价款结算办法的有关规定进行,合同通用条款中有关条款的内容与价款结算办法的有关规定有出入时,以价款结算办法的规定为准。

6.2.5.2 工程竣工结算的分类

工程竣工结算分为单位工程竣工结算、单项工程竣工结算和建设项目竣工总结算。

6.2.5.3 工程竣工结算的依据

(1) 办理竣工结算价款的依据资料:

1) 建设工程工程量清单计价规范;
2) 施工合同;
3) 工程竣工图纸及资料;
4) 双方确认的工程量;
5) 双方确认追加(减)的工程价款;
6) 双方确认的索赔、现场签证事项及价款;
7) 投标文件;
8) 招标文件;
9) 其他依据。

(2) 办理竣工结算时,分部分项工程费中工程量应依据发、承包双方确认的工程量,综合单价应依据合同约定的单价计算。如发生了调整的,以发、承包双方确认调整后的综合单价计算。

(3) 措施项目费应依据合同约定的项目和金额计算;如发生调整的,以发、承包双方确认调整的金额计算,其中安全文明施工费应按"计价规范"第4.1.5条的规定计算。

1) 明确采用综合单价计价的措施项目,应依据发、承包双方确认的工程量和综合单价计算。

2)明确采用"项"计价的措施项目,应依据合同约定的措施项目和金额或发、承包双方确认调整后的措施项目费金额计算。

3)措施项目费中的安全文明施工费应按照国家或省级、行业建设主管部门的规定计算。施工过程中,国家或省级、行业建设主管部门对安全文明施工费进行了调整的,措施项目费中的安全文明施工费应作相应调整。

(4)其他项目费在办理竣工结算时的要求。其他项目费用应按下列规定计算:

1)计日工应按发包人实际签证确认的事项计算,即计日工的费用应按发包人实际签证确认的数量和合同约定的相应单价计算。

2)暂估价中的材料单价应按发、承包双方最终确认价在综合单价中调整;专业工程暂估价应按中标价或发包人、承包人与分包人最终确认价计算。

当暂估价中的材料是招标采购的,其单价按中标价在综合单价中调整。当暂估价中的材料为非招标采购的,其单价按发、承包双方最终确认的单价在综合单价中调整。

当暂估价中的专业工程是招标采购的,其金额按中标价计算。当暂估价中的专业工程为非招标采购的,其金额按发、承包双方与分包人最终确认的金额计算。

3) 总承包服务费应依据合同约定金额计算,如发生调整的,以发、承包双方确认调整的金额计算,即发、承包双方依据合同约定对总承包服务费进行了调整,应按调整后的金额计算。

4) 索赔事件产生的费用在办理竣工结算时应在其他项目费中反映。索赔费用的金额应依据发、承包双方确认的索赔项目和金额计算。

5) 现场签证费用应依据发、承包双方签证资料确认的金额计算。现场签证发生的费用在办理竣工结算时应在其他项目费中反映。

6) 暂列金额应减去工程价款调整与索赔、现场签证金额计算,如有余额归发包人。合同价款中的暂列金额在用于各项价款调整、索赔与现场签证后,若有余额,则余额归发包人,若出现差额,则由发包人补足并反映在相应的工程价款中。

(5) 规费和税金的计取依据。规费和税金应按"计价规范"第 4.1.8 条的规定计算。竣工结算中应按照国家或省级、行业建设主管部门对规费和税金的计取标准计算。

6.2.5.4 竣工结算的编制方法

在工程进度款结算的基础上,根据所收集的各种设计变更资料和修改图纸,以及现场签证、工程量核定单、索赔等资料进行合同价款的增、减调整计算,最后汇总为竣工结算造价。

6.2.5.5 工程竣工结算编审

工程竣工结算由承包人或受其委托具有相应资质的工程造价咨询人编制,由发包人或受其委托具有相应资质的工程造价咨询人核对。

竣工结算由承包人编制,发包人核对。实行总承包的工程,由总承包人对竣工结算的编制负总责。根据《工程造价咨询企业管理办法》(建设部令第149号)的规定,承、发包人均可委托具有工程造价咨询资质的工程造价咨询企业编制或核对竣工结算。

6.2.5.6 竣工结算报告的递交时限要求及违约责任

(1)承包人应在合同约定的时间内完成竣工结算编制工作,并在提交竣工验收报告的同时递交给发包人。承包人未在合同约定时间内递交竣工结算书,经发包人催促后仍未提供或没有明确答复的,发包人可以根据已有资料办理结算。

承包人无正当理由在约定时间内未递交竣工结算书,造成工程结算价款延期支付的,责任由承包人承担。

(2) 发包人在收到承包人递交的竣工结算书后,应按合同约定时间核对。同一工程竣工结算核对完成,发、承包双方签字确认后,禁止发包人又要求承包人与另一个或多个工程造价咨询人重复核对竣工结算。

竣工结算的核对是工程造价计价中发、承包双方应共同完成的重要工作。按照交易的一般原则,任何交易结束,都应做到钱、货两清,工程建设也不例外。工程施工的发、承包活动作为期货交易行为,当工程竣工验收合格后,承包人将工程移交给发包人时,发、承包双方应将工程价款结算清楚,即竣工结算办理完毕。规范按照交易结束时钱、货两清的原则,规定了发、承包双方在竣工结算核对过程中的权、责。主要体现在以下方面:

1) 竣工结算的核对时间应按发、承包双方合同约定的时间完成。

《最高人民法院关于审理建设工程施工合同纠纷案件适用法律问题的解释》(法释 [2004] 14 号)第二十条规定:"当事人约定,发包人收到竣工结算文件后，在约定期限内不予答复，视为认可竣工结算文件的，按照约定处理。承包人请求按照竣工结算文件结算工程价款的，应予支持"。根据这一规定，要求发、承包双方不仅应在合同中约定竣工结算的核对时间，并应约定发包人在约定时间内对竣工结算不予答复，视为认可承包人递交的竣工结算。

合同中对核对竣工结算时间没有约定或约定不明的，按表 6-2 规定时间进行核对并提出核对意见。

竣工结算核对时间规定　　　　表 6-2

序号	工程竣工结算书金额	核对时间
1	500 万元以下	从接到竣工结算书之日起 20 天
2	500 万~2000 万元	从接到竣工结算书之日起 30 天
3	2000 万~5000 万元	从接到竣工结算书之日起 45 天
4	5000 万元以上	从接到竣工结算书之日起 60 天

建设项目竣工总结算在最后一个单项工程竣工结算核对确认后 15 天内汇总，送发包人后 30 天内核对完成。

合同约定或"计价规范"规定的结算核对时间含发包人委托工程造价咨询人核对的时间。

2)竣工结算核对完成的标志是发、承包双方签字确认。此后,禁止发包人又要求承包人与另一个或多个工程造价咨询人重复核对竣工结算。

(3)发包人或受其委托的工程造价咨询人收到承包人递交的竣工结算书后,在合同约定时间内,不核对竣工结算或未提出核对意见的,视为承包人递交的竣工结算书已经认可,发包人应向承包人支付工程结算价款。

承包人在接到发包人提出的核对意见后,在合同约定时间内,不确认也未提出异议的,视为发包人提出的核对意见已经认可,竣工结算办理完毕。

(4)发、承包双方在竣工结算中的责任。发包人应对承包人递交的竣工结算书签收,拒不签收的,承包人可以不交付竣工工程。承包人未在合同约定时间内递交竣工结算书的,发包人要求交付竣工工程,承包人应当交付。

上述条款规定了当发包人拒不签收承包人报送的竣工结算书时,承包人的权利,以及承包人未按合同约定递交竣工结算书时,发包人的权利。

(5)竣工结算办理完毕,发包人应将竣工结算书报送工程所在地工程造价管理机构备案。竣工结算书作为工程竣工验收备案、交付使用的必备文件。

竣工结算是反映工程造价计价规定执行情况的最终文件。根据《中华人民共和国建筑法》第六十一条:"交付竣工验收的建筑工程,必须符合规定的建筑工程质量标准,有完整的工程技术经济资料和经签署的工程保修书,并具备国家规定的其他竣工条件"的规定,本条规定了将工程竣工结算书作为工程竣工验收备案、交付使用的必备条件。同时要求发、承包双方竣工结算办理完毕后应由发包人向工程造价管理机构备案,以便工程造价管理机构对"计价规范"的执行情况进行监督和检查。

6.2.5.7 索赔价款结算

(1) 发、承包人未能按合同约定履行自己的各项义务或发生错误,给另一方造成经济损失的,由受损方按合同约定提出索赔,索赔金额按合同约定支付。

(2) 发包人和承包人要加强施工现场的造价控制,及时对工程合同外的事项如实纪录并履行书面手续。凡由发、承包双方授权的现场代表签字的现场签证以及发、承包双方协商确定的索赔等费用,应在工程竣工结算中如实办理,不得因发、承包双方现场代表的中途变更改变其有效性。

(3) 工程竣工结算以合同工期为准,实际施工工期比合同工期提前或延后,发、承包双方应按合同约定的奖惩办法执行。

6.2.5.8 合同以外零星项目工程价款结算

发包人要求承包人完成合同以外零星项目,承包人应在接受发包人要求的7天内就用工数量和单价、机械台班数量和单价、使用材料和金额等向发包人提出施工签证,发包人签证后施工,如发包人未签证,承包人施工后发生争议的,责任由承包人自负。

6.2.5.9 材料价款的支付与结算

(1) 由承包人自行采购建筑材料的,业主可以在双方签订工程承包合同后按年度工作量的一定比例向承包人预付备料款,并应在合同约定时间内付清。

(2) 按工程承包合同约定,由业主供应的材料,视招标文件的规定处理。如果招标文件规定业主供应的材料不计入投标报价内,则这一部分材料只办理交接手续。如果招标文件规定按照某一价格计入投标报价内,则应该在进度款中或合同约定的办法扣除其这一部分材料的价款。

6.2.5.10 竣工结算价款的支付及违约责任

(1) 竣工结算办理完毕,发包人应根据确认的竣工结算书在合同约定时间内向承包人支付工程竣工结算价款。若合同中没有约定或约定不明的,发包人应在竣工结算书确认后15天内向承包人支付工程结算价款。

(2) 发包人未在合同约定时间内向承包人支付工程结算价款的,承包人可催告发包人支付结算价款。如达成延期支付协议的,发包人应按同期银行同类贷款利率支付拖欠工程价款的利息。如未达成延期支付协议,承包人可以与发包人协商将该工程折价,或申请人民法院将该工程依法拍卖,承包人就该工程折价或者拍卖的价款优先受偿。

规范规定了承包人未按合同约定得到工程结算价款时应采取的措施。竣工结算办理完毕后,发包人应按合同约定向承包人支付工程价款。发包人按合同约定应向承包人支付而未支付的工程款视为拖欠工程款。根据《最高人民法院关于审理建设工程施工合同纠纷案件适用法律问题的解释》(法释[2004]14号)第十七条规定:"当事人对欠付工程价款利息计付标准有约定的,按照约定处理;没有约定的,按照中国人民银行发布的同期同类贷款利率计息。发包人应向承包人支付拖欠工程款的利息,并承担违约责任。"根据《中华人民共和国合同法》第二百八十六条规定:"发包人未按照合同约定支付价款的,承包人可以催告发包人在合理期限内支付价款。发包人逾期不支付的,除按照建设工程的性质不宜折价、拍卖的以外,承包人可以与发包人协议将该工程折价,也可以申请人民法院将该工程依法拍卖。建设工程的价款就该工程折价或者拍卖的价款优先受偿。"

6.2.5.11 工程质量保证(保修)金的预留

发包人根据确认的竣工结算报告向承包人支付工程竣工结算价款时,按照有关合同约定保留质量保证(保修)金,待工程项目保修期满后拨付;合同没有约定时,保留5%左右的质量保证(保修)金,待工程交付使用质保期到期后清算,质保期内如有返修,发生费用应在质量保证(保修)金内扣除。

6.2.5.12 工程价款结算管理

(1)工程竣工后,发、承包双方应及时办清工程竣工结算,否则,工程不得交付使用,有关部门不予办理权属登记。

(2)发包人与中标的承包人不按照招标文件和中标的承包人的投标文件订立合同的,或者发包人、中标的承包人背离合同实质性内容另行订立协议,造成工程价款结算纠纷的,另行订立的协议无效,由建设行政主管部门责令改正,并按《中华人民共和国招标投标法》第五十九条进行处罚。

(3) 接受委托承接有关工程结算咨询业务的工程造价咨询机构应具有工程造价咨询单位资质,其出具的办理拨付工程价款和工程结算的文件,应当由造价工程师签字,并应加盖执业专用章和单位公章。

6.2.6 工程计价争议处理

6.2.6.1 合同争议的产生

施工过程中,业主和承包人在履行施工合同时往往难以避免发生合同争议。如果不善于及时处理这些争议,任其积累和扩大,将会破坏一个工程项目合同各方的协作关系,严重影响项目的实施,甚至导致中途停工。

合同争议的焦点,是双方的经济利益问题。在合同实施过程中,尤其是施工遇到特殊困难或工程成本大量超支时,合同双方为了澄清合同责任,保护自己的利益,经常会发生一些纠纷,主要表现在以下几个方面:

(1) 对工程项目合同条件的理解和解释不同

当施工中出现"不利的自然条件",遇到了特殊风险等重大困难,或者工程变更过多而严重影响工期和工程总造价时,合同双方往往引证合同条件,对合同条款的论述和规定作有利于自己的解释,因而形成了合同争议。

(2) 在确定新单价时论点不同

当施工过程中出现工程变更或新增工程时,往往会提出确定新单价的问题。由于单价的变化对合同双方的经济利益影响甚大,因此经常发生争议。

(3) 业主拖期支付工程款或不按合同约定支付工程款引起争议

在施工过程中,有的业主不按合同规定的时限或规定向承包人支付工程进度款,给承包人的资金周转造成很大困难,有时为此不得不投入新的资金或增加贷款,因此经常引起争议。

(4) 在处理索赔问题时发生争议

在工程施工过程中,当承包人提出索赔要求,业主不予承认,或者业主同意支付的额外付款与承包人索赔的金额差距较大,或双方对工期拖延责任持尖锐的分歧意见,双方不能达成一致意见时,需要合同双方采取一种或多种公正合理的方式加以解决。

在工程承包合同中，合同双方应当明确规定争议的解决方式，但不限于选择一种方式，也可以选择两种甚至两种以上方式。合同应当明确选择解决争议方式的顺序，并规定何种解决争议方式具有最终效力。

6.2.6.2 造价争议解决的途径

(1) 在工程计价中，对工程造价计价依据、办法以及相关政策规定发生争议事项的，由工程造价管理机构负责解释。

工程造价管理机构是工程造价计价依据、办法以及相关政策的管理机构。对发包人、承包人或工程造价咨询人在工程计价中，对计价依据、办法以及相关政策规定发生的争议进行解释是工程造价管理机构的职责。

(2) 发包人以对工程质量有异议而拒绝办理工程竣工结算的，已竣工验收或已竣工未验收但实际投入使用的工程，其质量争议按该工程保修合同执行，竣工结算按合同约定办理；已竣工未验收且未实际投入使用的工程以及停工、停建工程的质量争议，双方应就有争议的部分委托有资质的检测鉴定机构进行检测，根据检测结果确定解决方案，或按工程质量监督机构的处理决定执行后办理竣工结算，无争议部分的竣工结算按合同约定办理。

(3) 发生工程造价合同纠纷时的解决渠道和方法。发、承包双方发生工程造价合同纠纷时，应通过下列办法解决：

1) 双方协商。所谓友好协商解决，是指一切造价纠纷通过业主、监理工程师和承包人的共同努力得到解决，即由合同双方根据工程项目的合同文件规定及有关的法律条例，通过友好协商达成一致的解决办法。由于这是一种非对抗性的处理方法，可以避免破坏承包人和业主之间的商业关系，应力求先通过友好协商加以解决。实践证明，绝大多数争议是可以通过这种办法圆满解决的。

2) 调解解决。提请工程造价管理机构负责调解工程造价问题。

当造价纠纷不可能通过合同双方友好协商解决时，下一步的途径是寻找中间人（或组织）或权威管理部门（如造价管理部门），争取通过中间调解的办法解决争议。

调解也是非对抗性的处理方法，在一些关键时刻，通过独立和客观的第三方来达成协议，同样可以保持承包人同业主之间的良好商业关系。其优点是可以避免争议的双方走向法院或仲裁机关，使争端较快地得到解决，又可节约费用，也使争议双方的对立不进一步激化，最终有利于工程项目的建设。

3）仲裁或诉讼解决。当通过友好协商和调解的方法还无法解决争议时，双方均可以按照合同约定，要求通过仲裁或诉讼的方式解决争议。仲裁和诉讼在合同中只能选定一种。

第一种：通过仲裁的方式解决争议。

仲裁解决争议，依据的是《中华人民共和国仲裁法》。采用仲裁方式解决争议，应当双方自愿，达成仲裁协议。没有仲裁协议，一方申请仲裁的，仲裁委员会不予受理。双方达成仲裁协议，一方向人民法院起诉的，人民法院不予受理，但仲裁协议无效的除外。仲裁委员会应当由双方协议选定。仲裁不实行级别管辖和地域管辖。

当合同专用条款中明确约定了通过仲裁的方式解决争议，并且约定了解决争议的仲裁委员会，则在争议发生后双方只能通过仲裁的方式解决争议，任何一方均可以向合同中约定的仲裁委员会申请仲裁。或者，虽然双方在合同专用条款中约定通过向有管辖权的人民法院提起诉讼的方式解决争议，但争议发生后双方达成仲裁协议一致同意通过仲裁的方式解决争议时，也只能通过仲裁的方式解决争议，任何一方均可以向协议中约定的仲裁委员会申请仲裁。

仲裁协议独立存在，合同的变更、解除、终止或者无效，不影响仲裁协议的效力。仲裁协议应当具有的内容：① 请求仲裁的意思表示；② 仲裁事项；③ 选定的仲裁委员会。

仲裁实行一裁终局的制度。裁决作出后，当事人就同一纠纷再申请仲裁或者向人民法院起诉的，仲裁委员会或者人民法院不予受理。

裁决被人民法院依法裁定撤销或者不予执行的，当事人就该纠纷可以根据双方重新达成的仲裁协议申请仲裁，也可以向人民法院起诉。

当事人应当履行裁决。一方当事人不履行的，另一方当事人可以依照民事诉讼法的有关规定向人民法院申请执行。受申请的人民法院应当执行。

第二种：向有管辖权的人民法院起诉解决争议。

当合同中约定采用向有管辖权的人民法院起诉解决争议时，任何一方均可以向有管辖权的人民法院提起诉讼。或者，虽然双方在合同专用条款中约定采用仲裁的方式解决争议，但争议发生后双方达成协议,一致同意通过向有管辖权的人民法院提起诉讼的方式解决争议时,任何一方均可以向有管辖权的人民法院提起诉讼。

诉讼实行二审终局制度。当事人对一审判决不服时,可以在规定的时间内向上一级人民法院提起上诉。在规定时间内没有提起上诉的,执行一审判决。在规定时间内提起上诉的,执行二审判决。

发生争议后,在一般情况下,双方都应继续履行合同,保持施工连续,保护好已完工程。当出现下列情况时,可停止履行合同:

① 单方违约导致合同确已无法履行,双方协议停止施工;

② 调解要求停止施工,且为双方接受;

③ 仲裁机构要求停止施工;

④ 法院要求停止施工。

(4) 在合同纠纷案件处理中,需作工程造价鉴定的,应委托具有相应资质的工程造价咨询人进行。

规范规定了当工程造价合同纠纷需作工程造价鉴定的,根据《工程造价咨询企业管理办法》(建设部令第 149 号)第二十条的规定,应委托具有相应资质的工程造价咨询人进行。

6.3 工程竣工决算

6.3.1 竣工决算的概念和作用

6.3.1.1 竣工决算的概念

建设项目竣工决算是指所有建设项目竣工后，建设单位按照国家有关规定在新建、改建和扩建工程建设项目竣工验收阶段编制的竣工决算报告。

6.3.1.2 竣工决算的作用

（1）可作为正确核定固定资产价值，办理交付使用、考核和分析投资效果的依据。

（2）及时办理竣工决算，并据此办理新增固定资产移交转账手续，可缩短工程建设周期，节约建设投资。对已完工并具备交付使用条件或已验收并投产使用的工程项目，如不及时办理移交手续，不仅不能提取固定资产折旧，而且发生的维修费和职工的工资等，都要在建设投资中支付，这样既增加了建设投资支出，也不利于生产管理。

（3）对完工并已验收的工程项目，及时办理竣工决算及交付手续，可使建设单位对各类固定资产做到心中有数。工程移交后，建设单位掌握所有工程竣工图，便于对地下管线进行维护与管理。

（4）办理竣工决算后，建设单位可以正确地计算已投入使用的固定资产折旧费，合理计算生产成本和利润，便于经济核算。

（5）通过编制竣工决算，可以全面清理建设项目财务，做到工完账清。便于及时总结经验，积累各项技术经济资料，提高建设项目管理水平和投资效果。

（6）正确编制竣工决算，有利于正确地进行"三算"对比，即设计概算、施工图预算和竣工决算的对比。

6.3.2 竣工决算的内容

竣工决算的内容应包括从项目策划到竣工投产全过程的全部实际费用。竣工决算的内容包括竣工财务决算说明书、竣工财务决算报表、工程竣工图和工程造价对比分析等四个部分。其中竣工财务决算说明书和竣工财务决算报表又合称为竣工财务决算，它是竣工决算的核心内容。

6.3.2.1 竣工财务决算说明书

竣工决算报告情况说明书主要反映竣工工程建设成果和经验，是对竣工决算报表进行分析和补充说明的文件，是全面考核分析工程投资与造价的书面总结，其内容主要包括：

(1) 建设项目概况，对工程总的评价。一般从进度、质量、安全和造价、施工方面进行分析说明。进度方面主要说明开工和竣工时间，对照合理工期和要求，分析工期是提前还是延期；质量方面主要根据竣工验收委员会的验收评定结果；安全方面主要根据劳动工资和施工部门的记录，对有无设备和人身事故进行说明；造价方面主要对照概算造价，说明是节约还是超支，用金额和百分率进行分析说明。

(2) 资金来源及运用等财务分析。主要包括工程价款结算、会计账务的处理、财产物资情况及债权债务的清偿情况。

(3) 建设项目收入、投资包干结余、竣工结余资金的上交分配情况。通过对建设项目投资包干情况的分析，说明投资包干数、实际支用数和节约额、投资包干节余的有机构成和包干节余的分配情况。

(4) 各项经济技术指标的分析。概算执行情况分析，根据实际投资完成额与概算进行对比分析。新增生产能力的效益分析，说明支付使用财产占总投资额的比例；占支付使用财产的比例；不增加固定资产的造价占投资总额的比例,分析有机构成和成果。

(5) 工程建设的经验及项目管理和财务管理工作以及竣工财务决算中有待解决的问题。

(6) 决算与概算的差异和原因分析。

(7) 需要说明的其他事项。

6.3.2.2 竣工财务决算报表

建设项目竣工财务决算报表要根据大、中型建设项目和小型建设项目分别制定。

大、中型建设项目竣工决算报表包括:建设项目竣工财务决算审批表,大、中型建设项目概况表,大、中型建设项目竣工财务决算,大、中型建设项目交付使用资产总表。

小型建设项目竣工财务决算报表包括:建设项目竣工财务决算审批表,竣工财务决算总表,建设项目交付使用资产明细表。

6.3.2.3 竣工工程平面示意图

建设工程竣工图是真实地记录各种地上、地下建筑物、构筑物等情况的技术文件,是工程进行交工验收、维护改建和扩建的依据,是国家的重要技术档案。

国家规定:各项新建、扩建、改建的基本建设工程,特别是基础、地下建筑、管线、井巷、桥梁、隧道、港口、水坝以及设备安装等隐蔽部位,都要编制竣工图。为确保竣工图质量,必须在施工过程中(不能在竣工后)及时做好隐蔽工程检查记录,整理好设计变更文件。其具体要求有:

(1) 凡按图竣工没有变动的,由施工单位(包括总包和分包施工单位,下同)在原施工图上加盖"竣工图"标志后,即作为竣工图。

(2) 凡在施工过程中,虽有一般性设计变更,但能将原施工图加以修改补充作为竣工图的,可不重新绘制,由施工单位负责在原施工图(必须是新蓝图)上注明修改的部分,并附以设计变更通知单和施工说明,加盖"竣工图"标志后,作为竣工图。

(3) 凡结构形式改变、施工工艺改变、平面布置改变、项目改变以及有其他重大改变,不宜再在原施工图上修改、补充时,应重新绘制改变后的竣工图。由设计原因造成的,由设计单位负责重新绘制;由施工原因造成的,由施工单位负责重新绘图;由其他原因造成的,由建设单位自行绘制或委托设计单位绘制。施工单位负责在新图上加盖"竣工图"标志,并附以有关记录和说明,作为竣工图。

（4）为了满足竣工验收和竣工决算需要，还应绘制反映竣工工程全部内容的工程设计平面示意图。

6.3.2.4　工程造价比较分析

对控制工程造价所采取的措施、效果及其动态的变化进行认真的对比，总结经验教训。

批准的概算是考核建设工程造价的依据。在分析时，可先对比整个项目的总概算，然后将全部工程费用、工程建设其他费用和预备费用逐一与竣工决算表中所提供的实际数据和相关资料及批准的概算、预算指标、实际的工程造价进行对比分析，以确定竣工项目总造价是节约还是超支，并在对比的基础上，总结先进经验，找出节约和超支的内容和原因，提出改进措施。

在实际工作中，应主要分析以下内容：

（1）主要实物工程量。对于实物工程量出入比较大的情况，必须查明原因。

（2）主要材料消耗量。考核主要材料消耗量，根据竣工决算表中所列明的三大材料实际超概算的消耗量，查明是在工程的哪个环节超出量最大，再进一步查明超耗的原因。

(3) 考核工程费用、工程建设其他费用的取费标准。工程费用、工程建设其他费用的取费标准要按照国家和各地的有关规定，根据竣工决算报表中所列的工程费用、工程建设其他费用与概预算所列的工程费用、工程建设其他费用数额进行比较，依据规定查明是否少列或多列费用项目，确定其节约或超支的数额，并查明原因。

6.3.3 竣工决算的编制

6.3.3.1 竣工决算的编制依据

(1) 批准的设计文件，以及批准的概（预）算或调整概（预）算文件；

(2) 设计交底或图纸会审纪要；

(3) 招标文件、标底（如果有）及与各有关单位签订的合同文件等；

(4) 设计变更、现场施工签证等建设过程中的文件及有关支付凭证；

(5) 竣工图及各种竣工验收资料；

(6) 设备、材料价格依据；

(7) 有关本工程建设的国家、地方等政策文件和相关规定；

(8) 有关财务核算制度、办法和其他有关资料、文件等。

6.3.3.2 竣工决算的编制步骤

(1) 收集、整理和分析有关依据资料;

(2) 清理各项财务、债务和结余物资;

(3) 对照、核实工程变动情况,重新核实各单位工程、单项工程;

(4) 编制建设工程竣工决算说明;

(5) 认真填报竣工财务决算报表;

(6) 做好工程造价对比分析;

(7) 上报主管部门审查。

将上述编写的文字说明和填写的表格经核对无误,装订成册,即为建设工程竣工决算文件。建设工程竣工决算的文件,由建设单位负责组织人员编写,在竣工建设项目办理验收使用后规定的时间内完成。

6.4 建设工程施工合同及总承包合同

6.4.1 建设工程合同计价模式及其选择

6.4.1.1 建设工程合同计价模式

按计价方式不同,建设工程合同可以划分为总价合同、单价合同和成本加酬金合同三大类。工程施工合同则根据招标准备情况和建设工程项目的特点不同,可选用其中的任何一种。

(1) 总价合同

总价合同是指在合同中确定一个完成项目的总价,承包人据此完成项目全部合同内容的合同。这种合同类型能够使建设单位在评标时易于确定报价最低的承包商,易于进行支付计算。此种合同类型要求发包人必须准备详细全面的设计图纸和各项说明,使承包人能准确计算工程量。总价合同又分为固定总价合同和可调总价合同。

1) 固定总价合同。承包人按投标时业主接受的合同价格一笔包死。在合同履行过程中,如果业主没有要求变更原定的承包内容,承包人在完成承包任务后,不论其实际成本如何,均应按合同价获得工程款的支付。

采用固定总价合同时,承包人要考虑承担合同履行过程中的主要风险,因此,投标报价较高。固定总价合同的适用条件一般为:

① 工程招标时的设计深度已达到施工图设计的深度,合同履行过程中不会出现较大的设计变更,以及承包人依据的报价工程量与实际完成的工程量不会有较大差异;

② 工程规模较小,技术不太复杂的中小型工程或承包工作内容较为简单的工程部位。这样,可以使承包人在报价时能够合理地预见到实施过程中可能遇到的各种风险;

③ 工程合同期较短(一般为一年之内),双方可以不必考虑市场价格浮动可能对承包价格造成的影响。

2)可调总价合同。这类合同与固定总价合同基本相同,但合同期较长(一年以上),只是在固定总价合同的基础上,增加合同履行过程中因市场价格浮动对承包价格调整的条款。由于合同期较长,承包人不可能在投标报价时合理地预见一年后市场价格的浮动影响,因此,应在合同内明确约定合同价款的调整原则、方法和依据。常用的调价方法有:文件证明法、票据价格调整法和公式调价法。

(2)单价合同

单价合同是指承包人按工程量报价单内分项工作内容填报单价,以实际完成工程量乘以所报综合单价确定结算价款的合同。这类合同的适用范围比较广,其风险可以得到合理的分摊,并且能鼓励承包人通过提高工效等手段从成本节约中提高利润。

单价合同的工程量清单内所开列的工程量为估

计工程量,而非准确工程量。在合同履行中需要注意的问题是双方对实际工作量的确定。另外,承包人所填报的单价应为计算了各种摊销费用后的综合单价,而非直接费单价(工料单价)。

单价合同大多用于工期长、技术复杂、实施过程中发生各种不可预见因素较多的大型土建工程,以及业主为了缩短工程建设周期,初步设计完成后就进行施工招标的工程。

实际完成工程量与估计工程量有较大差异时,采用单价合同可以避免业主过大的额外支出或承包人的亏损。单价合同按照合同工期的长短,也可以分为固定单价合同和可调价单价合同两类,调价方法与总价合同的调价方法相同。

(3) 成本加酬金合同

成本加酬金合同,是由发包人向承包人支付工程项目的实际成本,并且按照事先约定的某一种方式支付酬金的合同类型。此种合同是将工程项目的实际造价划分为直接成本费和承包人完成工作后应得酬金两部分。工程实施过程中发生的直接成本费由业主实报实销,另按合同约定的方式付给承包人相应报酬。

在这类合同中,发包人须承担项目实际发生的一切费用，因此也承担了项目的全部风险。承包人由于无风险，其报酬往往也较低。

这类合同的缺点是发包人对工程造价不易控制，承包人也往往不注意降低项目成本。

成本加酬金合同大多适用于边设计、边施工的紧急工程或灾后修复工程。由于在签订合同时，业主还不可能为承包人提供用于准确报价的详细资料，因此，在合同中只能商定酬金的计算方法。

按照酬金的计算方式不同，成本加酬金合同的形式有：成本加固定酬金合同、成本加固定百分比酬金合同、成本加浮动酬金合同、目标成本加奖罚合同等。

在传统承包模式下，不同计价方式的合同比较见表6-3。

不同计价方式合同类型比较　　　表6-3

合同类型	总价合同	单价合同	成本加酬金合同			
			百分比酬金	固定酬金	浮动酬金	目标成本加奖罚
应用范围	广泛	广泛	有局限性			酌情
业主方造价控制	易	较易	最难	难	不易	有可能
承包人风险	风险大	风险小	基本无风险		风险不大	有风险

6.4.1.2 建设工程施工合同类型的选择

建设工程施工合同的形式繁多、特点各异，业主应综合考虑工程项目的复杂程度、工程项目的设计深度、工程施工技术的先进程度和工程施工工期的紧迫程度等因素选择不同计价模式的合同。

(1) 根据工程项目的复杂程度选择

规模大且技术复杂的工程项目，承包风险较大，各项费用不易准确估算，因而不宜采用固定总价合同。最好是有把握的部分采用总价合同，估算不准的部分采用单价合同或成本加酬金合同。有时，在同一工程项目中采用不同的合同形式，是业主和承包人合理分担施工风险因素的有效办法。

(2) 根据工程项目的设计深度选择

施工招标时所依据的工程项目设计深度，经常是选择合同类型的重要因素。招标图纸和工程量清单的详细程度能否使投标人进行合理报价，取决于已完成的设计深度。表6-4中列出了不同设计阶段与合同类型的选择关系。

合同类型选择参考表 表6-4

合同类型	设计阶段	设计主要内容	设计应满足的条件
总价合同	施工图设计	1. 详细的设备清单 2. 详细的材料清单 3. 施工详图 4. 施工图预算 5. 施工组织设计	1. 设备、材料的安排 2. 非标准设备的制造 3. 施工图预算的编制 4. 施工组织设计的编制 5. 其他施工要求
单价合同	技术设计	1. 较详细的设备清单 2. 较详细的材料清单 3. 工程必需的设计内容 4. 修正概算	1. 设计方案中重大技术问题的要求 2. 有关试验方面确定的要求 3. 有关设备制造方面的要求

续表

合同类型	设计阶段	设计主要内容	设计应满足的条件
成本加酬金合同或单价合同	初步设计	1. 总概算 2. 设计依据、指导思想 3. 建设规模 4. 主要设备选型和配置 5. 主要材料需要量 6. 主要建筑物、构筑物的形式和估计工程量 7. 公用辅助设施 8. 主要技术经济指标	1. 主要材料、设备订购 2. 项目总造价控制 3. 技术设计的编制 4. 施工组织设计的编制

(3) 根据工程施工技术的先进程度选择

如果工程施工中有较大部分采用新技术和新工艺,当业主和承包人在都没有这方面经验,且在国家颁布的标准、规范、定额中又没有可作为依据的标准时，为了避免投标人盲目地提高承包价款，或由于对施工难度估计不足而导致承包亏损，不宜采用固定价合同，而应选用成本加酬金合同。

(4) 根据工程施工工期的紧迫程度选择

有些紧急工程（如灾后恢复工程等）要求尽快开工且工期较紧时，可能仅有实施方案，还没有施工图纸，因此，承包人不可能报出合理的价格，宜采用成本加酬金合同。

对于一个建设工程项目而言，究竟采用何种合同形式不是固定不变的。即使在同一个工程项目中，各个不同的工程部分或不同阶段，也可以采用不同类型的合同。在划分标段、进行合同策划时，应根据实际情况，综合考虑各种因素后再作出决策。

6.4.2 建设工程施工合同示范文本

6.4.2.1 建设工程施工合同文件的组成

建设部和国家工商行政管理局1999年12月印发的《建设工程施工合同（示范文本）》（GF—1999—0201，以下简称《合同示范文本》），是各类公用建筑、民用住宅、工业厂房、交通设施及线路工程施工和设备安装的合同范本。由《协议书》、

《通用条款》、《专用条款》三部分组成,并附有三个附件。

(1) 协议书

合同协议书是建设工程施工合同的总纲性法律文件,经过双方当事人签字盖章后合同即成立。标准化的协议书文字量不大,需要结合承包工程特点填写。主要内容包括:工程概况、工程承包范围、合同工期、质量标准、合同价款、合同生效时间,以及对双方当事人均有约束力的合同文件组成。

建设工程施工合同文件包括:① 施工合同协议书;② 中标通知书;③ 投标书及其附件;④ 施工合同专用条款;⑤ 施工合同通用条款;⑥ 标准、规范及有关技术文件;⑦ 图纸;⑧ 工程量清单;⑨ 工程报价单或预算书。

在合同履行过程中,双方有关工程的洽商、变更等书面协议或文件也构成对双方有约束力的合同文件,将其视为协议书的组成部分。

(2) 通用条款

通用条款是在全面总结国内工程实施中的成功经验和失败教训的基础上,参考 FIDIC 编写的《土木工程施工合同条件》相关内容的规定,编制的规范发包人和承包人双方权利义务的标准化合同条款。通用条款的内容包括：词语定义及合同文件；双方一般权利和义务；施工组织设计和工期；质量与检验；安全施工；合同价款与支付；材料设备供应；工程变更；竣工验收与结算；违约、索赔和争议；其他。

注意，《建设工程价款结算暂行办法》（财建[2004]369号）第二十八条规定，凡《合同示范文本》内容与本"价款结算办法"不一致之处，以本"价款结算办法"为准。

(3) 专用条款

考虑到具体实施的建设工程的内容各不相同，工期、造价也随之变动，承包人、发包人各自的能力、施工现场和外部环境条件也各异，通用条款不能完全适用于各个具体工程。为反映发包工程的具体特点和要求，配之以专用条款对通用条款进行必要的修改或补充，使通用条款和专用条款成为当事人双方统一意愿的体现。专用条款只为合同当事人提供合同内容的编制指南，具体内容需要当事人根据发包工程的实际情况进行细化。

(4) 附件

《合同示范文本》为使用者提供了"承包方承揽工程项目一览表"、"发包方供应材料设备一览表"和"房屋建筑工程质量保修书"三个标准化表格形式的附件,如果所发包的工程项目为包工包料承包,则可以不使用"发包方供应材料设备一览表"。

承包人应在工程竣工验收之前,与发包人签订质量保修书,作为施工合同的附件。质量保修书的内容包括:质量保修项目内容及范围、质量保修期、质量保修责任、质量保修金的支付方法。

6.4.2.2 建设工程施工合同价款及调整

(1) 合同价款

合同价款是按有关规定和协议条款约定的各种取费标准计算,用以支付承包人按照合同要求完成工程内容时的价款。招标工程的合同价款由发包人、承包人依据中标通知书中的中标价格在协议书内约定。非招标工程的合同价款由发包人、承包人依据工程预算书在协议书内约定。合同价款在协议书内约定后,任何一方不得擅自改变。

(2) 合同的计价方式

通用条款中规定了三种可选择的计价方式:固定价格合同、可调价格合同和成本加酬金合同,发包人、承包人可在专用条款内约定采用其中的一种。

(3) 合同价款的调整因素

在可调价格合同中,合同价款的调整因素包括:

1) 法律、行政法规和国家有关政策变化影响合同价款;

2) 工程造价管理部门公布的价格调整;

3) 一周内非承包人原因停水、停电、停气造成停工累计超过 8 小时;

4) 双方约定的其他因素。

(4) 合同价款的调整

合同双方应根据合同通用条款、价款结算办法和计价规范的有关规定,进行合同价款的调整。

6.4.3 施工合同的主要条款

6.4.3.1 发包人的工作

应明确发包人应该完成的工作内容,如土地征用、"三通一平"、地质资料及地下管线资料的提供等。另外还应注意两点:

(1) 发包人可以将其工作内容委托承包人进行,但相应费用由发包人承担;

(2) 若发包人没有按合同约定履行其义务,从而导致工期延误或给承包人带来损失的,应赔偿承包人的相应损失,并顺延工期。

6.4.3.2 承包人的工作

(1) 根据工程需要,提供和维修非夜间施工用的照明、围栏设施,并负责安全保卫;

(2) 按合同要求,向发包人提供在施工现场的办公及生活设施,但费用应由发包人承担;

(3) 已竣工工程未交付发包人之前,按合同约定负责其保护工作,若在保护期间发生损坏,应由承包人自费予以修理;

(4) 按合同约定,做好施工现场地下管线和邻近建筑物、构筑物、古树名木的保护工作。

6.4.3.3 工期可以顺延的原因

因以下原因而造成的工期延误,经工程师确认后,工期可以顺延:

(1) 发包人不能按条款的约定提供开工条件;

(2) 发包人不能按约定日期支付工程价款、进度款,致使工程不能正常进行;

(3) 工程师未按合同约定提供所需指令、批准等,致使施工不能正常进行;

(4) 设计变更和工程量增加;

(5) 一周内非承包人原因停水、停电、停气等造成累计停工超过 8 小时;

(6) 不可抗力。

对于其余情况,特别是由于承包人本身的原因造成的工期延误,应由承包人自己承担违约责任。

6.4.3.4 合同价款调整的范围

对于以可调价格形式订立的合同,其合同价款调整的范围包括:

(1) 国家法律、法规和政策变化影响合同价款;

(2) 工程造价管理部门公布的价格调整;

(3) 一周内非承包人原因停水、停电、停气等造成累计停工超过 8 小时。

另外此处还应注意时效问题。价款可以调整的情况发生后,承包人应当在 14 天内通知工程师,由工程师确认后作为追加合同价款。若工程师在收到通知 14 天后未做答复,则视为已经同意。

6.4.4 建设工程质量保证(保修)金的处理

6.4.4.1 建设工程质量保证(保修)金(以下简称保证金)

(1) 保证金的含义

建设工程质量保证(保修)金是指发包人与承包人在建设工程承包合同中约定,从应付的工程款中预留,用以保证承包人在缺陷责任期(即质量保修期）内对建设工程出现的缺陷进行维修的资金。

缺陷是指建设工程质量不符合工程建设强制标准、设计文件，以及承包合同的约定。

(2) 缺陷责任期及其计算

发包人与承包人应该在工程竣工之前（一般在签订合同的同时）签订质量保修书，作为合同的附件。保修书中应该明确约定缺陷责任期的期限。

缺陷责任期从工程通过竣（交）工验收之日起计算。由于承包人原因导致工程无法按规定期限进行竣工验收的，期限责任期从实际通过竣（交）工验收之日起计算。由于发包人原因导致工程无法按规定期限竣（交）工验收的，在承包人提交竣（交）工验收报告 90 天后，工程自动进入缺陷责任期。

(3) 保证金预留比例及管理

1) 保证金预留比例。全部或者部分使用政府投资的建设项目，按工程价款结算总额 5% 左右的比例预留保证金。社会投资项目采用预留保证金方式的，预留保证金的比例可以参照执行。

发包人与承包人应该在合同中约定保证金的预留方式及预留比例。

2) 保证金预留。建设工程竣工结算后，发包人应按照合同约定及时向承包人支付工程结算价款并预留保证金。

3) 保证金管理。缺陷责任期内,实行国库集中支付的政府投资项目,保证金的管理应按国库集中支付的有关规定执行。其他政府投资项目,保证金可以预留在财政部门或发包方。缺陷责任期内,如发包方被撤销,保证金随交付使用资产一并移交使用单位,由使用单位代行发包人职责。

社会投资项目采用预留保证金方式的,发、承包双方可以约定将保证金交由金融机构托管;采用工程质量保证担保、工程质量保险等其他方式的,发包人不得再预留保证金,并按照有关规定执行。

6.4.4.2 工程质量保修范围和内容

发、承包双方在工程质量保修书中约定的建设工程的保修范围包括:地基基础工程、主体结构工程、屋面防水工程、有防水要求的卫生间、房间和外墙面的防渗漏,供热与供冷系统,电气管线、给水排水管道、设备安装和装修工程,以及双方约定的其他项目。

具体保修的内容,双方在工程质量保修书中约定。

由于用户使用不当或自行装饰装修、改动结

构、擅自添置设施或设备而造成建筑功能不良或损坏者，以及对因自然灾害等不可抗力造成的质量损害，不属于保修范围。

6.4.4.3 缺陷责任期

缺陷责任期为发、承包双方在工程质量保修书中约定的期限。但不能低于《建设工程质量管理条例》要求的最低保修期限。

《建设工程质量管理条例》对建设工程在正常使用条件下的最低保修期限的要求为：

（1）地基基础工程和主体结构工程，为设计文件规定的该工程的合理使用年限；

（2）屋面防水工程、有防水要求的卫生间、房间和外墙面的防渗漏为5年；

（3）供热与供冷系统为2个采暖期和供热期；

（4）电气管线、给水排水管道、设备安装和装修工程为2年。

6.4.4.4 缺陷责任期内的维修及费用承担

（1）保修责任

缺陷责任期内，属于保修范围、内容的项目，承包人应当在接到保修通知之日起7天内派人保修。发生紧急抢修事故的，承包人在接到事故通知后，应当立即到达事故现场抢修。对于涉及结构安全的质量问题,应当按照《房屋建筑工程质量保修办法》的规定,立即向当地建设行政主管部门报告,采取安全防范措施;由原设计单位或者具有相应资质等级的设计单位提出保修方案,承包人实施保修。

质量保修完成后,由发包人组织验收。

(2) 费用承担

缺陷责任期内,由承包人原因造成的缺陷,承包人应负责维修,并承担鉴定及维修费用。如承包人不维修也不承担费用,发包人可按合同约定扣除保证金,并由承包人承担违约责任。承包人维修并承担相应费用后,不免除对工程的一般损失赔偿责任。

由他人及不可抗力原因造成的缺陷,发包人负责维修,承包人不承担费用,且发包人不得从保证金中扣除费用。如发包人委托承包人维修的,发包人应该支付相应的维修费用。

发、承包双方就缺陷责任有争议时,可以请有资质的单位进行鉴定,责任方承担鉴定费用并承担维修费用。

6.4.4.5 保证金返还

缺陷责任期内,承包人认真履行合同约定的责任，到期后，承包人向发包人申请返还保证金。

发包人在接到承包人返还保证金申请后，应于14日内按照合同约定的内容进行核实。如无异议，发包人应当在核实后14日内将保证金返还承包人，逾期支付的，从逾期之日起，按照同期银行贷款利率计付利息，并承担违约责任。发包人在接到承包人返还保证金申请后14日内不予答复，经催告后14日内仍不予答复，视同认可承包人的返还保证金申请。

如果承包人没有认真履行合同约定的保修责任，则发包人可以按照合同约定扣除保证金并要求承包人赔偿相应的损失。

6.4.4.6 其他

发包人和承包人对保证金预留、返还以及工程维修质量、费用有争议，按照合同约定的争议和纠纷解决程序处理。

涉外工程的保修问题，除参照上述办法进行处理外，还应依照原合同条款的有关规定执行。

7 工程造价审核

7.1 工程造价审核概述

7.1.1 工程造价审核的意义

工程造价是一个复杂、敏感、社会各界十分关注的问题，直接影响到投资的经济效益和社会效益。工程造价审核是建设工程造价管理的重要环节，是合理确定工程造价的必要程序，是控制工程造价的必要手段，能够有效防范高估、冒算等社会不良现象，提高资金的利用率，维护国家和企业的利益。通过对工程造价进行全面、系统的检查和复核，及时纠正所存在的错误和问题，使之更加合理地确定工程造价，达到有效控制工程造价的目的，保证项目目标管理的实现。

由于工程造价的审核是一项既烦琐又细致的技术与经济相结合的核算工作，不仅要求审核人员具有一定的专业技术知识，包括建筑设计、施工技术、建筑材料等一系列系统的建筑工程知识，而且还要有较高的造价业务素质。

在工程造价编制工作中，不论水平高低，总难免会出现这样或那样的差错。由于新技术、新结构和新材料的不断涌现导致定额缺项，需要补充的项目与内容不断增多，因缺少调查和可靠的第一手数据资料，致使预算定额或补充定额含有较多的不合理性。一些施工单位为了获得较高收入，不是从改善经营管理、提高工程质量、创造社会信誉等方面入手，而是采用多计工程量、高套定额单价、巧立名目等手段人为地提高工程造价，高估、冒算现象较为普遍。此外，由于工程造价构成项目多且变动频繁，使计算程序复杂、计算基础不一等等，均易造成差错。因此，必须对工程造价进行审核。进行工程造价审核的重要意义在于：

7.1.1.1 有利于促进工程造价编制质量的提高

建设产品生产的单件性、流动性和生产过程消耗社会劳动量大、周期长、涉及面广、影响因素多的特点决定了产品价格不能像社会其他产品那样，由物价部门统一制定，而必须通过特定的程序和方法单独计算。单独编制的工程造价也就相应具有单一性的特点。因而主管部门在审批初步设计的同时必须审批设计概算,在审批施工图设计的同时必须审批设计预算,通过审核,促进设计单位认真执行国家有关方针、政策和制度规定,对工程建设的条件,包括自然条件和施工条件进行实事求是的深入实地的调查研究,准确地选用编制依据和资料,使工程造价能完整反映设计内容。

7.1.1.2 有利于合理使用建设资金,促进我国现代化建设

在国民经济中,建设项目投资的微观效果是整个建设投资宏观效果的基础,因而审定建设项目的建设预算是一个重要环节。建设项目投资中的问题主要表现为有的是不顾需要与可能;有的瞻前不顾后;有的只求局部利益不顾全局利益;有的片面追求大、洋、全甚至小、洋、全,搞重复建设、盲目建设;有的扩大规模,提高设计标准;有的考虑不周,不可预见的工程费用开支太大;有的冒估工程量,高套定额单价多算费用;也有漏项少算,甚至还有的为争上项目预留投资缺口。通过对建设预算审核进一步核实项目的可行性,落实项目投资,确定造价,可以使建设资金得到合理、有效的使用,充分发挥投资效益。国家每年用于发展国民经济各个部门的建设投资比重很大,管好用好这部分资金,对加快我国现代化建设具有重大意义。

7.1.1.3 审核施工图预算有利于国家对建设项目进行科学管理和监督

施工图预算是国家有关部门对建设项目进行科学管理和监督的一个重要手段。施工图预算不实,必然影响建设项目拨款、贷款、计划、统计、成本核算及各项技术经济指标的正确性;也影响国民经济综合平衡。通过施工图预算审核,核实工程造价,不仅可以对建设项目所需用的人、财、物提供可靠数据,避免发生缺口,或占用过多造成积压浪费,同时也可为国家有关部门对建设项目进行科学管理监督提供可靠的数据。

7.1.1.4 有利于施工企业加强经济核算,提高经营管理水平

施工图预算是施工企业进行工程投标、投资包干和签订施工合同办理工程价款结算的重要依据。施工图预算偏低,施工企业入不敷出造成亏损,挫伤施工企业的积极性。施工图预算偏高,施工企业获取不应得利润,不利于企业贯彻经济核算和改善经营管理,反而可能掩盖企业落后面。通过施工图预算审核,核实了工程造价,这就有利于促进企业加强经济核算,改善经营管理。

7.1.2 工程造价审核的主要内容

对于工程造价的审核，主要是以工程量是否正确、单价的套用是否合理、费用的计取是否准确三方面为重点，在施工图的基础上结合合同、招投标书、协议、会议纪要，以及地质勘察资料、工程变更签证、材料设备价格签证、隐蔽工程验收记录等竣工资料，按照有关文件规定进行计算核实。

7.1.2.1 工程量的审核

工程量的审核是工程造价审核的基础性工作，十分繁琐、复杂。工程量计算应以施工图纸为对象，工程项目要与定额或规范相一致。主要存在的问题有分项增加工程量，累计造价偏差较大；设计变更后，应减少的工程量没有减少；工程量重复计算和列项等。因此工程量审核必须十分认真细致。

(1) 工程量计算审核一般原则

1) 计算规则要一致。工程量计算必须与定额或规范中规定的工程量计算规则（或计算方法）相一致。例如墙体工程量计算中，外墙长度按外墙中心线长度计算，内墙长度按内墙净长线计算，又如楼梯面层及台阶面层的工程量按水平投影面积计算。

2) 计算口径要一致。计算工程量时,根据施工图纸列出的工程项目的工作内容,必须与定额或规范中包括的内容相一致。不能将项目中已包含了的工作内容再拿出来另列项目计算。

3) 计算单位要一致。计算工程量时,所计算工程项目的计量单位必须与定额或规范中相应项目的单位保持一致。例如,预算定额中,钢筋混凝土现浇整体楼梯的计量单位为 m^2,而钢筋混凝土预制楼梯段的计量单位为 m^3,在计算工程量时,应注意分清,使所列项目的计量单位与之一致。

4) 计算尺寸的取定要准确。计算工程量时,首先要对施工图尺寸进行核对,并对各项目计算尺寸的取定要准确,不能任意扩大和缩小。

5) 计算的顺序要统一。计算工程量时要遵循一定的计算顺序,依次进行计算,这是为避免发生漏算或重算的重要措施,也为顺利审核工程量打下良好的基础。

6) 计算精确度要统一。工程量的数字计算要准确,一般应精确到小数点后三位,汇总时,其准确度取值要达到定额或规范的规定要求,不能产生四不舍五入的做法。

(2) 工程量计算审核的顺序

1) 按施工顺序计算法。按施工顺序计算法是按照工程施工顺序的先后次序来计算工程量。计算时，先地下，后地上；先底层，后上层；先主体，后装饰。大型和复杂工程应先划成区域，编成区号，分区计算。

2) 按定额项目的顺序计算法。按定额顺序计算工程量法就是按照计量规则中规定的分章或分部分项工程顺序来计算工程量。由前到后，逐项对照施工图设计内容，能对上号的就计算。

7.1.2.2 套用单价的审核

工程定额具有科学性、权威性、法令性，它的形式和内容，计算单位和数量标准任何人使用都必须严格执行，不能随意提高和降低。在审核套用预算单价时要注意如下几个问题：

(1) 审核定额单价的套用

工程预结算书中所列各分项单价是否与定额相符，其名称、规格、计量单位和所包括的工作内容是否与定额一致，是审核的重点，主要存在的问题是混淆项目，增列项目和重复列项目。所谓重复列项目就是相同、相近的工作内容，分别套用两个定额项目来重复计价；所谓增列项目就是对定额项目工作内容说明中已包括的工序又增列了定额项目重复计价；所谓混淆项目就是利用项目名称的近似性，套用单价过高的项目。

（2）审核定额单价的换算

首先要审核换算内容是否是定额中允许的，其次是审核换算是否正确。由于定额是在正常施工条件，合理的劳动组织的工艺条件下，完成规定计算单位，符合国家技术标准的验收规范的合格产品所必须的消费量标准，它反映了在一定时期内的科学技术和生产力发展水平。因此，在执行定额时，定额规定允许换算的才能换算，不允许换算的不能随意换算。

（3）对补充定额的审核

主要是检查编制的依据和方法是否正确，人工工日、材料预算价格及机械台班单价及相应的消耗量是否合理。

7.1.2.3 费用的审核

取费应根据当地工程造价管理主管部门颁发的文件及规定，结合相关文件如合同、招投标书等来确定费率。审核时应注意取费文件的时效性；执行的取费表是否与工程性质相符；费率计算是否正确；价差调整的材料是否符合文件规定。如计算时的取费基础是否正确,是以人工费为基础还是以直接费为基础。对于费率下浮或总价下浮的工程,在结算时特别要注意变更或新增项目是否同比下浮等等。

7.1.3 工程造价审核的方法

由于建设工程的生产过程是一个周期长、数量大的生产消费过程,具有多次性计价的特点。采用合理的审核方法不仅能达到事半功倍的效果,而且将直接关系到审核的质量和速度。工程造价的审核方法较多,主要有全面审核法、标准造价审核法、分组计算审核法、对比审核法、筛选审核法、重点审核法、利用手册审核法、分解对比审核法、经验审核法和定额供料与利用率审核法等十种。

7.1.3.1 全面审核法

全面审核法又叫逐项审核法,就是按照施工图的要求,结合现行定额、施工组织设计、承包合同或协议以及有关造价计算的规定和文件等,全面地审核工程数量、工程单价以及费用计算。全面审核法实际上与编制工程造价文件的方法和过程基本相同,常常适用于投资规模不大,工程内容比较简单,分项工程不多的项目。这种方法的优点是:全面、细致,经审核的工程造价差错比较少,质量比较高;缺点是:工作量大,时间较长,存在重复劳动。在投资规模较大,审核进度要求较紧的情况下,这种方法是不可取的,但建设单位为严格控制工程造价,仍常常采用这种方法。

7.1.3.2 标准造价审核法

对于采用标准图纸或通用图纸设计的工程,先集中力量,编制标准造价,以此为标准进行工程造价的审核方法。对局部不同部分作单独审核。这种方法的优点是时间短、效果好;缺点是只适应按标准图纸设计的工程,适用范围小,具有局限性。

7.1.3.3 分组计算审核法

把若干分部分项工程,按相邻且有一定内在联系的项目进行编组,审核同一组中某个分项工程量,利用工程量之间具有相同或相似计算基数的关系,判断同组中其他几个分项工程量计算的准确程度的方法。如一般把底层建筑面积、底层地面面积、地面垫层、地面面层、楼面面积、楼面找平层、楼板体积、顶棚抹灰、顶棚涂料面层等编为一组,先把底层建筑面积、地面面积求出来,其他分项的工程量利用此基数就能得出。这种方法的最大优点是审核速度快,工作量小。

7.1.3.4 对比审核法

对比审核法是根据类似工程指标对审核对象进行分析对比,从中找出不符合投资规律的分部分项工程,针对这些子目进行重点计算,找出其差异较大的原因的审核方法。一般来说,在同一地区,如果单位工程的用途、结构和建筑标准都一样,其工程造价应该基本相同。因此在总结分析造价资料的基础上,找出同类工程造价及工料消耗的规律性,整理出用途不同、结构形式不同、地区不同的工程单方造价指标、工料消耗指标,然后进行对比审核。常用的对比审核方法有:

(1) 单方造价指标法。通过对同类项目的每平方米造价的对比,可直接反映出造价的准确性;

(2) 分部工程比例。基础、砌体、混凝土及钢筋混凝土、门窗、围护结构等各占定额直接费的比例;

(3) 专业投资比例。土建、给水排水、采暖通风、电气照明等各专业占总造价的比例;

(4) 工料消耗指标。即对主要材料每平方米的耗用量的分析，如钢材、水泥、砖、瓦、灰、砂、石、人工等主要工料的单方消耗指标。

7.1.3.5 筛选审核法

筛选法是统筹法的一种，通过找出分部分项工程在每单位建筑面积上的工程量、价格、用工的基本数值，归纳为工程量、价格、用工三个单方基本值表，并注明其适用的建筑标准。这些基本值犹如"筛子孔"，用来筛选各分部分项工程，同建筑标准的数值与"基本值"相同就筛下去不审核了，没有筛下去的就意味着此分部分项的单位建筑面积数值不在基本值范围之内，应对该分部分项工程详细审核。这种方法的优点是简单易懂，便于掌握，审核速度和发现问题快。缺点是对没有筛下去的问题还要采用其他方法继续进行审核。

7.1.3.6 重点审核法

重点审核法就是抓住工程造价中的重点进行审核的方法。这种方法类同于全面审核法，其与全面审核法之区别仅是审核范围不同而已。该方法是有侧重的，一般选择工程量大而且费用比较高的分项工程的工程量作为审核重点。如基础工程、砌筑工程、混凝土及钢筋混凝土工程，门窗幕墙工程等。高层结构还应注意内外装饰工程的工程量审核。而一些附属项目、零星项目（雨篷、散水、坡道、明沟、水池、垃圾箱）等，往往忽略不审。其次重点审核与上述工程量相对应的工程单价，尤其重点审核定额子目容易混淆的单价。另外对费用的计取（计费基础、取费标准等）、材料的价格也应仔细核实。该方法的优点是重点突出，审核时间短，工作量相对减少，效果较佳。

7.1.3.7 利用手册审核法

把工程中常用的构件、配件，事先整理成造价手册，按手册对照审核。如洗池、大便器、检查井、化粪池、碗柜等按标准图集计算出工程量，套上单价，编制成手册，利用手册进行审核，可大大简化工程造价的编审工作。

7.1.3.8 分解对比审核法

分解对比审核法是指在单位工程造价中，把直接费与间接费进行分解，然后再把直接费按工种和分部工程进行分解，分别与审定的标准造价进行对比分析的方法。分解对比审核法一般有三个步骤：

第一步，全面审核某种建筑的定型标准施工图或复用施工图的工程造价，经审定后作为审核其他类似工程造价的对比基础。而且将审定的造价按直接费与应取费用分解成两部分,再把直接费分解为各工种工程和分部工程造价。

第二步,把拟审的工程单方造价与同类型工程单方造价进行对比,若出入不在允许以内,再按分部分项工程进行分解,边分解边对比,对出入较大者进一步审核。

第三步,对比审核。

(1) 经过分解对比,如发现某项工程单位造价出入较大,首先审核差异出现机会较大的项目(如土方、钢筋、墙体、抹灰等项目)。然后,再对比其余各个分部工程,发现某一分部工程造价相差较大时,再进一步对比各分项工程或子项工程。在对比时,先检查所列工程项目是否正确,工程单价是否一致,最后审核该项工程的工程量。

(2) 经分析对比,如发现应取费用相差较大,应审核取费基数、工程性质、工程类别、取费项目和取费标准是否符合现行规定。

7.1.3.9 经验审核法

经验审核法是根据以往的实践经验审核容易出错的那部分工程量。例如:运用经验审核法审核砌砖墙的工程量,要注意按规定应扣除的门窗洞口和钢筋混凝土构件等所占砌体的体积。这里容易产生差错的有两处：一是有的工程结算不是按规定扣除门窗洞口面积所占的砌墙体积，而是扣了门窗框外围面积所占的砌墙体积，因而少扣除了门窗所占墙体积，多算了砌砖墙的工程量；二是有的工程结算，往往忘记扣除阳台、雨篷梁等所占的体积，结果多算了砌砖墙的工程量。

7.1.3.10 定额供料与利用率审核法

由建设（发包）单位负责供应材料给施工单位使用者（称甲方供料）情况非常普遍。对建设单位（或指定厂家）供应材料，都应有需求单审批管理，都必须按计划填报。使用部门领用材料时，由领用经办人员开"领料单"经主管核签后，向仓库办理领料。使用单位对于领用的材料，在使用时遇有材料质量异常，用料变更或用余时，使用单位应注记于"退料单"内，再连同料品缴回仓库。总而言之，采购、发退料都有定额。审核工程量时，根据定额供料与利用率换算实物工程量，出入较大时，调整工程量。例如，地板砖、外墙砖、预拌混凝土、钢筋、水泥、门窗等甲供材，除去损耗量即为工程实物量。这种以实物消耗量审核工程量的方法，依据充分，说理性强，但要注意所用材料与工程项目的匹配问题。

7.2 施工图预算的审核

7.2.1 审核施工图预算的指导思想和依据

7.2.1.1 审核施工图预算的指导思想

施工图设计完成后,设计单位应根据施工图纸编制施工图预算(设计预算),施工图预算编完之后,必须进行认真审核。

加强施工图预算的审核,对于提高预算的准确性,正确贯彻有关规定,合理确定工程造价都具有重要的现实意义。审核施工图预算要坚持如下指导思想:

(1) 深入施工现场,掌握第一手资料是审核施工图预算的前提。

由于工程本身的单件性、多样性和固定性等特点,决定了每个工程项目具有不同的地质、场地条件,不同的基础类型、结构形式,不同的建筑材料、装饰标准,不同的工艺流程、建筑设备以及不同的施工方法和施工措施,因而有不同的工程造价。

(2) 全面研究施工图纸和定额资料是审核施工图预算的基础。

审核施工图预算之前,必须全面研读和熟悉施工图纸及图纸会审资料、合同与招标文件、施工组织设计审核意见,全面了解工程预算定额的组成,掌握工程量计算规则,掌握上级下达的各种费用标准和计算方法,熟悉单位计价表。其中施工合同和招标文件是核心主导文件,它们确定了双方的权利、义务和责任,确定了工程造价的计算方法和调整造价的相关因素。另外,造价人员还要掌握一定的施工规范与建筑构造方面的知识。

(3) 施工图预算的量价费是审核工作的主要内容。

施工图预算的内容主要有工程量计算是否准确,单位价格或综合价格套用是否正确,费用标准是否符合现行计价文件规定等方面的问题。

(4) 选择正确的审核方法是提高审核速度和审核质量的必要保证。

施工图预算的审核方法,通常采用:① 逐项审核法(又称全面审核法);② 分组计算审核法;③ 对比审计法;④ 重点审核法。

在进行工程造价审核时,由于工程建设规模、繁简程度的不同,施工企业的实力不同,所编的施工图预算资料的质量也不同,因此应该根据工程的具体特点，多种方法相结合，灵活使用，保证通过工程造价审核，达到合理控制工程投资的目的。

7.2.1.2　施工图预算审核的依据

(1) 经审定的施工图纸及设计说明

施工图纸是计算工程量的基础资料，因为施工图纸反映工程的构造和各部位尺寸，是计算工程量的基本依据。在取得施工图纸和设计说明等资料后，必须全面、细致地熟悉和核对有关图纸和资料，检查图纸是否齐全、正确。如果发现设计图纸有错漏或相互间有矛盾，应及时向设计人员提出修正意见，予以更正。经过审核、修正后的施工图才能作为计算工程量的依据。

(2) 建筑工程预算定额

建筑工程预算定额系指《全国统一建筑工程基础定额》、《全国统一建筑工程预算工程量计算规则》以及省、市、自治区颁发的地区性建筑工程计价定额。

(3) 经审定的施工组织设计或施工技术措施方案

计算工程量时，还必须参照施工组织设计或施工技术措施方案。例如计算土方工程量仅仅依据施工图是不够的，因为施工图上并未标明实际施工场地土壤的类别以及施工中是否采取放坡或是否用挡土板的方式进行。对这类问题就需要借助于施工组织设计或者施工技术措施予以解决。

(4) 施工现场的实际情况

计算工程量有时还要结合施工现场的实际情况进行。例如平整场地和余土外运工程量,一般在施工图纸上是不反映的,应根据建设基地的具体情况予以计算确定。

(5) 经确定的其他有关技术经济文件

其他有关技术经济文件主要是指:单位估价表或价目表、人工工资标准、材料预算价格、施工机械台班单价、建筑工程费用定额、工程承发包合同文件等。

7.2.2 审核施工图预算的内容和步骤

7.2.2.1 审核施工图预算的内容

审核施工图预算的重点,应该放在工程量计算、预算定额套用、设备材料预算价格取定是否正确,各项费用标准是否符合现行规定,采用的标准规范是否合适,施工组织设计或施工方案是否合理等方面。

(1) 工程量的审核

工程量计算是施工图预算的基础,施工图预算的审核应首先从工程量计算开始,然后才能进行后续工作。工程量的误差分为正误差和负误差。正误差表现为:如土方实际开挖高度小于设计室外高度,而计算时仍按图进行;楼地面大的孔洞、地沟所占面积未扣;墙体中的圈梁、过梁所占体积未扣;钢筋计算常常不扣保护层;梁、板、柱交接处混凝土或箍筋重复计算等等。总体而言,正误差主要表现为完全按理论尺寸计算工程量,因此对工程量的审核最重要的是熟悉工程量的计算规则。工程量的审核主要包括以下内容:

1) 分清计算范围。如砖石工程中基础与墙身的划分、混凝土工程中柱高的划分、梁与柱的划分、主梁与次梁的划分等;

2) 分清限制范围。如建筑物层高大于3.6m时,顶棚需要装饰方可计取满堂脚手架费用,现浇钢筋混凝土构件方可计取支模超高增加费;

3) 应仔细核对计算尺寸与图示尺寸是否相符,防止计算错误产生。

(2) 套用单价的审核

重点审核定额子目的套用是否准确,应该换算的单价是否换算,换算的结果是否正确。特别是补充的定额子目及其单价,要审核其人工、材料、机械的消耗量是否合理,需要报批时是否按程序报批。

1) 对直接套用定额单价的审核。首先,要注意采用的项目名称和内容与设计图纸标准是否一致,如构件名称、断面形式、强度等级等。其次,要注意工程项目是否重复套用,如块料面层下结合层,沥青卷材防水层、沥青隔气层下的冷底子油,预制构件的铁件等。在采用综合定额的项目中,这种现象尤为普遍,特别是项目工程与总包及分包都有联系时,往往容易产生工程量的重复。

2) 对换算的定额单价的审核。对可以换算定额单价的项目,还要弄清允许换算的内容是定额中的人工、材料和机械的全部还是部分,换算的方法是否准确,采用的系数是否正确,这些都将直接影响单价的准确性。

3) 对补充定额的审核。主要是检查编制的依据和方法是否正确,材料预算价格、人工工日及机械台班单价是否合理。

(3) 审核设备、材料的预算价格

设备、材料费用在施工图预算中所占比重较

大，市场上同种类设备或材料价格差别较大，应当重点审核；对建设单位供应的材料应按要求正确处理。

(4) 费用的审核

重点审核各个费用项目是否按照有关规定进行计算，计算结果是否有误。各种费用项目应按当地工程造价管理主管部门颁发的文件及规定执行，注意合同中是否有特殊的约定；各种费率按照规定和合同文件规定进行审核。由于费率经常调整，审核时应注意取费文件的时效性，费率是否正确；执行的费率表是否与工程性质相符，工程类别是否符合要求；取费基础是否正确，是以人工费为基础还是以直接费为基础。

7.2.2.2 施工图预算的审核步骤

(1) 做好审核前的准备工作

1) 熟悉施工图纸。施工图纸是审核预算分项数量的重要依据，必须全面熟悉了解，核对所有图纸，清点无误后，依次识读。

2) 了解预算包括的范围。根据预算编制说明，了解预算包括的工程内容。例如零星配套设施、构筑物、室外管线、厂区道路以及会审图纸后的设计变更等。

3) 弄清预算采用的单位估价表。任何单位估价表或预算定额都有一定的适用范围,应根据工程性质,搜集并熟悉相应的单价、定额资料。

(2) 选择合适的审核方法,审核相应的内容

由于工程规模、繁简程度不同,施工方法和承包商的情况不一样,所编施工图预算的质量也不同,因此需选择适当的审核方法进行审核。

(3) 进行施工图预算的调整

综合整理审核资料,并与编制单位交换意见,定案后编制调整后的预算。审核后,需要进行增加或核减的,经与编制单位协商,统一意见后,进行相应的修正。

7.3 招标控制价与投标报价的审核

7.3.1 招标控制价与投标报价的宏观审核

招标投标工程,招标控制价和投标报价是招投标工作的核心,投标报价正确与否直接关系到投标的成败。为了增强招标控制价的有效性和投标报价的准确性,有利于客观、合理的评审投标报价,提高中标率和经济效益,造价审核人员要认真分析工程项目的招投标相关文件,如招标公告、招标文

件、招标答疑、工程量清单、招标控制价及投标报价文件等。招标文件中有不少条款直接关系到工程项目造价的确定与控制，是控制工程各阶段造价的主要依据，因此应仔细斟酌，准确理解。分析条款之间、文件之间是否相互衔接，其中存在什么问题。首先，分析招标人提供的工程量是否准确、真实、相对完整，施工企业提供的工程量清单计价有无缺项、漏项；其次，分析工程量清单项目特征描述是否准确，分析不同项目的工程量清单报价包含的内容是否重复计算；第三，分析报价文件是否完全按照《建设工程工程量清单计价规范》的要求进行编制，分部分项工程量清单、措施项目清单、其他项目清单、规费项目清单和税金项目清单是否齐全；第四，检查工程量清单的编制质量，分析招标控制价的编制水平，判断对投标报价的影响程度。

造价审核人员除认真分析招标控制价，重视投标策略，加强报价管理以外，还应善于认真总结经验教训，采取相应对策从宏观角度对承发包工程总价进行控制。可采用下列宏观指标和方法对招标控制价及投标报价进行审核：

7.3.1.1 单位工程造价

按照不同地区的情况，分别搜集、统计各种类型建筑物的单位工程造价，即每平方米造价，在新的建设项目投标报价时，将之作为参考，控制报价。这样做，既方便、适用，又有益于提高中标率和经济效益。

7.3.1.2　全员劳动生产率

全员劳动生产率是指全体人员每工日的生产价值，这是一项很重要的经济指标。该指标对工程报价进行宏观控制是很有效的，尤其对综合性大的项目，有时难以用单位工程造价分析时，显得更为有用。但非同类工程，机械化水平相差悬殊的工程，不能绝对相比，要持分析态度。

7.3.1.3　单位工程用工用料正常指标

相同的房屋建筑工程每平方米建筑面积所需劳力和各种材料的数量消耗也都有一个合理的指标，可据此进行宏观控制。不同地区的相同工程该指标基本相同，因此该指标应用比较广泛。

7.3.1.4　各分项工程价值的正常比例

这是控制报价准确度的重要指标之一。例如一栋楼房，是由基础、墙体、楼板、屋面、装饰、水电、各种专用设备等分项工程构成的，它们在工程价值中都有一个合理的大体比例。例如某房屋建筑工程，主体结构工程（包括基础、框架和砖墙三个分项工程)的价值约占总价的55%;水电工程约占10%;其余分项工程的合计价值约占35%。

7.3.1.5 各类费用的正常比例

任何一个工程的费用都是由人工费、材料设备费、施工机械费、间接费等各类费用组成的,它们之间都有一个合理的比例。例如某房屋建筑工程人工费占总造价的12%;材料费约占65%;机械使用费约占10%。

7.3.1.6 预测成本比较控制法

将一个地区的同类型工程报价项目和中标项目的预测工程成本资料整理汇总贮存,作为下一轮投标报价的参考,可以此衡量新项目报价的得失情况。

7.3.1.7 综合定额估算法

本法是采用综合定额和扩大系数估算工程的工料数量及工程造价的一种方法;是在掌握工程实施经验和资料的基础上的一种估价方法。一般说来比较接近实际,尤其是在采用其他宏观指标对工程报价难以核准的情况下,该法更显出它较细致可靠的优点。

7.3.2 招标控制价与投标报价工程数量的审核

7.3.2.1 工程数量的审核

工程量是计算标价的重要依据。在招标文件中大部分均有实物工程量清单，编制招标控制价与投标报价前应进行核对。核对不可能也不必要全部重新计算一遍，可采用重点核对的方法进行。核对的内容可分：项目是否齐全；有无漏项或重复；工程量是否正确；工程做法及用料是否与图纸相符等。

核对可采用重点抽查的办法进行，既选择工程量较大，造价较高的项目抽查若干项，按图详细计算，一般项目则只粗略估算其是否基本合理就行了。在进行核对前，首先要熟悉施工图纸和概预算定额，当前国内概预算定额内容及项目划分不尽一致，必须先弄清当地定额及其工程量计算规则的特点及与自己经常使用的定额有何不同之处。

在核对项目是否齐全、工程做法及用料是否与图纸相符时，可以将工程量清单与图纸对照逐项进行核对，以查明是否有不符或漏项之处。一般易于疏忽的是图纸中的说明、标准图或图纸本身就有相互矛盾之处，因此尤应加以注意。

在重点核对工程量是否正确时，首先可采用

"工程量概算指标",从大数上估算其合理性。所谓"工程量概算指标"是指各分部分项工程量在各类建筑中的一般指标系数。如在民用建筑中,每平方米建筑面积的外墙面积系数、门窗面积系数、楼梯面积系数、屋面面积系数、钢筋混凝土各类构件系数、钢结构屋面重量系数以及有联系的工程间的相互工程量比例关系(如墙面与粉刷的面积比例关系等)。经过"工程量概算指标"法的概算核对,视其结果及时间上是否充裕,可以进一步考虑哪些工程量尚应进一步详细核对,哪些则可不必再加细核。

7.3.2.2 不可预见因素的考虑

为使招标控制价与投标报价所包含的内容一致,综合单价中应包括招标文件中要求投标人所承担的风险内容及其范围(幅度)产生的风险费用。在工程施工过程中难免出现某些不可预见的因素,诸如材料价格的变化,基础施工遇到意外情况以及其他意外事故造成停工、窝工等,都会影响工程造价。因此,在计算招标控制价或投标报价时应对这些因素予以适当考虑,特别是采用固定总价合同时,更应充分注意,均加一定的系数,以不可预见费的名目,列为标价的组成部分。通常,固定总价合同的不可预见费可高些；设计文件比较粗略，或地质资料不够详细，或气象条件比较复杂，施工期又较长的工程，不可预见费也应高些；反之，则应低些。

但在实际投标承包制的条件下，为了鼓励竞争，建筑企业在投标报价时，应允许采取有适当弹性的利润，即为了争取得标，预期利润率可低于上面规定值。甚至在某一工程上有策略的亏损，以提高报价竞争力，在降低成本，保证工程质量的前提下，预期利润率也特别偏低。对此投标单位应自主作出决策。

7.3.2.3 确定招标控制价与投标报价

招标控制价与投标报价由分部分项工程费、措施项目费、其他项目费、规费和税金汇总得出工程造价。但在分别确定上述各项费用的过程中，难免在某些环节上发生误差，因此汇总后还须进行检查，主要是将单方造价水平、主要材料用量、用工量和工资含量等指标，与同类型工程的经验统计资料进行对比，如发现有较大差异，则应结合施工方案进一步检查主要材料、设备、人工定额和单价，以及各项取费标准和利润等的确定，有无不够合理之处，必要时加以适当调整，最后形成基础标价。

定价时应注意标书的说明和规范的要求，不明白的地方要询问顾问公司或建筑师。千万不能随便猜测或估计，应根据说明和规范的要求编制计算单位价格。而标书中指定使用的材料牌号，也应按要求编制。

（1）计算单价。各公司根据自己积累的经验和市场材料单价及单位估价表进行计算。单价的高低直接影响工程价格，要认真调查、分析后计算确定。

（2）套单价，计算总价。如工程量核对无误，可套单价计算总价。这是数字运算工作，要力求准确并严格复核。

（3）确定总报价。控制价按标准计算汇总即可，但投标报价则有很多技巧，有些承包商在报价时，把基础和主体工程的单价调大，装饰收尾工程的单价调小，目的是为了先拿到工程款，以减小自己的投资资本来获取有效的利润。

总造价算出后，由报价主办人提出意见（调高、调底或不变动），做出经济分析，包括标底或招标控制价分析（要根据掌握的同类型项目的造价资料，结合本工程特点，合理推算出业主标底控制在多少范围内），盈亏预测（指对内部标价中留有余地的地方）等后将承包总报价书、分析结果与存在问题交总承包公司研究决定，以便最后决策。

综上所述，针对目前建筑市场上激烈的竞争，在投标报价的基础工作中，还应不断完善加强科学管理，保证建设工程造价管理工作行之有效，使资金得到更加合理的利用与控制。

7.4 工程竣工结算的审核

建设工程结算审核，指造价咨询机构以发包方提交的工程竣工资料为依据，对承包方编制的工程结算的真实性及合法性进行全面的审核，是核实工程造价的重要手段，对办好工程竣工结算有着重要的现实意义。

7.4.1 工程结算失真的原因分析

工程结算直接关系到建设单位和施工单位的切身利益。在结算的编审过程中由于编审人员所处的地位、立场和目的不同，而且编审人员的工作水平也存在差异，因而编审结果存在不同程度的差距纯属正常。但是相差太大，就存在有意压低造价或高估冒算的可能。

送审的结算中，常发现有工程结算多报的现象产生，分析结算"失真"的原因有以下几点：

7.4.1.1 工程量计算方面存在高估冒算现象

工程量的计算是依据竣工图纸、设计变更联系单和国家统一规定的计算规则来编制的，是结算编制的基础。工程量计算多数时间出现正误差，有时由于工作疏忽也可能出现负误差。如在定额中项目内容再次计算，计算单位不一致而造成工程量的小数点错位，该扣没扣等计算错误。

7.4.1.2 套用定额方面存在错套重套现象

套定额项目时，发生了错套、重套或漏套现象，对定额中的缺项套用项目或换算的理解有出入，忽略定额综合解释，没考虑系数的换算，有意高套定额等等。

7.4.1.3 人工费、材料价格及机械台班费方面的影响

建筑业劳动力紧缺，人工单价不断提高，加上政策的强制性，结算时必须追加费用。主材的型号、材质在设计中不明确，实际选用材料有较大出入；除合同规定的材料价格外，大部分采用的是市场价，由于物价不断上涨，结算的造价增幅很大。机械由于动力燃料费的增加，使机械台班使用费也在提高。

7.4.1.4 费用计算方面的影响

费用计算方面的问题主要表现在没有按取费基数计费，取费的费率错误等。如不按合同要求套用费用定额；根据工程类别划分，三类工程却高套用二类工程；工程没有达到约定的文明施工程度却按约定计算文明施工增加费；在县城（镇）的工程税金的却套用市区的费率等。

7.4.1.5 极少数的结算编制人员业务水平不过关，以致计算"失真"。该计算的没有计算，不该计算的列了一堆，有"打鹿式"的心态存在。

7.4.1.6 盲目签证，事后补签，签证表述不清、准确度不够及时间性不强。

由于我国目前采取的是计量（监理）与评价（结算）分离的工程监管模式。搞结算审核工作的造价人员施工时一般不到现场，结算审核时工程量的计算依据主要就是施工图和监理签证。这就为施工环节（尤其是隐蔽工程）偷工减料提供了可能。现场监理人员对造价管理和有关规定掌握不够，对不应该签证的项目盲目签证。有的签证由施工单位填写，不认真核实就签字盖章；施工单位在签证上巧立名目，弄虚作假，以少报多，蒙哄欺骗，遇到问题不及时办理签证，结算时搞突击，互相扯皮推卸责任；有的施工单位为了中标，报价很低，为了保住自己的利润对包干工程偷工减料，对非包干工程进行大量的施工乱签证，由于腐败的存在，签证往往都有法律效力。另外，建设单位在发包合同及现场签证中用词不严谨也导致结算与实际有出入。

7.4.1.7 施工单位顾虑结算卡得太紧，有意虚报

送审结算一般是建设单位委托中介机构审核的，建设单位大多数是用核减的额度的一定比例来支付业务费，中介机构审不下来，自然业务费就没有了，往往采用审减不审增的做法，这自然形成施工单位加大水分多报的可能。施工单位常见的做法有：

（1）巧立名目，高套定额。

1) 把定额中已综合考虑并包含在综合单价里的内容单独列项。例如：挖土方已按照工程量套用定额计价，有的施工单位又把挖掘机台班单独列项计算。

2) 把费率中包含的内容另外列项计算。例如综合费率中已包含冬雨期施工增加费，有的又把雨期抽水费另计。

3) 利用定额单价的换算抬高项目单价。

（2）虚设费用。有的工程在实施过程中没有使用大型机械和特种机械,但竣工结算中却列入了大型机械进出场费夜间施工增加费、赶工措施费等。

(3) 提高计费标准,扩大取费范围。

总而言之,要合理确定工程造价,必须抓好工程结算审核,认真分析工程结算编制中产生偏差的原因以及影响工程结算的切实因素,从根本上提升审核力度,严把审核质量控制关,确保工程造价咨询单位的审核质量,降低审核风险,把工程造价审核的质量意识提到一个相当重要的位置。

7.4.2 竣工结算审核的基本要求

7.4.2.1 搜集、整理好竣工资料

竣工资料包括:工程竣工图、设计变更通知各种签证,主材的合格证、单价等。

(1) 竣工图是工程交付使用时的实样图。对于工程变化不大的,可在施工图上变更处分别标明,不用重新绘制;对于工程变化较大的一定要重新绘制竣工图,对结构件和门窗重新编号。竣工图绘制后要请建设单位、建筑监理人员在图签栏内签字,并加盖竣工图章。竣工图是其他竣工资料的纲领性总图,一定要如实地反映工程实况。

(2) 设计变更通知必须是由原设计单位下达

的，必须有设计人员的签名和设计单位的印章。由现场监理人员发出的不影响结构安全和造型美观的室内外局部小变动也属于变更之列，但必须有建设单位工地负责人的签字，并征得设计人员的认可及签字方可生效。

(3) 各种签证资料。

1) 合同签证，它决定着工程的承包形式与承包资格、方式、工期及质量奖罚。

2) 现场签证即施工签证，包括设计变更联系单及实际施工确认签证。

3) 主体工程中隐蔽工程签证；暂不计入但说明按实际工程量结算的项目工程量签证以及一些预算外的用工、用料或因建设单位原因引起的返工费等。其中主体工程中的隐蔽工程及时签证尤为重要，这种工程事后根本无法核对其工程量，所以必须是在施工的同时，画好隐蔽图、检查隐蔽验收记录，再请设计单位、监理单位、建设单位等有关人员到现场验收签字，手续完整，工程量与竣工图一致，方可列入结算。这些签证最好在施工的同时计算实际金额。交建设单位签证，这样就能有效避免事后纠纷。

4) 主要建筑材料规格、质量与价格签证。因为设计图纸对一些装饰材料只指定规格与品种，而不能指定生产厂家。目前市场上的伪劣产品较多，就是同一种合格或优质产品，不同的厂家和型号，价格差异也比较大。特别是一些高级装饰材料，进货前必须征得建设单位同意。其价格必须要有建设单位签证。对于一些涉及工程较多而工期又较长的工程，价格涨跌幅度较大。必须分期多批对主要建材与建设单位进行价格签证。签证是结算的计算依据，它的数据必须准确。

7.4.2.2 深入工地，全面掌握工程实况准确的工程量是竣工结算的基础

由于从事预结算工程的造价人员，对某单位工程可能不十分了解，而一些形体较为复杂或装潢复杂的工程，竣工图不可能面面俱到、逐一标明，因此在工程量计算阶段必须要深入工地现场核对、丈量，记录才能准确无误。有经验的造价人员在编制结算时，往往是先查阅所有资料，再粗略地计算工程量，发现问题、出现疑问逐一到工地核实。一个优秀的造价人员不仅要深入工程实地掌握实际，还要深入市场了解建筑材料的品种及价格。做到胸有成竹，避免造成计算误差较大的情况，使自己处于被动。

7.4.2.3 熟悉掌握专业知识,注重职业道德

造价人员不仅要全面熟悉定额计算,掌握上级下达的各种费用文件。还要全面了解工程预算定额的组成,以便进行定额的换算和增补。造价人员还要掌握一定的施工规范与建筑构造方面的知识,注重职业道德。

7.4.2.4 工程竣工结算审核的基本工作

工程竣工结算审核是竣工结算阶段的一项重要工作。经审核确定的工程竣工结算是核定建设工程造价的依据,也是建设项目验收后编制竣工决算和核定新增固定资产价值的依据。因此,业主、造价咨询公司都十分关注竣工结算的审核把关。一般从以下几方面入手:

(1) 核对合同条款

首先,竣工工程内容是否符合合同条件要求,工程是否竣工验收合格,只有按合同要求完成全部工程并验收合格才能列入竣工结算。其次,应按合同约定的结算方法,对工程竣工结算进行审核,若发现合同有漏洞,应请业主与承包商认真研究,明确结算要求。

(2) 落实设计变更签证

设计修改变更应由原设计单位出具设计变更通

知单和修改图纸,设计、校审人员签字并加盖公章,经业主和监理工程师审核同意、签证才能列入结算。

(3) 按图核实工程数量

竣工结算的工程量应依据国家统一规定的计算规则计算,根据竣工图纸,并按设计变更单和现场签证等进行核算。

(4) 严格按合同约定计价

结算单价应按合同约定、招标文件规定的计价原则或投标报价执行。合同规定与现行"计价规范"或"计价定额"有矛盾,以合同为准。

(5) 注意各项费用计取

工程的取费标准应按合同要求或项目建设期间有关费用计取规定执行,先审核各项费率、价格指数或换算系数是否正确,价格调整计算是否符合要求,再核实特殊费用和计算程序。要注意各项费用的计取基础,是以人工费为基础还是以直接费或定额基价为基础。

(6) 防止各种计算误差

工程竣工结算项目多,篇幅大,往往有计算误差,应认真核算,防止因计算误差多计或少算。

7.4.3 建筑工程工程量计算审核

7.4.3.1 工程量审核的要求

工程量是指以物理计量单位或自然计量单位表示的各个具体工程子目的数量。工程量是结算的基础，它的准确与否直接影响结算的准确性。计算工程量在整个结算审核过程中是最繁重、花费时间最长的一个环节，因此，必须在工程量的审核上狠下功夫，才能保证结算的质量。

（1）收集工程量审核依据资料。建筑安装工程造价是随着工程量的增加而增加，根据设计图纸、定额及工程量计算规则、专业设备材料表，对已算出的工程量计算表进行审核，主要是审核工程量是否有漏算、重算和错算，审核要抓住重点详细计算和核对，其他分项工程可作一般性审核，审核时要注意计算工程量的尺寸数据来源和计算方法。

（2）熟悉工程量计算规则。要准确地核实各分部分项的工程量，应熟练地掌握全国统一的工程量计算规则。工程量的准确度是决定工程结算的前提，因此，必须熟悉和了解定额中的各项说明和计算规则的含义。只有这样，才能保证工程量计算的准确性。施工单位编制的工程结算，往往通过障碍法手段在构造交接部位重复计算,在审核中如不熟悉计算规则,多算冒算的工程量就难以察觉。

(3) 审核竣工结算一定要细心。审核施工单位所报的竣工结算时,一定要细心,注意是否有漏掉的项目,注意是否有该扣除的而没有扣除,是否有没调整小于1的系数的情况。

(4) 注意新增项目的计算。有些变更表面看起来是新增的项目,实际上在投标文件中已经包含,这样的项目应不予计量。注意新增项目带来工程量的减少,例如增加了门窗,则应同时减少砌体的工程量。

(5) 施工单位投标文件漏项结算时要扣除。施工单位在投标文件中漏项,结算时补充的,按规定结算时仍然要扣除,有些项目可能已办理签证,但清单内容已包括者不计。

(6) 熟悉定额中分部分项内容。审核人员首先要熟悉定额每个项目中注明的基价中包括和不包括的项目内容,特别是一些综合定额项目。但有些施工企业在编制结算中对前列项目中已包括的内容重复立项,审核人员如果不熟悉定额内容,就会使其蒙混过关,增加工程造价。

(7) 熟悉竣工结算资料。熟悉工程设计施工图纸、施工现场地形及工程地质、施工组织设计和施工方案,参加施工图纸会审,全面地搜集隐蔽工程验收的各种记录。这样,才能真正做到核准工程量。

(8) 工作内容和范围的口径必须一致。审核工程量时,应注意审核施工图列出的项目(工程项目所包括的工作内容和范围)与预算定额中的工程项目是否相一致,只有一致才能套用预算定额中的预算单价。

(9) 工程量计量单位必须一致。审核工程量时,应注意审核施工图列出的计量单位,是否与预算定额中的计量单位相一致,只有一致才能套用预算定额中的预算单价。

(10) 签证凭据应实事求是。对签证凭据工程量的审核主要是现场签证及设计修改通知书应根据实际情况核实,做到实事求是,合理计量。审核时应作好调查研究,审核其合理性和有效性,不能见有签证即给予计量,杜绝和防范不实际的开支。

(11) 工程量审核方法。工程量审核最常用的有经验审核法、重点审核法、全面审核法。

7.4.3.2　工程量审核注意的问题

工程量的审核是工程预结算审核的重点、难

点，复杂而繁琐，其正确与否将直接影响工程造价的准确度。工程量计算易出现差错的地方很多，仅举部分应注意的问题，供参考。

（1）基槽开挖深度应按基础垫层底表面标高算至设计室外地坪标高，而不是设计室内地坪标高。基坑、基槽是否需要放坡，坡度系数和放坡起点深度是否符合规定。算了挡土板工程量，是否又算了放坡工程量。运土距离是否有签证，土方量是否扣除了回填土的工程量，减去的回填土量是否折成自然体积。竣工清理工程量计算中，建筑物高度自±0.000起算，高度到板顶，实际工作中有些工程造价人员鱼目混珠，按室外地坪起算至女儿墙顶。

（2）基础与墙身的划分应以设计室内地坪为界，基础与墙身使用不同材料，300mm以内部分并入墙身工程量内计算。内墙高度按定额规定不包括板厚，而实际计算内墙高度时出现按层高计算（与规范不同），未扣除板厚的错误。砖石柱高度自设计室内地坪起算，有些工程造价人员自基础顶面起算，造成工程量计算错误。计算砖墙体时，没扣除构造柱、圈梁、过梁、雨篷梁等混凝土体积等。

（3）无梁板的柱高算至了板顶。构造柱体积按最大断面乘高度计算。钢筋混凝土主次梁相交、大梁与圈梁相交,圈梁与构造柱相交,没有扣除交接处次梁和圈梁的混凝土体积。圈梁与板相交工程量重复计算。阳台和雨篷梁又单独计算了工程量。混凝土整体楼梯没有按楼梯间水平投影面积计算,而是按轴线内包面积计算,同时计入了楼面板的面积,大于500mm的楼梯井没有扣除,楼梯层数按自然层计算的。钢筋计算没有扣保护层,构件交界处箍筋重复计算,另外计算了钢筋损耗等。

(4)防水层的收头和附加层单独计算了工程量。屋面排水管是否按设计长度计算。屋面保温层没有按平均厚度、实铺面积计算。不规则的钢板是否按其外接矩形计算的等等。

7.4.4 装饰工程工程量计算的审核

7.4.4.1 装饰工程造价审核的特点

装饰工程造价审核与土建工程、安装工程相比,除了有很多相似之处外,尚有以下几方面的特点:

(1)装饰工程造价审核涉及的装饰材料品种多、规格多、品牌多、价格差异大

如铝塑板有单面铝塑板和双面铝塑板之分。无论单面铝塑板还是双面铝塑板又有 3mm 厚和 4mm

厚之分，每种铝塑板如果品牌不同，价格差异很大，即使是同一品牌，还有可能是正宗原厂生产进口的，也有可能是合资厂的产品，更有可能是假冒产品。非专业人员一般区别不出来，即使是专业人员，有时也很难立即鉴别出来，而它们的价格却相差很远。

（2）新的装饰材料日新月异，新的施工工艺不断更替，新的施工方法层出不穷

近几年来，随着对外交流的不断扩大以及科技的不断进步，建筑产品的品质不断提高，不少新产品、新材料逐步取代过去的一些传统产品和传统材料，新工艺逐步取代过去的传统工艺。如外墙装修工程中，传统的抹灰刷涂料已逐步被玻璃幕墙、石材挂贴、高档面砖等新型材料所取代。

（3）装饰装修工程内容繁多、艺术性强、施工工艺复杂多样

装饰装修工程内容多、工艺杂、装饰材料琳琅满目、施工周期短，现有的装饰定额标准还没有土建、安装定额那么成熟，常常滞后于建筑装饰领域的发展速度。随着施工机械化水平的不断提高，设计验收规范更趋科学化、国际化，以及新材料、新工艺的不断推广和应用，目前的装饰定额水平与实

际情况相差甚远，有些已背离价值规律。如某省装饰定额中的木地板还是被淘汰的老式地板，与目前的施工工艺差别很大，定额价格已很难反映现在的市场价格。

（4）施工图纸不详，设计变更签证多

由于装饰工程施工图设计深度不够以及内容不够详细，一般只有效果图和几张平面图，常常缺少节点大样图，看起来美观，但难以满足划分分项工程和工程量计算的需要。施工过程中还要与土建和安装工程相配合，特别是装饰工程施工有其自身的技术特点和工艺要求，往往是边施工，边修改设计、边变更、边签证。还有许多工序及施工内容无法用现有定额项目来套用，只能靠业主签证，这样的签证往往主观随意性很大，容易产生争议。

（5）施工暗装、暗敷，隐蔽项目多

装饰工程是一个建设项目的最后一道工序，对房屋的安全性影响不大，为了美观，装饰工程多采用暗装、暗敷。因此，竣工交付使用后的工程，现场并不能直观反映装潢隐蔽部位所用的材料品种、规格、尺寸，事后不易检验出是否按设计、验收规范施工，因此，也就不易发现是否有以次充好、偷工减料等问题发生。如装饰木墙裙工程，施工完成后，较难发现其基层木龙骨是否按设计或国家制定的验收规范规定的龙骨断面和间距制作，较难发现木龙骨是否用防腐涂料和防火油漆进行处理等。

(6) 分包单位多，组织协调困难

装饰工程一般均独立于土建、水电工程以外单独分包，而且常被肢解成若干部分由多家装饰施工队伍承包，与弱电施工并行作业。各分包单位之间、各施工工种之间交叉作业，互相间交叉、衔接等边缘部位的工作内容和施工范围难以界定，竣工结算常会出现重复计算或者漏算。

7.4.4.2 装饰工程造价审核常见问题

(1) 分解定额，一项多套

现有的装饰预算定额大多具有一定的综合性，定额项目除包括主要工序外，还包括完成该分项工程的全部施工工序内容。如地面镶贴大理石工程，定额项目中已包含了结合层的施工工艺做法，但施工单位却又多套一遍地面结合层项目。这样的问题的发生多数是由于施工单位的造价人员不熟悉各定额子目的工作内容所致。

(2) 高套定额，提高造价

为了方便使用，在编制预算定额时，结合施工中常见的不同做法和采用不同材料而列出许多项目。以镶贴花岗石或大理石为例，按施工工艺分为粘贴、挂贴、干粉等，按材料分为贴花岗石和贴大理石，按镶贴部位分为贴墙面、铺地面、贴柱面和零星部位等。这样编制定额的目的是为了使造价人员在编制装饰工程预结算时能"对号入座"、"按需套项"，正确反映装饰工程的真正价值。但有的施工单位的造价人员却钻此分档的空子，在套用定额子目时就高不就低，哪个划算就套哪个定额子目。

（3）重套定额，扩大数量

一方面，某些项目在土建施工时已计取了基层粗装修费用，如楼地面、墙面和顶棚的抹灰找平。但装饰单位造价人员常常以原土建施工达不到平整度为由，又按装饰定额相应项目再套用一次；另一方面，同一项目被装饰单位造价人员重复计算，如带线条木门油漆，有的施工单位造价人员在计取了木门油漆之后，又计取一遍。

7.4.5 定额基价套用及费用审核

7.4.5.1 直接套用定额基价的审核

对于一项内容应该套用哪一个定额项目，有时可能产生很大争议，特别是对一些模棱两可的项目单价，施工单位常用的办法是就高不就低选套项目单价。在工程结算中，同类工程量高套或低套现象时有发生，因此，审核人员应对定额项目选（套）用是否正确进行认真的审核。

同一个分项工程套用不同的项目，其基价差异很大，在审核预结算时必须对定额项目的选套加以审核，注意同类项目界限划分及综合定额所综合的内容，依据设计要求、施工组织设计、现场签证等有关资料予以核实，以防出现高套、错套、重套的现象。

对定额项目选（套）用的审核，一是注意看定额项目所包含的工作内容；二是注意看各章节定额的编制说明，区分同类定额项目的不同，力求做到公正、合理选（套）定额。

套用定额项目时，分项工程名称、种类、规格、计量单位、工程内容必须与定额一致。如：基础工程除区分基础类型外，还必须注意砌筑砂浆的种类及强度等级，混凝土基础的混凝土强度等级，埋置深度等。墙体定额除区分内外砖墙，还需分清普通黏土砖墙、框架填充墙以及墙身的厚度和砂浆强度等级等。多种钢筋混凝土构配件除了名称和混凝土强度等级有所区分，还要区分现浇或预制，断面形式是矩形还是异型，现浇柱还应注意断面的周长。

在预算定额或单位估价表中,绝大多数分项或子项工程的基价可以直接套用。其审核方法和内容如下:

(1) 在定额或估价表的目录中,找出相应分部、分项工程的名称和所在页码;

(2) 在定额或估价表的相应页码找出相应分项或子项工程名称,并按照施工图的要求与定额规定的工作内容、计量单位及规格——对照,当完全或基本一致时,则可套用这个分项或子项工程的基价;

(3) 审核结算书中套用的定额基价、人工费、材料费、机械费、定额编号、计量单位、小数点保留的位数等是否完整、正确。

7.4.5.2 定额基价换算的审核

定额基价换算又称定额基价调整,是指对预算定额中规定的内容与施工图纸要求的内容不一致的部分进行调整,取得一致的过程。

定额基价换算应遵守的原则,必须是定额规定允许换算的分项或子项工程,定额规定不允许换算的分项或子项工程,决不得因各自的实际情况而任意进行换算。如果对不允许换算的子目进行随意换算，则有损定额的严肃性和法令性，将对工程造价的统一管理造成混乱等。

当然，为了使预算定额具有必要的灵活性，以便更好地适应设计、施工和建设单位的要求，有些定额基价是允许换算的。通常允许换算的内容多为砌筑砂浆、抹灰砂浆、混凝土、木门窗框断面等，例如《全国统一建筑工程基础定额》（土建工程）第四章、第五章、第七章、第十一章说明分别指出：项目中砂浆系按常用规格、强度等级列出，如与设计不同时可以换算；混凝土强度等级如与设计要求不同时，可以换算；定额中木门窗框、扇断面取定尺寸与设计规定不同时，应按比例换算；定额中凡注明砂浆种类、配合比和抹灰厚度者，如果与设计要求不同时，可以换算。

对基价换算的审核应注意是否按设计和定额的规定做正确的换算。

凡定额规定只可调整材料价格而工料机数量不变，在实际工作中换算基价时，不得调整工料机数量。

定额的增减问题。审核时应注意是否只增不减，如水磨石地面使用铜价格，增加铜条价格后应扣减定额子目中包含的玻璃条数量；三七灰土就地取土应扣除黏土合价等。

定额的有关规定。如层高不大于 3.6m 时不另计取满堂脚手架等。

7.4.5.3 材料价格和价差调整的审核

在建筑工程施工中,单纯的材料价格变更是很常见的,如材质变更、质量等级变更、规格型号变更,这类变更的关键是材料价格的确定,而建筑市场上的材料,大多数鱼龙混杂,同一品牌下的产品有不同的档次,同一档次的产品由于品牌不同,价格又千差万别。因此,对材料价格的了解是材料变更签证审核的关键所在,审核人员必须深入实际,进行市场调研,如果忽视了市场价格的调研,必将为施工单位进行实价虚报创造有利条件。审核人员要亲自去市场,亲自去询价,货比三家,一定要对市场行情有足够的了解,做到合理确定材料价格。

随着市场经济的深入发展,建筑材料的品种越来越多,价差越来越大,在审核价差时,一是按各地市发布的市场信息价合理核定;二是按甲乙双方合同中规定的价格及施工单位提交的供料合同、采购发票等进行核定。

材料价格的取定及材料价差的计算是否正确,对工程造价的影响是很大的,在工程结算审核中不容忽视。审核重点在于：

（1）材料的规格、型号和数量是否按设计施工图规定，材料的数量是否按定额工料分析出来的材料数量计取。

（2）材料预算价格是否按规定计取。

（3）材料市场价格的取定是否符合当时的市场行情。其中应特别注意审核：一是当地工程造价主管部门公布的材料市场预算价格，是否已包含安装费、管理费等费用，若包括，则不应再另外计取任何其他费用；二是建设工程复杂、施工期长，材料的价格随着市场供求情况而波动较大时，审核人员应认真审核工程结算中材料市场价格的取定，是否按施工阶段或进料情况综合加权平均计算。

7.4.5.4 审核费用

（1）取费及执行文件的审核。取费标准是否符合定额及当地主管部门下达的文件规定，其他费用的计算是否符合双方签订的工程合同的有关内容（如工期奖、抢工费、措施费、优良奖等），各种计算方法和标准都要进行认真审核，防止多支多付。

（2）费用的计取应根据有关规定标准和费率。各种费用的取费标准系按工程类别和施工企业取费资质等级不同划分的，因此，审核取费标准是否正确，必须先审核施工企业取费资质证书、核定的工程类别，以套用相应的费率，同时还应注意各种费用的计算基数是否正确。

我们对取费及执行文件的审核，应注意以下 7 个方面：一是费用定额与采用的预算定额相配套；二是取费标准的取定与地区分类及工程类别是否相符；三是取费基数是否正确；四是按规定有些签证应放在直接工程费以外的其他费用中的费用，是否放在了直接工程费中取费计算；五是有否不该收取的费率照收；六是其他费用的计列是否有漏项；七是结算中是否正确地按国家或地方有关调整文件规定收费。

7.4.5.5 现场签证的审核

现场签证记录是工程结算的依据之一，它在施工过程中是甲乙双方认可的工程实际变更记录，施工图预算未包括，工程承包合同的条款中未直接反映出来的内容等，它没有规律性和一定的形式，编成补充定额或套预算定额，便构成了施工单位进行施工活动的基本内容，而且直接与施工企业成本和费用开支密切相关。加强现场签证的管理，是施工单位和建设单位经济管理工作不可忽视的重要环节。

现场签证是在施工全过程中因各种原因产生调整的工程量和材料差价。一般来说，项目变更时，对于变增的变更，施工单位都及时要求变更函，但对于变减的工程量，施工单位并不积极，这就要求建设单位或监理单位能及时给出变更文件。审核时对于既有变增又有变减的情况，就要十分注意，变增的工程量中是否已经扣减了相应的变减的工程量？一般施工单位编制工程结算时往往多计取调增项目的内容，少计或不计取调减项目的内容。例如，原设计某一项目为砖砌墙体，后因需要，结构修改为混凝土墙体，但施工单位在编制工程结算时只计取增加混凝土墙体工程量，不扣除原设计而实际未做的砖砌部分工程量。因此，对签证项目的审核不可忽视。

对签证凭据工程量的审核主要是现场签证及设计修改通知书应根据实际情况核实，做到实事求是、合理计量。审核时应做好调查研究，审核其合理性和有效性，不能见有签证即给予计量，杜绝和防范不合理的开支。

在工程结算中，审核人员对现场签证应着重审核以下几点：

（1）由于有的建设单位驻工地代表对工程结算

和有关经济管理的规定不熟悉，有的施工单位有意扭曲预算定额及其有关规定中的词意或界限含义的理解，造成不该签的项目盲目签证。因而，应认真审核工程现场签证的工作内容是否已包括在预算定额内，凡是定额中已有明确规定的项目，不得计算现场签证费用。

下列事件可以办理签证：工程开工后设计变更的损失和施工图错误引起的损失；每周停电、停水时间超过 8h 的损失；由甲方责任造成的，超过定额规定的范围；由于设计或甲方供应的设备、材料的原因而造成的工程返工；受自然灾害引起的损失，如暴雨、大水、风暴等自然灾害使工程受损；夜间施工记录或甲方要求赶工；地下障碍物的处理；由于资金不到位，长时间停工的损失；材料代用及现场临时修改，已征得对方同意后所发生的费用；定额外用工用料，如在墙壁和楼板上人工凿洞等均不包括在施工图预算内，可计算现场签证费用。否则，审核人员应严格把关，将不符合规定的现场签证费用坚决核减，从而确保工程结算中现场签证费用的真实性。

（2）现场签证内容、项目要清楚，只有金额，没有工程内容和数量，手续不完备的签证，不能作为工程结算的凭证。

（3）人工、材料、机械使用量以及单价的确定要甲乙双方协商确定。

（4）凡现场签证必须具备甲方驻工地代表和施工单位现场负责人双方签字或盖章，口头承诺不能作为结算的依据。

总之，审核工程竣工结算是一项技术性、经济性和政策性都非常强的工作，审核时必须遵循有关政策及定额中的规定，实事求是，发现高估冒算应予以核减，对于低估漏项的部分也应予以增加。只有加强对竣工结算的审核与监督才能节约建设资金，合理有效地使用固定资产投资。

7.5 工程造价审核质量控制

建设工程投资在国民经济投资中占有相当大的比例，搞好建设项目的投资控制对整个国家的投资控制起到了重要作用。而工程造价审核工作又为投资控制把好关口起到了决定性作用。从局部上讲，工程造价审核的质量控制是确保工程造价咨询单位的审核质量、降低审核风险、提高工程造价咨询单位收益、关系到工程造价咨询单位生存和发展前途的重大问题。因此，必须把工程造价审核的质量控制提到相当重要的位置。

7.5.1 工程造价审核质量控制的原则

7.5.1.1 坚持质量第一的原则

工程造价审核工作是一项非常重要的工作,只有坚持质量第一,才能节约建设资金,也只有坚持质量第一,才能为工程造价咨询单位的发展打下牢固的基础,立足于日趋激烈的市场竞争中。

7.5.1.2 坚持以人为本的控制原则

人是质量的创造者,质量控制必须"以人为本",把人作为质量控制的动力,发挥人的积极性、创造性。工程造价审核工作是人为操作性很强的工作,拥有一批具有丰富的专业知识和高尚的职业道德的高素质人才,工程造价审核工作才会顺利进行,质量控制才会取得好的业绩。

7.5.1.3 坚持预防为主的原则

预防为主是指要重点作好质量的事前控制、事中控制,同时严格对工作质量、工序质量的监督与管理,这是确保工程造价审核工作质量的有力措施。

7.5.1.4 坚持质量标准的原则

建设工程项目实体的实施过程大多都有严格的质量标准,而工程造价的审核现在还没有专用的审核规范，但我们的审核工作也决不能听之任之，我们要在工作过程中注意积累不同建筑类型的各种投资决算数据，以此作为日后审核工作的控制数据，同时注意与以前数据发生偏差时的数据分析，找出偏差原因。

7.5.1.5 贯彻公平、公正、合理的职业规范

工程造价审核人员在工程造价的审核过程中，应尊重客观事实，公平、公正、合理，不存偏见，坚持原则。工程造价审核质量要从多方面、多角度进行控制，主要有行业主管部门控制、咨询机构内部控制、造价人员自身控制，委托方及其他相关人员的反馈等。

7.5.2 工程造价审核过程质量控制

7.5.2.1 审核前期工作的质量控制

（1）完善工程造价咨询单位内部管理制度

1）建立科学的人员聘用制度及人员管理机制。工程造价咨询单位是一种智力密集型的组织单位，拥有一批具有专业知识和职业道德的注册造价师，对保证工程项目的造价审核质量控制起到了关键性作用。为此，工程造价咨询单位应该建立一整套公平、合理、透明、先进的管理机制，做到人尽其才，物尽其用。

2）推行"双承诺制"。即客户向工程造价咨询单位保证提供真实、完整、合法的工程技术资料及前期招投标文件、工程合同等资料，承担相应的经济法律责任；从业人员向工程造价咨询单位保证依法、客观、公平、公正地执业，承担相应的经济法律责任。

3）建立完善的质量控制体系。对于具体的审核项目要确立项目负责人负责制，强化对业务质量的三级审核制度。同时由技术负责人或专门的技术部门定期抽查或不定期检查，强化执业人员的质量意识，做到防控结合，以防为主。对于执业过程中发现的重大问题要及时发现、及时处理、及时纠正，并通报所有执业人员，引起注意，以防以后再出现类似情况，必要时还可采取一定的惩罚措施。

4）编制、审核造价咨询方案制度。明确由项目负责人组织编写造价咨询方案，组织方案的分析、讨论，并逐级上报审核，使造价咨询工作的组织具有项目针对性，集中力量解决重点难点问题。

5）推行沟通制度。一是审核人员之间随时进行内部沟通，加强相互配合，互通信息，分工协作；二是项目负责人与发包方随时进行沟通；三是项目组与委托单位、承包方有关人员相互沟通,对双方意见分歧进行磋商,以达成共识,制定合理的解决方案。

6)完善执业人员考核制度。工程造价咨询单位要完善项目后的考核制度,对项目负责人及各个执业人员要合理、公正地评定,为人员晋升、奖金分配提供参考。

(2)接受工程结算审核任务的前期准备工作

1)承接审核业务时企业信誉应放在第一位。委派有经验的注册造价人员与客户洽谈业务,了解委托目的,根据客户要求,有选择地接受委托,规避审核风险。

2)接受业务既要尽力而为,又要量力而行。公司接受业务时,要全面考虑公司承接任务的能力,做到既要尽力而为,又要量力而行,实在缺乏人手,可考虑外聘工程师。当公司安排造价人员承担项目审核时,造价人员本人应考虑自身的专业能力,充分了解委托目的,工程项目的工程概况,委托前是否初审,审核所需资料的可获取性等。如果超出自身业务能力范围,应及时向公司反映,以便增加专业人员或重新安排。

3)提出审核计划及审核重点。工程造价咨询单位与客户签订业务委托书后,要合理地组织人员,根据所承接业务的大小及复杂程度,提出审核计划及审核重点,重点项目及业务量大的项目要委派项目负责人。

4) 坚持独立性原则。审核人员应独立工作,不受任何外界干扰;审核人员处理问题时必须依据客观事实,不能带有任何偏见;审核人员与被审核单位人员有私人关系时,应予回避。

5) 掌握好工程造价软件的使用。当前市场上的工程造价软件品种繁多,都各具优、缺点,审核人员不要经常更换软件,否则对软件不熟悉,极易出现错误。

7.5.2.2 审核过程中的质量控制

审核过程中的质量控制是整个审核质量保证的核心,工程造价咨询单位加强对审核过程的质量控制,对保证审核质量,降低审核风险起到了关键性的作用。

(1) 明确项目负责人及各个执业人员的工作任务、职责范围,明确项目负责人全面负责审核项目的质量工作。项目负责人在做好自身审核业务的同时,负责协调各方关系,抓住审核重点,检查各执业人员的工作质量、工作进度,同时对重大问题要及时反映汇报,完善信息传递系统,规范审核工作底稿的编制,要求底稿清晰明确,不论编制者本人还是其他审核人员,都能看懂。

(2) 全面研究工程经济,技术资料。

工程造价审核必须全面研读和熟悉下列经济技术资料:

① 施工图纸;② 工程量清单;③ 招标标底或招标控制价;④ 招标文件;⑤ 施工合同;⑥ 图纸会审资料;⑦ 施工组织设计审核意见;⑧ 设计变更通知;⑨ 重要设备合同价款;⑩ 重要材料合同价款;⑪ 施工隐蔽资料;⑫ 工程会议纪录;⑬ 法定的计价文件;⑭ 相关单位计价表。其中施工合同和招标文件是核心主导文件,它们确定了双方的权利、义务和责任,确定了工程造价的计算方法和调整造价的相关因素。

(3) 全面地分析施工合同和招标文件

建设工程施工合同主要有两种形式,即总价固定合同和可调价合同。总价固定合同的合同价中对难免发生的设计变更,地质条件变化,自然灾害,物价波动,重大政策变化等因素已作了适当的预计,留有一定数额作后备,作为暂列金额,在招标文件中已详细列项,充分预计,因而合同价一般偏高。调整合同价形式，在合同条件内明确规定应调整的内容、范围、依据和方法，较为灵活。同时施工招标文件和施工合同必须协调一致，互为补充完善，不能相互矛盾，否则会导致工程造价审核中的纠纷和争议。因此在工程造价审核时，全面地分析施工合同和招标文件是至关重要的。

（4）审核人员应进行施工现场和建筑实体勘察

审核人员应进行施工现场和建筑实体勘察，了解现场和建筑实体实际情况。必要时可召集委托方、发包方、承包方共同会商，就审核前有关问题达成明确意见，并形成书面的会议纪要，用以共同遵守。

（5）审核过程中遇有不明确或持有异议的问题，应与委托人取得联系，会同发包方、承包方到施工现场查勘和取证。

（6）执行公司各项技术措施，严格执行三级复核程序：

1）公司《员工执业手册》对全面审核质量控制进行了全面详实的阐述和规定，应认真执行规范执业。

2）采用分层、分环节质量控制法，关键点质量控制法，三级复核等多项技术措施控制全过程，确保质量。其含意是：

① 分层质量控制措施。项目组各成员根据各自职责对本层次业务质量进行控制，形成上下级分层次的工作质量检查督导制，做到发现问题及时解决。

② 分环节质量控制措施。对项目的不同环节采用"节节"审核法。根据每个业务环节的质量控制内容和目标责任，每一环节完工后，须由专业负责人审核无误后再进入到下一个环节。

③ 关键点质量控制措施。每一个项目实施过程中都会有一些对结果和质量产生重大影响的关键点，控制了这些关键点，则能基本保证该项目的整体质量，并大大提高工作效率。

④ 三级复核措施。审核人员对送审的工程结算逐项进行审核，编制《工程审核计算书》和结算调整明细表征求意见稿，拟写初审意见，随同《咨询质量控制流程单》交项目负责人复核；项目负责人复核同意后，将初审意见和征求意见稿交送委托人，由委托人送交发包方和承包方征求意见；委托人、承发包方、审核单位对审核的结算达成一致意见后，项目负责人将审定意见和《工程造价咨询质量控制流程单》交技术负责人进行最终审定；委托

人、发包方、承包方负责人和咨询单位技术负责人分别在《工程结算审定表》上签署意见，盖上公章，以示认可。

三级复核程序的关键在于自检，每一个工程项目，由于工程内容很多很复杂，项目负责人不可能每项都进行核实，只能审核关键问题，因此业务人员必须具备严谨、认真的工作作风，严格做好每项工作，并注意做好自己呈报文件的自检工作。同时，三级复核的各级都应明确复核内容和责任承担，层层把关，级级负责。

（7）出具审核报告书程序

项目负责人草拟《工程结算审核报告书》，并由咨询单位负责人签发，编号后打印成文，并盖上项目负责人执业资格专用章和咨询单位专用章。《工程结算审核报告书》送交委托人要办理送达手续。

7.5.2.3 工程造价审核过程中控制的重点

审核过程中的质量控制是整个审核质量保证的核心，是保证审核质量，降低审核风险的关键。在确定工程造价时，坚持以现行的计价规范为依据，按照施工合同和招投标文件的规定，根据竣工图、结合现场签证和设计变更等进行审核。

(1) 搜集、整理好结算所需资料

结算审核是造价咨询企业以发包方提交的工程竣工资料为依据,对承包方编制的工程结算的真实性及合法性进行全面的审核,所以工程竣工资料的真实、完整、合法性直接关系到审核工程价款的正确与否。

(2) 深入现场,全面掌握工程动态

结算审核不能只是对图纸和工程变更的计算审核,还要深入现场,细致认真地核对,确保工程结算的质量。造价人员要掌握工程动态,了解工程是否按图纸和工程变更施工,是否有的部分没有施工,是否有已经去掉的部分没有变更通知,是否有在变更的基础上又变了。如发现问题,出现疑问应逐一到现场核实。

(3) 工程量的审核

工程量是一切费用计算的基础,工程量的真实性对工程造价的影响很大,特别对招投标采用工程量清单方式编制的工程结算,由于各项目的综合单价已经约定,工程造价核核的重点首先放在工程量的审核上。实施审核时,应在熟练掌握工程量计算规则的基础上熟悉施工图纸,全面了解工程变更签证。审核工程量时应审核有无多计或者重复计算,计算单位是否一致,是否按工程量计算规则计算等。

(4) 现场签证的审核

现场签证往往是承发包双方争议最多也是容易出问题的地方。对于现场签证的审核应遵循三个原则:首先是客观性原则,不仅要审核有无承发包双方的签字与意见,而且要审核签字、意见的真实性;其次是整体性原则,应把签证事项放入整个工程的大环境中加以考虑,避免工程量的重复计算;第三是全面性原则,不仅要审核签证事项发生的真实性,而且要审核签证事项发生数量的真实性。

(5) 材料的审核

对材料进行审核时主要审核有无价格不实,主要材料和特殊材料的定额用量是否按图纸和定额标准计算,是否提高材料损耗率等。对那些可以据实调整的材料直接审核施工企业的原始票据,特别对装饰材料要加强审核力度。对施工期限较长的工程,材料价格浮动较大,审核是否根据施工合同规定的材料价格确认办法结算。

(6) 定额套用的审核

首先,审核定额的选用是否正确、合理。其次,审核定额的使用过程是否严谨,有无错套定额现象。套用定额分为直接套用与换算套用。对直接套用的审核,审核套用定额有无就高不就低或多套定额的问题;对换算套用要审核是否按规定进行换算及换算方法是否合理、正确。最后审核是否存在忽略定额综合解释,不根据说明换算系数等情况。

(7) 措施项目、其他项目费的审核

该部分审核重点是现场安全文明施工措施是否经相关部门现场考评及文明工地评定,对大型机械设备进出场及安拆费要有现场签证,垂直运输机械费要考虑机械使用时间是否在施工合同规定的时间等。

(8) 取费的审核

取费是按照企业资质及取费类别、工程类别确定的,进行审核时应首先熟悉施工合同、协议、工程类别核定;其次应仔细研究费用定额及相关取费文件,并结合实际情况加以审核,对适用不同费用政策的同一工程,应分别计算相应费用;最后审核建筑工程费用的计算过程,重点是审核各项费用在计算时所确定的基数,特别注意在结算审核时要考虑合同约定的关于质量、工期的奖罚条件是否具备,是否存在质量、工期索赔与反索赔,税金费率套用是否正确等。

(9) 变更项目价格审核

对于工程项目施工过程中的设计变更,在审核工程量的同时,还要注意工程单价的审核。变更项目的单价应按照以下原则计取:第一,合同中已有适用于变更工程的价格,按合同已有的价格变更合同价款。第二,合同中只有类似于变更工程的价格,可以参照类似价格变更合同价款。第三,合同中没有适用或类似于变更工程的价格,由承包人提出适当的变更价格,经工程师确认后执行。

(10) 甲供材的审核

首先,审核甲供材进工程结算的价格,定额一般都有明确规定的,按预算价计入工程造价。其次,审核甲供材扣除,甲供材一般按预算价扣除。甲供材的市场价与预算价的差额由甲方自行解决,在扣除过程中乙方可以计取甲供材的保管费。如果承包方领用数量多于理论数量的,则多领部分应按市场价退还。最后审核甲供材税金,应当注意将甲供材的税金,作为工程总造价的一部分,然后再按上述方法在税后扣除。

(11) 附属工程、追加工程的审核

这部分结算核减率往往比主体工程要高,主要是现行招投标,只注重了项目承建人主体工程的招投标,却忽视了项目附属工程、追加工程的招投标。因此审核过程要更加认真,审核重点在工程量真实性的确认、材料设备价格、定额套用、取费标准是否合理及是否有优惠让利等。

7.5.2.4 工程造价结算审核后的质量控制

审核过程完成后,即出具《工程造价咨询报告》后,并不等于审核工作全面结束。跟踪落实和整理档案资料阶段的工作是审核项目的最后一个环节,是审核成果的最终体现。工程造价审核的底稿一定要按照审核档案资料管理要求进行收集和整理,以便日后查阅和借鉴。认真撰写审核业务工作总结,记录审核过程中的重大问题及解决方法。另外,在审核后续阶段,建议建立审核质量评价制度以及责任追究制度。审核质量评价包括对整个审核项目的评价和对审核人员的评价。责任追究制度,是一种手段而不是目的,目的是为了提高以后的工程造价审核质量。

总之,工程竣工结算审核是工程造价控制的最后一关,工程造价审核质量的好坏是多种因素综合作用的结果,审核质量控制的环节也很多,它是一个系统工程,涉及工程造价审核的各项工作和整个过程。工程竣工结算审核是一项细致具体的工作,计算时要认真、细致、不少算、不漏算。同时要尊重实际,不多算,不高估冒算,不存侥幸心理。审核时,要服从道理,不固执己见,保持良好的职业道德与自身信誉。在以上基础上保证"量"与"价"的准确真实,做好工程结算去虚存实,使每一个工程造价审核项目都成为审核精品,同时为工程造价审核工作创造一个良好的发展环境,促使工程结算的良性循环。

附录 A 面积、体积计算公式

A.1 工程量清单编制常用计算公式

A.1.1 平面图形面积公式,见表 A-1。

平面图形面积计算公式

表 A-1

图形	符号意义	面积 A	重心位置 G
正方形	a——边长 d——对角线	$A=a^2$ $a=\sqrt{A}=0.707d$ $d=1.414a=1.414\sqrt{A}$	在对角线交点上

续表

图形	符号意义	面积 A	重心位置 G
长方形	a——短边 b——长边 d——对角线	$A=ab$ $d=\sqrt{a^2+b^2}$	在对角线交点上
三角形	h——高 L——$\frac{1}{2}$周长 a,b,c——对应角 A,B,C 的边长	$A=\dfrac{bh}{2}=\dfrac{1}{2}ab\sin\alpha$ $L=\dfrac{a+b+c}{2}$	$GD=\dfrac{1}{3}BD$ $CD=DA$

续表

图形	符号意义	面积 A	重心位置 G
平行四边形	a, b —— 邻边 h —— 对边间的距离	$A = bh = ab\sin\alpha = \dfrac{AC \cdot BD}{2}\sin\beta$	在对角线交点上
梯形	$CE = AB$ $AF = CD$ $CD = a$（上底边） $AB = b$（下底边） h —— 高	$A = \dfrac{a+b}{2}h$	$HG = \dfrac{h}{3}\dfrac{a+2b}{a+b}$ $KG = \dfrac{h}{3}\dfrac{2a+b}{a+b}$

续表

图形		符号意义	面积 A	重心位置 G
圆形		r ——半径 d ——直径 L ——圆周长	$A = \pi r^2 = \dfrac{1}{4}\pi d^2$ $= 0.785 d^2$ $= 0.07958 L^2$ $L = \pi d$	在圆心上
椭圆形		a, b ——主次轴长	$A = \dfrac{\pi}{4} ab$	在主次轴交点 G 上
扇形		r ——半径 s ——弧长 α ——弧 s 的对应中心角	$A = \dfrac{1}{2} r s = \dfrac{\alpha}{360}\pi r^2$ $s = \dfrac{\alpha \pi r}{180}$	$GO = \dfrac{2}{3}\dfrac{rb}{s}$ 当 $\alpha = 90°$ 时 $GO = \dfrac{4}{3}\dfrac{\sqrt{2}}{\pi} r$ $\approx 0.6 r$

661

续表

图形		符号意义	面积 A	重心位置 G
弓形		r ——半径 s ——弧长 α ——中心角 b ——弦长 h ——高	$A = \dfrac{1}{2} r^2 \left(\dfrac{\alpha \pi}{180} - \sin\alpha \right)$ $\quad = \dfrac{1}{2} \left[r(s-b) + bh \right]$ $s = r\alpha \dfrac{\pi}{180} = 0.0175 r\alpha$ $h = r - \sqrt{r^2 - \dfrac{1}{4} a^2}$	$GO = \dfrac{1}{12} \dfrac{b^2}{A}$ 当 $\alpha = 180°$ 时 $GO = \dfrac{4r}{3\pi} =$ $0.4244 r$
圆环		R ——外半径 r ——内半径 D ——外直径 d ——内直径 t ——环宽 D_{p_j} ——平均直径	$A = \pi (R^2 - r^2)$ $\quad = \dfrac{\pi}{4}(D^2 - d^2)$ $\quad = \pi D_{p_j} t$	在圆心 O

662

续表

图形	符号意义	面积 A	重心位置 G
部分圆环	R——外半径 r——内半径 R_{p_j}——圆环平均直径 t——环宽	$A = \dfrac{\alpha\pi}{360}(R^2 - r^2)$ $= \dfrac{\alpha\pi}{180} R_{p_j} t$	$GO = 38.2 \times \dfrac{R^3 - r^3}{R^2 - r^2} \times \dfrac{\sin\dfrac{\alpha}{2}}{\dfrac{\alpha}{2}}$
新月形	$OO_1 = L$——圆心间的距离 d——直径	$A = r^2 \left(\pi - \dfrac{\pi}{180}\alpha + \sin\alpha\right)$ $= r^2 P$ $P = \pi - \dfrac{\pi}{180}\alpha + \sin\alpha$ P 值见表 A-2	$O_1 G = \dfrac{(\pi - P)L}{2P}$

续表

图形		符号意义	面积 A	重心位置 G
抛物线形		b——底边 h——高 l——曲线长 S——$\triangle ABC$ 的面积	$l=\sqrt{b^2+1.3333h^2}$ $A=\dfrac{2}{3}bh=\dfrac{4}{3}S$	
等边多边形		a——边长 K_i——系数，i 指多边形的边数 R——外接圆半径 P_i——系数，i 指正多边形的数	$A_i=K_i a^2=P_i R^2$ 正三边形 $K_3=0.433$, $P_3=1.299$ 正四边形 $K_4=1.000$, $P_4=2.000$ 正五边形 $K_5=1.720$, $P_5=2.375$ 正六边形 $K_6=2.598$,	在内接圆心处外接圆心处

664

续表

图形	符号意义	面积 A	重心位置 G
等边多边形	a——边长 K_i——系数，i 指多边形的边数 R——外接圆半径 P_i——系数，i 指正多边形的边数	正七边形 $K_7=3.634$，$P_6=2.598$ $P_7=2.736$ 正八边形 $K_8=4.828$，$P_8=2.828$ 正九边形 $K_9=6.182$，$P_9=2.893$ 正十边形 $K_{10}=7.694$，$P_{10}=2.939$ 正十一边形 $K_{11}=9.364$，$P_{11}=2.973$ 正十二边形 $K_{12}=11.196$，$P_{12}=3.000$	在内接圆心或外接圆心处

新月形面积计算 P 值参考表

表 A-2

L	$\dfrac{d}{10}$	$\dfrac{2d}{10}$	$\dfrac{3d}{10}$	$\dfrac{4d}{10}$	$\dfrac{5d}{10}$	$\dfrac{6d}{10}$	$\dfrac{7d}{10}$	$\dfrac{8d}{10}$	$\dfrac{9d}{10}$
P	0.40	0.79	1.18	1.56	1.91	2.25	2.25	2.81	3.02

A.1.2 多面体计算公式

多面体的体积、底面积、表面积及侧面积计算公式，见表 A-3。

表 A-3

图形	符号意义	体积 V、底面积 A、表面积 S、侧表面积 S_1	重心位置 G
立方体	a——棱长 d——对角线长度 S——表面积 S_1——侧表面积	$V=a^3$ $S=6a^2$ $S_1=4a^2$	在对角线交点上

续表

图形	符号意义	体积 V，底面积 A，表面积 S，侧表面积 S_1	重心位置 G
方楔形	底为矩形 a——边长 b——边长 h——高 a_1——上棱长	$V = \dfrac{1}{6}(2a + a_1)bh$	
圆楔形	R——底圆半径 h——高	$V = \dfrac{1}{2}\pi R^2 h$	

续表

图形	符号意义	体积 V, 底面积 A, 表面积 S, 侧表面积 S_1	重心位置 G
长方体（棱柱）	a, b, h ——边长 O ——底面对角线交点 d ——体对角线	$V = abh$ $S = 2(ab+ah+bh)$ $S_1 = 2h(a+b)$ $d = \sqrt{a^2+b^2+h^2}$	$GO = \dfrac{h}{2}$
三棱柱	a, b, c ——边长 h ——高 O ——底面中线的交点	$V = Ah$ $S = (a+b+c)h + 2A$ $S_1 = (a+b+c)h$	$GO = \dfrac{h}{2}$

续表

图形		符号意义	体积 V, 底面积 A, 表面积 S, 侧表面积 S_1	重心位置 G
棱锥		f——一个组合三角形的面积 n——组合三角形的个数 O——锥底各对角线交点	$V=\dfrac{1}{3}Ah$ $S=nf+A$ $S_1=nf$	$GO=\dfrac{h}{4}$
棱台		A_1,A_2——两平行底面间的面积 h——底面间的距离 a——一个组合梯形的面积 n——组合梯形的个数	$V=\dfrac{1}{3}h(A_1+A_2+\sqrt{A_1A_2})$ $S=an+A_1+A_2$ $S_1=an$	$GO=\dfrac{h}{4}\times$ $\dfrac{A_1+2\sqrt{A_1A_2}+3A_2}{A_1+\sqrt{A_1A_2}+A_2}$

续表

图形	符号意义	体积 V, 底面积 A, 表面积 S, 侧表面积 S_1	重心位置 G
圆柱和空心圆柱(管)	R——外半径 r——内半径 t——柱壁厚度 p——平均半径 S_1——内外侧面积	圆柱: $V=\pi R^2 h$ $S=2\pi Rh+2\pi R^2$ $S_1=2\pi Rh$ 空心直圆柱: $V=\pi h(R^2-r^2)$ $=2\pi Rpth$ $S=2\pi(R+r)h+2\pi(R^2-r^2)$ $S_1=2\pi(R+r)h$	$GO=\dfrac{h}{2}$

670

续表

图形		符号意义	体积 V，底面积 A，表面积 S，侧表面积 S_1	重心位置 G
斜截直圆柱		h_1——最小高度 h_2——最大高度 r——底面半径	$V=\pi r^2 \dfrac{h_1+h_2}{2}$ $S=\pi r(h_1+h_2)+\pi r^2\left(1+\dfrac{1}{\cos\alpha}\right)$ $S_1=\pi r(h_1+h_2)$	$GO=\dfrac{h_1+h_2}{4}$ $+\dfrac{r^2\tan^2\alpha}{4(h_1+h_2)}$ $GK=\dfrac{1}{2}\dfrac{r^2\tan\alpha}{h_1+h_2}$
直圆锥		r——底面半径 h——高 l——母线长	$V=\dfrac{1}{3}\pi r^2 h$ $S_1=\pi r\sqrt{r^2+h^2}=\pi r l$ $l=\sqrt{r^2+h^2}$ $S=S_1+\pi r^2$	$GO=\dfrac{h}{4}$

续表

图形		符号意义	体积 V、底面积 A、表面积 S、侧表面积 S_1	重心位置 G
圆台		R, r ——下、上底面半径 h ——高 l ——母线	$V = \dfrac{\pi h}{3}(R^2 + r^2 + Rr)$ $S_1 = \pi l(R + r)$ $l = \sqrt{(R-r)^2 + h^2}$ $S = S_1 + \pi(R^2 + r^2)$	$GO = $ $\dfrac{h}{4} \cdot \dfrac{R^2 + 2Rr + 3r^2}{R^2 + Rr + r^2}$
球		r ——半径 d ——直径	$V = \dfrac{4}{3}\pi r^3 = \dfrac{\pi d^3}{6}$ $= 0.5236 d^3$ $S = 4\pi r^2 = \pi d^2$	在球心上

续表

图形		符号意义	体积 V、底面积 A、表面积 S、侧表面积 S_1	重心位置 G
	球扇形(球楔)	r——球半径 d——弓形底圆直径 h——弓形高	$V=\dfrac{2}{3}\pi r^2 h$ $=2.0944r^2 h$ $S=\dfrac{\pi r}{2}(4h+d)$ $=1.57r(4h+d)$	$GO=\dfrac{3}{8}$ $(2r-h)$
	球缺	h——球缺的高 r——球缺半径 d——平切圆直径 $S_{曲}$——曲面面积 S——球缺表面积	$V=\pi h^2\left(r-\dfrac{h}{3}\right)$ $S_{曲}=2\pi rh=$ $\pi\left(\dfrac{d^2}{4}+h^2\right)$ $S=\pi h(4r-h)$ $d^2=4h(2r-h)$	$GO=\dfrac{3}{4}$ $\dfrac{(2r-h)^2}{(3r-h)}$

续表

图形	符号意义	体积 V, 底面积 A, 表面积 S, 侧表面积 S_1	重心位置 G
圆环体	R——圆环体平均半径 D——圆环体平均直径 d——圆环体截面直径 r——圆环体截面半径	$V = 2\pi^2 Rr^2$ $ = \dfrac{1}{4}\pi^2 Dd^2$ $S = 4\pi^2 Rr$ $ = \pi^2 Dd$ $ = 39.478Rr$	在环中心上

A.1.3 物料堆体积计算公式，见表 A-4。

表 A-4 物料堆体积计算公式

图 形	计 算 公 式
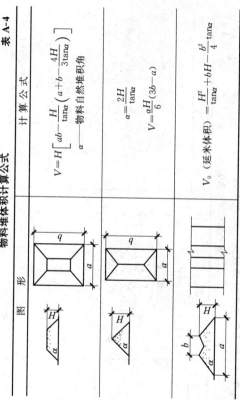	$V = H\left[ab - \dfrac{H}{\tan\alpha}\left(a + b - \dfrac{4H}{3\tan\alpha}\right)\right]$ α——物料自然堆积角 $a = \dfrac{2H}{\tan\alpha}$ $V = \dfrac{\alpha H}{6}(3b - a)$ V_0（延米体积）$= \dfrac{H^2}{\tan\alpha} + bH - \dfrac{b^2}{4}\tan\alpha$

A.1.4 薄壳体面积计算公式，见表 A-5。

薄壳体面积计算公式　　　　　　　　　表 A-5

名称	形　状	公　式
圆球形薄壳		球面方程式：$X^2+Y^2+Z^2=R^2$ R ——半径 X, Y, Z ——在球壳面上任一点对原点 O 的坐标 c ——弦长（AC） $2a$ ——弦长（AB） $2d$ ——弦长（BC） F, G ——分别为 AB、BC 的中心 f ——弓形 AKC 的高（KO'） h_x ——弓形 AEB 的高（EF）

676

续表

名称	形 状	公 式
圆球形薄壳	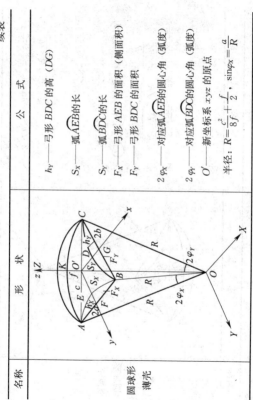	h_Y —— 弓形 BDC 的高 (DG) S_X —— 弧 $\overset{\frown}{AEB}$ 的长 S_Y —— 弧 $\overset{\frown}{BDC}$ 的长 F_X —— 弓形 AEB 的面积（侧面积） F_Y —— 弓形 BDC 的面积 $2\varphi_X$ —— 对应弧 $\overset{\frown}{AEB}$ 的圆心角（弧度） $2\varphi_Y$ —— 对应弧 $\overset{\frown}{BDC}$ 的圆心角（弧度） O' —— 新坐标系 xyz 的原点 半径：$R=\dfrac{c^2}{8f}+\dfrac{f}{2}$，$\sin\varphi_X=\dfrac{a}{R}$

续表

名称	形 状	公 式
圆球形薄壳	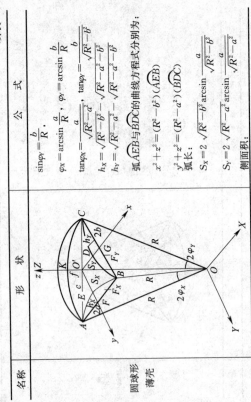	$\sin\varphi_Y = \dfrac{b}{R}$, $\varphi_X = \arcsin\dfrac{a}{R}$, $\varphi_Y = \arcsin\dfrac{b}{R}$ $\tan\varphi_X = \dfrac{a}{\sqrt{R^2-a^2}}$, $\tan\varphi_Y = \dfrac{b}{\sqrt{R^2-b^2}}$ $h_X = \sqrt{R^2-b^2} - \sqrt{R^2-a^2-b^2}$ $h_Y = \sqrt{R^2-a^2} - \sqrt{R^2-a^2-b^2}$ 弧 AEB 与 BDC 的曲线方程式分别为: $x^2 + z^2 = (R^2 - b^2)$ $(\widehat{AEB})$ $y^2 + z^2 = (R^2 - a^2)$ $(\widehat{BDC})$ 弧长 $S_X = 2\sqrt{R^2-b^2}\arcsin\dfrac{a}{\sqrt{R^2-b^2}}$ $S_Y = 2\sqrt{R^2-a^2}\arcsin\dfrac{a}{\sqrt{R^2-a^2}}$ 侧面积:

续表

名称	形 状	公 式
圆球形薄壳	(图示)	$F_X = (R^2 - b^2)\arcsin\dfrac{a}{\sqrt{R^2-b^2}} - a\sqrt{R^2-a^2-b^2}$ $F_Y = (R^2 - a^2)\arcsin\dfrac{b}{\sqrt{R^2-a^2}} - b\sqrt{R^2-a^2-b^2}$ 壳表面积: $F = S_X S_Y$ 其一次近似值: $F = 4aR\arcsin\dfrac{b}{R} = 4aR\varphi_Y$ 其二次近似值: $F = 4\left[aR\arcsin\dfrac{b}{R} + \dfrac{a^3 b}{6R\sqrt{R^2-b^2}}\right]$ $= 4aR\varphi_Y\left(1 + \dfrac{a\sin\varphi_X \tan\varphi_Y}{6R\varphi_Y}\right)$

续表

名称	形 状	公 式
圆形抛物面扁壳	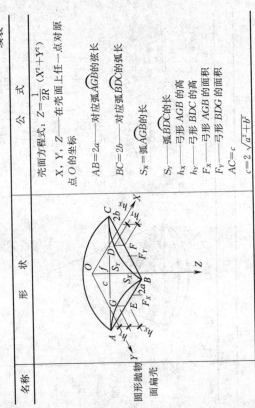	壳面方程式：$Z=\dfrac{1}{2R}(X^2+Y^2)$ X，Y，Z——在壳面上任一点对原点 O 的坐标 $AB=2a$——对应弧 $\overset{\frown}{AGB}$ 的弦长 $BC=2b$——对应弧 $\overset{\frown}{BDC}$ 的弧长 S_X——弧 $\overset{\frown}{AGB}$ 的长 S_Y——弧 $\overset{\frown}{BDC}$ 的长 h_X——弓形 AGB 的高 h_Y——弓形 BDC 的高 F_X——弓形 AGB 的面积 F_Y——弓形 BDG 的面积 $AC=c$ $c=2\sqrt{a^2+b^2}$

续表

名称	形 状	公 式
圆形抛物面扁壳	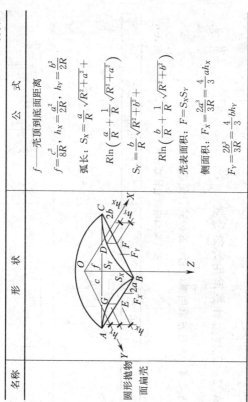	f —— 壳顶到底面距离 $f = \dfrac{c^2}{8R}$, $h_X = \dfrac{a^2}{2R}$, $h_Y = \dfrac{b^2}{2R}$ 弧长：$S_X = \dfrac{a}{R}\sqrt{R^2+a^2} +$ $R\ln\left(\dfrac{a}{R} + \dfrac{1}{R}\sqrt{R^2+a^2}\right)$ $S_Y = \dfrac{b}{R}\sqrt{R^2+b^2} +$ $R\ln\left(\dfrac{b}{R} + \dfrac{1}{R}\sqrt{R^2+b^2}\right)$ 壳表面积：$F = S_X S_Y$ 侧面积：$F_X = \dfrac{2a^3}{3R} = \dfrac{4}{3}ah_X$ $F_Y = \dfrac{2b^3}{3R} = \dfrac{4}{3}bh_Y$

A.2 工程量计算常用计算公式

A.2.1 土石方常用横截面计算公式,见表 A-6。

土石方常用横截面计算公式

表 A-6

图 示	面积计算公式
(梯形,边坡 1:m 与 1:n,底宽 b,高 h)	$F = h(b + nh)$
(梯形,边坡 1:m 与 1:n,底宽 b,高 h)	$F = h\left[b + \dfrac{h(m+n)}{2}\right]$

续表

图 示	面积计算公式
(梯形图)	$F = b\dfrac{h_1+h_2}{2} + nh_1 h_2$
(折线图 $a_1 \sim a_5$)	$F = h_1\dfrac{a_1+a_2}{2} + h_2\dfrac{a_2+a_3}{2} + h_3\dfrac{a_3+a_4}{2} + h_4\dfrac{a_4+a_5}{2}$
(多段图 $a, h_0 \sim h_6$)	$F = \dfrac{1}{2}a(h_0 + 2h + h_n)$ $h = h_1 + h_2 + h_3 + \cdots + h_6$

683

A.2.2 土石方方格网点法计算公式,见表 A-7。

土石方方格网点法计算公式

表 A-7

序号	图 示	计 算 公 式
1		方格内四角全为挖方或填方 $V=\dfrac{a^2}{4}(h_1+h_2+h_3+h_4)$
2		三角锥体,当三角锥体全为挖方或填方 $F=\dfrac{a^2}{2}$;$V=\dfrac{a^2}{6}(h_1+h_2+h_3)$

续表

序号	图 示	计 算 公 式
3		方格网内，一对角线为零线，另两角点一为挖方一填方 $F_{挖} = F_{填} = \dfrac{a^2}{2}$ $V_{挖} = \dfrac{a^2}{6}h_1; \quad V_{填} = \dfrac{a^2}{6}h_2$
4		方格网内，三角为挖（填）方，一角为填（挖）方 $b = \dfrac{ah_4}{h_1+h_4}, \quad c = \dfrac{ah_4}{h_3+h_4}$ $F_{填} = \dfrac{1}{2}bc; \quad F_{挖} = a^2 - \dfrac{1}{2}bc$ $V_{填} = \dfrac{h_4}{6}bc = \dfrac{a^2 h_4^3}{6(h_1+h_4)(h_3+h_4)}$ $V_{挖} = \dfrac{a^2}{6}(2h_1 + h_2 + 2h_3 - h_4) + V_{填}$

续表

序号	图 示	计 算 公 式
5		方格网内，两角为挖，两角为填 $b=\dfrac{ah_1}{h_1+h_4}$；$c=\dfrac{ah_2}{h_2+h_3}$ $d=a-b$；$c=a-c$ $F_{挖}=\dfrac{1}{2}(a+c)a$ $F_{填}=\dfrac{1}{2}(d+e)a$ $V_{挖}=\dfrac{a}{4}(h_1+h_2)\dfrac{b+c}{2}=\dfrac{a}{8}(b+c)(h_1+h_2)$ $V_{填}=\dfrac{a}{4}(h_3+h_4)\dfrac{d+e}{2}=\dfrac{a}{8}(d+e)(h_3+h_4)$

A.2.3 护壁和桩芯体积计算公式，见表 A-8。

护壁和桩芯体积计算公式   表 A-8

项目	体积计算式	图示
上部护壁	上部护壁（h_1、h_2 部分）体积计算式（每段）： $V = \dfrac{\pi}{2} h\delta (D+d-2\delta)$ $= 1.5708 h\delta (D+d-2\delta)$ （h 为标准段 h_1 或扩大段 h_2）	
底段护壁	底段护壁（h_3 部分、空心柱体）体积计算式： $V = \dfrac{\pi}{4} h_3 (D^2 - D_1^2)$ $= 0.7854 h_3 (D^2 - D_1^2)$	

续表

项目	体积计算式	图示
混凝土桩芯	(1) 标准段和底部扩大段体积： $V = \dfrac{\pi}{12} h (D_1^2 + d_2^2 + D_1 d_1)$ $= 0.2618 h (D_1^2 + d_1^2 + D_1 d_1)$ (h 为标准段 h_1 或扩大段 h_2) (2) 底段圆柱体体积： $V = \dfrac{\pi}{4} h_3 D_1^2$ $= 0.7854 h_3 D_1^2$ (3) 底端球缺体体积：	(图示：h_1 锥体、h_2 锥体、h_3 圆柱体、h_4 球缺体；剖面 1—1)

续表

项目	体积计算式	图示
混凝土桩芯	$V = \dfrac{\pi}{6} h_4 \left(\dfrac{3}{4} D_1^2 + h_4^2 \right)$ $= 0.5236 h_4 \left(\dfrac{3}{4} D_1^2 + h_4^2 \right)$ 以上各式中 D, D_1——锥体下口外径、内径，单位为 m d, d_1——锥体上口外径、内径，单位为 m δ——护壁壁厚，单位为 m	（图示：锥形杯口基础，标注 d, d_1, D, D_1, h_1 锥体, h_4 锥体, h_3 圆柱体, h_4 球缺体, δ，1—1 剖面）

A.2.4 常用锥形杯口基础体积计算公式，见表 A-9。

表 A-9 常用锥形杯口基础体积计算公式

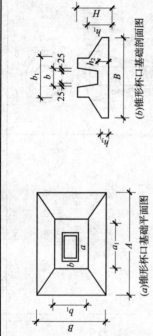

(a) 锥形杯口基础平面图

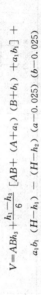

(b) 锥形杯口基础剖面图

$$V = ABh_3 + \frac{h_1-h_3}{6}[AB+(A+a_1)(B+b_1)+a_1b_1] + a_1b_1(H-h_1) - (H-h_2)(a-0.025)(b-0.025)$$

A.2.5 现浇无筋倒圆台基础体积计算公式,见表 A-10。

表 A-10 现浇无筋倒圆台基础体积计算公式

项目	内 容
公式	$V = \dfrac{\pi h_1}{3}(R^2 + r^2 + Rr) + \pi R^2 h_2 + \dfrac{\pi h_3}{3}\left[R^2 + \left(\dfrac{a_1}{2}\right)^2 + R\dfrac{a_1}{2}\right] + a_1 b_1 h_4 - \dfrac{h_5}{3}\Big[(a+0.1+0.025\times2)(b+0.1+0.025\times2) + ab + \sqrt{(a+0.1+0.025\times2)(b+0.1+0.025\times2)\,ab}\,\Big]$ 式中 a ——柱长边尺寸,单位为 m; a_1 ——杯口外包长边尺寸,单位为 m; R ——底最大半径,单位为 m; r ——底面半径,单位为 m; b ——柱短边尺寸,单位为 m;

续表

项目	内　容
公式	b_1——杯口外包砼边尺寸，单位为 m； h, $h_{1\sim5}$——断面高度，单位为 m； π——3.1416
示意图	

A.2.6 现浇钢筋混凝土倒圆锥形薄壳基础体积计算公式,见表 A-11。

表 A-11 现浇钢筋混凝土倒圆锥形薄壳基础体积计算公式

项目	内 容
公式	$V\ (m^3) = V_1 + V_2 + V_3$ V_1(薄壳部分) $= \pi\ (R_1 + R_2)\ \delta h_1 \cos\theta$ V_2(截头圆锥体部分) $= \dfrac{\pi h_2}{3}\ (R_3^2 + R_2 R_4 + R_4^2)$ V_3(圆体部分) $= \pi R_2^2 h_2$ 注:公式中半径、高度,厚度均以 m 为计算单位

续表

项目	内 容
示意图	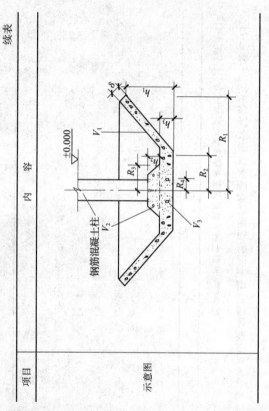

A.2.7 木材材积计算公式,见表 A-12。

木材材积计算公式　　　　　表 A-12

项目	体积计算公式
板、方板	$V = 宽 \times 厚 \times 长$
原木	$V = L \left[D^2 \left(0.0000003895 + 0.00008982 \right) + D \left(0.000039L - 0.0001219 \right) + \left(0.00005796L + 0.0003067 \right) \right]$ 式中 V——原木材积,单位为 m³; 　　　L——原木长度,单位为 m; 　　　D——小头直径,单位为 cm

续表

项目	体积计算公式
原条	$V = \dfrac{\pi}{4} D^2 L \times \dfrac{1}{10000}$ 或 $V = 0.7854 D^2 L \times \dfrac{1}{10000}$ 式中 V——原条材积，单位为 m³； D——原条中央直径，单位为 cm； L——原条长度，单位为 m； $\dfrac{1}{10000}$——中央直径 (D) 以 m 为单位化成 cm 为单位时的绝对值

附录 B 材料用量计算

B.1 土建材料用量计算

B.1.1 土建材料的分类

土建材料耗用量一般按三类情况,分别计算:

(1) 半成品性质的材料,如灰土等,其消耗量的计算公式为

半成品材料消耗量=定额单位×(1+损耗率)

(2) 单一性质的材料,如天然级配砂、毛石、碎石、碎砖等,其消耗量的计算公式为

$$单一材料消耗量=定额单位×压实系数× \\ (1+损耗率)$$

(3) 充灌性质的材料,如砂浆、砂等,其消耗量的计算公式为

$$充灌材料消耗量=(骨料比重-骨料容重×压实系数)/ \\ 骨料比重×填充密实度× \\ (1+损耗率)×定额单位$$

B.1.2 垫层材料

B.1.2.1 垫层分为地面垫层和槽、坑垫层。铺设垫层材料要根据压实系数计算,压实系数计算公式

$$压实系数 = \frac{虚铺厚度}{压实厚度}$$

常用垫层材料的压实系数,见表 B-1。

常用垫层材料的压实系数　　　表 B-1

材料名称	压实系数	材料名称	压实系数
毛石	1.20	干铺炉渣	1.20
砂	1.13	灰土	1.60
碎(砾)石	1.08	碎(砾)石三、四合土	1.45
天然级配砂石		石灰炉(矿)渣	1.455
人工级配砂石	1.04	水泥石灰炉(矿)渣	1.455
碎砖	1.30	黏土	1.40

B.1.2.2 垫层材料计算方法
(1) 质量比计算方法

$$\frac{每1m^3}{混合物质量} = \frac{单位体积}{\frac{甲材料比例数}{甲材料表观密度} + \frac{乙材料比例数}{乙材料表观密度} + \frac{丙材料比例数}{丙材料表观密度}}$$

材料净用量＝混合物质量×材料比例数×压实系数

（2）体积比计算方法

每 $1m^3$ 材料用量＝某材料表观密度或 $1m^3$ 体积 $\times \frac{虚铺总厚度}{压实总厚度} \times$ 某材料百分比

B.1.3 砌砖石及砌块材料

B.1.3.1 常用有关数据

（1）标准砖尺寸及灰缝厚

标准砖尺寸：长×宽×厚＝240mm×115mm×53mm

灰缝厚度：10mm

（2）单位正方体的砌砖用量，见图 B-1 所示。

砖长 4 块×(0.24＋0.01)＝1m

砖宽 8 块×(0.115＋0.01)＝1m

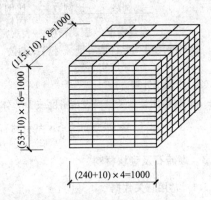

图 B-1 单位正方体砌砖用量示意图

砖厚 16 块×(0.053+0.01)=1.008≈1m

每立方米用砖量=4×8×16=512 块

(3) 无灰缝堆码 1m³ 砖理论数量

$$净码砖数 = \frac{1}{0.24 \times 0.115 \times 0.053}$$

$$= 683.6 \text{ 块/m}^3$$

(4) 各种砖墙每皮每米标准砖块数,见表 B-2。

各种砖墙每皮每米标准砖块数　　表 B-2

墙厚（mm）	每皮每米标准砖块数
半砖（115）	4
一砖（240）	8
一砖半（365）	12
二砖（490）	16
二砖半（615）	20

B.1.3.2　砖基础

砖基础由直墙基础和大放脚基础两部分组成，见图 B-2。计算公式

$$\text{每 1m}^3\text{砖基础净砖量} = \frac{\text{直墙基砖的块数} + \text{放脚基础砖的块数}}{\text{1m 长砖基础体积}}$$

$$= \frac{\left(\text{直墙基高} \div 0.063\right) \times \text{每层砖块数} + \sum\text{每层放脚砖块数} \times \dfrac{\text{层厚}}{0.063}}{\text{1m 长砖基础体积}}$$

砖浆净用量 = $1 - 0.24 \times 0.115 \times 0.053 \times$ 标准砖数量

　　　　　= $1 - 0.0014628 \times$ 砖数

B.1.3.3　砖墙

（1）普通黏土砖墙的材料净用量计算公式

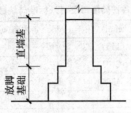

图 B-2 砖基础示意图

$$\text{每 } 1\text{m}^3 \text{ 标准(砖净用量)} = \frac{1}{\text{墙厚} \times (\text{砖长}+\text{灰缝}) \times (\text{砖厚}+\text{灰缝}) \times \text{墙厚的砖数} \times 2}$$

式中 墙厚（砖）——示以砖数表示的墙厚，如 1/4 砖、1/2 砖、3/4 砖、1 砖等；

墙厚（m）——示以米数表示的墙厚，如：0.053m、0.115m、0.18m、0.24m 等；

砖长=0.24m；

砖厚=0.053m；

灰缝（标准）=0.01m。

由于上式中砖长、砖厚和灰缝是常数，因此上式可近似地简化为：

砖净用量=127×墙厚（砖数）/墙厚（m）

或

$$砖净用量 = \frac{1}{墙厚 \times 0.25 \times 0.063} \times K$$

$$= \frac{1}{墙厚 \times 0.01575} \times K$$

式中 墙厚×0.01575——砌体中标准块的体积。

K——每个标准块中标准砖数量,例如墙厚120,$K=1$;墙厚180,$K=1.5$;墙厚240,$K=2$;墙厚370,$K=3$;墙厚490,$K=4$;依次类推。

(2) 不同厚度的每立方米砖墙中砖的用量,见表 B-3。

每立方米砖墙中砖的用量　　表 B-3

墙厚 (砖)	墙厚 (mm)	净用量 (块)	定额消耗量 (块)
1/4	53	589.98	615.85
1/2	115	552.10	564.11
3/4	180	535.05	551.00
1	240	529.10	531.40
1.5	365	521.85	535.00

续表

墙厚(砖)	墙厚(mm)	净用量(块)	定额消耗量(块)
2	490	518.30	530.90
2.5	615	516.20	
3	740	514.80	

(3) 砖筑砂浆净用量的计算公式

砂浆净用量 (m^3/m^3) = 1 − 砖单块体积 (m^3/块) × 砖净用量 (块/m^3)

砂浆净用量 = 1 − 0.0014628 × 砖数

(4) 消耗量计算。消耗量 = 净用量 × (1 + 损耗率)

常见砌筑材料的定额损耗率,见表 B-4。

部分材料损耗率表 表 B-4

序号	材料名称	工程项目类型	定额损耗率%
1	普通黏土砖	砖基础	0.5
2	普通黏土砖	地面、屋面	1.5
3	普通黏土砖	实砌砖墙	2.0
4	普通黏土砖	矩形砖柱	3.0
5	普通黏土砖	异形砖柱	7.0
6	毛石	砌体	2.0

续表

序号	材料名称	工程项目类型	定额损耗率%
7	多孔砖	轻质砌体	2.0
8	砌筑砂浆	砖砌体	1.0
9	砌筑砂浆	多孔砖	10.0

B.1.3.4 砖柱

（1）砖柱参数表，见表 B-5。

砖柱参数　　　　表 B-5

名　称	一层块数	断面尺寸（m）	竖缝长度（m）
矩形柱	2	0.24×0.24	0.24
	3	0.24×0.365	0.48
	4.5	0.365×0.365	0.96
	6	0.365×0.49	1.45
	8	0.49×0.49	1.93
圆柱	8	0.49×0.49	1.93
	12.5	0.615×0.615	3.16

注：灰缝厚 10mm。

（2）矩形砖柱一层砖数，见图 B-3 所示。

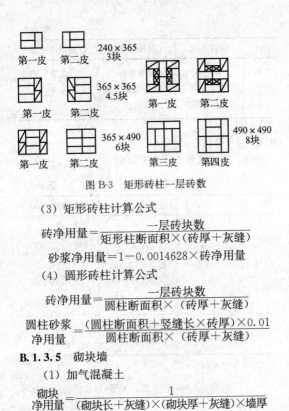

图 B-3 矩形砖柱一层砖数

(3) 矩形砖柱计算公式

$$砖净用量 = \frac{一层砖块数}{矩形柱断面积 \times (砖厚 + 灰缝)}$$

$$砂浆净用量 = 1 - 0.0014628 \times 砖净用量$$

(4) 圆形砖柱计算公式

$$砖净用量 = \frac{一层砖块数}{圆柱断面积 \times (砖厚 + 灰缝)}$$

$$圆柱砂浆净用量 = \frac{(圆柱断面积 + 竖缝长 \times 砖厚) \times 0.01}{圆柱断面积 \times (砖厚 + 灰缝)}$$

B.1.3.5 砌块墙

(1) 加气混凝土

$$砌块净用量 = \frac{1}{(砌块长 + 灰缝) \times (砌块厚 + 灰缝) \times 墙厚}$$

砂浆净用量＝1－砌块净用量×每块砌块体积

（2）空心砌块墙、硅酸盐砌块墙

$$\frac{\text{砌块}}{\text{净用量}} = \frac{1}{\text{墙厚}\times(\text{砌块长}+\text{灰缝})\times(\text{砌块厚}+\text{灰缝})} \times \text{各种规格砌块比例}$$

砂浆净用量＝1－砌块净用量×每块砌块体积

（3）硅酸盐砌块规格及单位数量，见表 B-6。

硅酸盐砌块规格及单位数量　　表 B-6

序　号	规格（cm）	m³/块	块/m³
1	28×38×24	0.025536	39.16
2	43×38×24	0.039216	25.5
3	58×38×24	0.052896	18.91
4	88×38×24	0.080256	12.46
5	28×38×18	0.019152	52.23
6	38×38×18	0.025992	38.47
7	58×38×18	0.039672	25.21
8	78×38×18	0.053352	18.74
9	88×38×18	0.060192	16.61
10	98×38×18	0.067032	14.93
11	118×38×18	0.080712	12.39

注：硅酸盐砌块按表观密度（1500kg/m³）计。

B.1.3.6 石柱

方整石柱计算公式

$$方整石 = \frac{每块方整石体积 \times 2块}{柱断面 \times (每层石厚 + 灰缝)} \;(m^3/m^3)$$

$$\frac{砂浆}{净用量} = 1 - \frac{石长 \times (石宽 - 0.005) \times (石厚 - 0.01) \times 2}{柱断面 \times (每层石厚 + 灰缝)}$$

B.1.3.7 石墙

(1) 方整石墙计算公式

规格:400mm×220mm×200mm

$$\frac{方整石}{净用量} = \frac{石长 \times 石宽 \times 石厚}{墙厚 \times (石长 + 灰缝) \times (石厚 + 灰缝)} \;(m^3/m^3)$$

$$\frac{砂浆}{净用量} = 1 - \frac{墙厚 \times (石长 - 0.01) \times (石厚 - 0.01)}{墙厚 \times (石长 + 灰缝) \times (石厚 + 灰缝)}$$

(2) 毛石砌体计算公式

$$毛石空隙率 = \frac{毛石密度 - 毛石堆积密度}{毛石密度} \times 100\%$$

$$毛石用量 = \frac{1}{\dfrac{毛石堆积密度 \times (1 + 毛石空隙率)}{毛石密度}} \;(m^3)$$

毛石空隙由砌筑砂浆填充,即为砂浆净用量。

B.1.4 混凝土

B.1.4.1 沥青混凝土

(1) 沥青混凝土配合比,见表 B-7。

沥青混凝土配合比　　　　表 B-7

配比类别	石子 (%)			砂 (%)	填充料 (%)	沥青 (%)
	粒径（mm）					人工夯实计算
	35以内	25以内	15以内	5以内	1.5以内	
粗粒式	40			37.5	16.5	6
中粒式		40		41	19	7
细粒式			29.5	49.5	21	8

（2）沥青混凝土配合比计算公式

$$石子用量 = 沥青混凝土表观密度 \times \frac{石子比例数}{石子表观密度}$$

$$砂用量 = 沥青混凝土表观密度 \times \frac{砂比例数}{砂表观密度}$$

$$填充料用量 = 沥青混凝土表观密度 \times 填充料比例数$$

$$沥青用量 = 沥青混凝土表观密度 \times 沥青比例数$$

B.1.4.2　耐酸混凝土

（1）耐酸混凝土配合比，参考表 B-8。

耐酸混凝土配合比　　　　表 B-8

材料名称		每 1m³ 混凝土材料需用量						
		第一种		第二种		第三种		第四种	
		kg	%	kg	%	kg	%	kg	%
碎石	40～25mm	—	—	527	28.2	—	—	371	19.0
	25～12mm	666	33.3	286	14.1	435	21.1	186	9.6
	12～6mm	334	16.7	143	7.1	321.5	15.5	93	4.8
砂子	6～3mm	250	12.5	250	12.6	335	16.4	325	16.7
	3～1mm	150	7.5	160	8.0	195	9.5	195	10.0
	1～0.15mm	100	5.0	100	5.0	130	5.0	130	6.6
粉状填充料		500	25	500	25	650	32.5	650	33.3
水玻璃		200	40	200	40	260	40	260	40
氟硅酸钠		30	6	30	6	39	6	39	6

注：1. 水玻璃用量为粉状填充料的 40%。
　　2. 氟硅酸钠用量为粉状填充料的 6%。

（2）耐酸混凝土配合比计算公式

材料用量＝耐酸混凝土表观密度×材料比例

B.1.5 屋面瓦

B.1.5.1 屋面瓦规格及搭接长度,见表 B-9。

屋面瓦规格及搭接长度　　　表 B-9

项目	规格 (mm)		搭接 (mm)		每块瓦的利用率 (%)	每 1m² 用量 (块)
	长	宽	长	宽		
水泥平瓦	385	235	85	33	67	16.91
黏土平瓦	380	240	80	33	68.09	16.51
小波石棉瓦	1820	725	150	62.5	83.8	0.99
大波石棉瓦	2800	994	150	165.7	78.89	0.40

注:本表中每 1m² 用量已包括损耗量。

B.1.5.2 屋面瓦用量计算公式

$$\frac{100m^2 屋面}{瓦用量} = \frac{100}{(瓦长-搭接长) \times (瓦宽-搭接宽)} \times (1+损耗率)$$

式中　瓦长——瓦有效长,规格长减搭接长;
　　　瓦宽——瓦有效宽,规格宽减搭接宽。

B.1.6 卷材

B.1.6.1 防水卷材常用品种规格,见表 B-10。

表 B-10 防水卷材常用品种规格

名称	标号	宽度 (mm)	厚度 (mm)	长度 (m)	面积 (m²)	每卷质量 (kg)	原纸质量 (g/m²)
石油沥青油毡	粉毡-200	915~1000		20~22	20±0.3	17.5	200
	片毡-200					20.5	200
	粉毡-350					28.5	350
	片毡-350					31.5	350
	粉毡-500					39.5	500
	片毡-500					42.5	500
石油沥青油纸	石纸-200	915~1000		20~22	20±0.3	7.5	200
	石纸-350					13.0	350
矿渣棉纸油毡		915		22	20±0.3	31.5	400
沥青玻璃布油毡				20	20±0.3	14	
再生胶卷材		1000±0.01	1.2±0.2				
焦油沥青低温油毡	砂-350	1000		10	10±0.15	25	

续表

名称	标号	宽度(mm)	厚度(mm)	长度(mm)	面积(m²)	每卷质量(kg)	原纸质量(g/m²)
三元乙丙—丁基橡胶卷材		1000～1200	1.0,1.2 1.5,2.0	20	20～40	24～48	
氯化聚乙烯卷材		1000	1.20	20	20		
LYX·630 氯化聚乙烯卷材		900	1.20	20	20	36	
聚氯乙烯卷材		1000±20	1.6 1.8 2.0	10	10	24 27 30	
三元乙丙彩色复合卷材		1000 1500	0.4(面层) 0.8(底层)	20 15	20 22.5	33	
自粘化纤胎卷材		1000	1.4(面层) 0.4(胶粘层)	2.0±0.2		43±1	

B.1.6.2 卷材搭接宽度，见表 B-11。

卷材搭接宽度　　　　表 B-11

搭接方向	短边搭接宽度（mm）		长边搭接宽度（mm）	
铺贴方法 卷材种类	满粘法	空铺法 点粘法 条粘法	满粘法	空铺法 点粘法 条粘法
沥青防水卷材	100	150	70	100
高聚物改性沥青防水卷材	80	100	80	100
合成高分子防水卷材　粘接法	80	100	80	100
合成高分子防水卷材　焊接法	50			

B.1.6.3 防水卷材用量计算公式

$$\text{每100m}^2\text{卷材用量} = \frac{\text{卷材每卷面积} \times 100}{(\text{卷材宽} - \text{长边搭接}) \times (\text{卷材长} - \text{短边搭接} \times 2\text{个})}$$

B.2 装饰材料用量计算

B.2.1 砂浆及灰浆

B.2.1.1 一般抹灰砂浆

一般抹灰砂浆配合比都按体积比计算，计算

公式

$$\text{砂消耗量}(m^3) = \frac{\text{砂比例数}}{\text{配合比总比例数} - \text{砂比例数} \times \text{砂孔隙率}} \times (1 + \text{损耗率})$$

$$\text{水泥消耗量}(kg) = \frac{\text{水泥比例数} \times \text{水泥密度}}{\text{砂比例数}} \times \text{砂用量} \times (1 + \text{损耗率})$$

$$\text{石灰膏消耗量}(m^3) = \frac{\text{石灰膏比例数}}{\text{砂比例数}} \times \text{砂用量} \times (1 + \text{损耗率})$$

当砂子用量计算超过 $1m^3$ 时，因其孔隙容积已大于灰浆数量，均按 $1m^3$ 计算。

砂子密度 $2650kg/m^3$，表观密度 $1590kg/m^3$，

砂子孔隙率 $= \left(1 - \frac{1590}{2650}\right) \times 100\% = 40\%$

每立方米石灰膏用生石灰 $600kg$，每立方米粉化灰用生石灰 $501kg$。

水泥密度 $1300kg/m^3$。

白石子密度 $2700kg/m^3$，表观密度 $1500kg/m^3$，

孔隙率 $= \left(1 - \frac{1500}{2700}\right) \times 100\% = 44.4\%$

B.2.1.2 素水泥浆

素水泥浆用水量按水泥的 34% 计算，计算公式

$$水灰比 = \frac{水泥表观密度}{水密度} \times 34\%$$

$$虚体积系数 = \frac{1}{1+水灰比}$$

$$收缩后水泥净体积 = 虚体积系数 \times \frac{水泥表观密度}{水泥密度}$$

收缩后水的净体积 = 虚体积系数 × 水灰比

水和水泥净体积系数 = 水泥净体积 + 水净体积

$$实体积系数 = \frac{1}{(1+水灰比) \times 水和水泥净体积系数}$$

水泥用量 = 实体积系数 × 水泥密度

用水量 = 实体积系数 × 水灰比

B.2.1.3 石膏砂浆

石膏砂浆用水量按石膏灰 80% 计算,计算公式

$$水灰比 = \frac{石膏灰表观密度}{水密度} \times 80\%$$

其他计算公式同素水泥浆计算公式。

B.2.2 面层材料

B.2.2.1 块料面层

块料面层一般是指有一定规格尺寸的瓷砖、锦砖、花岗石板、大理石板及各种装饰板等,通常以 100m² 为单位。

块料面层材料计算公式

$$\frac{每100\text{m}^2}{面层用量}=\frac{100}{(块长+拼缝)\times(块宽+拼缝)}\times(1+损耗率)$$

$$\frac{每100\text{m}^2块}{料灰缝用量}=(100-块长\times块宽\times块用量)\times 灰缝厚度\times(1+损耗率)$$

块料结合层用量 $=100\text{m}^2\times$ 结合层厚度

B.2.2.2 铝合金装饰板

铝合金装饰板计算公式

$$每100\text{m}^2\text{ 用量}=\frac{100}{板长\times板宽}\times(1+损耗率)$$

B.2.2.3 石膏装饰板

石膏装饰板计算公式

$$每100\text{m}^2\text{ 用量}=\frac{100}{(块长+拼缝)\times(块宽+拼缝)}\times(1+损耗率)$$

B.3 模板摊销量计算

B.3.1 模板摊销量计算公式

材料摊销量=一次使用量×摊销系数

一次使用量=材料净用量×(1+材料损耗率)

$$\text{摊销系数} = \text{周转使用系数} - \frac{(1-\text{损耗率}) \times \text{回收折价率}}{\text{周转次数}}$$

$$\text{周转使用系数} = \frac{1+(\text{周转次数}-1) \times \text{损耗率}}{\text{周转次数}}$$

$$\text{回收量} = \text{一次使用量} \times \frac{1-\text{损耗率}}{\text{周转次数}}$$

B.3.2 组合钢模、复合模板周转次数及补损率，见表 B-12。

组合钢模、复合模板周转次数及补损率

表 B-12

组合钢模、复合模板材料	周转次数（次）	损耗率（%）	备 注
模板板材	50	1	包括：梁卡具、柱箍损耗 2%
零星卡具	20	2	包括：U卡、L插销、3形扣件、螺栓
钢支撑系统	120	1	包括：连杆、钢管支撑及扣件
木模	5	5	
木支撑	10	5	包括：支撑、琵琶撑、垫、拉板
铁钉	1	2	

续表

组合钢模、复合模板材料	周转次数（次）	损耗率（%）	备注
木楔	2	5	
尼龙帽	1	5	
草板纸	1		

B.3.3 木模板周转次数、补损率、摊销系数及施工损耗，见表 B-13。

木模板周转次数、补损率、摊销系数及施工损耗

表 B-13

木模板材料	周转次数（次）	补损率（%）	摊销系数	施工损耗（%）
圆柱	3	15	0.2917	5
异形梁	3	15	0.2350	5
整体楼梯、阳台、栏板	4	15	0.2563	5
小型构件	3	15	0.2917	5
支撑、垫板、拉板	15	10	0.1300	5
木楔	2		0.5000	5

B.4 脚手架使用量计算

B.4.1 各种脚手架的施工参数

B.4.1.1 各种脚手架杆距、步距，见表 B-14。

各种脚手架杆距、步距 表 B-14

项 目	木 架	竹 架	扣件式钢管架
步高	1.2m	1.8m	1.2~1.4m（以 1.3m 计算）
立杆间距	1.5m 以内	1.5m 以内	2m 以内
架宽	1.5m 以内	1.3m 以内	1.5m

B.4.1.2 扣件式钢管脚手架构造，见表 B-15。

扣件式钢管脚手架构造（单位：m） 表 B-15

用途	脚手架构造形式	里立杆离墙面的距离	立杆间距 横向	立杆间距 纵向	操作层小横杆间距	大横杆步距	小横杆挑向墙面的悬臂
砌筑	单排	—	1.2~1.5	2.0	0.67	1.2~1.4	—
	双排	0.5	1.5	2.0	1.0	1.2~1.4	0.4~0.45
装饰	单排	—	1.2~1.5	2.2	1.1	1.6~1.8	—
	双排	0.5	1.5	2.2	1.1	1.6~1.8	0.35~0.45

B.4.1.3 各种脚手架材料耐用期限及残值,见表B-16。

各种脚手架材料耐用期限及残值 表 B-16

材料名称	耐用期限(月)	残值(%)	备 注
钢管	180	10	
扣件	120	5	
脚手杆(杉木)	42	10	
木脚手板	42	10	并立式螺栓加固
竹脚手板	24	5	
毛竹	24	5	
绑扎材料	1次	—	
安全网	1次	—	

B.4.1.4 各种脚手架搭设一次使用期限,见表B-17。

各种脚手架搭设一次使用期限 表 B-17

项 目	高 度	一次使用期限
脚手架	16m以内	6个月
脚手架	30m以内	8个月
脚手架	45m以内	12个月
满堂脚手架		25天
挑脚手架		10天
悬空脚手架		7.5天
室外管道脚手架	16m以内	1个月
里脚手架		7.5天

B.4.2 脚手架定额步距和高度计算

B.4.2.1 脚手架、斜道、上料平台立杆间距和步高,见表 B-18。

脚手架、斜道、上料平台立杆间距和步高

表 B-18

项目	单位	木脚手架	竹脚手架	钢脚手架
立杆间距	m	1.5	1.5	1.5
每步高度	m	1.2	1.6	1.3
宽度	m	1.4~1.5	1.4	

B.4.2.2 脚手架高度计算公式

脚手架高度=步高×步数+1.2m

B.4.2.3 脚手架定额高度与步数取定表,见表 B-19。

脚手架定额高度与步数取定表　　表 B-19

项　目	木脚手架		竹脚手架		钢管脚手架	
	步数	取定高度(m)	步数	取定高度(m)	步数	取定高度(m)
高度在 16m 以内	9	12	6	13.2	8	12
高度在 30m 以内	21	26.4	15	26.0	19	25.9
高度在 45m 以内	32	39.6	23	38.8	29	38.9
满堂脚手架基本层	2	3.6	—	—	—	—

B.4.2.4 脚手板层数的确定

高度在 16m 以内的脚手架,脚手板按一层计算;高度在 16m 以上的脚手架,考虑交叉作业的需要,按双层计算。

B.4.3 各种形式脚手架一次搭设材料用量

B.4.3.1 单立杆扣件式钢管脚手架,其不同的步距、杆距每 1m² 钢管参考用量,见表 B-20。

每 1m² 钢管参考用量(kg/m²)　　表 B-20

步距 h (m)	类别	每 1m² 脚手架的钢管用量(kg),当立杆纵距 a 为 (m)					扣件 (个/m²)
		1.2	1.4	1.6	1.8	2.0	
1.2	单排	14.40	13.37	12.64	12.01	11.51	2.09
	双排	20.80	18.74	17.28	16.02	15.02	4.17
1.4	单排	12.31	11.38	10.64	10.11	9.65	1.79
	双排	18.74	16.87	15.39	14.34	13.41	3.57
1.6	单排	10.85	10.00	9.34	8.83	8.37	1.57
	双排	17.20	15.49	14.18	13.16	12.24	3.13
1.8	单排	9.78	8.93	8.35	7.84	7.44	1.25
	双排	16.00	14.30	13.14	12.12	11.31	2.50

注:以上用量为立杆、大横杆和小横杆用量,剪刀撑、斜拉杆、栏杆等另计。

B.4.3.2 扣件式钢管脚手架材料综合用量,见表 B-21。

扣件式钢管脚手架材料综合用量(单位:1000m²)

表 B-21

名称	单位	墙高 20m			墙高 10m		
		扣件式单排	扣件式双排	组合式	扣件式单排	扣件式双排	组合式
1. 钢管							
立杆	m	573	1093	673	573	1093	704
大横杆	m	877	1684	372	877	1684	413
小横杆	m	752	651	1074	886	733	1143
剪刀撑、斜杆	m	200	200	322	160	160	386
小计	m	2402	3628	2438	2496	3670	2646
钢管质量	t	9.22	13.93	9.36	9.59	14.09	10.16
2. 扣件							
直角扣件	个	879	1555	1000	933	1593	1072
对接扣件	个	214	412	96	185	350	64
回转扣件	个	50	50	140	40	40	168
底座	个	29	55	32	57	109	64

续表

名称	单位	墙高20m			墙高10m		
		扣件式单排	扣件式双排	组合式	扣件式单排	扣件式双排	组合式
小计	个	1172	2072	1268	1215	2092	1368
扣件质量	t	1.52	2.70	1.58	1.56	2.69	1.69
3.桁架质量	t			1.12			2.24
钢材用量	t	10.74	16.63	12.06	11.14	16.78	14.09

注：大横杆中包括栏杆及支承架的连系杆。

B.4.3.3 承接式钢管脚手架材料综合用量，见表B-22。

承接式钢管脚手架材料综合用量（单位：1000m²）

表 B-22

名称	单位	甲型			乙型		
		每件质量(kg)	件数	总质量(kg)	每件质量(kg)	件数	总质量(kg)
立杆3.75m	根	16.67	174	2900	15.77	174	2744
5.55m	根	24.41	116	2832	23.06	116	2675
大横杆	根	7.3	616	4497	8.88	672	5967

续表

名称	单位	甲型			乙型		
		每件质量(kg)	件数	总质量(kg)	每件质量(kg)	件数	总质量(kg)
小横杆	根	5.18	347	1797	7.27	319	2319
栏杆	根	7.3	28	204	8.88	28	249
斜撑	根	24.41	60	1465	23.06	60	1384
三角架	个	3.24	29	94			
底座	个	1.99	58	115	1.99	58	115
合计				13904			15453
其中:							
ϕ48×3.5钢管				11983			13508
ϕ25×3.5钢管				718			325
ϕ60×3.5钢管				424			424

注:1.1000m² 墙面,高 20m 的脚手架按 11 步 28 跨计算;
 2. 立杆质量包括连接套管和承插管;
 3. 斜撑用 5.55m 立杆或其他长钢管搭设。

B.4.3.4 每 100m 长作业面钢脚手板用量,见表 B-23。

每100m长作业面钢脚手板用量(单位:块/100m)

表 B-23

立杆横距 b (m)	脚手架宽度 (m)		
	1.2	1.4	1.6
0.8	84	87	93
1.0	112	116	124
1.2	112	116	124
1.4	140	145	155
1.6	168	174	186

B.4.4 脚手架材料定额摊销量计算

B.4.4.1 脚手架材料定额摊销量计算公式

$$定额摊销量 = \frac{单位一次使用量 \times (1-残值率)}{耐用期限/一次使用期}$$

B.4.4.2 钢脚手架材料维护保养费

钢脚手架材料维护保养,是按钢管初次投入使用前刷两遍防锈漆,以后每隔三年再刷一遍考虑,在耐用期限240个月内共刷七遍。其维护保养费用计算公式

$$维护保养费 = 一次使用量 \times \frac{7 \times 一次使用期}{240个月} \times 刷油漆工料单价$$

刷油漆工料单价可按相应定额项目计算。

附录 C 工程造价指标

C.1 建筑工程主要工程量指标

C.1.1 工业建筑

C.1.1.1 一般单层装配车间（厂房）主要工程量指标。见表 C-1。

一般单层装配车间（厂房）每 m² 建筑面积主要工程量指标　　表 C-1

序	名称	单位	范围	综合
1	基础垫层	m³	0.05～0.10	0.07
2	杯口基础	m³	0.15～0.25	0.16
3	柱	m³	0.02～0.05	0.03
4	吊车梁	m³	0.02～0.05	0.025
5	屋架（梁）	m³	0.02～0.04	0.03
6	屋面大板	m³	0.05～0.06	0.055
7	金属结构	kg	5～10	6.5
8	预埋铁件	kg	1.5～7.5	3.0

续表

序	名称	单位	范围	综合
9	砌体	m³	0.2~0.35	0.25
10	圈梁	m³	0.01~0.03	0.025
11	地坪	m³	0.1~0.3	0.15
12	地面	m²	0.89~0.96	0.90
13	内外墙装饰	m²	2.5~3.5	3.0
14	门窗	m²	0.15~0.30	0.27
15	顶棚	m²	0.90~0.95	0.92
16	屋面	m²	1.05~1.20	1.10

注：车间建筑特征为杯口基础、预制混凝土柱、吊车梁、屋架（含薄腹屋面梁）、大型屋面板、砖墙、混合砂浆抹灰、钢窗、油毡防水屋面。

C.1.1.2 一般多层轻工车间（厂房）主要工程量指标。见表 C-2。

一般多层轻工车间（厂房）每 100m² 建筑面积主要工程量指标　　表 C-2

序号	项　目	单位	框架结构（3~5层）	砖混结构（2~4层）
1	基础（钢筋混凝土、砖、毛石等）	m³	14~20	16~25
2	外墙（1~1$\frac{1}{2}$砖）	m³	10~12	15~25

续表

序号	项目	单位	框架结构 (3~5层)	砖混结构 (2~4层)
3	内墙（1砖）	m³	7~15	12~20
4	钢筋混凝土（现浇、预制）	m³	19~31	18~25
5	门（木）	m²	4~8	6~10
6	窗（钢）	m²	20~24	17~25
7	屋面（卷材）	m²	20~30	25~50
8	楼地面	m²	88~94	88~94
9	内粉刷	m²	155~210	200~220
10	外粉刷	m²	60~100	90~110
11	顶棚	m²	88~94	88~94

C.1.2 民用建筑

C.1.2.1 多层民用住宅主要工程量指标。见表C-3。

多层民用住宅每 m² 建筑面积
主要工程量指标　　　　表 C-3

序	名称	单位	范围	综合
1	挖土	m³	0.30~0.60	0.45
2	砌体	m³	0.35~0.46	0.40

续表

序	名称	单位	范围	综合
3	现浇混凝土	m³	(0.13~0.23)	(0.15)
(1)	基础(无桩)	m³	0.025~0.035	0.03
(2)	基础垫层	m³	0.010~0.025	0.012
(3)	圈梁	m³	0.025~0.035	0.03
(4)	梁	m³	0.01~0.015	0.013
(5)	有梁板	m³	0.015~0.045	0.02
(6)	构造柱	m³	0.025~0.04	0.034
(7)	平板	m³	0.004~0.010	0.007
(8)	地坪垫层	m³	0.010~0.015	0.013
(9)	散水坡	m³	0.002~0.005	0.004
(10)	其他	m³	0.001~0.005	0.003
4	预制混凝土	m³	(0.049~0.118)	(0.08)
(1)	预应力空心板	m³	0.035~0.065	0.060
(2)	过梁	m³	0.005~0.010	0.007
(3)	屋面隔热板	m³	0.004~0.008	0.006
(4)	其他	m³	0.005~0.040	0.010
5	砖墙拉结筋	kg	0.40~1.50	1.10

续表

序	名称	单位	范围	综合
6	楼板锚固筋	kg	0.30~0.50	0.40
7	预埋铁件	kg	0.10~0.70	0.20
8	门	m²	0.10~0.25	0.20
9	窗	m²	0.08~0.20	0.10
10	室内装饰	m²	(3.75~5.28)	(4.50)
(1)	顶棚（含阳台）	m²	0.90~1.00	0.95
(2)	整体墙面	m²	1.50~2.50	2.00
(3)	厨、卫墙面	m²	0.45~0.60	0.50
(4)	整体地面	m²	0.70~0.80	0.75
(5)	厨、卫地面	m²	0.06~0.15	0.10
(6)	楼梯地面	m²	0.04~0.08	0.045
(7)	踢脚线	m²	0.10~0.15	0.13
11	外墙装饰	m²	(1.01~1.47)	(1.10)
(1)	整体墙面	m²	0.85~1.00	0.95
(2)	勒脚	m²	0.02~0.04	0.03
(3)	阳台	m²	0.10~0.35	0.15
(4)	其他	m²	0.04~0.08	0.05

续表

序	名称	单位	范围	综合
12	屋面	m²	0.15～0.25	0.20
13	金属结构	kg	0.40～0.70	0.55
14	楼梯长度	m	0.02～0.04	0.03

C.1.2.2 高层民用住宅主要工程量指标。见表C-4。

高层（14层以上）民用住宅每 m² 建筑面积主要工程量指标 表 C-4

序	名称	单位	范围	综合	注明
1	混凝土				
(1)	基础	m³	0.05～0.15	0.08	未含桩基
(2)	梁	m³	0.002～0.040	0.01	
(3)	板	m³	0.07～0.15	0.10	
(4)	墙	m³	0.21～0.35	0.25	
(5)	其他	m³	0.02～0.10	0.05	含柱等
	综合	m³	0.40～0.55	0.49	
2	门窗	m²	0.27～0.35	0.30	未含玻璃幕墙
3	楼地面	m²	0.80～1.00	0.90	
4	顶棚	m²	0.80～0.95	0.87	

续表

序	名称	单位	范围	综合	注明
5	屋面	m²	0.03~0.08	—	楼层不同，变化较大
6	内装饰	m²	2.00~3.20	2.70	
7	外装饰	m²	0.55~1.20	0.70	

C.1.2.3 现浇混凝土构件钢筋含量参考表。见表C-5。

现浇混凝土构件钢筋含量参考表　　表C-5

分项工程名称	钢筋含量（kg/m³）	分项工程名称	钢筋含量（kg/m³）
有梁式带形基础	70	设备基础	33
无梁式带形基础	70	基础梁	100
独立基础	40	柱（周长1.8m以内）	120~230
杯形基础	30	柱（周长1.8m以外）	140~210
有梁式满堂基础	115	圆形柱	150
无梁式满堂基础	80	构造柱、圈过梁	150~220
桩承台	75	预制柱接头	35
矩形梁	150~220	有梁板、平板	80~140
异形梁	150~220	无梁板	100~120
叠合梁	60	挑檐、天沟	100

续表

分项工程名称	钢筋含量 (kg/m³)	分项工程名称	钢筋含量 (kg/m³)
地下室墙	80	楼梯	60
墙（20cm 以内）	100～130	雨篷	90
墙（20cm 以上）	90	阳台	100
大模板墙	35	地沟、零星构件	90

注：使用表中数据时不再另加损耗率。

C.1.2.4 现浇混凝土构件混凝土模板含量参考表。见表 C-6。

现浇混凝土构件每 10m³ 混凝土模板含量参考表

表 C-6

项目名称		参考 (m²)	项目名称	参考 (m²)
现浇混凝土模板				
桩承台	独立	15.22	毛石混凝土墙	34.80
	带型	8.23	混凝土墙	64.99
带型基础	无梁式毛石混凝土	13.40	电梯井壁	109.96
	无梁式混凝土	11.46	弧形混凝土墙	97.40
	有梁式毛石混凝土	21.56	大钢模板墙	72.19
			轻型框架墙	104.88

续表

项目名称		参考(m²)	项目名称		参考(m²)
独立基础	毛石混凝土	17.08	有梁板		62.64
	混凝土	19.10	无梁板		47.16
满堂基础	无梁式	0.93	拱板		80.44
	有梁式	3.05	斜板		108.45
杯型基础		32.22			
设备基础		9.25			
矩形柱		92.40	楼梯(10m²)	直形无斜梁	17.41
圆形柱		57.43		直形有斜梁	24.00
异形柱		97.09		旋转无梁	18.95
构造柱		76.39		旋转有梁	22.46
升板柱帽		49.65		踏步板每增10	0.08
基础梁		86.29	阳台(10m²)	板式	11.37
单梁、连续梁		103.98		有梁式	17.21
异形梁		97.09	悬挑板（10m²）		12.86
圈梁		58.64	板式雨篷（10m²）		15.43
过梁		119.04	暖气沟、电缆沟		93.34
弧、拱形梁		96.28	扶手、压顶		314.40

续表

项目名称	参考(m²)	项目名称		参考(m²)
门框	72.96		梁	113.18
框架柱接头	137.37		板	73.47
小型构件	297.98	后浇带	墙厚300以内	106.63
挑檐、天沟	133.81		墙厚300以外	48.00
台阶	47.14		基础底板	6.10
压项	106.07			
小型池槽	323.33			

C.1.2.5 构筑物混凝土模板接触面积参考表。见表C-7。

构筑物每 1m³ 混凝土模板接触面积参考表　　表 C-7

序号	项目			单位	模板接触面积（m²）
1	水塔	塔身	筒式	m³	15.974
2			挂式	m³	11.534
3		水箱	内壁	m³	14.205
4			外壁	m³	11.976

续表

序号	项目			单位	模板接触面积（m²）
5	水塔	塔顶		m³	7.407
6		塔底		m³	5.692
7		回廊及平台		m³	9.259
8	贮水池	平底		m³	0.202
9		坡底		m³	0.930
10		矩形		m³	10.050
11	贮水油池	池壁	圆形	m³	11.641
12		池盖	无梁盖	m³	3.249
13			肋形盖	m³	1.110
14		无梁盖柱		m³	8.787
15		沉淀池水槽		m³	21.097
16		沉淀池壁基梁		m³	4.299
17	贮仓	圆形	顶板	m³	7.353
18			底板	m³	2.580
19			立壁	m³	0.917
20		矩形壁		m³	5.184

C.1.3 预制混凝土构件

C.1.3.1 预制混凝土构件钢筋含量参考表。见表C-8。

预制混凝土构件钢筋含量参考表（单位：kg/m³）

表 C-8

分项工程名称	冷拔丝	钢筋	预埋铁件
方桩		130～220	15～35
板桩		100～120	
桩尖	20	180～220	16
基础梁		70	
柱		120～200	16～32
工型柱		140～200	22
空心柱		150	
梁		140～200	2
T形吊车梁		130～160	25
鱼腹式吊车梁		150～180	25
平板		60～80	
槽板、单肋板	10～20	70～100	
空心板	40～60		
大型屋面板	10	100～125	5
天沟、挑檐		80～100	
托架梁		340	65
拱形、折线形屋架	10	320	40
组合屋架	10	140～180	50

续表

分项工程名称	冷拔丝	钢筋	预埋铁件
薄腹屋架		190~240	20
锯齿屋架	10	200~230	40
门式刚架		190~210	16
天窗架及端壁	25	160	60
槽条、支撑、上下档	18	210	24
楼梯段、斜梁、踏步		90	5
零星构件	50	100	

注：使用表中数据时不再另加损耗率。

C.1.3.2 预制混凝土构件混凝土含量参考表。见表C-9。

预制混凝土构件混凝土含量参考表（单位：m³/100m²）

表 C-9

构、配件名称	捣制楼梯		捣制雨篷	捣制阳台			预制垃圾道（ ）形	预制通风道、烟道（矩形）	镂空花格（每m³虚体积）
	普通	旋转		整体阳台	板式阳台底板	梁式阳台底板			
混凝土含量	26.88	18.50	10.42	20.70	11.04	12.09	0.28/100m	0.42/100m	0.4

C.1.3.3 零星构件混凝土、钢筋、抹灰含量参考表。见表 C-10。

零星构件混凝土、钢筋、抹灰含量参考表

表 C-10

项目		单位	含 量		
			混凝土 (m³)	钢筋 (kg)	抹灰面 (m²)
水池	0.5m² 以内	100 个	8.00	850	361
	0.72m² 以内		12.00	1400	546
	厨房	100m²	7.10	350	277
	搁板		11.00	750	127
	镂空花格		2.46		
	厕所高隔板	100m	5.12	210	349
	厕所低隔板		3.42	220	236
	单面盥洗台		4.95	480	237
	小便池（包括挡板）		9.32	70	234

注：1. 水池按水平投影面积计算。
　　2. 水池抹灰包括砖墩。

C.1.3.4 现场预制混凝土构件混凝土模板接触面积参考表。见表 C-11。

现场预制混凝土构件每 1m³ 混凝土模板接触面积参考表

表 C-11

序号	项　　目	单位	模板接触面积（m²）
1	矩形柱	m³	3.046
2	工字形柱	m³	7.123
3	双肢形柱	m³	4.125
4	空格柱	m³	6.668
5	围墙柱	m³	11.76
6	矩形梁	m³	12.26
7	异形梁	m³	9.962
8	过梁	m³	12.45
9	托架梁	m³	11.597
10	鱼腹式吊车梁	m³	13.628
11	拱形梁	m³	6.16
12	折线形屋架	m³	13.46
13	三角形屋架	m³	16.235
14	组合屋架	m³	13.65
15	薄腹屋架	m³	15.74
16	门式刚架	m³	8.398
17	天窗架	m³	8.305
18	天窗端壁板	m³	27.663

续表

序号	项 目	单位	模板接触面积（m²）
19	平板	m³	4.83
20	大型屋面板	m³	32.141
21	单肋板	m³	35.149
22	天沟板	m³	22.551
23	折板	m³	1.83
24	挑檐板	m³	4.36
25	地沟盖板	m³	6.62
26	窗台板	m³	12.11
27	隔板	m³	7.08
28	栏板	m³	7.89
29	遮阳板	m³	16.51
30	檩条	m³	44.04
31	天窗上下档及封檐板	m³	29.36
32	阳台	m³	5.642
33	雨篷	m³	11.777
34	垃圾、通风道	m³	0.715
35	镂空花格	m³	105.795
36	门窗框	m³	15.13
37	小型构件	m³	21.06

续表

序号	项目	单位	模板接触面积（m²）
38	池槽	m³	12.856
39	栏杆	m³	177.71
40	扶手	m³	13.99
41	井盖板	m³	4.817
42	井圈	m³	17.756

C.2 建筑工程主要材料消耗量指标

C.2.1 工业建筑

C.2.1.1 各类结构工业厂房主要材料消耗量指标。见表C-12。

各类结构工业厂房每100m²建筑面积主要材料消耗量指标　　表C-12

序号	名称	单位	单层工业厂房	多层厂房 框架 3~5层	多层厂房 砖混 2~4层	钢结构混凝土
1	水泥	t	17~22	22~26	15~20	57~62
2	钢筋	t	2~2.5	3~5	2~3.6	11.5~12.5

续表

序号	名称	单位	单层工业厂房	多层厂房 框架 3~5层	多层厂房 砖混 2~4层	钢结构混凝土
3	型钢（含铁件）	t	0.4~1	0.1~0.2	0.1~0.15	19.5~20.5
4	板方材	m³	0.6~1	0.8~1.2	2~2.4	30~32
5	红机砖	千块	20~25	10~20	16~24	2.2~2.4
6	石灰	t	2~2.5	1.5~2	1.6~2.6	—
7	砂子	t	40~70	50~80	60~72	170~175
8	石子	t	60~100	70~80	40~50	260~265
9	玻璃	m²	28~30	22~26	24~30	—

注：抗震烈度为7度。

C.2.1.2 一般单层装配车间（厂房）主要材料指标。见表C-13。

一般单层装配车间（厂房）每 m² 建筑面积主要材料指标　　　　表 C-13

序	名称	单位	范围	综合
1	钢材	kg	44~58	50
2	锯材	m³	0.010~0.040	0.015

续表

序	名称	单位	范围	综合
3	水泥	kg	170~280	210
4	标砖	匹	130~200	150
5	石灰	kg	20~70	30
6	砂	m³	0.25~0.4	0.35
7	石子	m³	0.35~0.55	0.45
8	玻璃	m²	0.20~0.45	0.30
9	油毡	m²	1.30~3.50	2.50
10	石油沥青	kg	1~10	6
11	电焊条	kg	0.20~0.40	0.30
12	油漆	kg	0.10~0.40	0.15
13	24号铁皮	m²	0.02~0.05	0.04

注：车间建筑特征为杯口基础、预制混凝土柱、吊车梁、屋架（含薄腹屋面梁）、大型屋面板、砖墙、混合砂浆抹灰、钢窗、油毡防水屋面。

C.2.2 民用建筑

C.2.2.1 多层民用住宅主要材料指标。见表C-14。

多层民用住宅每 m² 建筑面积主要材料指标

表 C-14

序	名称	单位	范围	综合
1	钢材	kg	(21.10～35.10)	(26.00)
(1)	钢筋	kg	18～30	22
(2)	型钢	kg	0.60～1.10	0.75
(3)	作业用料（摊）	kg	2.50～4.00	3.50
2	水泥	kg	170～230	200
3	木材（锯）	m³	(0.011～0.018)	(0.013)
(1)	工程用料	m³	0.004～0.006	0.005
(2)	作业用料	m³	0.007～0.012	0.008
4	标准砖	匹	190～350	210
5	砂	m³	0.25～0.40	0.32
6	石子	m³	0.20～0.35	0.27
7	石灰膏	m³	0.01～0.03	
8	玻璃	m²	0.15～0.25	0.20
9	落水管	m	0.015～0.025	0.02

注：采用木门钢窗。

C.2.2.2 高层民用住宅主要材料指标。见表C-15。

高层（14层以上）民用住宅每 m² 建筑面积主要材料指标　　表 C-15

序	名称	单位	范围	综合	注明
1	水泥	kg	230～340	280	
2	钢筋	kg	52～83	63	
3	木材（锯）	m³	0.01～0.035	0.02	
4	砂	m³	0.30～0.38	0.33	0.48～0.60t，综合 0.53t
5	石子	m³	0.30～0.45	0.36	0.50～0.75t，综合 0.59t
6	玻璃	m²	0.12～0.35	0.20	

C.2.2.3 带地下室现浇混凝土框架结构钢筋、水泥、木材指标。见表C-16。

C.2.2.4 水泥砂浆配合比选用。水泥砂浆材料用量，见表 C-17。

带地下室现浇混凝土框架结构每 m^2 钢筋、水泥、木材指标 表 C-16

序	名称	单位	6~8层 范围	6~8层 综合	18~40层 范围	18~40层 综合	备注
1	钢材	kg	55~90	75	75~130	105	
	其中：钢筋	kg	52~85	70	60~120	90	
2	水泥	kg	290~380	270	220~450	350	
3	锯材	m^3	0.01~0.02	0.015	0.015~0.05	0.025	

注：结构型式为 0~3 层地下室（6~8 层为 0~2 层，18~40 层为 1~3 层），全现浇柱、梁、板、梯。

每 m^3 水泥砂浆材料用量 表 C-17

强度等级	每立方米砂浆水泥用量（kg）	每立方米砂子用量（kg）	每立方米砂浆用水量（kg）
M2.5~M5	200~230		
M7.5~M10	220~280	$1m^3$ 砂子的堆积密度值	270~330
M15	280~340		
M20	340~400		

注：此表水泥强度等级为 32.5 级，大于 32.5 级水泥用量宜取下限。

C.2.2.5 普通混凝土最大水灰比和最小水泥用量，见表 C-18。

普通混凝土最大水灰比和最小水泥用量

表 C-18

项次	环境条件		结构物类别	最大水灰比值		最小水泥用量(kg)	
				素混凝土	钢筋混凝土	素混凝土	钢筋混凝土
1	干燥环境		正常的居住或办公用房屋室内	不作规定	0.65 (0.60)	200	260 (300)
2	潮湿环境	无冻害	高湿度的室内 室外部件 在非侵蚀性土和(或)水中部件	0.7	0.6 (0.60)	225	280 (300)
		有冻害	经受冻害的室外部件 在非侵蚀性土和(或)水中且经受冻害的部件 高湿度且经受冻害的室内部件	0.55	0.55 (0.55)	250	280 (300)
3	有冻害和除冰剂的潮湿环境		经受冻害和除冰剂作用的室内和室外部件	0.50	0.50 (0.50)	300	300 (300)

C.2.2.6 常用建筑涂料消耗量指标。见表 C-19。

常用建筑涂料消耗量指标 表 C-19

产品名称	适 用 范 围	用量（m²/kg）
多彩花纹装饰涂料	用于混凝土、砂浆、木材、岩石板、钢、铝等各种基层材料及室内墙、顶面	3～4
乙丙各色乳胶漆（外用）	用于室外墙面装饰涂料	5.7
乙丙各色乳胶漆（内用）	用于室内墙装饰涂料	5.7
乙一丙乳液厚涂料	用于外墙装饰涂料	2.3～3.3
苯一丙彩砂涂料	用于内、外墙装饰涂料	2～3.3
浮雕涂料	用于内、外墙装饰涂料	0.6～1.25
封底漆	用于内、外墙基体面	10～13
封固底漆	用于内、外墙增加结合力	10～13
各色乙酸乙烯无光乳胶漆	用于室内水泥墙面、顶棚	5

续表

产品名称	适用范围	用量 (m²/kg)
ST内墙涂料	水泥砂浆、石灰砂浆等内墙面,贮存期6个月	3~6
108内墙涂料	水泥砂浆、新旧石灰墙面,贮存期2个月	2.5~3.0
JQ-83耐洗擦内墙涂料	混凝土、水泥砂浆、石棉水泥板、纸面石膏板,贮存期3个月	3~4
KFT-831建筑内墙涂料	室内装饰,贮存期6个月	3
LT-31型Ⅱ型内墙涂料	混凝土、水泥砂浆、石灰砂浆等墙面	6~7
各种苯丙建筑涂料	内外墙、顶	1.5~3.0
高耐磨内墙涂料	内墙面,贮存期1年	5~6
各色丙烯酸有光、无光乳胶漆	混凝土、水泥砂浆等基面,贮存期8个月	4~5

续表

产品名称	适用范围	用量(m²/kg)
各色丙烯酸凹凸乳胶底漆	水泥砂浆、混凝土基层(尤其适用于未干透者)贮存期1年	1.0
8201—4苯丙内墙乳胶漆	水泥砂浆、石灰砂浆等内墙面,贮存期6个月	5～7
B840水溶性丙烯醇封底漆	内外墙面,贮存期6个月	6～10
高级喷漆型外墙涂料	混凝土、水泥砂浆、石棉瓦楞板等基层	2～3
SB-2型复合凹凸墙面涂料	内、外墙面	4～5
LT苯丙厚浆乳胶涂料	外墙面	6～7
石头漆(材料)	内、外墙面	0.25
石头漆、底漆	内、外墙面	3.3
石头漆、面漆	内、外墙面	3.3

C.2.2.7 防火涂料消耗量指标。见表 C-20。

防火涂料消耗量指标　　　表 C-20

名称	型号	用量（kg/m²）
水性膨胀型防火涂料	ZSBF 型（双组分）	0.5～0.7
水性膨胀型防火涂料	ZSBS 型（单组分）	0.5～0.7
改性氨基膨胀防火涂料	A60—1 型	0.5～0.7
LB 钢结构膨胀防火涂料		底层 5 面层 0.5
木结构防火涂料	B60—2 型	0.5～0.7
混凝土梁防火隔热涂料	106 型	6

C.2.2.8 常用腻子消耗量指标。见表 C-21。

常用腻子消耗量指标　　　表 C-21

腻子种类	用途	材料项目	用量（kg/m²）
石膏油腻子	墙面、柱面、地面、普通家具的不透木纹嵌底	石膏粉 熟桐油 松节油	0.22 0.06 0.02

续表

腻子种类	用途	材料项目	用量 (kg/m²)
血料腻子	中、高档家具的不透木纹嵌底	熟猪血 老粉（富粉） 木胶粉	0.11 0.23 0.03
石膏清漆腻子	墙面、地面、家具面的露木纹嵌底	石膏粉 清漆	0.18 0.08
虫胶腻子	墙面、地面、家具面的露木纹嵌底	虫胶漆 老粉	0.11 0.15
硝基腻子	常用于木器透明涂饰的局部填嵌	硝基清漆 老粉	0.08 0.16

C.2.2.9 木材面油漆消耗量指标。见表C-22。

木材面油漆消耗量指标　　　　表C-22

油漆名称	应用范围	施工方法	油漆面积 (m²/kg)
Y02-1（各色厚漆）	底	刷	6～8
Y02-2（锌白厚漆）	底	刷	6～8
Y02-13（白厚漆）	底	刷	6～8

续表

油漆名称	应用范围	施工方法	油漆面积（m^2/kg）
抄白漆	底	刷	6～8
虫胶漆	底	刷	6～8
F01-1（酚醛清漆）	罩光	刷	8
F80-1（酚醛地板漆）	面	刷	6～8
白色醇酸无光磁漆	面	刷或喷	8
C04-44 各色醇酸平光磁漆	面	刷或喷	8
QO1-1 硝基清漆	罩面	喷	8
Q22-1 硝基木器漆	面	喷和揩	8
B22-2 丙烯酸木器漆	面	刷或喷	8

附录 D 钢筋计算常用数据与公式

D.1 钢筋计算常用数据

D.1.1 钢筋的理论质量

圆钢理论质量和表面积，见表 D-1。

圆钢理论质量和表面积　　表 D-1

直径 (mm)	理论质量 (kg/m)	表面积 (m²/t)
3	0.055	169.9
4	0.099	127.4
5.5	0.187	92.6
6	0.222	84.9
6.5	0.260	78.4
7	0.302	72.8
8	0.395	63.7
8.2	0.415	62.1
9	0.499	56.6
10	0.617	51.0

续表

直径 (mm)	理论质量 (kg/m)	表面积 (m²/t)
11	0.746	46.3
12	0.888	42.5
13	1.042	39.2
14	1.208	36.4
15	1.387	34.0
16	1.578	31.8
17	1.782	30.0
18	1.998	28.3
19	2.226	26.8
20	2.466	25.5
21	2.719	24.3
22	2.984	23.2
23	3.261	22.2
24	3.551	21.2
25	3.853	20.4
26	4.168	19.6
27	4.495	18.9
28	4.834	18.2
29	5.185	17.6
30	5.549	17.0
31	5.925	16.4
32	6.313	15.9
33	6.714	15.4
34	7.127	15.0

续表

直径 (mm)	理论质量 (kg/m)	表面积 (m²/t)
35	7.553	14.6
36	7.990	14.2
38	8.903	13.4
40	9.865	12.7
42	10.876	12.1
45	12.485	11.3
48	14.205	10.6
50	15.414	10.2
53	17.319	9.6
55	18.650	9.3
56	19.335	9.1
58	20.740	8.8
60	22.195	8.5

注：1. "理论质量"适用于热轧光圆钢筋、热轧带肋钢筋、冷轧带肋钢筋、余热处理钢筋、热处理钢筋和钢丝等圆形钢筋（丝），冷轧扭钢筋除外。

2. "表面积"用于环氧树脂涂层和金属结构工程油漆的面积计算。

3. 理论质量$=0.0061654\phi^2$ [ϕ 为钢筋直径 (mm)]

   表面积$=\dfrac{509.55}{\phi}$ [ϕ 为钢筋直径 (mm)]

   （理论质量按密度 7.85g/cm³ 计算）

4. 直径 8.2mm 适用于热处理钢筋。

D.1.2 钢筋的保护层厚度

根据《混凝土结构设计规范》(GB 50010—2002)的规定，纵向受力钢筋的混凝土保护层最小厚度，见表 D-2。

纵向受力钢筋的混凝土保护层最小厚度　表 D-2

环境类别		板、墙、壳			梁			柱		
		≤C20	C25~C45	≥C50	≤C20	C25~C45	≥C50	≤C20	C25~C45	≥C50
一		20	15	15	30	25	25	30	30	30
二	a		20	20		30	30		30	30
	b		25	20		35	30		35	30
三			30	25		40	35		40	35

注：1. 基础中纵向受力钢筋的混凝土保护层厚度不应小于 40mm；当无垫层时不应小于 70mm。

2. 处于一类环境且由工厂生产的预制构件，当混凝土强度等级不低于 C20 时，其保护层厚度可按本表中规定减少 5mm，但预应力钢筋的保护层厚度不应小于 15mm；处于二类环境且由工厂生产的预制构件，当表面采取有效保护措施时，保护层厚度可按本表中一类环境数值取用。

3. 预制钢筋混凝土受弯构件钢筋端头的保护层厚度不应小于 10mm；预制肋形板主肋钢筋的保护层

厚度应按梁的数值取用。
4. 板、墙、壳中分布钢筋的保护层厚度不应小于本表中相应数值减10mm,且不应小于10mm;梁、柱中箍筋和构造钢筋的保护层厚度不应小于15mm。
5. 当梁、柱中纵向受力钢筋的混凝土保护层厚度大于40mm时,应对保护层采取有效的防裂构造措施。
6. 处于二、三类环境中的悬臂板,其上表面应采取有效的保护措施。
7. 对有防火要求的建筑物,其混凝土保护层厚度尚应符合国家现行有关标准的要求。
8. 处于四、五类环境中的建筑物,其混凝土保护层厚度尚应符合国家现行有关标准的要求。

D.1.3 钢筋的弯钩长度

HPB235级钢筋弯钩增加长度,见表D-3。

HPB235级钢筋弯钩增加长度　　　表D-3

弯钩类型	图　示	增加长度计算值
半圆弯钩	6.25d　2.25d　3d　2.5dd　8.5d	6.25d

续表

弯钩类型	图 示	增加长度计算值
直弯钩	(3d, 3.5d, 2.25d)	3.5d
斜弯钩	(3d, 4.9d, 3.25d)	4.9d

注：d 为钢筋直径。

D.1.4 弯起钢筋的增加长度

弯起钢筋斜长及增加长度计算方法，见表 D-4。

弯起钢筋斜长及增加长度计算方法　表 D-4

形状	30°	45°	60°
计算方法 斜边长 s	$2h$	$1.414h$	$1.155h$
计算方法 增加长度 $s-l=\Delta l$	$0.268h$	$0.414h$	$0.577h$

适应的构件：梁高、板厚 300mm 以内，弯起角度为 30°；梁高、板厚 300～800mm 之间，弯起角度为 45°；梁高、板厚 800mm 以上，弯起角度为 60°。

D.1.5 钢筋的锚固长度

D.1.5.1 根据《混凝土结构设计规范》(GB 50010—2002) 的规定，普通光面受拉钢筋锚固长度，见表 D-5。

普通光面受拉钢筋锚固长度　　表 D-5

普通光面受拉钢筋的锚固长度 l_a (mm)（不含 180°弯钩）

直径 (mm)	混凝土强度等级									
	C15	C20	C25	C30	C35	C40	C45	C50	C55	C60～
6	221	183	158	140	128	117	117	117	117	117
8	295	244	211	187	171	157	157	157	157	157
10	369	305	264	234	214	196	196	196	196	196
12	443	366	317	281	256	235	235	235	235	235
14	516	427	370	328	299	275	275	275	275	275

续表

普通光面受拉钢筋的锚固长度 l_a（mm）（不含180°弯钩）

直径 (mm)	混凝土强度等级									
	C15	C20	C25	C30	C35	C40	C45	C50	C55	C60~
16	590	488	423	375	342	314	314	314	314	314
18	664	549	476	422	385	353	353	353	353	353
20	738	610	529	469	428	392	392	392	392	392
22	812	672	582	516	470	432	432	432	432	432
25	923	763	661	587	535	491	491	491	491	491
28	1033	855	740	657	599	550	550	550	550	550
直径的倍数	36	30	26	23	21	19	19	19	19	19

注：当混凝土强度等级高于C40时，按C40取值。

D.1.5.2 根据《混凝土结构设计规范》(GB 50010—2002)的规定，普通带肋受拉钢筋锚固长度，见表D-6。

普通带肋受拉钢筋锚固长度 表 D-6

普通带肋受拉钢筋（HRB335）的锚固长度 l_a (mm)

直径 (mm)	混凝土强度等级									
	C15	C20	C25	C30	C35	C40	C45	C50	C55	C60~
6	193	160	138	123	112	103	103	103	103	103
8	258	213	185	164	149	137	137	137	137	137
10	323	267	231	205	187	171	171	171	171	171
12	387	320	277	246	224	206	206	206	206	206
14	452	374	324	287	262	240	240	240	240	240
16	516	427	370	328	299	275	275	275	275	275
18	581	481	416	370	337	309	309	309	309	309
20	646	534	462	411	374	343	343	343	343	343
22	710	588	509	452	411	378	378	378	378	378
25	807	668	578	513	468	429	429	429	429	429
28	904	748	648	575	524	481	481	481	481	481
直径的倍数	32	26	23	20	18	17	17	17	17	17

注：当混凝土强度等级高于 C40 时，按 C40 取值。

D.1.5.3 钢筋锚固长度修正系数及最小长度要求

(1) 直径大于25mm的带肋钢筋锚固长度应乘以修正系数1.1;

(2) 带有环氧树脂涂层的带肋钢筋锚固长度应乘以修正系数1.25;

(3) 施工过程易受扰动的情况,锚固长度应乘以修正系数1.1;

(4) 带肋钢筋在锚固区的混凝土保护层厚度大于钢筋直径的3倍且配有箍筋时,锚固长度可乘以修正系数0.8;

(5) 上述修正系数可以连乘,经修正后实际锚固长度不应小于基本锚固长度的0.7倍,也不应小于250mm;

(6) 采用机械锚固时,其锚固长度可取计算长度的0.7倍,但在锚固长度内必须配有箍筋,其直径不应小于锚固钢筋直径的1/4,间距不大于锚固钢筋直径的5倍,且数量不少于3个;

(7) 受压钢筋的锚固长度取为受拉钢筋锚固长度的0.7倍。

D.1.6 纵向受力钢筋搭接长度

D.1.6.1 根据《混凝土结构工程施工质量验收规

范》(GB 50204—2002)的规定,当纵向受拉钢筋的绑扎搭接接头面积百分率不大于25%时,其最小搭接长度应符合表 D-7 的规定。

纵向受拉钢筋的最小搭接长度　　表 D-7

钢筋类型		混凝土强度等级			
		C15	C20～C25	C30～C35	≥C40
光圆钢筋	HPB235 级	$45d$	$35d$	$30d$	$25d$
带肋钢筋	HRB335 级	$55d$	$45d$	$35d$	$30d$
	HRB400 级、RRB400 级	—	$55d$	$40d$	$35d$

注:两根直径不同钢筋的搭接长度,以较细钢筋的直径计算。

D.1.6.2 《混凝土结构设计规范》(GB 50010—2002),对于同一连接区段的搭接钢筋接头面积百分率规定如下:

(1) 梁类构件限制搭接接头面积百分率不宜大于25%,因工程需要不得已时可以放宽,但不应大于50%;

(2) 板、墙类构件限制搭接接头面积百分率不宜大于25%，因工程需要不得已时可以放宽到50%或更大；

（3）柱类构件中的受拉钢筋搭接接头面积百分率不宜大于50%，因工程需要可以放宽。

D.1.6.3 纵向受力钢筋的搭接长度修正系数及最小长度要求

（1）当纵向受拉钢筋的绑扎搭接接头面积百分率大于25%，但不大于50%时，其最小搭接长度应按表D-7的数值乘以系数1.2取用；当纵向受拉钢筋的绑扎搭接接头面积百分率大于50%时，其最小搭接长度应按表D-7的数值乘以系数1.35取用。

（2）对有抗震设防要求的结构构件，其受力钢筋的最小搭接长度对一、二级抗震等级应按相应数值乘以系数1.15采用；对三级抗震等级应按相应数值乘以系数1.05采用。

（3）当带肋钢筋的直径大于25mm时，其最小搭接长度应按相应数值乘以系数1.1取用。

（4）带有环氧树脂涂层的带肋钢筋，其最小搭接长度应按相应数值乘以系数1.25取用。

（5）在混凝土凝固过程中受力钢筋易受扰动时（如滑模施工），其最小搭接长度应按相应数值乘以系数1.1取用。

(6) 对末端采用机械锚固措施的带肋钢筋,其最小搭接长度应按相应数值乘以系数 0.7 取用。

(7) 当带肋钢筋的混凝土保护层厚度大于搭接钢筋直径的 3 倍且配有箍筋时,其最小搭接长度应按相应数值乘以系数 0.8 取用。

(8) 纵向受压钢筋搭接时,其最小搭接长度应根据上述规定确定相应数值后,乘以系数 0.7 取用。

(9) 在任何情况下,纵向受拉钢筋的搭接长度不应小于 300mm;受压钢筋的搭接长度不应小于 200mm。

D.1.6.4 不宜采用搭接接头的情况

(1) 直径大于 28mm 的受拉钢筋和直径大于 32mm 的受压钢筋不宜采用搭接接头;

(2) 轴心受拉和小偏心受拉构件不得采用搭接接头。

D.1.6.5 搭接区域的构造措施

(1) 搭接长度范围内应配置箍筋,其直径不应小于搭接钢筋较大直径的 1/4;

(2) 当钢筋受拉时,箍筋间距不应大于搭接钢筋较小直径的 5 倍,且不应大于 100mm;

(3) 当钢筋受压时,箍筋间距不应大于搭接钢筋较小直径的 10 倍，且不应大于 200mm；

（4）当受压钢筋直径大于 25mm 时，应在搭接接头两个端面外 100m 范围内各设两个箍筋。

D.1.6.6 焊接接头

（1）焊接接头的类型和质量应符合国家相应的标准；

（2）焊接连接区段的范围为以焊接接头为中心 35d 且不小于 500mm 长度的范围；

（3）同一区段内受力钢筋焊接接头面积百分率对受拉构件为 50%，对受压钢筋不受限制。

D.1.6.7 机械连接

（1）新规范新增了机械连接接头的有关规定，反映了技术的进步，机械连接接头的类型和质量应符合国家相应的标准；

（2）焊接连接区段的范围为以焊接接头为中心 35d 长度的范围；

（3）同一区段内受力钢筋机械连接接头面积百分率对受拉构件不宜大于 50%，对受压钢筋不受限制；

（4）机械连接接头的连接件混凝土保护层厚度宜满足纵向受力钢筋最小保护层厚度的要求，连接件之间的横向净间距不宜小于 25mm。

D.1.6.8 钢筋接头系数,见表 D-8。

钢筋接头系数 表 D-8

钢筋直径(mm)	绑扎接头	对焊接头	电弧焊接头(绑条焊)	每吨接头个数(个)
10	1.0531	—	—	202.60
12	1.0638	—	—	140.80
14	1.0744	1.0035	1.0700	103.30
16	1.0850	1.0040	1.0800	79.10
18	1.0956	1.0045	1.0900	62.50
20	1.1062	1.0050	1.1000	50.60
22	1.1168	1.0055	1.1100	41.90
24	1.1274	1.0060	1.1200	35.20
25	1.1329	1.0063	1.1250	43.30
26	1.1842	1.0087	1.1733	40.00
28	1.1943	1.0093	1.1867	34.50

D.1.7 钢筋直径倍数长度数据

常用钢材理论质量与直径倍数长度数据,见表 D-9。

常用钢材理论质量与直径倍数长度数据

表 D-9

直径 d (mm)	理论质量 (kg/m)	横截面积 (cm²)	直径倍数 (mm)									
			$3d$	$6.25d$	$8d$	$10d$	$12.5d$	$20d$	$25d$	$30d$	$35d$	$40d$
4	0.099	0.126	12	25	32	40	50	80	100	120	140	160
6	0.222	0.283	18	38	48	60	75	120	150	180	210	240
6.5	0.260	0.332	20	41	52	65	81	130	163	195	228	260
8	0.395	0.503	24	50	64	80	100	160	200	240	280	320
9	0.490	0.635	27	57	72	90	113	180	225	270	315	360
10	0.617	0.785	30	63	80	100	125	200	250	300	350	400
12	0.888	1.131	36	75	96	120	150	240	300	360	420	480
14	1.208	1.539	42	88	112	140	175	280	350	420	490	560
16	1.578	2.011	48	100	128	160	200	320	400	480	560	640
18	1.998	2.545	54	113	144	180	225	360	450	540	630	720
19	2.230	2.835	57	119	152	190	238	380	475	570	665	760
20	2.466	3.142	60	125	160	220	250	400	500	600	700	800

续表

直径 d (mm)	理论质量 (kg/m)	横截面积 (cm²)	直径倍数 (mm)									
			$3d$	$6.25d$	$8d$	$10d$	$12.5d$	$20d$	$25d$	$30d$	$35d$	$40d$
22	2.984	3.301	66	138	176	220	275	440	550	660	770	880
24	3.551	4.524	72	150	192	240	300	480	600	720	840	960
25	3.850	4.909	75	157	200	250	313	500	625	750	875	1000
26	4.170	5.309	78	163	208	260	325	520	650	780	910	1040
28	4.830	6.153	84	175	224	280	350	560	700	840	980	1160
30	5.550	7.069	90	188	240	300	375	600	750	900	1050	1200
32	6.310	8.043	96	200	256	320	400	640	800	960	1120	1280
34	7.130	9.079	102	213	272	340	425	680	850	1020	1190	1360
35	7.500	9.620	105	219	280	350	438	700	875	1050	1225	1400
36	7.990	10.179	108	225	288	360	450	720	900	1080	1200	1440
40	9.865	12.561	120	250	320	400	500	800	1000	1220	1400	1600

D.2 钢筋计算常用公式

D.2.1 钢筋理论长度计算公式

钢筋理论长度计算公式,见表D-10。

钢筋理论长度计算公式 表D-10

钢筋名称	钢筋简图	计算公式
直筋		构件长－两端保护层厚
直钩		构件长－两端保护层厚＋一个弯钩长度
板中弯起筋	(30°)	构件长－两端保护层厚＋2×0.268×(板厚－上下保护层厚)＋两个弯钩长
板中弯起筋	(30°)	构件长－两端保护层厚＋0.268×(板厚－上下保护层厚)＋两个弯钩长
板中弯起筋	(30°)	构件长－两端保护层厚＋0.268×(板厚－上下保护层厚)＋(板厚－上下保护层厚)＋一个弯钩长

续表

钢筋名称	钢筋简图	计算公式
板中弯起筋	(30°)	构件长－两端保护层厚＋2×0.268×(板厚－上下保护层厚)＋2×(板厚－上下保护层厚)
	(30°)	构件长－两端保护层厚＋0.268×(板厚－上下保护层厚)＋(板厚－上下保护层厚)
		构件长－两端保护层厚＋2×(板厚－上下保护层厚)
梁中弯起筋	(45°)	构件长－两端保护层厚＋2×0.414×(梁高－上下保护层厚)＋两个弯钩长
	(45°)	构件长－两端保护层厚＋2×0.414×(梁高－上下保护层厚)＋2×(梁高－上下保护层厚)＋两个弯钩长

续表

钢筋名称	钢筋简图	计算公式
梁中弯起筋	(45°)	构件长－两端保护层厚＋0.414×(梁高－上下保护层厚)＋两个弯钩长
	(45°)	构件长－两端保护层厚＋1.414×(梁高－上下保护层厚)＋两个弯钩长
	(45°)	构件长－两端保护层厚＋2×0.414×(梁高－上下保护层厚)＋2×(梁高－上下保护层厚)

注：梁中弯起筋的弯起角度，如果弯起角度为60°，则上表中系数0.414改为0.577，1.414改为1.577。

D.2.2 钢筋接头系数的测算

钢筋绑扎搭接接头和机械连结接头工程量计算比较麻烦，在实际工作中，可以测定其单位含量，用比例系数法进行计算。例如,钢筋绑扎搭接接头形式有两种,如图 D-1 所示。

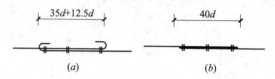

图 D-1 钢筋绑扎搭接接头长度示意图
(a) 光圆钢筋 HPB 235 级钢筋 C20 混凝土(有弯钩);
(b) 带肋钢筋 HRB 400 级 C30 混凝土(无弯钩)

当设计要求钢筋长度大于钢筋的定尺长度(单根长度)时,就要按要求计算钢筋的搭接长度。为了简化计算过程,可以用钢筋接头系数的方法计算钢筋的搭接长度,其计算公式如下:

$$钢筋接头系数 = \frac{钢筋单根长}{钢筋单根长 - 接头长}$$

D.2.3 圆形板内钢筋计算

圆内钢筋理论长度的计算,可以通过图 D-2 所示钢筋进行分析。

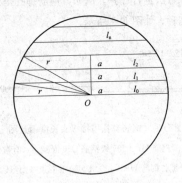

图 D-2 圆内纵向钢筋布置示意图

布置在直径上的钢筋长（l_0）就是直径长；相邻直径的钢筋长（l_1）可以根据半径 r 和间距 a 及钢筋一半长构成的直角三角形关系算出，计算式为：$l_1=\sqrt{r^2-a^2}\times 2$。因此，圆内钢筋长度的计算公式如下：

$$l_n = \sqrt{r^2-(na)^2}\times 2$$

式中　n——第 n 根钢筋；

　　　l_n——第 n 根钢筋长。

D.2.4 箍筋长度计算

D.2.4.1 箍筋种类及弯钩构造

（1）箍筋的种类。柱箍筋分为非复合箍筋（图D-3）和复合箍筋（图D-4）两种。

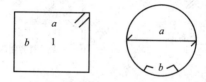

图 D-3 非复合箍筋常见类型图

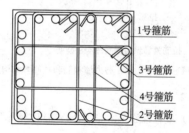

图 D-4 复合箍筋类型图

(2)梁、柱、剪力墙箍筋和拉筋弯钩构造,如图 D-5 所示。

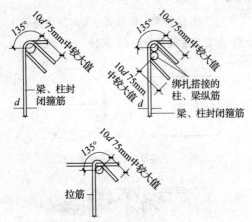

拉筋紧靠纵向钢筋并勾住箍筋

图 D-5 梁、柱、剪力墙箍筋和拉筋弯钩构造

D.2.4.2 柱箍筋长度

(1)复合箍筋是由非复合箍筋组成的。柱复合箍筋如图 D-4 所示,各种箍筋长度计算如下:

1)1 号箍筋类型如图 D-6 所示,长度计算公

式为

1号箍筋长度＝2$(b+h)$－$8bhc$＋$4d$＋2×1.9d＋2max(10d，75)

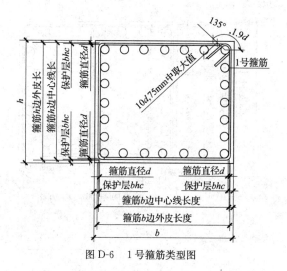

图 D-6 1号箍筋类型图

2) 2号箍筋类型如图 D-7 所示，长度计算公式为

2号箍筋长度＝[$(b-2bhc-D)$／(b边

纵筋根数-1)×间距j数$+D$]×2+

$(h-2bhc)\times2+4d+2\times1.9d+$

$2\max(10d,75)$

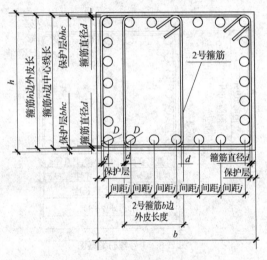

图 D-7　2 号箍筋类型图

3) 3 号箍筋类型如图 D-8 所示,长度计算公式为

3号箍筋长度＝$[(h-2bhc-D)/(h$边纵筋根数$-1)×$间距j数$+D]×2+(b-2bhc)×2+4d+2×1.9d+2\max(10d,75)$

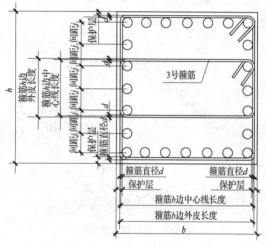

图 D-8　3 号箍筋类型图

4) 4 号箍筋类型如图 D-9 所示，长度计算公式为

情况一：单支筋同时勾住纵筋和箍筋

4号箍筋长度=$(h-2bhc+4d)+2\times$

$1.9d+2\max(10d, 75\mathrm{mm})$

情况二：单支筋只勾住纵筋

4号箍筋长度=$(h-2bhc+2d)+2\times$

$1.9d+2\max(10d, 75\mathrm{mm})$

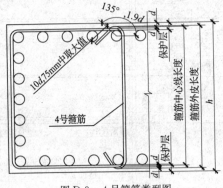

图D-9　4号箍筋类型图

D.2.4.3　梁箍筋长度

(1) 梁双肢箍筋长度计算公式（保护层为25mm）

双肢箍筋长度＝$2\times(h-2\times25+b-2\times25)+4d+2\times1.9d+2\max(10d, 75\text{mm})$

(2) 为了简化计算，箍筋单根钢筋长度有如下几种算法供参考：

1) 按梁、柱截面设计尺寸外围周长计算，弯钩不增加，箍筋保护层也不扣除；

2) 按梁、柱截面设计尺寸周长扣减 8 个箍筋保护层后增加箍筋弯钩长度；

3) 按梁、柱主筋外表面周长增加 0.18m（即箍筋内周长增加 0.18m）；

4) 按构件断面周长＋ΔL（箍筋增减值）

梁双肢箍筋长度调整值表，见表 D-11 所示，$\phi6.5$ 箍筋长度＝构件断面外围周长

梁箍筋长度调整值　　　　表 D-11

直径 d	4	6	6.5	8	10	12
箍筋调整值	−19	−3	0	22	78	134

注：由于环境和混凝土强度等级的不同，保护层厚度也不相同，表中保护层按 25mm 计算。

(3) 箍筋根数计算公式

箍筋根数＝配置箍筋区间尺寸/钢筋间距＋1

(4) 构件相交处箍筋配置的一般要求

1) 梁与柱相交时，梁的箍筋配置柱侧；

2) 梁与梁相交时，次梁箍筋配置主梁梁侧；

3) 梁与梁相交梁断面相同时，相交处不设箍筋。

D.2.4.4 变截面构件箍筋计算

如图 D-10 所示，根据比例原理，每根箍筋的长短差数为 Δ，计算公式为

$$\Delta = \frac{l_c - l_d}{n - 1}$$

式中　l_c——箍筋的最大高度；

l_d——箍筋的最小高度；

n——箍筋个数，等于 $s \div a + 1$；

s——最长箍筋和最短箍筋之间的总距离；

a——箍筋间距。

箍筋平均高计算公式：

$$箍筋平均高 = \frac{箍筋最大高度 + 箍筋最小高度}{2}$$

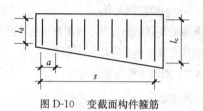

图 D-10 变截面构件箍筋

D.2.5 特殊钢筋计算

D.2.5.1 曲线构件钢筋长度计算,见图 D-11。

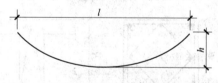

图 D-11 抛物线钢筋长度

抛物线钢筋长度的计算公式

$$L = \left(1 + \frac{8h^2}{3l^2}\right)l$$

式中 L——抛物线钢筋长度;

l——抛物线水平投影长度;

h——抛物线矢高。

其他曲线状钢筋长度,可用渐近法计算,即分段按直线计算,然后累计。

D.2.5.2 双箍方形内箍,见图 D-12。

$$内箍长度 = [(B-2b) \times \sqrt{2}/2 + d_0] \times 4 + 2个弯钩增加长度$$

式中 b——保护层厚度;

d_0——箍筋直径。

D.2.5.3 三角箍,见图 D-13。

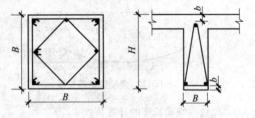

图 D-12 双箍方形内箍　　图 D-13 三角箍

$$箍筋长度 = (B-2b-d_0) + \sqrt{4(H-2b+d_0)^2 + (B-2b+d_0)^2}$$

+2个弯钩增加长度

式中　d_0——箍筋直径。

D.2.5.4 S箍（拉条），见图D-14。

图D-14　S箍（拉条）

$$长度 = h + d_0 + 2个弯钩增加长度$$

（S箍间距一般为箍筋的两倍）

D.2.5.5 螺旋箍筋长度计算，见图D-15、图D-16。

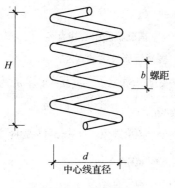

图D-15　螺旋箍筋

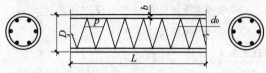

图 D-16 螺旋箍筋

(1) 螺旋箍筋长度计算公式（一）

$$L = n \times \sqrt{b^2 + (\pi d)^2}$$

式中 L——螺旋箍筋长度；

n——螺旋箍筋圈数（$n = H/b$）；

b——螺距；

d——螺旋箍筋中心线直径。

(2) 螺旋箍筋长度计算公式（二）

$$\text{箍筋长度} = N \sqrt{P^2 + (D - 2b + d_0)^2 \pi^2} + 2 \text{个弯钩增加长度}$$

式中 N——螺旋圈数，$N = \dfrac{L}{P}$（L 为构件长）；

P——螺距；

D——构件直径。

(3) 每米圆形柱高螺旋箍筋长度，见 D-12 表。

每米圆形柱高螺旋箍筋长度表 D-12

螺距(mm)	圆柱直径（mm）						
	400	500	600	700	800	900	1000
	保护层厚度25mm						
100	11.04	14.17	17.31	20.44	23.58	26.72	29.86
150	6.66	8.53	10.41	12.29	14.17	16.05	17.93
200	5.59	7.14	8.70	10.26	11.82	13.39	14.96
250	4.51	5.74	6.98	8.29	9.48	10.73	11.98
300	3.42	4.34	5.26	6.19	7.16	8.06	9.00

参 考 文 献

[1] 黄伟典. 工程定额原理. 北京：中国电力出版社，2008.

[2] 黄伟典. 建设工程计量与计价案例详解. 济南：山东科学技术出版社，2006.

[3] 黄伟典. 建筑工程计量与计价. 北京：中国电力出版社，2007.

[4] 中华人民共和国住房和城乡建设部. 建设工程工程量清单计价规范 GB 50500－2008. 北京：中国计划出版社，2008.

[5]《建设工程工程量清单计价规范》编制组. 《建设工程工程量清单计价规范 GB 50500－2008》宣贯辅导教材. 北京：中国计划出版社，2008.

[6] 中华人民共和国建设部. 全国统一建筑工程预算工程量计算规则（土建工程）（GJD_{GZ}—

101—95). 北京：中国计划出版社，1995.

[7] 中华人民共和国建设部. 全国统一建筑工程基础定额（土建上、下册）（GJD—101—95）. 北京：中国计划出版社，1995.

[8] 山东省建设厅. 山东省建筑工程工程量清单计价办法. 北京：中国建筑工业出版社，2004.

[9] 山东省建设厅. 山东省装饰装修工程工程量清单计价办法. 北京：中国建筑工业出版社，2004.

[10] 袁建新. 袖珍建筑工程造价计算手册. 北京：中国建筑工业出版社，2003.

[11] 袁建新. 简明工程造价计算手册. 北京：中国建筑工业出版社，2007.

[12] 魏文彪. 造价员一本通（建筑工程）. 北京：中国建材工业出版社，2006.

[13] 汪军. 建筑工程造价计价速查手册. 北京：中国电力出版社，2008.

[14] 焦红，王松岩，郭兵. 钢结构工程计量

与计价. 北京：中国建筑工业出版社，2006.

[15] 彭波. G101 平法钢筋计算精讲. 北京：中国电力出版社，2008.

[16] 王在生，王全勤. 建筑及装饰工程算量计价综合案例. 北京：中国建筑工业出版社，2008.

[17]《注册建筑师考试辅导教材》编委会. 建筑经济、施工与设计业务管理（第四版）. 北京：中国建筑工业出版社，2007.

[18] 全国造价工程师执业资格考试培训教材编审委员会. 工程造价计价与控制（2006 年版）. 北京：中国计划出版社，2006.

[19] 中国建设工程造价管理协会. 建设工程造价与定额名解释. 北京：中国建筑工业出版社，2004.

[20] 中国建设工程造价管理协会. 建设工程造价管理基础知识. 北京：中国计划出版社，2007.

尊敬的读者：

感谢您选购我社图书！建工版图书按图书销售分类在卖场上架，共设 22 个一级分类及 43 个二级分类，根据图书销售分类选购建筑类图书会节省您的大量时间。现将建工版图书销售分类及与我社联系方式介绍给您，欢迎随时与我们联系。

★建工版图书销售分类表（见下表）。

★欢迎登陆中国建筑工业出版社网站 www.cabp.com.cn，本网站为您提供建工版图书信息查询、网上留言、购书服务，并邀请您加入网上读者俱乐部。

★中国建筑工业出版社总编室

电　话：010—58934845

传　真：010—68321361

★中国建筑工业出版社发行部

电　话：010—58933865

传　真：010—68325420

E—mail：hbw@cabp.com.cn

建工版图书销售分类表

一级分类名称（代码）	二级分类名称（代码）
建筑学（A）	建筑历史与理论（A10）
	建筑设计（A20）
	建筑技术（A30）
	建筑表现·建筑制图（A40）
	建筑艺术（A50）
建筑设备·建筑材料（F）	暖通空调（F10）
	建筑给水排水（F20）
	建筑电气与建筑智能化技术（F30）
	建筑节能·建筑防火（F40）
	建筑材料（F50）
城市规划·城市设计（P）	城市史与城市规划理论（P10）
	城市规划与城市设计（P20）
室内设计·装饰装修（D）	室内设计与表现（D10）
	家具与装饰（D20）
	装修材料与施工（D30）

续表

一级分类名称（代码）	二级分类名称（代码）
建筑工程经济与管理（M）	施工管理（M10）
	工程管理（M20）
	工程监理（M30）
	工程经济与造价（M40）
艺术·设计（K）	艺术（K10）
	工业设计（K20）
	平面设计（K30）
执业资格考试用书（R）	
高校教材（V）	
高职高专教材（X）	
中职中专教材（W）	
园林景观（G）	园林史与园林景观理论（G10）
	园林景观规划与设计（G20）
	环境艺术设计（G30）
	园林景观施工（G40）
	园林植物与应用（G50）

续表

一级分类名称（代码）	二级分类名称（代码）
城乡建设·市政工程·环境工程（B）	城镇与乡（村）建设（B10）
	道路桥梁工程（B20）
	市政给水排水工程（B30）
	市政供热、供燃气工程（B40）
	环境工程（B50）
建筑结构与岩土工程（S）	建筑结构（S10）
	岩土工程（S20）
建筑施工·设备安装技术（C）	施工技术（C10）
	设备安装技术（C20）
	工程质量与安全（C30）
房地产开发管理（E）	房地产开发与经营（E10）
	物业管理（E20）
辞典·连续出版物（Z）	辞典（Z10）
	连续出版物（Z20）
旅游·其他（Q）	旅游（Q10）
	其他（Q20）

续表

一级分类名称 (代码)	二级分类名称 (代码)
土木建筑计算机应用系列（J）	
法律法规与标准规范单行本（T）	
法律法规与标准规范汇编/大全（U）	
培训教材（Y）	
电子出版物（H）	

注：建工版图书销售分类已标注于图书封底。